高等职业教育“十四五”规划教材

高等职业教育产教融合新形态教材

肉制品生产技术

赵百忠　陈明星　主编

中国农业大学出版社
·北京·

内容简介

本书内容包括走进肉制品殿堂、畜禽屠宰生产与质量控制、肉制品原辅材料鉴别、肉制品生产与质量控制、酱卤肉制品生产与质量控制、熏煮香肠类肉制品生产与质量控制、熏煮火腿类肉制品生产与质量控制、腌腊肉制品生产与质量控制、烧烤肉制品生产与质量控制、油炸肉制品生产与质量控制、干肉制品生产与质量控制、高温肉制品生产与质量控制等内容。本书内容深入浅出、通俗易懂，具有很强的针对性和实用性，是高等职业教育食品类专业学生的专用教材，也可作为食品企业在职员工的培训教材，还可作为相关专业人员的参考用书。

图书在版编目(CIP)数据

肉制品生产技术/赵百忠，陈明星主编. --北京：中国农业大学出版社，2021.8
ISBN 978-7-5655-2605-3

Ⅰ.①肉…　Ⅱ.①赵…　②陈…　Ⅲ.①肉制品-食品加工-高等职业教育-教材
Ⅳ.①TS251.5

中国版本图书馆 CIP 数据核字(2021)第 171047 号

书　　名　肉制品生产技术
作　　者　赵百忠　陈明星　主编

策划编辑　张　玉　张　蕊　　责任编辑　张　玉
封面设计　郑　川
出版发行　中国农业大学出版社
社　　址　北京市海淀区圆明园西路 2 号　　邮政编码　100193
电　　话　发行部 010-62733489，1190　　读者服务部 010-62732336
　　　　　编辑部 010-62732617，2618　　出　版　部 010-62733440
网　　址　http://www.caupress.cn　　E-mail　cbsszs@cau.edu.cn
经　　销　新华书店
印　　刷　北京溢漾印刷有限公司
版　　次　2021 年 8 月第 1 版　2021 年 8 月第 1 次印刷
规　　格　185 mm×260 mm　16 开本　18.75 印张　465 千字
定　　价　55.00 元

“高等职业教育产教融合新形态教材”
食品类专业系列教材
编审委员会

“高等职业教育产教融合新形态教材”
食品类专业系列教材
专　家　组

编 写 人 员

主　编　赵百忠（黑龙江民族职业学院）
　　　　陈明星（黑龙江农垦科技职业学院）

副主编　王少庸（黑龙江省中医药科学院）
　　　　殷微微（黑龙江农业职业技术学院）
　　　　付　丽（河南牧业经济学院）
　　　　马文鹏（新疆农业职业技术学院）

参　编　杜宏宇（黑龙江职业学院）
　　　　汤春霞（甘肃畜牧工程职业技术学院）
　　　　董晓波（黑龙江民族职业学院）
　　　　王　洋（黑龙江民族职业学院）
　　　　王　迪（黑龙江民族职业学院）

主　审　杨昌鹏（广西农业职业技术大学）
　　　　姜旭德（黑龙江民族职业学院）
　　　　陈肖安（原中央农业广播电视学校）

出版说明

为贯彻落实《国家职业教育改革实施方案》(国发〔2019〕4号,又称“职教二十条”)以及《高等职业学校专业教学标准》等相关文件精神,有效推进产教融合、校企合作,建设一批校企“双元”合作开发的高质量教材,经向行业专家咨询及与有关高等职业院校沟通,借鉴与物化高等职业教育食品类专业教育教学改革成果,中国农业大学出版社开展了高等职业教育产教融合新形态食品类专业系列教材建设工作。

“高等职业教育产教融合新形态教材”食品类专业系列教材建设是食品类专业高技能人才培养的基础性工作,也是促进社会与经济发展的客观需求。近20年来,随着加入世贸组织,我国食品工业得到了持续与快速的发展,食品工业进入产业升级、调整改革的关键时期,食品产业从数量扩张向质量提升转变。原有的高等职业教育食品类专业教材从内容到表现形式,要满足现代食品工业人才培养的需要,就必须改革创新,在实践中不断探索高等职业教育食品类专业新形态系列教材建设的新路子,才能为高等职业教育食品类专业高技能人才培养奠定坚实的基础、发挥应有的作用。

“高等职业教育产教融合新形态教材”食品类专业系列教材具有如下特点:

1.精心组织编审队伍。在征集相关高等职业院校的申报材料的基础上,充分考虑不同院校的专业优势及教学创新改革进程及成果等,慎重确定参加编审的骨干人员,并根据教师提供的编写提纲、编写思路与样章等,由食品类专业系列教材编审委员会及专家组遴选组建编写团队。同时,邀请高等职业院校、行业及生产企业的专家参与教材建设,审核编写提纲,后期对书稿进行严格审定。教材编写过程中,作者与审稿人员充分沟通,书稿反复修改,从而确保了教材内容的前瞻性、科学性及对一线岗位的适应性。

2.创新编写体例。本次教材建设重点在食品类专业基础课程和专业核心课程。以“项目引领,任务驱动”作为教材的基本框架,以职业岗位确立典型工作任务,以典型工作任务确定岗位能力需求,以能力需求确定学习项目与任务,突出了实践性、企业案例化与职业化,并与项目紧密关联。内容新颖、趣味性强是本系列教材的一大亮点。对专业基础课程教材,创新了传统的学科编写体例,参考模块式总体思路设计,使教材精炼、实用,有利于提高学生的学习效果与效率,较以往传统教材有较大突破。

3.突出职业教育特色。教材编写体现了现代职业教育体系教学改革精神,该新形态系列教材将努力体现课程内容与职业标准对接、教学过程与生产过程对接的要求,反映高等职业教育专业课教学与思想政治理论课教学同向同行、职业技能与职业精神培养高度融合的特点,尤其是“项目引领,任务驱动”式教材,每一任务的活动规程,力求按工作任务的环节以表格任务单或实际案例形式进行编写与训练,突出操作环节与质量要求,促进职业技能培养与职业精神养成的紧密结合,实现教学与职业岗位的“零距离对接”。

4.新形态信息技术在系列教材中广泛应用。努力对食品类专业教材中的知识点与技能点进行信息化处理，使其表现形式更加多元化，提高智能化水平，突出趣味性与直观性，实现手机终端推送学习，采用微课、视频、动画等展示相关知识、专项实验、任务拓展与测试题答案等内容，充分体现了高等职业教育教材多元化创新的全新特色。

"高等职业教育产教融合新形态教材"食品类专业系列教材基本覆盖了食品加工、食品生物技术、食品营养与检测等食品类专业的专业基础课程与专业核心课程。系列教材既充分强调了食品科学的实践性，又充分考虑了食品产业与基础理论的有机结合，努力做到每种教材间内容相互补充、相互衔接，构成一个完整的课程体系。系列教材既可作为高等职业教育食品类专业的相关课程教材，也可作为现代食品企业相关技术人员及专业技术工人的培训、参考用书。

"高等职业教育产教融合新形态教材"食品类专业系列教材的顺利出版，是全国近60所高职学院及部分食品企业等共同奋斗的结果。在编写过程中所做的许多探索，为进一步推进高等职业教育教材建设的改革与创新提供了宝贵的经验。我们真诚地希望，以此为契机，进一步有效加强与各高等职业院校及食品企业的交流与合作，不断拓展食品类专业新形态系列教材合作开发的思路，创新教材开发的模式与服务方式。让我们共同努力，为深化高等职业教育食品类专业教育教学改革与人才培养质量的提高，发挥积极的推动作用。

中国农业大学出版社

2020年7月

前　言

为深入学习贯彻《国家职业教育改革实施方案》(国发〔2019〕4号,简称"职教二十条")和《关于实施中国特色高水平高职学校和专业建设计划的意见》,推进高等职业教育专业教学标准的落实,有效推进产教融合、校企合作及"学历证书+若干职业技能等级证书"(简称"1+X"证书制)制度试点工作,紧紧围绕培养现代食品生产第一线需要的高等职业教育技能型人才,并遵循高等职业教育的基本特点和规律,我们编写了《肉制品生产技术》教材。

本教材按照"任务驱动、项目导向"的设计思想,根据项目驱动式教学的需要,以引导学生主动学习为目的,进行体例架构设计,每个项目包含若干任务,每个工作任务均按照行动六步教学法设计,以"资讯—计划—决策—实施—检查—评价"为主要教学过程,还配有案例导入、课前思考等,前后项目由浅入深,难度适中,体现"教、学、做、考、评"的一体化思想,即以实际肉制品生产技术过程为设计依据,以不同的产品技术为任务目标,突出实践性教学,并按照"教、学、做"一体化教学模式组织教学,让学生系统掌握肉制品生产技术,提高实践技能,成为能胜任肉制品生产等工作的高技能人才,以适应高等职业教育创新和改革的需要。该教材构思新颖,内容丰富,结构合理,表现形式多元化,以行动导向的教学模式为依据,以学习性工作任务实施为主线,物化了本门课程历年来相关高等职业院校教育教学改革中所取得的成果,并统筹兼顾高等职业教育学生的学习特点。

该教材重点内容包含走进肉制品殿堂、畜禽屠宰生产与质量控制、肉制品原辅材料鉴别、肉制品生产与质量控制、酱卤肉制品生产与质量控制、熏煮香肠类肉制品生产与质量控制、熏煮火腿类肉制品生产与质量控制、腌腊肉制品生产与质量控制、烧烤肉制品生产与质量控制、油炸肉制品生产与质量控制、干肉制品生产与质量控制、高温肉制品生产与质量控制等内容。本教材内容深入浅出、通俗易懂,具有很强的针对性和实用性,是高等职业教育食品类专业学生的专用教材,也可作为食品企业在职员工的培训教材,还可作为相关专业人员的参考用书。

本教材由黑龙江民族职业学院赵百忠、黑龙江农垦科技职业学院陈明星担任主编,黑龙江省中医药科学院王少庸、黑龙江农业职业技术学院殷微微、河南牧业经济学院付丽、新疆农业职业技术学院马文鹏担任副主编,黑龙江职业学院杜宏宇、甘肃畜牧工程职业技术学院汤春霞、黑龙江民族职业学院董晓波、王洋、王迪参加了编写工作。

本书编写分工如下:引言、项目二、三由赵百忠编写;项目一、附录、工作任务流程单样表由陈明星编写;项目四由王迪编写;项目五、六、七由董晓波编写;项目八、九、十、十一由王洋编写;任务模块部分由王少庸、殷微微、董晓波、付丽、马文鹏、汤春霞、杜宏宇编写;多媒体课件由黑龙江民族职业学院董晓波、王迪负责制作。全书由赵百忠统稿。哈尔滨秋林食品有限公司王为同志、哈尔滨天手食品有限公司苏永贵同志与哈尔滨康泉肉制品辅料商行宗佰翎同志对本书的编写提出了许多宝贵的建设性的指导意见,保证教材内容与肉制品企业行业生产实际相结合，适合肉制品企业的用人需要。广西农业职业技术大学杨昌鹏教授、黑龙江民族职业学院姜旭德教授和原中央农业广播电视学校陈肖安等同志对教材内容进行了初审与最终审定，在此一并表示感谢。

由于编者水平有限，加之时间仓促，教材中存在着不同程度和不同形式的错误和不妥之处，衷心希望广大读者及时发现并提出，更希望广大读者对教材编写质量提出宝贵意见，以便修订和完善，进一步提高教材质量。

编　者

2021 年 5 月

扫描二维码下载本书教学课件和

工作任务流程单(电脑端下载)

目　录

引言

走进肉制品殿堂

一、肉制品内涵剖析

从商品学观点出发研究肉制品的加工利用价值，可以把肉理解为胴体，即家畜屠宰后除去血液、头、蹄、尾、内脏后的肉尸，俗称白条肉。它包括肌肉组织、脂肪组织、结缔组织和骨组织。广义来说，肉是指各种动物宰杀后所得的可食部分的统称，包括肉尸、头、血、蹄和内脏部分。

肉制品就是以肉为原料，配以适当的辅助材料，运用物理或化学的方法，进行加工制作的产品。

从肉制品概念分析，制作肉制品的原料一定是肉，没有肉的类似于肉类的产品都不能称为肉制品。肉制品国家标准(GB)部分条款的严谨性值得商榷，部分检测指标不够科学。如国标规定的产品蛋白质含量值，检测时只检测蛋白质含量，没有规定是动物蛋白质还是植物蛋白质，导致一些产品大量使用植物蛋白替代动物蛋白，降低了原料肉的使用量。市场上最典型的产品如普通级火腿肠，原料肉使用量极低，严格来说不应该划归肉制品范畴。另外，国标对肉制品中食盐用量的规定范围过于宽松，在倡导低盐食品的当今时代，国标规定食盐含量少于3.5%或4%即可，这就为不法商人利用白糖减轻食盐的咸味，而大量使用食盐预留了空间。

物理方法或化学方法指肉制品制作技术。物理方法主要指缓化、分割、配料、绞肉、灌制、包装等工序，肉制品不发生任何化学成分的变化。化学方法主要包括腌制、拌馅、烘烤、蒸煮、烟熏杀菌、冷却等工序，肉制品发生化学变化，产生颜色、风味和成分变化。

辅助材料主要指食盐、白糖、味精、香辛料、色素等各种食品添加剂。食品添加剂的使用必须符合 GB 2760—2014 之规定，必须严格控制添加量，同时适合消费者口味。

(一)肉制品分类

根据肉制品分类国家标准 GB/T 26604—2011，按照肉制品加工工艺进行分类，主要分为酱卤肉制品、肠类肉制品、火腿肉制品、腌腊肉制品、干肉制品、熏烧焙烤肉制品、油炸肉制品及调制肉制品。

另外，人们也根据熟制温度的高低将肉制品分为高温肉制品和低温肉制品。高温肉制品熟制温度高于 100 ℃，主要包括火腿肠、肉类罐头、午餐肉等；低温肉制品熟制温度低于 100 ℃，主要指火腿肉制品、腌腊肉制品、酱卤肉制品等。随着消费者食品营养与食品安全观念的转变与提升，高温肉制品市场份额呈递减趋势，低温肉制品越来越得到百姓的喜爱。

(二)肉制品专业术语

(1)精肉　指肌肉组织，即骨骼肌，附着于骨骼上的肌肉，俗称“瘦肉”。

(2)红肉　哺乳动物瘦肉部分，主要指猪、牛、羊等动物的瘦肉部分。禽类肉、鱼肉不能称为红肉。

(3)肥膘　脂肪组织中的皮下脂肪称作肥膘。脏器、内膜上的脂肪不能称为肥膘。肥膘主要包括脊膘和鞧(qiū)膘，脊膘硬度高于鞧膘，熔点较高，加热时不易熔化出油，原因是脊膘硬脂酸含量较高。这就是哈尔滨红肠中的脂肪丁主要由脊膘制备的原因。

(4)分割肉　采用分割工具将胴体按不同部位分割而成的肉。市场上(包括专营店、大型商超、农贸市场)销售的肉多数为分割肉，如前槽肉、后鞧肉、鸡胸肉等。现代肉制品加工厂所用的原料肉皆为分割肉。分割肉操作主要在屠宰工厂完成，还有一部分在销售摊床上完成。

(5)剔骨肉　将带骨肉进行剔骨处理所得的不带骨头的肉。

(6)热鲜肉　是指宰杀后未经任何加工程序就在市场上出售的肉。热鲜肉销售历史比较长久，一直延续到今天。热鲜肉是未经冷却排酸的肉，微生物滋生较快，影响消费者健康，售卖存在安全隐患，但热鲜肉相对冷鲜肉价格便宜，占有一定的消费群体。

(7)冷冻肉　指在低于－18 ℃的环境中冻结保存的肉，肉呈冻结状态。肉类加工厂所用的原料肉多为冷冻肉。冷冻肉有一定的保质期，猪肉通常为 6 个月，鸡肉通常为 3 个月。如想延长保质期，在肉冻结初期可以对肉表面进行喷水处理。

(8)冷鲜肉　又称冷却肉、水鲜肉，是指严格执行兽医检疫制度，对屠宰后的畜胴体迅速进行冷却处理，使胴体温度(以后腿肉中心为测量点)在 24 h 内降为 0～4 ℃，并在后续加工、流通和销售过程中始终保持 0～4 ℃范围内的生鲜肉。

二、肉制品的前世今生

(一)肉制品加工历史与人类文明相生相伴

肉制品加工历史悠久，内容丰富，是人类勤劳智慧的结晶，是人类文明的重要组成部分。在人类文明的进程中，几千年传承下来的不仅有灿烂辉煌的历史文化，还有让人垂涎欲滴的各种美食。肉制品以它的精工细作、臻醇美味在世界美食文化中占有一席一地。从古代的肉干、肉脯，近代的培根、腊肉，再到今天的香肠、火腿，无不彰显着肉制品的厚重与经典，匠心与技艺。掀开历史发展的画卷，动物被驯化、肉类成为人类的食物，显示了人类征服自然、改造自然取得的巨大进步。特别是火的发现，肉类可以被烤熟后再供人们食用，奠基了人类饮食的文明。古埃及曾记载了用盐和日晒保藏肉制品的方法；罗马被证明是最早使用冰和雪来保存肉的国家；我国也有 3 000 多年前用陶瓷器保存肉制品的记载。

我国肉制品加工的历史悠久。考古学家曾在两千多年前春秋战国时期的楚墓中发现有烤肉串。北魏末年杰出农学家贾思勰所著的《齐民要术》一书中，较详细地记录了肉制品生产的原料、配料和加工技术，列出了香肠、肉干、肉脯、糟肉等多种肉制品。到清朝乾隆年间，袁枚所著的《随园食单》一书中记载的肉制品种类有四五十种。创造了腊肉、干制、炸制、烧制、灌肠等加工方法，生产出许多风味别致、独树一帜、深受消费者喜爱的名特产品。如金华火腿，在我国唐代就有生产，在宋朝时已很流行，后来由意大利的传教士传往欧洲各地，至今意大利、加拿大的火腿还保持中国火腿的特色。镇江肴肉已有三百多年的历史，苏州酱汁肉、北京月盛斋的酱牛肉、烧牛肉等都有二百多年的历史。南京香肚亦已有一百年的历史，南京板鸭在明朝已为名产。我国地大物博，民族众多，饮食习惯各异，有历史的名特肉制品举不胜举。但早期的肉制品加工大多是在民间家庭、手工作坊以传统加工工艺制作。我国肉制品加工工业真正发展还是新中国成立以后。从 1953 年第一个五年计划开始，全国各地建立了一些大中型肉类联合加工厂，从而使肉制品的加工从手工作坊逐渐走向工业化生产，并成为食品工业中一个独立的工业部门。

随着肉制品工业的兴起，对肉类加工的科学研究、开发不断加强和深入，许多发达国家在 20 世纪 40—50 年代相应建立了肉类研究中心或研究所，有力地推动了肉制品加工和工业生产的发展。我国于 20 世纪 80 年代初建立了中国肉类食品综合研究中心，与此同时，全国一些轻工业、农业、商业系统的高等院校或研究所，设立了肉制品工艺学课程，开展了肉制品产品的开发研究工作。从此，我国肉制品加工在追赶世界先进水平的道路上不断前进。

(二)肉制品产业是方兴未艾的阳光产业

我国目前是世界上肉类生产的第一大国，也是肉类产品消费总量最多的国家之一，肉制品加工业在国民经济中占很重要的位置。伴随着人类社会的发展，肉类食品已经成为百姓餐桌上最重要的全价蛋白质第一来源食物，肉类食品人均消费量大小已经成为衡量一个国家营养状况的重要指标。中国肉类消费全球占比第一，但人均消费量仅处于中下游水平。2018 年我国人口为 13.93 亿人，全球占比 18.3%，消费肉类 8 930 万 t，全球占比为 28.4%。2014—2018 年，国内肉类消费平均值为 8 939 万 t。2019 年受肉类价格上涨幅度较大影响，国内肉类消费量为 8 133 万 t，同比下降 8.93%(引言图 1，数据来源中国产业信息网)。

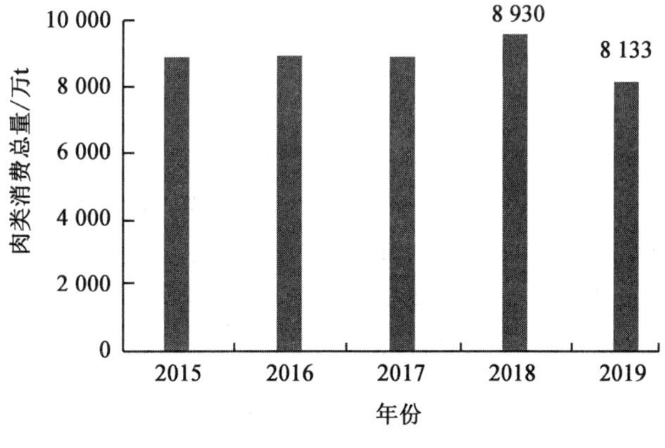

引言图 1　2015—2019 年中国肉类消费总量及同比增速

中国猪肉全球消费占比最高。由于消费习惯和价格综合影响，2019 年猪肉消费量全球占比 44.5%(引言图 2，数据来源中国产业信息网)。

我国猪肉消费将长期保持增长态势。长期来看，随着国民消费能力的提高，预计猪肉消费总量仍将呈递增趋势。预计 2021 年、2025 年、2029 年我国猪肉消费量分别为 5 618 万 t、5 853

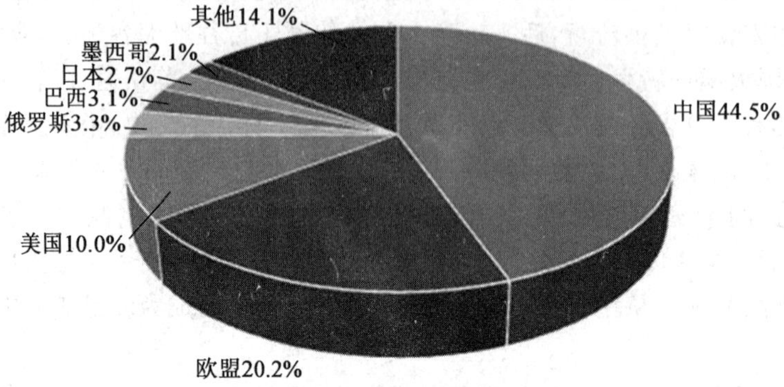

引言图 2 2019 年全球猪肉消费比例

万 t、6 077 万 t。2019—2029 年，年复合增速为 2.9%(引言图 3，数据来源农村农业部)。

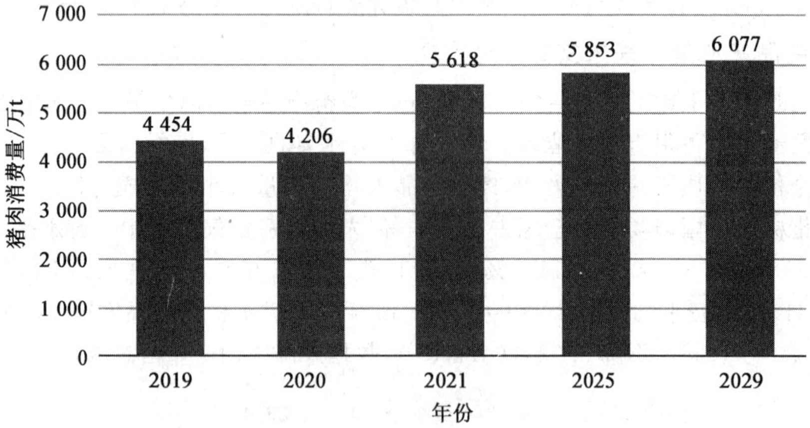

引言图 3 中国猪肉消费量发展趋势

中国改革开放 40 年，肉类产业飞速发展，肉制品生产量、消费量呈递增趋势，每年保持 15%左右的增长量，给肉制品从业人员带来了巨大的发展空间，而在肉制品从业人员当中，专业技术人员缺口巨大。随着机械智能时代的到来，简单的手工操作岗位必将被机器人取代，而掌握肉制品专业制作技术的人才将得到行业企业重用，未来肉制品专业技术人才会拥有发展机遇与空间。

(三)肉制品企业岗位设置

肉制品专业岗位设置源于肉制品生产工艺需要，生产工艺由不同的生产工序衔接而成，各道工序设置了相应的工位数，从业者在工位上工作要求必须执行工序操作标准。肉制品技术人才培养要适合肉制品企业生产实践要求，学习内容与企业岗位需求标准紧密衔接。现代肉制品企业岗位基本设置状况如引言图 4 所示。

分析企业岗位基本设置图，肉制品专业技术人才多分布在技术部和生产部相应岗位，主要从事生产管理、技术管理、产品管理、品质控制、产品研发、产品检验工作，工作重心以服务生产一线为基础，产品质量是企业生命线，生产车间的管理工作成效是一个企业产品质量优劣的基

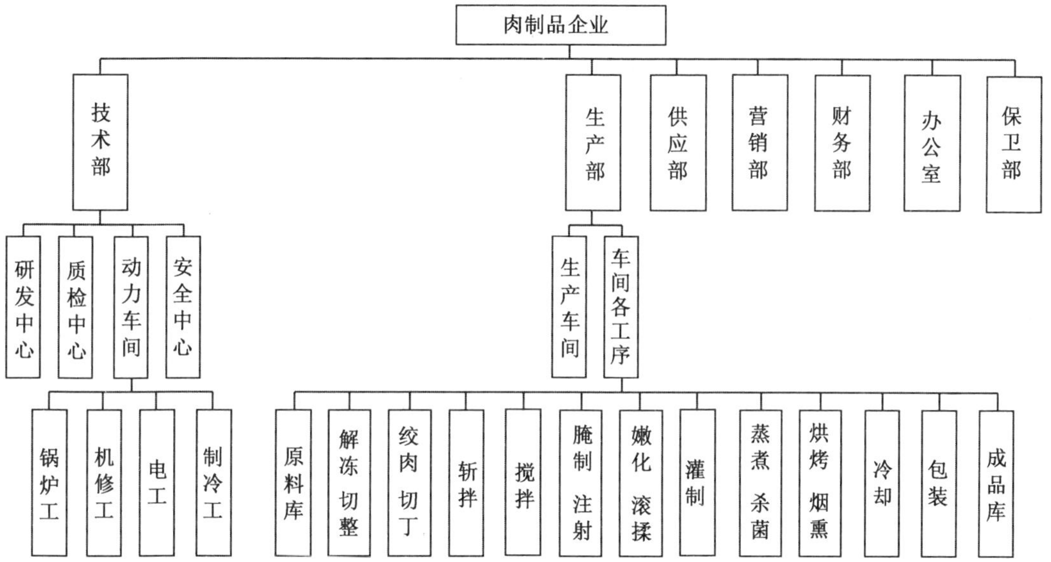

引言图4　肉制品企业岗位设置

础保障。肉制品车间工艺流程中包含多个生产工段，每个生产工段包含一个或多个工序，各工序皆有严格的工序操作标准，如何将工艺操作标准执行准确到位，是肉制品专业人才应该具备的能力，同时要求肉制品专业人才具备在工序操作过程中纠正偏差的能力和处理突发故障的能力。

（四）肉制品生产条件

肉制品生产条件主要包括厂房、设备、员工、物料、方法五个方面。每个方面都有相应的规范和要求，物料、设备、方法将在后续课程中学习。

1. 肉制品生产厂房规范要求

（1）车间设计要与生产能力相适应，一般情况下，生产车间内的加工人员人均拥有面积，除设备外，应不少于 1.5 m^2，车间的顶面高度不应低于 3 m。

（2）生产区与生产人员的卫生设施，如更衣室、淋浴间和卫生间等，应该在建筑上为联体结构。

（3）车间的布局既要便于各生产环节的相互衔接，又要便于生产过程的卫生控制，防止生产过程中交叉污染的发生。

食品生产过程基本上都是原料—半成品—成品的过程，即从非清洁到清洁的过程，因此，加工车间的生产原则上应该按照产品的加工进程顺序进行布局，使产品加工从不清洁的环节向清洁环节过渡，不允许在加工流程中出现交叉和倒流。

清洁区与非清洁区之间要采取相应的隔离措施，以便控制彼此间的人流和物流，从而避免产生交叉污染，加工品传递通过传递窗进行。

要在车间内适当的地方，设置工器具清洗、消毒间，配置供工器具清洗、消毒用的清洗槽、消毒槽和漂洗槽，必要时，有冷热水供应，热水的温度应不低于 85 ℃。

（4）车间的地面要用防滑、坚固、不渗水、易清洁、耐腐蚀的材料铺制，车间地面表面要平坦、不积水,有相应的坡度。

车间的墙面用耐腐蚀、易清洗消毒、坚固、不渗水的材料铺制,用浅色、无毒、防水、防霉、不易脱落、可清洗的材料覆涂。车间的墙角、地角和顶角曲率半径不小于 3 cm,呈弧形。

车间的顶面用的材料要便于清洁,有水蒸气产生的作业区域,顶面所用的材料还要不易凝结水珠,在建造时要形成适当的弧度,以防冷凝水滴落到产品上。

车间门窗有防虫、防尘及防鼠设施,耐腐蚀、易清洗。窗台离地面高度不少于 1 m,并有45°斜面。

(5)车间内生产用水的供水管应采用不易生锈的管材,供水方向由清洁区流向非清洁区。车间内的供水管路应统一走向,冷水管要避免从操作台上方通过,以免冷凝水凝集、滴落到产品上。

车间的排水沟应该用表面光滑、不渗水的材料铺砌,施工时不得出现凹凸不平和裂缝,并形成 3%的倾斜度,以保证车间排水的通畅,排水的方向也应从清洁区向非清洁区方向排放。

2.肉制品专业人才素质要求

(1)将社会主义核心价值观个人价值准则(爱国、敬业、诚信、友善)融入学习全过程;

(2)以创新思维去学习实践,寻找创新点,为养成肉制品专业创业能力奠定基础;

(3)培养一丝不苟、精益求精、求知造物的工匠精神;

(4)保持健康体魄,具备从事肉制品生产的身体素质;

(5)树立"食品安全第一"的从业理念,保证生产的肉制品营养、健康、美味;

(6)熟悉肉制品行业规章制度,在肉制品生产制作过程中严格执行,落实到位。

项目一

畜禽屠宰生产与质量控制

【知识目标】

①了解屠宰厂的卫生要求及畜禽屠宰前的管理要求。②熟悉畜禽屠宰加工工艺。③熟悉畜禽分割加工过程及操作要求。④熟悉畜禽宰前和宰后的检疫及处理。

【技能目标】

①能够独立完成畜禽屠宰前的卫生控制与管理工作。②能够独立完成畜禽宰前的检疫及处理工作。③能够独立完成畜禽宰后的检疫及处理工作。④能够胜任畜禽屠宰和分割加工工序的工作。

【项目描述】

本项目教学包含4个任务,即畜禽宰前准备与管理、畜禽屠宰生产与质量控制、畜禽分级管理与质量控制、畜禽宰后检疫及处理,学习者可以对畜禽屠宰加工工艺、畜禽胴体分割方法、肉品加工过程同步检疫检验控制及肉品质量卫生要求等方面有全面系统的学习,为从事肉制品加工及检疫检验相关工作奠定坚实的基础。

【思维导图】

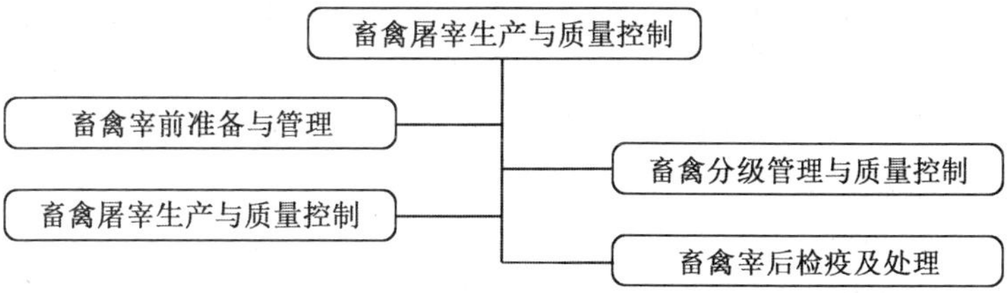

【案例导入】

庖丁解牛——日臻化境的分割技术

庖丁的解牛刀用了十几年,宰了几千头牛,刀口还像刚从磨刀石上磨出来的一样。因为牛体的骨节有空隙,刀口却薄得像没有厚度,把很薄的刀口插入有空隙的骨节,宽宽绰绰的,那么刀的运转必然是大有余地的了。即使有这样的技术，每当遇到筋骨交错聚结的地方，庖丁也是小心翼翼的，他提高警惕，目光集中到一点，动作放缓，轻轻用力，牛的骨和肉便“嚯”地一声剖开了，像泥块一样散落在地上。庖丁提着刀站起来，环顾四周，悠然自得，心满意足，他把刀擦拭干净，又收藏起来。

【课前思考】

①屠宰加工的畜禽品种有哪些？畜禽宰前和宰后如何评定是否合格？②畜禽屠宰加工工艺一样吗？在屠宰加工和分割加工生产过程中应注意什么？

【任务设计】

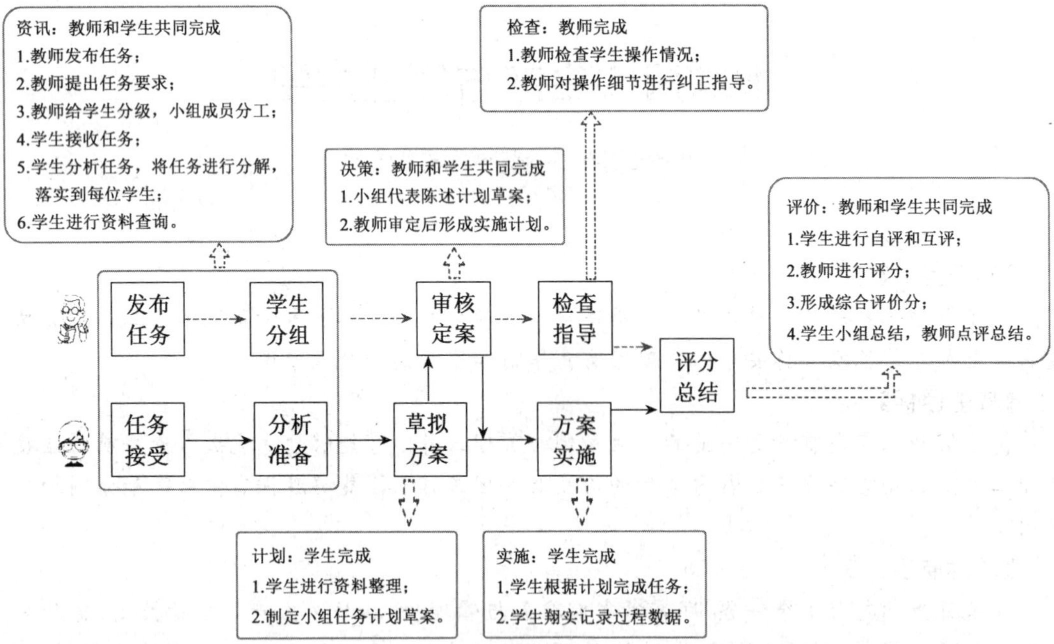

世界各地由于风俗习惯、饮食文化、畜禽品种等因素的影响，畜禽屠宰加工方法和质量标准也不尽相同，但随着肉品加工行业的全球化，各国的畜禽加工产品规格、形态的不统一，极大阻碍了各国之间的贸易交流。随着经济的发展，我国各类农产品的进出口贸易额大幅度提高，肉类加工制品也逐渐与国际市场接轨。肉的品质是人们对食用肉类的感官特征、理化指标、营养价值、卫生安全性等多种质量性状的综合评价，它受遗传、环境、饲养、屠宰、加工处理、贮藏和销售等多种因素的影响，要提高畜禽肉的品质，必须同时从多方面考虑并从整体上进行控制。畜禽屠宰方式、胴体分级和分割技术是形成畜禽肉产品的基础，它不仅涉及对动物的击晕、放血、烫毛、分割等处理方法，而且要按照质量等级、规格等级和综合等级等对胴体进行分级，并且还要在屠宰与分割加工过程中采取宰前和宰后检疫等措施保证肉质卫生安全，生产中大力加强对这些环节的联合控制是提高肉类质量的重要方法和手段。因此，必须提高从业者和管理者的技能水平，加快优质畜禽肉产前、产中和产后的正规化、科学化、标准化和程序化建设，从而推动畜禽屠宰加工产业的高速发展。畜禽屠宰加工技术教学任务主要从畜禽宰前准备与管理、畜禽屠宰加工、畜禽分割加工和畜禽宰后检疫四个方面进行学习。

任务1　畜禽宰前准备与管理

一、屠宰厂布局及设施要求

屠宰加工企业以畜禽为原料加工生产肉制品及其他副产品，为了保障肉食的卫生安全，控制畜禽疫病的传播，必须加强对屠宰加工场所的卫生监督。屠宰加工场所的设置应遵循“统一规划、合理布局、有利流通、方便群众、便于检疫和管理”的原则。

1.屠宰厂设计原则

畜禽屠宰与分割车间所在厂址应远离供水水源地和自来水取水口，其附近应有城市污水排放管网或允许排入的最终受纳水体。厂区应位于城市居住区夏季风向最大频率的下风侧，并应满足卫生防护距离要求。厂址周围应有良好的环境卫生条件，厂区应远离受污染的水体，并应避开产生有害气体、烟雾、粉尘等污染源的工业企业或其他产生污染源的地区或场所。屠宰与分割车间所在的厂址必须具备符合要求的水源和电源，其位置应选择在交通运输方便、货商、流向合理的地方，结合加工工艺要求因地制宜地确定，并且应符合规划的要求。

2.屠宰厂设计布局

厂区应划分为生产区和非生产区。活畜禽、废弃物运送与成品出厂不得共用一个大门，场内不得共用一个通道。生产区各车间的布局与设施应满足生产工艺流程和卫生要求。车间清洁区与非清洁区应分隔。屠宰车间和分割车间的建筑面积与建筑设施应与生产规模相适应。

3.屠宰厂卫生要求

屠宰与分割车间所在厂区的路面、场地应平整、无积水。主要道路及场地宜采用混凝土或沥青铺设。厂区内建(构)筑物周围、道路的两侧空地均宜绿化。原料接收区应设有车辆清洗、消毒设施。厂内应在远离屠宰与分割车间的非清洁区内设有畜禽粪、废弃物等的暂时集存场所，其地面、围墙或池壁应便于冲洗消毒。运送废弃物的车辆应密闭，并应配备清洗消毒设施及存放场所。屠宰加工污染物排放应满足国家有关标准的要求，尤其是“三废”处理必须符合《中华人民共和国环境保护法》的规定。

4.屠宰与分割车间建筑要求

屠宰与分割车间的建筑面积与建筑设施应与生产规模相适应。车间内各加工区应按生产工艺流程划分明确，人流、物流互不干扰，并符合工艺、卫生及检验要求。

(1)车间地面应采用不渗水、防滑、易清洗、耐腐蚀的材料，其表面应平整无裂缝、无局部积水。排水坡度分割车间不应小于1%，屠宰车间不应小于2%。

(2)车间内墙面及墙裙应光滑平整，并应采用无毒、不渗水、耐冲洗的材料制作，颜色宜为白色或浅色。墙裙如采用不锈钢或塑料板制作时，所有板缝间及边缘连接处应密闭。墙裙高度屠宰车间不应低于3 m，分割车间不应低于2 m。

(3)地面、顶棚、墙、柱、窗口等处的阴阳角,必须设计成弧形。顶棚或吊顶表面应采用光滑、无毒、耐冲洗、不易脱落的材料。除必要的防烟设施外,应尽量减少阴阳角。

(4)门窗应采用密闭性能好、不变形、不渗水、防锈蚀的材料制作。车间内窗台面应向下倾斜 45°,或采用无窗台构造。

(5)成品或半成品通过的门,应有足够宽度,避免与产品接触。通行吊轨的门洞,其宽度不应小于 1.2 m;通行手推车的双扇门,应采用双向自由门,其门扇上部应安装由不易破碎材料制作的通视窗。

(6)车间内应设有防蚊蝇、昆虫、鼠类进入的设施。

(7)楼梯及扶手、栏板均应做成整体式的,面层应采用不渗水、易清洁材料制作。楼梯与电梯应便于清洗消毒。

(8)车间外墙维护结构保温宜满足国家对公共建筑节能的要求。

5. 屠宰与分割车间设施要求

(1)设备和器具　应配备与生产能力相适应的生产设备,并按工艺流程有序排列,避免引起交叉污染。接触肉类的设备、器具和容器,应使用无毒、无味、不吸水、耐腐蚀、不易变形、不易脱落、可反复清洗与消毒的材料制作,在正常生产条件下不会与肉类、清洁剂和消毒剂发生反应,并应保持完好无损;不应使用竹木工(器)具和容器。加工设备的安装位置应便于维护和清洗消毒,防止加工过程中交叉污染。废弃物容器应选用金属或其他不渗水的材料制作。盛装废弃物的容器与盛装肉类的容器不得混用。不同用途的容器应有明显的标志或颜色差异。在畜禽屠宰、检验过程中使用的某些器具、设备,如宰杀、去角设备、检验刀具、开胸和开片刀锯、检疫检验盛放内脏的托盘等,每次使用后应使用 82 ℃以上的热水进行清洗消毒。根据生产需要,应对车间设施、设备及时进行清洗消毒。生产过程中,应对器具、操作台和接触食品的加工表面定期进行清洗消毒,清洗消毒时应采取适当措施防止对产品造成污染。

(2)供水和排水设施　屠宰与分割车间生产用水应符合 GB 5749 的要求,企业应对用水质量进行控制。并根据生产工艺流程的需要,应在用水位置分别设置冷、热水管。清洗用热水温度不宜低于 40 ℃,消毒用热水温度不应低于 82 ℃。急宰间及无害化处理间应设有冷、热水管。加工用水的管道应有防虹吸或防回流装置,供水管网上的出水口不应直接插入污水液面。屠宰与分割车间地面不应积水,车间内排水流向应从清洁区流向非清洁区。应在明沟排水口处设置由不易腐蚀的材质制成的格栅,并有防鼠、防臭的设施。生产废水应集中处理,排放应符合国家有关规定。

(3)通风设施　屠宰与分割车间内应有良好的通风、排气装置,及时排除污染的空气和水蒸气。空气流动的方向应从清洁区流向非清洁区。通风口应装有纱网或其他保护性的耐腐蚀材料制作的网罩,防止虫害侵入。纱网或网罩应便于装卸、清洗、维修或更换。

(4)照明设施　车间内应有适宜的自然光线或人工照明。照明灯具的光泽不应改变加工物的本色,亮度应能满足检疫检验人员和生产操作人员的工作需要。在暴露肉类的上方安装的灯具,应使用安全型照明设施或采取防护设施,以防灯具破碎而污染肉类。

(5)清洁消毒设施

①厂区、车间清洗消毒设施　厂区运输畜禽车辆出入口处应设置与门同宽,长 4 m、深

0.3 m 以上的消毒池；生产车间入口及车间内必要处，应设置换鞋（穿戴鞋套）设施或工作鞋靴消毒设施，其规格尺寸应能满足消毒需要。隔离间、无害化处理车间的门口应设车轮、鞋靴消毒设施。

②更衣室、洗手和卫生间消毒设施　结合屠宰加工生产能力，在车间入口处、卫生间及车间内适当的地点设置配有适宜温度的洗手设施及消毒、干手设施。洗手设施应采用非手动式开关，排水应直接接入下水管道。应设有与生产能力相适应并与车间相接的更衣室、卫生间、淋浴间，其设施和布局不应对产品造成潜在的污染风险。不同清洁程度要求的区域应设有单独的更衣室，个人衣物与工作服应分开存放。淋浴间、卫生间的结构、设施与内部材质应易于保持清洁消毒。卫生间内应设置排气通风设施和防蝇防虫设施，保持清洁卫生。卫生间不得与屠宰加工、包装或贮存等区域直接连通。卫生间的门应能自动关闭，门、窗不应直接开向车间。

6. 仓储设施

储存库的温度应符合被储存产品的特定要求。储存库内应保持清洁、整齐、通风。有防霉、防鼠、防虫设施。应对冷藏储存库的温度进行监控，必要时配备湿度计；温度计和湿度计应定期校准。

7. 废弃物存放与无害化处理设施

应在远离车间的适当地点设置废弃物临时存放设施，其设施应采用便于清洗、消毒的材料制作；结构应严密，能防止虫害进入，并能避免废弃物污染厂区和道路或感染操作人员。车间内存放废弃物的设施和容器应有清晰、明显标识。无害化处理的设备配置应符合国家相关法律法规、标准和规程的要求，满足无害化处理的需要。

8. 屠宰加工场所的消毒

根据病原体传播的途径，消毒的范围应包括病畜通过的道路，停留过的圈舍，与病畜禽接触过的工具、饲槽、车船，生产车间的地面、墙裙、设备、用具，病畜禽的排泄物、分泌物、血污，各种人员的刀具、工作服、手套、胶靴等。

(1)车间的消毒　屠宰加工企业各生产车间的消毒，按卫生条例规定有经常性消毒和临时性消毒两种。

①经常性消毒　经常性消毒是指在日常清洁扫除的基础上所进行的消毒，每日工作完毕，必须将全部生产地面、墙裙、通道、排水沟、台桌、设备、用具、工作服、手套、围裙、胶靴等彻底洗刷干净，并用 82 ℃左右的热水进行消毒。按规定，每周进行一次大消毒。在彻底扫除、洗刷的基础上，对生产地面、墙裙和主要设备用 1%～2%的氢氧化钠溶液或 2%～4%的次氯酸钠溶液进行喷洒消毒，保持 1～4 h 后，用水冲洗。刀和器械可用 82 ℃左右的热水消毒或 0.015%的碘溶液消毒。工作人员的手用 75%的乙醇擦拭消毒或用 0.002 5%的碘溶液洗手消毒。胶鞋、围裙等胶制品，用 2%～5%的福尔马林溶液进行擦洗消毒。工作服、口罩、手套等应煮沸消毒。

②临时性消毒　临时性消毒是在生产车间发现炭疽等恶性传染病或其他必要情况下进行的以消灭特定传染病原为目的的消毒方法。它在控制疫情、防止肉品污染上有很大的作用。具体做法可根据传染病的性质分别采用有效的消毒药剂。对病毒性疾病的消毒，多采用 3%的氢氧化钠喷洒消毒。对能形成芽孢的细菌（如炭疽、气肿疽等），应用 10%的氢氧化钠热水

溶液或10%～20%的漂白粉溶液进行消毒，国外多用2%的戊二醛溶液进行消毒。消毒的范围和对象，应根据污染的情况来决定。消毒时药品的浓度、剂量时间等必须准确。

(2)圈舍场地的消毒　需先进行清扫，将粪便、垫草、表土和垃圾集中后按规定进行处理。对地面、墙壁、门窗、饲槽，用1%～4%的氢氧化钠溶液或4%的碳酸钠喷洒消毒。消毒后打开门窗通风，并用水冲洗饲槽以除去药味。圈舍墙壁还可以定期用石灰乳粉刷，以达到美化环境和消毒的目的。

(3)运输工具的消毒　对装运过健康动物及其产品的车船，清扫后用60～70 ℃的热水冲洗消毒。装运过患一般性传染病病畜禽及其产品的车船，清扫后用4%的氢氧化钠溶液或0.1%的碘溶液洗涤消毒，清除的粪污应进行生物热消毒。装运过由形成芽孢的病原菌感染引起恶性传染病的畜禽及其产品的车船，先用4%的福尔马林溶液喷洒，然后清扫，再用4%的福尔马林溶液喷洒消毒，1 m^2 需消毒药液0.5 kg。保持0.5 h后再用热水仔细冲洗，最后再用上述药液喷洒消毒。清除的粪便焚烧销毁。

9.屠宰污水的净化处理

屠宰加工用后的废水具有流量大、污物多、温度高和气味不良的特点。尽管屠宰加工企业排出的污水中基本上不存在汞、氰、酚、苯等毒物，但由于含有大量微生物和寄生虫卵，任其排放就会污染地上水资源和地下水，直接影响到工业用水和城市饮水的质量，并在公共卫生和畜禽流行病学方面具有一定的危险性。因此必须做好屠宰污水的净化处理。

屠宰污水处理通常包括预处理、生物处理、消毒处理三部分，预处理主要是利用物理学的原理除去污水中的悬浮固体、胶体、油脂与泥沙；除脂槽主要用于收集污水中的油脂；沉淀池是利用静置沉淀的原理沉淀污水中固体物质的澄清池。生物处理是利用自然界的大量微生物氧化有机物的能力，除去污水中各种有机物，使之被微生物分解后形成小分子的水溶性物质、低分子的气体和无机盐，根据微生物嗜氧性能的不同，将污水生物处理分为好氧处理法和厌氧处理法两类。消毒处理是指经过生物处理后的污水一般还含有大量的菌类，特别是屠宰污水含有大量的病原菌，需经药物消毒处理方可排出，常用的方法是氯化消毒，即将液态氯转变为气体通入消毒池，可杀死99%以上的有害细菌。

二、宰前检疫及处理

(一)宰前检疫的意义

畜禽的宰前检疫与管理是保证肉品及肉品加工卫生质量安全的重要环节，采取病、健隔离，病、健分宰，防止肉品交叉污染，在提高肉品卫生质量、防止疫情扩散等方面，起着极为重要的作用。屠宰畜禽通过宰前临床检查，可以初步确定其健康状况，尤其是能够检出宰后检验难以检出的疫病，如破伤风、李氏杆菌病、脑炎、胃肠炎、脑包虫病、口蹄疫以及某些中毒性疾病，因这些疾病的临床症状明显，通过宰前检验即可确诊，而宰后一般无特殊病理变化或因解剖部位的关系，在宰后检验时常有被忽略和漏检的可能。

(二)宰前检疫的程序

(1)入场验收　包括以下四个方面。

①验讫证件，了解疫情　当畜禽运到屠宰场后，兽医检疫人员向货主索取产地检疫证明，如《动物产地检疫合格证明》或《出县境动物检疫合格证明》《动物及动物产品运载工具消毒证明》等相关证明文件。检查按国家或地方规定必须强制预防接种的项目，畜禽必须处在免疫有效期内。还要了解产地有无疫情，核对畜禽的种类和数量、畜禽标识情况，并询问途中有无发病和死亡情况。如发现数目不符或有中途死亡的须查明原因。如果发现疫情或有疫情可疑时，不得卸载，立即将该批畜禽转入隔离圈内，进行仔细检查和必要的化验，确诊后按规定妥善处理。

②视检畜禽，病健分群　经查验认可的畜禽，准予卸载并入预检圈，施行外貌检查，对病畜禽、可疑病畜禽以及国家禁宰的动物在体表分别涂刷一定的标记，并将病畜禽和禁宰畜禽移入隔离圈。要求检疫人员认真观察畜禽的精神状况、外貌、运动姿势等，赶入预检圈的必须按种类、产地、批次，分圈饲养管理，不可混群。

③逐头检温，剔出病畜禽　屠畜进入预检圈，给充足的饮水，应在 4 h 后逐头检温，将体温异常的畜禽移入隔离圈。

④个别诊断，按章处理　对隔离圈中的病畜禽和可疑病畜禽逐个进行诊断，并按照《病害动物和病害动物产品生物安全处理规程》的有关规定进行处理。

(2)住场查圈　入场验收合格的畜禽，在宰前饲养管理期间，兽医人员应经常深入圈舍进行观察，及时发现病畜禽并予以隔离。

(3)送宰检查　进入宰前饲养场的健康畜禽，经过 2 d 以上的饲养管理之后，再进行详细的外貌检查和逐头检温，即可送往屠宰加工车间屠宰。

(三)宰前检疫的方法

畜禽的宰前检疫，通常采用群体观察和个体检查相结合的方法。根据有关规定按畜禽的品种及数量进行宰前检验。主要是对成批、大群畜禽(马、牛 10 匹以上，猪、羊 20 头以上，禽 50 只以上)进行检验。因此，马、牛、骆驼等大牲畜，以个体临床检疫为主，群检次之；而猪、羊、禽、兔等中小动物，采取群体或按一定比例抽查的方法进行个体检疫。具体方法归纳为“动、静、食”三个检查环节和“看、听、摸、检”四项检查要领。

1.群体检查

检疫时把同一产地或同一批的畜禽划为一群，禽可按笼、箱、舍化为一群，按静态、动态、食欲状态的顺序进行观察。

(1)静态观察　在不惊扰畜禽的情况下，使畜禽处于安静休息状态，观察畜禽的站立、睡卧姿势、精神状态、呼吸频率、有无咳嗽、喘息、战栗、流涎及孤立一隅等情况，从中发现不健康的畜禽，对其标号，并剔出进行个体临床详细检查。

(2)动态观察　通过静态的观察之后，先观察畜禽的自然活动情况，然后将畜禽轻轻轰起，再观察运动时的活动，观察其活动姿势，如果有眩行、后腿麻痹、踉跄打晃、屈背弓腰、懒得起动或行走、离群掉队、咳嗽加剧以及小便赤黄等异常症状，可标号剔出进行个体检查。

(3)食欲观察　在畜禽自然采食、饮水时进行观察。注意有无停食、不饮、少食、少饮，或有异常采食的现象，异常饮水表现的，或有咽下困难、呆立不前、槽头沉郁、中途退槽等状态的，发现疑似有病的畜禽标上记号，隔离出来，并做进一步个体检查。

2.个体检查

经群体检查被剔出的病畜禽和可疑病畜禽应做个体检查，即对病畜禽进行看、听、摸、检等兽医临床诊断，必要时可进行实验室化验和病理解剖学和病原微生物学诊断。即使已经群体检查并判为健康无病的牲畜，必要时也可抽10%做个体检查，如果发现传染病，可继续抽验10%，有时甚至要全部进行个体检查。

(1)看　主要检查精神外貌、营养状况、起卧运动姿势、反刍以及皮肤、被毛、羽毛、冠、髯、呼吸、可视黏膜、天然孔、鼻镜、粪、尿等。

①看精神、被毛和皮肤的疾病状态　病者表现兴奋不安或沉郁、迟钝，被毛粗乱或成片脱落，皮肤变厚，弹力不良，颜色异常，皮疹或有溃烂处等。

②看运步姿态、肢行和拐腿等病情变化　注意有无破伤风、脑炎、李氏杆菌病和五号病等特有的症状。

③看可见黏膜的变化　详细观察眼、口、鼻有无苍白或潮红、发绀、肿胀及其分泌物流出的状况等。

④看排泄物的异常变化　注意有无便秘、腹泻、便中带血及血尿等病理变化。

(2)听　用耳朵直接听取或用听诊器间接听取畜禽体内发出的各种声音。主要听叫声、咳嗽声、心音、肺泡气管呼吸音、胃肠蠕动音等。

①听叫声　通过叫声宏亮、低哑，甚至呻吟、磨牙、嘶哑及发吭等声音辨别病健及病情。

②听咳嗽　注意干咳(多见上呼吸道炎症)、湿咳(多见支气管肺炎)以及阵咳、连咳等。

③听呼吸　注意肺泡呼吸、支气管呼吸音、干啰音、湿啰音及胸膜摩擦音等。

④听心音及胃肠蜗动音　心跳次数、浊弱、节律，有无杂音和肠蠕动增强、减弱与消失等。

(3)摸　用手触摸畜禽体各部，并结合眼观、耳听，进一步了解被检组织和器官的功能状态。主要是触摸皮肤(耳根)温度、弹性，胸廓、腹部敏感性，体表淋巴结的大小、形状、硬度、活动性、敏感性等，嗉囊内容物性状。必要时进行直肠检查。

①摸耳与角根　摸耳、角根可初步判定其体温变化。

②摸体表皮肤　有意摸四肢、颌下和胸前等处有无肿胀或结节，查明软硬度、波动感及有无捻发音等。

③摸脉搏　马属动物摸颌下动脉，牛及成年猪摸尾动脉，羊及中小猪摸后腿内侧股内动脉，禽类以心跳次数作为脉搏参考数据。

④摸体表淋巴结　根据各畜体表淋巴结的部位，摸其大小、形状、硬度、温度敏感性、活动性及压痛等。

(4)检　主要检查畜禽的体温、脉搏和呼吸次数，重点是测体温。体温的升高或降低，是畜禽患病的重要标志。凡患各种热性传染病者，体温普遍高于正常体温。但有些传染病有时在病程过程中处于正常，如猪的口蹄疫，当水泡破裂后，猪的体温正常；疹块型猪丹毒病，当疹块明显出现之后，猪体温也会降为正常的；还有猪的气喘病及其消化不良等疾病。在正常情况下，各种畜禽的体温、呼吸和脉搏变化等见表1-1。

表 1-1　各种畜禽的体温、呼吸和脉搏变化

畜禽种类	体温/℃	脉搏/(次/min)	呼吸(次/min)
猪	38.0～39.5	60～80	18～30
黄牛、奶牛	37.5～39.5	40～80	10～30
水牛	37.0～38.5	30～50	10～50
羊	38.0～39.5	70～80	12～30
马	37.5～38.5	26～44	8～16
骡	38.0～39.0	42～54	8～16
驴	37.5～38.5	40～50	8～16
犬	37.5～39.0	70～120	10～30
兔	38.5～39.5	130～140	50～60
鸡	40.0～42.0	120～200	15～30
鸭	41.5～42.5	140～200	16～18
鹅	40.0～41.0	120～160	12～20

(四)宰前检疫后的处理

畜禽经宰前检疫后健康合格、符合卫生质量和商品规格的畜禽按正常工艺屠宰。对宰前检疫发现的各种病畜禽,应该根据疾病的性质、病势的轻重以及有无隔离条件等分别采取各种有效的处理措施。

(1)禁宰　经检查确诊患有炭疽、鼻疽、牛瘟、恶性水肿、气肿疽、狂犬病、羊快疫、羊肠毒血症、马流行性淋巴管炎、马传染性贫血等恶性传染病的畜禽,用密闭运输工具运到指定地点,应采取不放血的方法扑杀,肉尸不得食用,只能工业用或销毁。并且因患有或疑似恶性传染病死亡的畜尸,也应作工业用或销毁,不得冷宰食用。同群其他畜禽应立即进行测温。体温正常者送到指定地点进行急宰,并认真检验,不正常的畜禽予以隔离观察,确诊为非恶性传染病的方可屠宰。

(2)急宰　对无碍肉食卫生的普通病危、濒死于重伤和某些一般传染病的病畜禽,可进行急宰。但须有卫检员监督于急宰间进行。

(3)缓宰　经检查确定为一般普通病如轻伤、过度疲劳软弱或能治愈并愈后良好的牲畜,确认患有一般传染病,有治愈希望者,或患有疑似传染病而未确诊的都应缓宰。但应考虑有无隔离条件和消毒设备,以及病畜禽短期内有无治愈的希望等问题。否则,只能送去急宰。

(4)死畜禽的处理　凡在运输途中或宰前管理中自行死亡或死因不明的畜禽,应一律销毁,不准食用,并及时查明原因以确定同群畜禽的处理方法。如查明原因,确定为因挤压、斗殴等纯物理性因素导致死亡的畜禽尸体,经检验肉品品质良好,并能在死后 2 h 内取出全部内脏器官者,胴体经高温无害化处理后方可供食用。若查明有患病畜禽,对同群的畜禽,根据疫病的性质与传染情况的不同,根据处理规定和要求应迅速屠宰或做其他处理。被病畜禽污染的场地、设备、用具,应进行严格消毒。检疫人员对宰前检疫的检疫合格证明、家畜耳标和出具准宰通知书及处理情况都要做完整的记录留档,并保存 12 个月备查。若发现危害严重的疫病,检疫员必须及时联系并向当地和产地的动物防疫监督机构报告疫情,以便及时采取相应的预防控制措施。

三、畜禽的选择

肉品工业生产原料主要是家畜和家禽，简称肉用畜禽。我国用于肉品生产的畜禽有猪、牛、羊、鸡、鸭、鹅、家兔、驴、骆驼及某些野生动物。由于品种等因素直接影响肉和肉制品加工的质量，因此对肉品工业生产的原料必须提出一定的要求，屠宰与分割的畜禽必须符合农业行业标准 NY 467—2001《畜禽屠宰卫生检疫规范》等相关标准规定，经检疫人员出具检疫证明，保证健康无病，方可作为屠宰对象加以选择。此外，畜禽要求年龄适当，肥度适中，以屠宰率高为基本原则。

1. 畜禽品种

畜禽肉的品质与品种密切相关。品种和个体间肉质的差异主要是由基因决定的，可以通过选择控制肉品质的优良基因改善肉品质。以牛肉为例，不同品种的牛肉品质差异很大，同一个品种不同个体的牛肉品质也有很大差别，主要表现在牛肉的色泽、肌肉脂肪、大理石纹和嫩度等方面；风味也有一定的差别，但差异较小。

(1)猪的品种　我国猪的种类多、分布广，按地区可分为华南、华中、华北、西南、东北、高原等类型，地方猪种有东北民猪、黑花猪、内江猪、淮猪、梅山猪、湖南花猪、浙江猪、云贵猪等。引进的外来种猪有巴克夏猪、约克夏猪、苏联大白猪、杜洛克猪、波中猪等。以本地种与外来种杂交改良的种猪有新金猪、定县猪、昌黎猪、哈白猪、三江猪、松辽黑猪等品种；长江、黄河流域产的花猪近似腌肉型；内江猪、宁乡猪、新金猪近似脂肪型；荣昌猪、梅山猪、哈白猪属于肉脂兼用型，而新育成的三江猪为瘦肉型。

(2)牛品种　我国的肉用牛多为役肉兼用型，无特定的肉用型。种类有黄牛、水牛、牦牛，黄牛分布较广，多在华北、西北、东北地区，水牛多在华南，牦牛分布在青藏高原地带。以黄牛作为主要肉用的原料，其次是水牛和牦牛。黄牛是中国对牦牛和水牛以外的所有家牛的惯称。黄牛分为 28 个品种，分布于全国各地，其中秦川牛、南阳牛、鲁西牛、晋南牛、延边牛和蒙古牛品种分布最广，数量最多，其他如 DMY 牛、宣汉黄牛等。而世界肉牛品种主要有海福特牛、夏洛来牛、利木赞牛、安格斯牛、西门塔尔牛、短角牛、皮埃蒙特肉牛、婆罗门牛、金黄阿奎登牛、南德温牛和黑毛和牛等品种。

(3)羊品种　羊的品种分为绵羊和山羊两大类型，绵羊大多以产毛为主，有细毛羊、粗毛羊、半细毛羊等。山羊用途较多，以产乳为主的称为“乳山羊”，以产肉为主的称为“肉山羊”，以产绒毛为主的称“绒山羊”。我国的绵羊主要有乌珠穆沁羊、蒙古羊、阿勒泰羊、大尾寒羊、小尾寒羊、同羊、新疆细毛羊和呼伦贝尔羊等品种。世界绵羊品种主要有汉普夏羊、特克塞尔羊、考力代羊、杜泊羊、美利奴羊、夏洛来羊、波尔华斯羊、罗姆尼羊、南丘羊、萨福克羊、牛津羊、法兰西岛羊和褐头肉羊等著名的肉绵羊品种，肉质较好。我国的山羊主要有太行山羊、黄淮山羊、陕西白山羊、马头山羊、成都麻羊、南江黄羊、金堂黑山羊和麻城黑山羊等品种。世界山羊品种主要为波尔山羊，波尔山羊产于南非干旱亚热带地区，分布于世界各地，是迄今世界上唯一公认最好的肉用山羊品种，被誉为“世界肉用山羊之父”。波尔山羊腿短，体型好，后躯发育好，丰满，肌肉多，毛色为白色，头耳棕色，在额中至鼻端有一条白色毛带，或有一定数量的棕斑。

(4)家禽品种　肉用家禽指鸡、鸭、鹅及近年来引进的火鸡。家禽可肉蛋兼用，经济实惠，为养禽场、专业户及农户广泛饲养。我国的鸡品种主要有北京油鸡、大骨鸡(庄河鸡)、边鸡、峨眉黑鸡、武定鸡、中原鸡、九斤黄鸡、狼山鸡、惠阳鸡、清远麻鸡和德化戴云黑鸡等。世界鸡品种有艾维茵肉鸡、爱拔益加鸡、红波罗肉鸡、星布罗肉鸡、狄高鸡、海佩科鸡等。火鸡也是肉食加工的良好原料，原产于北美和西欧，体型大，发育快，产肉多，耐粗饲，抗病力强，品种有美国的尼克拉火鸡、英国巴特火鸡、法国贝蒂纳火鸡、加拿大海布里德火鸡、青铜火鸡、贝获维尔小型火鸡等。用于加工的品种鸭主要有北京鸭、高邮鸭、天府肉鸭、外来肉用鸭(如英国“樱桃谷”种鸭,澳大利亚“狄高”旱地肉鸭、瘤头鸭)。我国的肉鹅加工产业主要应用的品种有狮头鹅、太湖鹅、象山鹅、皖西白鹅、溆浦鹅、四川白鹅等。世界肉鹅品种以图卢兹鹅(又称西蒙鹅)、法国朗德鹅、莱茵鹅等品种为主。

2. 畜禽性别

畜禽的性别可以影响肌肉的品质。肌肉脂肪含量的下降是,造成肉品质量下降的主要原因。随着猪瘦肉率的逐步提高,猪肉品质却逐渐变差。一般来讲,雄性畜禽,特别是猪,肌肉脂肪少,肌纤维粗,肉质有粗糙感。公猪具有特异性气味,不适于作肉品原料,作为肉用必须尽早去势,晚去势的猪肉质粗糙,缺乏香味。雄性猪去势后各部比较充实匀称,瘦肉率高,肉质及风味都较好。性别对牛肉品质的影响主要表现在大理石纹、嫩度和风味上。一般来说,公牛的嫩度比阉牛和母牛差,母牛比阉牛差,即使同是阉牛,公阉牛的嫩度也比母阉牛和母牛差。公牛沉积脂肪的能力比阉牛和母牛差,肌内脂肪含量低,大理石纹等级低,进行高档牛肉生产必须对公牛进行阉割。公牛牛肉含有一种特殊的膻味,影响加工制品的风味。

3. 年龄及适宰时期

年龄主要影响肉的嫩度、系水力、大理石纹和风味。不同年龄的畜禽肉嫩度差别很大,一般年龄较小的畜禽肉较嫩,老龄的畜禽肉嫩度较差。由于幼龄畜禽的肉中水分含量多,脂肪含量少,肌肉松驰,肉味不好,除乳猪、犊牛用作特殊加工外,幼龄畜禽不适于屠宰肉用。按年龄而论,肉块大理石纹形成的规律是:12 月龄以前花纹很少,12～24 月龄期间,花纹迅速增加;30 月龄以后花纹变化很微小。猪肉品质受育种、饲料等因素影响较多。猪的生长规律是小猪长骨,中猪长肉,大猪长膘。按各组织器官阶段生长发育规律,找出增重最快、瘦肉率最多的屠宰时期是最理想的。

4. 营养水平

饲养水平对畜禽肉的品质有一定的影响,猪、牛、羊、禽过于消瘦者,不能作为加工原料,而要求肥一些或肥瘦适中。高蛋白饲料饲喂瘦肉型猪,能够提高瘦肉率,但脂肪含量降低,影响肉的嫩度和风味。低营养水平有利于肌内脂肪的沉积,进而改善肉品质,且对生长猪的生产性能和胴体品质没有显著影响,降低饲粮的蛋白质或赖氨酸水平可以显著提高肌肉脂肪的含量,改善食用品质。淀粉质饲料给予多,脂肪坚实,肉质良好,而米糠和豆粕给予多则脂肪软,软肌的肉在冷却时缺乏紧凑性,特别油类饲料给量多的情况下显著变软,这样的肉也不适于加工;喂鱼粕多会带有鱼腥味,另外喂剩饭和鱼粉则脂肪发黄,为黄膘猪,均不适合于加工。

饲料的精粗比例、粗饲料的种类等都对牛肉的品质有直接影响。饲料精粗比例对牛肉的嫩度也有一定的影响,但研究结果很不一致。与精料相比,用高品质的豆科牧草育肥阉牛会导致牛肉色泽发暗,嫩度下降,但却发现精粗饲料比例对阉牛的牛肉嫩度没有影响。高精料育肥时牛肉中肌内脂肪的比例会显著增加。饲料中的能量、蛋白质水平直接影响牛肉的组成。饲料中含有较高水平的蛋白质会促进体蛋白质的沉积,减少体脂肪和肌内脂肪比例,而高能量饲粮会促进脂肪沉积。

四、畜禽屠宰前管理

1. 待屠宰畜禽的饲养

畜禽运到屠宰场经兽医检验后,按产地、批次及强弱等情况进行分圈、分群饲养。对肥度良好的畜禽所喂饲量,以能恢复由于途中蒙受的损失为原则。对瘦弱畜禽的饲养应当采取肥育饲养的方法进行，以在短期内达到迅速增重、长膘、改善肉质的目的。

2.宰前休息

从养殖场到屠宰场这一段时间里，畜禽要经历驱赶、混群、上车、途中颠簸、下车等一系列过程，在此期间畜禽会产生大量的应激反应，这些应激对于动物的情绪以及新陈代谢都有很大的影响。由于环境改变、受到惊吓等外界因素的刺激，牲畜易因过度紧张而引起疲劳，使血液循环加速，体温升高，肌肉组织中的毛细血管充满血液，正常的生理机能受到抑制、扰乱或破坏，从而降低机体的抵抗力，微生物容易侵入血液中，加速肉的腐败过程，也影响副产品质量。由于屠宰时间不同，其肌肉和肝脏中微生物含量也不同，如表1-2所示。过分疲劳及受热应激的畜禽在屠宰时易造成放血不净，而且影响宰后肉的颜色、质构、保水性等品质。在待宰前让畜禽充分休息，并且在休息时保持安静，有利于恢复畜禽在前期的运输中引起的疲劳和紧张，减少肌肉和肝脏中被微生物污染的概率，恢复肌糖原储备，便于宰后肉的pH降低以迅速达到僵直，有利于放血和消除应激反应。

表1-2　宰后微生物对肌肉和肝脏的污染情况

屠宰时间	肝脏中有细菌的占总数比例	肌肉中有细菌的占总数比例
经5 d运输后卸载立即屠宰	73%	30%
经过24 h休息后屠宰	50%	10%
经过48 h休息后屠宰	44%	9%

3.宰前禁食、供水

宰前禁食，是指畜禽宰前的一定时间内停止饲喂饲料，但通常需要充足供水。禁食包括被动和主动两种情况，即在装卸、运输过程中不可避免的断料断水及屠宰前畜禽休息期人为控制的禁食供水。宰前禁食切断了动物外源能量的供应，引起体内能量储备的消耗，这可降低动物肌肉中的糖原含量，提高宰后肌肉的极限pH，从而提高持水性。同时，禁食降低了运输时排泄物及屠宰时破肠造成的胴体污染，有利于维护食品安全。另外，禁食期间供应的充足饮水，可以降低血液浓度，避免放血不良，提高放血合格率，从而提高肉的贮藏性。禁食效果的好坏往往和禁食时间的长短有很大关系。动物宰前长时间禁食，会使宰前肌糖原含量过低，宰后乳酸产生量不足，导致最终pH升高，使得肉品熟化需要的酶活性不足，无法分解肌肉蛋白质，从而产生DFD肉。断食待宰可以有效地缓解畜禽在运输过程中产生的紧张情绪与应激反应，但断食时间过长，因为饥饿会增加斗争，会降低屠宰率。随着禁食时间的延长，畜禽肠道中的肠杆菌数和粪便中的沙门氏菌也有增加的趋势。断食时间必须适当，屠宰畜禽一般在宰前12～24 h断食。牛、羊宰前断食24 h，猪12 h，家禽18～24 h。断食时，应供给足量的1%的食盐水，使畜体进行正常的生理机能活动，调节体温，促进粪便排泄，以便放血完全，获得高质量的屠宰产品。为了防止屠宰畜禽倒挂放血时胃内容物从食道流出污染胴体，宰前2～4 h应停止给水。宰前禁食可以提高动物宰后胴体的安全程度及改善肉质，因此宰前适当禁食在卫生上和经济上是必要的。

五、畜禽屠宰的相关术语

(1)屠宰　宰杀畜禽以生产畜禽肉及副产品的过程。

(2)分割肉　对畜禽胴体进行分割获得的符合要求的产品。

(3)内脏 畜禽胸腹腔内的器官,包括心、肝、肺、脾、胃、肠 、肾、胰脏 、膀胱等。

(4)可食用副产品 畜禽可食用的内脏、血液、骨、皮、头、蹄(或爪)、尾、尾脂、肾周脂肪、网油、板油等产品。

(5)非食用副产品 畜禽被屠宰后所得的毛皮、毛(羽)、角、蹄壳、三腺(甲状腺、肾上腺、病变淋巴结)等不可食用的部分。

(6)屠体 畜禽屠宰、放血后的躯体。

(7)胴体 家畜宰杀放血后,除去皮(或带皮)、头、蹄、尾、内脏及生殖器(母畜去除乳房)后的躯体部分。

(8)畜胴体 畜经宰杀放血后去皮或不去皮,去除毛、头、蹄、尾、内脏、三腺以及生殖器及其周围脂肪的屠体。

(9)禽胴体 禽经宰杀放血后去除羽(毛)、内脏,去头或不去头,去爪或不去爪的屠体。

(10)二分体 将胴体沿脊椎中线纵向锯(劈)成两半的胴体。

(11)四分体 牛胴体在第 5 肋至第 7 肋,或第 11 肋至 13 肋骨间将二分体切开后得到的前后两个部分。

(12)急宰 畜禽在宰前出现疫病、疾病和其他损伤时,根据我国检验检疫相关法律、法规和标准要求对经宰前检查确认无碍于肉食安全且濒临死亡的畜禽进行的紧急屠宰过程。

(13)应激 畜禽对外界或内部的各种刺激所产生的非特异性应答反应的总和。

(14)致昏 通过机械、点击、气体等方式使畜禽失去知觉,但保持心跳和呼吸的过程。

(15)宰杀放血 采用不同方式使畜禽体内血液快速流出,在较短时间内死亡的过程。

(16)刺杀放血 采用不同方式割断畜禽颈部动静脉的宰杀方法。

(17)剥皮 将皮从屠体剥离的过程,一般用于猪、牛、羊屠宰。

(18)预剥 将腹部、胸部 、前腿、肋部两侧以及背部至臀部的皮从屠体剥开的过程,一般用于畜类。

(19)扯皮 在预剥的基础上,采用卷、拉等方式将整张皮从屠体剥离的过程,一般用于牛、羊等畜类。

(20)烫毛 将畜禽屠体进行热烫的过程。

(21)脱毛 将毛(羽)从烫毛后的畜禽体表去除的过程。

(22)燎毛 采用喷灯或燎毛炉去除脱毛后畜禽体表残留毛发的过程。

(23)去头 沿寰枕关节处取下畜禽头的过程。

(24)去尾 贴尾根部去除畜胴体尾部的过程。

(25)去蹄(爪) 从前蹄的腕关节、后蹄跗关节处去除家畜蹄部或从跗关节处去除家禽爪的过程。

(26)封肛 利用带有盘套的塑料袋套住肛门以避免粪便污染胴体的过程。

(27)雕圈 用刀或设备把肛门雕成圆状以避免粪便污染胴体的过程。

(28)开膛 用刀或设备沿畜禽屠体腹部正中切开腹膜,将肛门处的直肠剥离的过程。

(29)挑胸 用刀或设备沿畜禽屠体胸中部挑开胸骨的过程。

(30)净腔 将直肠从腹腔拉出,割除膀胱和输尿管,取出心、肝、肺、胃、肠等内脏并进行洗胸、腹腔的过程。

(31)摘三腺 将甲状腺、肾上腺和病变淋巴结摘除的过程。

(32)同步检验检疫　与屠宰操作相对应，将畜禽的头、蹄(爪)、内脏与胴体生产线同步运行，由检验人员对照检验和综合判断的一种检验方法。

(33)电刺激　利用高压或低压电对屠体或胴体进行刺激以改善肉质的处理方法，用于牛、羊等畜类。

(34)劈半　将胴体沿脊背正中线分开成为二分体的操作过程。

(35)修整　除去遗漏的三腺，修去放血刀口、体表伤斑、血污、淤血和浮毛等的过程。

(36)分级　对畜禽肉按要求进行等级划分的过程。

(37)成熟　畜禽肉在其冰点以上温度条件下放置一定时间，使其僵直解除、肌肉变软 、嫩度和风味得到改善的过程。

(38)分割　按照要求，将畜禽胴体切割成不同产品的过程。

(39)冻结　将畜禽肉中水分冻结成冰晶的过程，且冻结终了时肉的中心温度不高于－15 ℃。

(40)片猪肉(猪白条)　将猪胴体沿脊椎中线，纵向锯(劈)成二分体的猪肉，包括带皮和去皮两种。

(41)猪瘦肉　每片猪肉按不同部位分割成的去皮、去骨、去皮下脂肪的肌肉。

(42)无害化处理　用物理、化学等方法处理病死及病害动物和相关动物产品，消灭其所携带的病原体，消除危害的过程。

任务2　畜禽屠宰生产与质量控制

屠宰加工是生产肉制品的重要环节。屠宰畜禽的方法很多，较好的屠宰方法首先应保证手法简便，对操作者没有危险，同时符合兽医卫生与食品卫生要求。屠宰工艺主要包括击晕、刺杀放血、脱毛或剥皮、开膛解体、屠体整修、检验盖印等工序。但都应符合安全卫生，保证质量。

一、猪屠宰加工

(一)猪屠宰加工工艺流程

图 1-1 为猪屠宰加工示意图，图 1-2 为猪屠宰加工工艺流程。

(二)猪屠宰加工操作及要求

(1)淋浴　生猪进屠宰车间之前，首先要进行淋浴，冲淋要均匀，可以洗掉猪体表上的污垢和微生物，以减少对屠宰过程的污染，淋浴后的畜体易于导电，有利于麻电致昏，淋浴可以使牲畜有凉爽舒适的感觉，促使外周毛细血管收缩，便于放血充分，提高放血质量。

喷水应上下左右交错地喷向猪体，将家畜体表全面清洗干净。淋浴用水温根据季节不同而有所调整，冬季一般为 38 ℃左右，夏季一般为 20 ℃左右，喷淋畜体 2～5 min，以洗净体表污物为宜。应以麻电宰杀的速度决定淋浴的批次，其间隔时间要求淋浴后休息 5～10 min 后，但最长不应超过 15 min。

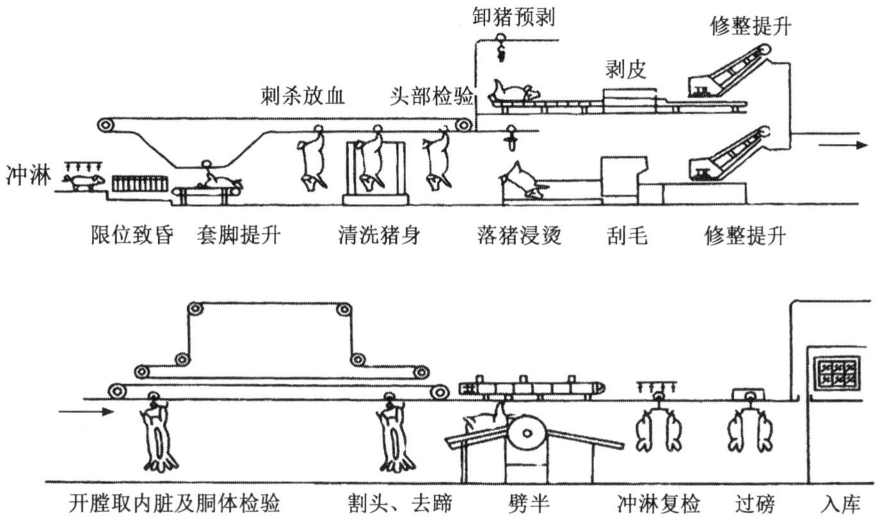

图 1-1　猪屠宰加工示意图

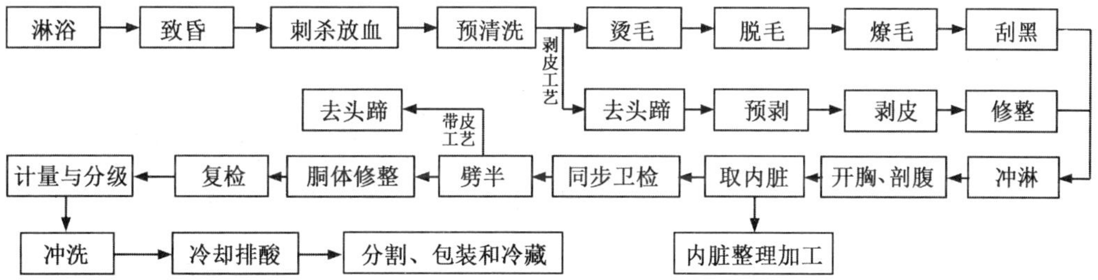

图 1-2　猪屠宰加工工艺流程

(2)致昏　致昏是指通过物理或化学的方法使动物无痛苦或在痛苦较低的状态下失去知觉,并保证在屠宰流程的后续操作中不再苏醒的过程。致昏要求:猪致昏后应心脏跳动,呈昏迷状态,不应使其致死或反复致昏。生产中常用的致昏方法有机械致昏法、电致昏法和二氧化碳(CO_2)麻醉致昏法等。生猪屠宰宜采用电致昏法和二氧化碳(CO_2)麻醉致昏法,我国生猪屠宰最常用的方法是电致昏法。

电致昏法是目前广泛使用的致昏方法,生产上称作“麻电法”。在 19 世纪 20 年代,西欧各国通过了“无痛宰杀法案”之后,法国生理学家傅督克通过试验证明微电流通过牲畜大脑时,可使牲畜完全麻醉昏迷。25 年之后的德国科学家来米勒把这种方法运用到实际宰杀中。生产中采用人工麻电和自动麻电两种形式。

①人工麻电　采用手握式麻电器,如图 1-3 所示,是目前小型屠宰厂的常用麻电设备。手握式麻电器由调压电控箱、导线、电击器组成,电击器有长式和短把式两种。

②自动麻电　目前常用的装置有光电麻电装置和三点低压高频麻电装置。

a. 光电麻电装置　光电麻电装置较为复杂,由光电管、活动夹板、活塞及大翻板等组成,外形像一只铁柜,如图 1-4 所示。

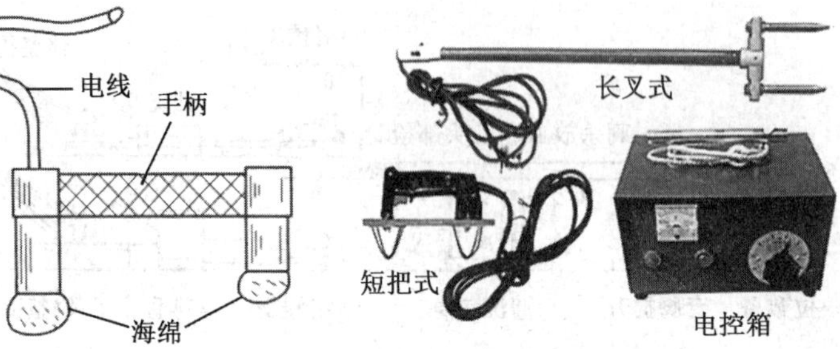

图 1-3 手握式麻电器

b. 三点式低压高频麻电装置 此装置是目前最先进的一种麻电设备，如图 1-5 所示。带有 3 个击晕电极（头—头—心脏），活猪通过赶猪道进入麻电机的输送装置，托着猪的腹部四蹄悬空经过 1～2 min 的输送，消除猪的紧张状态，在猪不紧张的情况下瞬间脑、心麻电。这种机器采用低压高频，频率为 800 Hz，固定电流 1.2～2.8 A，击晕电压 125～150 V，致昏时间 1～3 s。这种击晕方式没有血斑，没有骨折，延缓 pH 的下降，减少了 PSE 肉的发生，改善肉的嫩度，大大改善了猪肉的品质；采用腹部输送带输送，减轻了猪的紧张感，瞬间击晕，抑制心脏跳动，刺刀安全，加工成本较低，同时也改善了动物福利。

图 1-4 光电麻电装置

图 1-5 三点式低压高频麻电装置

在实际生产中，经过宰前检疫、禁食和淋浴后的生猪通过赶猪道赶入屠宰车间，赶猪道一般设计为“八”字形，开始赶猪道可供 2～4 头猪并排前进，逐渐只能供一头猪前进，并使猪体不能调头往回走，进入到致昏工序；电致昏法应依动物的种类、大小、年龄的不同来控制适宜的电压、电流和麻电时间。不同畜禽电致昏有一定差别，常见畜禽屠宰时的电致昏条件见表 1-3。

表 1-3 畜禽屠宰时的电致昏条件

畜禽种类	电压/V	电流强度/A	麻电时间/s
猪	70～100	0.5～1.0	1～4
牛	75～120	1.0～1.5	5～8
羊	90	0.2	3～4
兔	75	0.75	2～4
家禽	65～85	0.1～0.2	3～4

引自：林春艳，李威娜. 肉制品加工技术[M]. 武汉理工大学出版社，2011.

(3)刺杀放血　生猪致昏后应立即进行卧式放血或用链钩套住猪左后脚跗骨节，将其提升上轨道(套脚提升)进行立式放血。自动线上只能一钩一猪，严禁空钩链条向前运行。从致昏至刺杀放血，以 9～12 s 为最佳，不应超过 30 s，以免引起肌肉出血。刺杀放血刀口长度约 5 cm，抽血时间不宜少于 5 min。采用的方法有刺颈放血、切颈放血和心脏放血等几种。其中刺颈放血最为常用，在一些小型屠宰场和广大农村屠宰猪时多使用心脏刺杀法。

图 1-6　立式洗猪机

(4)预清洗　由于刚刚放完血，猪体表面会沾有一些血污，所以要经过预清洗机预清洗，洗掉猪体上的血污等污染物，清洗时采用 40 ℃温水，可以促使猪体残余血液的排出，减少沙门氏菌属对畜体的污染机会。一般采用立式洗猪机，如图 1-6 所示。该机操作方便，节省人力，不需专人操作。该洗猪机为隧道式结构，机上装有喷水管道 2 根。机器的开停和喷水均由行程开关和延时继电器、电磁阀自动控制。使用时，经头部检验后的猪体，由自动链条均匀地送入洗猪机，当吊链碰到行程开关后，机器水管同时开启，在水洗和橡皮板的刮动下，将猪体上的污物冲洗干净，并注意冷热水的调配，清洗时间约为 1 min。

(5)浸烫和脱毛　生猪放血后解体前，需烫毛、脱毛。浸烫时应防止“烫生”和“烫老”。烫毛完毕后要立即进行脱毛，烫毛完毕后通过定位卸载滑槽将猪体移出打毛机进入下一个步骤，脱毛后的屠体要求无浮毛、无击伤、无脱皮现象。现在，大型肉联厂均使用烫毛机、刮毛机和剥皮机再加手工作业进行这项工序。

国内外大中型屠宰厂采用得比较多的烫毛方法主要有两种：一种是烫池烫毛工艺，一种是竖式隧道烫毛工艺。烫池工艺是由原来的手工烫毛发展为往复式摇烫，然后发展到国内目前屠宰企业中普遍使用的运河式烫毛工艺。

①烫猪池烫毛　往复式摇烫采用摇摆式烫毛装置，主要由烫猪池和烫猪机构成，如图 1-7 所示。

②竖式隧道烫毛　使用烫猪池的不足之处是不符合卫生要求，烫池的水不洁净，易造成猪体的污染。为解决这一问题，采用竖式隧道烫毛工艺，将屠体吊挂烫洗，这是较理想的浸泡脱毛方法(图 1-8)。

图 1-7　摇摆式烫猪机

图 1-8　竖式隧道烫毛

③刮毛 是毛猪经过烫毛之后的脱毛工序。该道工序是生猪屠宰中非常关键的一环，刮毛的结果直接关系到后道工序的劳动强度及每小时的产量。刮毛可以通过手工或机械操作完成。目前国内外大中型肉联厂普遍采用机械刮毛，刮毛的方式主要有两种，即吊挂式刮毛和卧式刮毛。图 1-9 至图 1-11 为 3 种不同的刮毛机械。

图 1-9 三滚筒式刮毛机

图 1-10 螺旋式刮毛机

图 1-11 拉刮毛机

④燎毛 在刮毛完毕后，仍然会有一些小毛残留在猪体上，通常需要进行二次燎毛，目的是除去残留下来的细毛并进行体表消毒(图 1-12)。其程序大致分为干燥、燎毛、刮黑和刷毛四部分。

(6)剥皮 根据生产需求进行剥皮。白条肉有带皮与不带皮之分，不带皮白条肉更易污染，操作时要特别注意卫生。剥皮前先清洗，猪由于皮下脂肪较厚，剥皮较为困难。另外，还要进行剥皮前的辅助操作，如割头、去尾、去前后蹄，并进行挑裆、挑门圈。挑裆是指在屠体胸腹腔部正中间，用刀挑破皮肤，直到离肛门 1 cm 处。挑门圈是用刀使皮肤与肛门分离。目前，许多大中型屠宰厂都采用机械剥皮，但之前要进行人工预剥。预剥主要是解决剥皮机不能剥到皮肤的问题。预剥时，操作人员站在猪体两侧，使猪仰卧，先沿胸腹中线(即两排乳头的中间)挑开胸腹部皮肤，然后分别挑开四肢内侧皮层。预剥后进行机械剥皮，目前国内的剥皮机主要是卧式滚筒剥皮机，如图 1-13 所示。滚筒剥皮机主要由机架、滚筒、振动刀、变速箱、电控箱等组成。剥皮后胴体要进行修整，并除去附着体表的小皮。

(7)剖腹取内脏 脱毛或剥皮后开膛最迟不超过 30 min，否则对脏器和肌肉质量均有影响。猪的剖腹解体主要包括割肥腮、挑胸、剖腹、雕圈、拉直肠、割膀胱、取内脏、劈半等。

劈半可采取刀劈和电动机械劈半，目前国内运用较多的劈半设备有带式劈半锯(图 1-14)、往复式劈半锯(图 1-15)和桥式劈半锯(图 1-16)等。

图 1-12　燎毛炉

图 1-13　卧式滚筒剥皮机

图 1-14　带式劈半锯

图 1-15　往复式劈半锯

图 1-16　桥式劈半锯

(8)去头蹄　经过前面的肉品品质检验,均无问题的,操作人员按照操作标准从颈根处割下猪头,割杭头,从生猪左右嘴角、眼角处各 4 cm 齐两耳根割下;割平头,经颈部第一皱纹下 1～2 cm 位置下刀,走势呈弧形,刀中圆滑,不应出现刀茬和多次切割。割蹄时采用已消毒的割蹄刀在猪后腿关节处将后蹄割下,再在前腿腕关节处割下前蹄,割蹄位置不可靠上或靠下,以免割断大筋,修割下来的头蹄,应当有专用的盛装容器,不得落地和随意扔在地上。

(9)胴体修整　胴体修整是为了清除胴体上能够造成微生物繁殖的任何损伤和污血、污秽等物质，同时使外观整洁，提高商品价值。修整包括对人体有害的三腺(甲状腺、肾上腺和病变淋巴结)、生殖器及病变组织等，要求把不同的肌肉间(表面部分)和剔后暴露出的部分脂肪、筋腱、硬骨、软骨、骨渣、骨刺修净，对于肌肉要求修割的脂肪也要修净。

(10)整理内脏　在整个整理内脏的操作过程中，不得使内脏落地，以免受到污染。顺序为：分离心、肝、肺；分离脾、胃；扯大肠；扯小肠。

(11)同步卫检　屠宰后，检疫人员应以病理解剖学、器官病理学检查为主，对头、胴体、内脏进行同时、等速、对照的集中检疫，以尽早发现其病理变化，按照相关规定要求，及时做出判断和处理。经初检和复检达到合格指标后盖上“兽医验讫”的合格印章，进入排酸库进行排酸处理。

(12)计量与质量分级　用称量器具称量胴体重量，根据需要依据胴体重量、背膘厚度和瘦肉率等指标对猪胴体进行分级。

(13)冷却排酸　屠宰后的猪要盖上检验合格的印戳，然后进入排酸库进行排酸。冷却排酸是指动物屠宰后的胴体在0～4 ℃的低温环境、卫生条件下完成解僵成熟过程，也是肉逐渐成熟和嫩化的过程。排酸的目的主要是利用胴体中所含的各种分解酶的作用，使游离氨基酸、游离脂肪酸、次黄嘌呤核苷酸等与风味有关的成分在肌肉中蓄积，从而改进胴体的质量，使胴体色泽变好，风味变佳，柔软细嫩，变得更好吃。(14)分割、包装和冷藏　分割应符合GB/9559.3和NY 3380等标准要求，冻结间温度为－28 ℃以下，待产品中心温度降至－15 ℃以下转入冷藏间储存。冷却片猪应在相对湿度85%～90%，温度0～4 ℃的冷却肉储存库储存，并且片猪肉需吊挂，冷冻片猪肉应在相对湿度90%～95%，温度为－18 ℃以下的冷藏库储存，冷藏库温度波动不超过±1 ℃。

二、牛屠宰加工

(一)牛屠宰加工工艺流程(图1-17、图1-18)

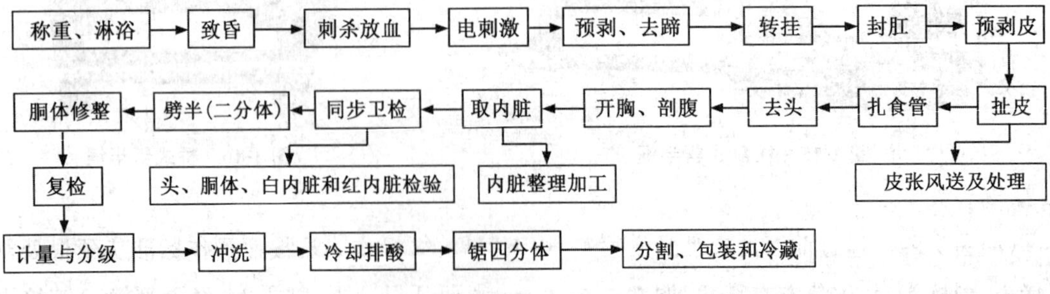

图1-17　牛屠宰加工工艺流程

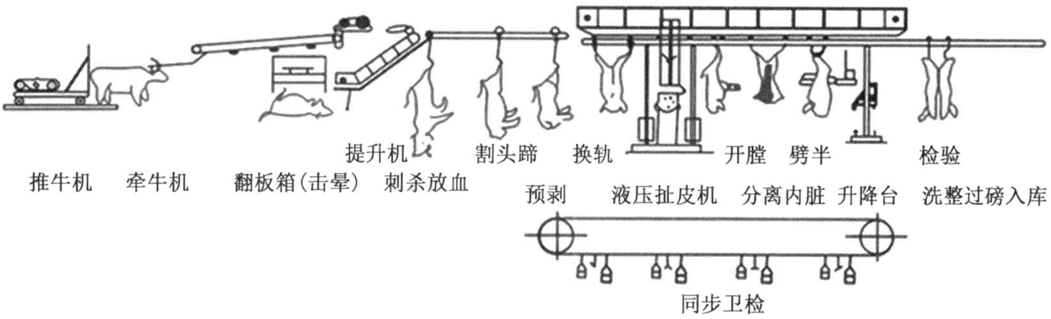

图 1-18　牛屠宰加工流程示意图

(二)牛屠宰加工操作及要求

(1)牵引、称重　为防止牛群恐慌,不能让待宰的牛看见车间内的场面,经宰前检验后合格的育肥牛由专人沿着指定的通道牵到地磅上称重。称重好的牛进入赶牛道,从动物的福利和人道角度讲,牛不能采取暴力驱赶的方式,暴力驱赶造成应激反应,影响牛肉的品质,因此,一般屠宰厂使用牵引设备,通过机械方式将牛从候宰圈引导至屠宰线上。

(2)冲淋　牛进入屠宰间之前,采用近于体温(35～38 ℃)的净水对牛进行淋浴,夏天水温低一些,冬天水温高一些,清洗牛全身,洗掉牛体上的污垢和微生物。淋浴时要控制水压,不要过急以免造成牛过度紧张。淋浴不仅减少屠宰过程中牛身上的附着物对牛胴体的污染,而且牛的被毛湿水后有利于导电,使电麻击晕效果有保障。

(3)致昏　致昏可以避免牛因为刺杀放血的痛苦、惊吓及牛的愤怒自卫等原因,牛血管收缩痉挛,造成放血不完全、肌肉脂肪等组织中残血过多,肌肉颜色变暗、脂肪隐现血管痕迹,生肉外观不良,熟制品颜色暗而粗糙。致昏要适度,牛昏而不死,致昏的方法有多种,推荐使用击昏法和麻电法。

①击昏法　击昏的位置为牛额头中部,即两只眼睛与两侧牛角基部对角线的交叉点。这个位置大脑最接近头骨表层且头骨也最薄。操作时使枪口以正确的角度接触牛的头骨,对准大脑的中心部位,枪口紧贴目标击晕点启动击昏枪使牛昏迷。

②麻电法 采用电麻器电击牛体,使牛昏迷(电压不超过 200 V,电流为 1～1.5 A,作用时间 7～10 s),在 100 V 左右的电压下对牛进行 5～10 s 的麻电,将其击晕。各种牛采用的麻电电压及时间,如表 1-4 所示。但实际屠宰加工中,要依据牛体的大小、壮实程度、性别等,调整电压与麻电时间,如 3 岁奶牛,个体较小,可用 70 V 左右的电压,8 s 致昏;同龄公牛,个体大,则采用 100 V 电压,10 s 致昏。电致昏法操作方便、安全可靠,适宜于较大规模的机械化屠宰厂进行倒挂式屠宰。

表 1-4　各种牛致昏采用的麻电电压及时间

牛龄	直流电压/V	电致昏时间/s
<1 岁	70～90	6～7
1～3 岁	70～100	8～10
>3 岁	100～120	10～12

(4)刺杀放血　致昏后的屠体用高压水冲洗牛腹部、后腿部及肛门周围，用扣脚链扣紧牛的右后小腿，匀速提升，使牛后腿部接近输送机轨道，然后挂至轨道链钩上，使牛完全吊在高轨上。挂牛要迅速，从击昏到放血之间的时间间隔不超过 1.5 min。

①切颈放血法　从牛喉部下刀，横断食管、气管和血管，放血时间为 8～12 min。操作时，用刀在牛的头颈连接处，喉头的躯干下方 5～10 cm 处横向切割，同时把气管、食管和两侧的颈总动脉和总静脉割断放血。此法的优点是操作简单，放血速度极快；缺点是放血时牛仍进行呼吸，血液吸入肺中，会激发反射性的强烈呛咳，呛咳使腹腔肌痉挛，腹内压过度造成瘤胃内容物从食管断口喷出，污染刀口创面，并使得放出的血受到污染而失去食用价值，而且由于刀口创面被污染，促使血液加快凝固，造成放血不良，残血过多。被严重污染的刀口部位又成为剥皮后污染胴体各表面的隐患。

②颈动静脉放血法　在牛颈部近头端，气管左右两侧的颈动脉沟处纵向割开皮肤 10～20 cm，把两侧动静脉分离出 5～10 cm，在近头端割断放血。此法不会引起呛咳，容易做到充分放血，而且牛血可作为营养丰富的食品出售，增加屠宰效益，当血色由鲜红转为紫黑色，即(脾脏、肝脏)的存血开始放出，牛将做最后挣扎时，时常会把瘤胃内容物呕出。

③真空刀放血法　真空刀采血可实现牲畜屠宰的血液在相对密封的环境中采集和暂存，保证血液的清洁，不被污染，以及肉的保质期、口味纯正。这种方法在实际应用中容易操作、清洗和消毒。此法可获得较高的经济效益。

牛的总血量为其体重的 6%～7.5%，屠宰放血量以达到总血量的 85%为佳，因血液中含铁量极高，纯血加热凝固后质地粗硬，放血不全、残血过多使口感粗糙，因而上不了档次，故放血工序尤为重要。操作过程中，刺杀放血刀应每次消毒，轮换使用。放血完全后，再进入低压电刺激系统接受脉冲电压刺激，电压为 10～80 V，用以放松肌肉，加速牛肉排酸过程，提高牛肉嫩度。

(5)电刺激　电刺激可以促进牛肉成熟。采用电刺激可以加快肌肉中三磷酸腺苷的转化，形成磷酸腺苷、肌苷酸、鸟苷酸等系列鲜味物质；加快钙离子的释放，使各种蛋白质水解酶、肽链端解酶、肽链内切酶等活性提高，促进蛋白质水解作用加强，肉质软化、保水能力提高和使肉更具多汁性；由于蛋白质分解生成谷氨酸、嘌呤和吡啶等化合物，使肉鲜味增加；脂肪分解加快，生成众多芳香有机物，增加牛肉的香味。

生产过程中，电刺激通常可采用 15 V、0.5 Hz、5 A 电流对屠体处理 1 min 时间。也有采取高压电刺激，设定参数一般为电压 550～600 V、频率 60 Hz、电流 5～15 A，脉冲 15～20 个/min，应用此法必须注意安全。操作要求必须在宰杀后 30 min 以内进行。

(6)转挂和预剥　牛的手工剥皮顺序是先四肢，再头、腹，最后剥背。剥四肢时，先在蹄壳上端内侧横切，再从肘部和膝部中间竖切，用刀将皮挑至脚趾处并在腕关节和跗关节处割去前后脚。然后将四肢的皮切开割离。剥腹时，从腹正中线切开，再左右分割。剥头时，先剥唇皮，并挑至胸口处，再剥眼角、耳根，将头皮剥成平面后，在枕寰关节处将头割去。剥背时，先将尾根皮剥开，割去尾巴，然后沿肛门至腰椎方向将背皮剥离。牛的机械剥皮是先手工剥头皮，并去头，再剥四肢，去蹄。然后将剥离的前肢固定在柱上，后肢吊在悬空轨道上，再将颈、前肢已剥离皮的游离端挂在滑车的排钩上，开动滑车将未剥离的背皮分离。

(7)机械扯皮　为了避免因手工操作不熟练引起的割破表皮、皮上残留脂肪和碎肉块以及肉尸被污染等问题，在现代化工业生产中采用机械剥皮，目前屠宰加工企业常用的剥皮机械有气动、电动和液压传动三种。

(8)胴体加工　胴体加工工序为：割牛头、结扎食管、开胸、取白内脏、取红内脏、劈半、胴体检验、胴体修割等，都是在胴体自动加工输送机上完成的。

(9)同步卫检　对牛的胴体、牛头、内脏、蹄等实施同步卫生检验。头和内脏检查主要以检查和剖检为主，对胴体和及脏器进行病理学诊断和处理，即主要通过"视检""剖检""触检"和"嗅检"等方法来实现。正常肉品的处理，胴体和内脏经检验确认来自健康牲畜及肉质良好的内脏可接转入下道工序。异常肉品处理，胴体和内脏经检验确认有异常情况可根据肉品卫生的有关规定进行处理，局部污染病灶，割除污染病灶处理后转入下道工序；对异味较轻，没腐败的，经散味后，转入下道工序。对严重污染病变，异常气味严重，废弃做工业用原料；发现有严重传染病的必须进行销毁处理。

注意：脏器的病损部位检查时，应采取措施防止病料污染产品、地面、设备、器具。卫检人员应备两套检验刀具，以便遇到病料污染时，可用另一套消过毒的刀具替换，被污染的刀具在修割病变组织后，应立即置于消毒药液中进行消毒。

(10)计量与分级　用称量器具称量胴体的重量。并根据需要按照农业行业标准 NY/T 676《牛肉等级规格》进行分级。

(11)冲洗　操作人员启动高压清洗机，一手握住喷枪手柄对胴体表面进行彻底冲洗，洗净胴体表面血污、粪污及其他异物杂物。冲洗时，喷嘴与胴体表面要保持一定距离，不宜过近以免将水注入深层肌肉里而影响产品质量。清洗时辅助使用长柄尼龙刷子，刷拭污染面，易于冲洗干净。

(12)冷却排酸　排酸是肉类冷加工的重要环节，对牛肉质量的意义尤其重大。牛肉的排酸是把屠宰后的胴体赶快降温到 15～16 ℃，待其完成僵直（尸僵）后悬挂在细菌、氧化和干耗等负面损失最少的环境下完成肉的生化成熟。

①排酸过程　操作人员将牛胴体挂到滑道上，推进排酸间，排酸间温度可控制在 12 ℃，相对湿度 95%～98%，风速 1～2 m/s，10～16 h，使胴体温度很快下降到 15～16 ℃，尽快地避开微生物适宜温度范围，但温度忌定得过低，热胴体如果很快地下降到 10 ℃以下，会发生冷收缩。冷收缩是在屠宰后 2～3 h，还未尸僵之前，胴体即处于 0～1 ℃冷却，引起背肌、胸肌、大腰肌、半腱肌、半膜肌等肌肉组织显著收缩，使肉质变硬，嫩度不佳，也使后继加工的肉制品质量劣化。冷收缩以 15～16 ℃时最轻微，所以热胴体降温采取 12 ℃，强制通风，使胴体快些降温到 15～16 ℃，完成僵直。悬挂 36 h 后，把库温降到 0～5 ℃（使胴体温度降到 4～8 ℃效果好）、相对湿度 95%～96%，空气自然对流再悬挂 36 h，胴体肌肉变软，肌肉 pH 下降到 5.4～5.8，排酸即完成。包括热胴体降温需 72 h 左右，若不作电刺激，则排酸时间在 0～5 ℃最少 7～9 d。每 8 h 测一次肉中心温度和检查一次排酸间温度，湿度不足可往排酸间地面喷水。

若牛在未消应激之前即屠宰，或屠宰前牛严重受惊吓、奔跑等，则排酸后肌肉 pH 则仍在 6～7，这种牛肉风味欠佳，保鲜期短。不得随便打开排酸间的门，以保持空气湿度和温度，减少污染。排酸间内胴体悬挂排列随日宰杀量不同，可能是多列或单列，多列时每列胴体相互间错开，并以大胴体处于库内通风的迎风面，因为迎风面冷风温度较低而大胴体散热慢，这样可达到降温均匀。

②排酸工艺设施　完成排酸工艺的设施主要是排酸间，排酸间要达到 0～15 ℃温度调节或自动程序温控；有风速控制，范围在 0～3 m/s；相对湿度控制在 80%～98%；易于清洗消毒，

易于进出库，适应产品的尺寸，有效库高不少于 4.5 m，以免大胴体沾地面；能源消耗少，其容量视生产规模而定，通常一个牛肉冷加工厂(包括屠宰)最少应有 4 个排酸间，才能达到最高的利用率，因为采取电刺激 0～4 ℃悬挂排酸时，包括热胴体降温，至少需要 72 h，排酸结束，胴体陆续分割、清扫、消毒又需 1 d，故 4 个排酸间才能满足生产需求。

(13)锯四分体(可在排酸前)　软骨处入刀，刀刃朝向背最长肌，截到腰椎连结处截断，分成四分体牛前和四分体牛后。

(14)分割、包装和冷藏　分割加工按国家标准 GB/T 17238 和 GB/T 27643 等要求进行；冻结间温度为－28 ℃以下。待产品中心温度降至－15 ℃以下转入冷藏间储存。贮存环境与设施、库温和贮存时间应符合 GB 12694、GB/T 17238 等相关标准要求。

三、羊屠宰加工

(一)羊屠宰加工工艺流程(图 1-19、图 1-20)

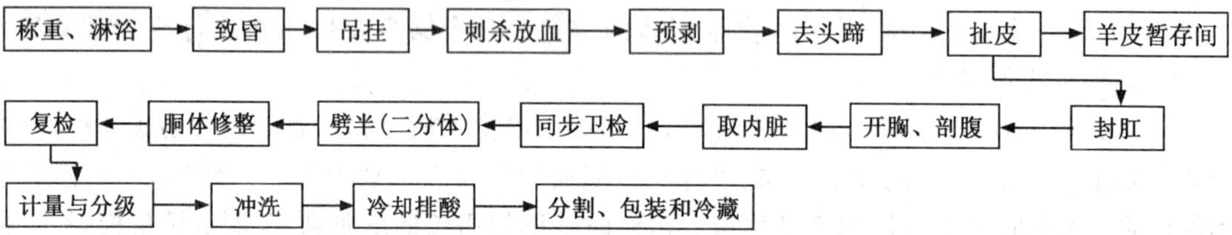

图 1-19　羊屠宰加工工艺流程

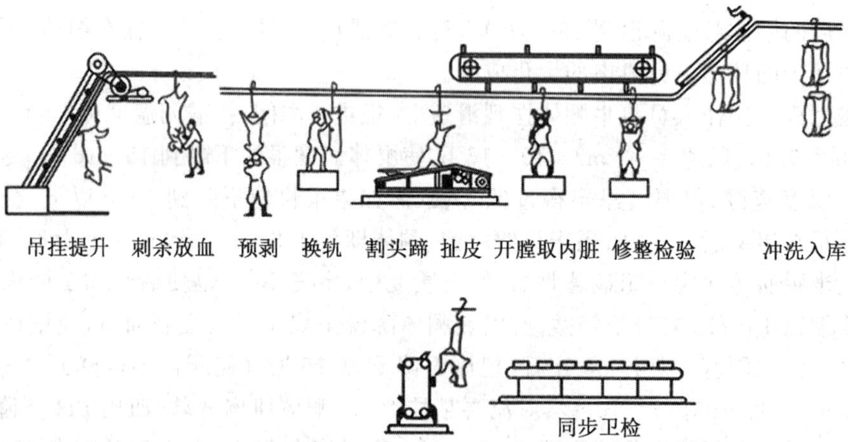

图 1-20　羊屠宰加工工艺示意图

(二)羊屠宰加工操作及要求

(1)淋浴　宰前淋浴冲洗，洗去羊体表污垢，减少羊体表病菌污物，以提高肉品质量。冬季水温接近羊的体温，夏季不低于 20 ℃。一般在屠宰车间前部设淋浴器，冲洗羊体表面污物。

(2)致昏　采用电致昏法将羊击晕，防止因恐怖和痛苦刺激而造成血液剧烈地流集于肌肉内而致使放血不完全，以保证肉的品质。羊的麻电器与猪的手持式麻电器相似，前端形如镰刀状为鼻电极，后端为脑电极。麻电时，手持麻电器将前端扣在羊的鼻唇部，后端按在耳眼之间的延脑区即可。应采用麻电致昏，羊致昏后应保持心脏跳动，呈昏迷状态。电压一般为 90 V 左右，时间 4～5 s，麻电的电压、时间根据羊的品种、大小变化适当调整。操作时不应使其致死或反复致昏。清真类屠宰厂可不采用该工序，手工屠宰不进行击晕过程，而是提升吊挂后直接刺杀。

(3)吊挂　用已编号的不锈钢吊钩吊挂待宰羊的右后蹄，由自动轨道传送到放血点。用扣脚链扣紧羊的右后小腿，匀速提升，使羊后腿部接近输送机轨道，然后挂至轨道链钩上。再用用高压水冲洗羊腹部、后腿部及肛门周围。挂羊要迅速，从击昏到放血之间的时间间隔不超过 1.5 min。

(4)刺杀放血　从羊喉部下刀，横切断食管、气管和血管，切口长 12～18 cm。清真屠宰厂由阿訇主刀宰杀。刺杀放血刀应准备至少两把，放血后应使用 82 ℃以上的热水清洗消毒，轮换使用，宰后羊只随自动轨道边走边放血，放血时间不少于 5 min。

(5)结扎肛门　冲洗肛门周围。将橡皮盘套在左臂上，将塑料袋反套在左臂上。左手抓住肛门并提起，右手持刀将肛门沿四周割开并剥离，随割随提升。提高至 10 cm 左右，将塑料袋翻转套住肛门，橡皮盘扎住塑料袋。将结扎好的肛门送回深处。

(6)去头　用刀在羊脖一侧割开一个手掌宽的孔，将手伸进孔中抓住羊头，沿放血刀口处割下羊头(枕关节)，挂(放)同步检验设备上或统一编号放置指定容器内。

(7)脱毛或剥皮

①脱毛　烫毛生产带皮羊肉的脱毛工序应设在“去头”工序前面。放血后的羊屠体应用喷淋水或清洗机冲淋，清洗血污、粪污及其他污物。将羊屠体用 64～68 ℃温度的热水浸烫 1～2 min，水温和浸烫时间根据羊的品种、大小和季节变化适当调整，以使羊毛可轻易被抓掉为宜。浸烫池水根据卫生情况每天更换 1～2 次，不得使羊屠体沉底。浸烫后应采取人工或机器脱毛，不应损伤屠体。应采用喷灯烧去屠体表面的残毛。小型羊屠宰厂(点)，要对每头屠体进行编号，不得漏编、重编。严禁用火碱烧或其他导致肉品污染的方法煺毛。

②剥皮　剥左后腿皮，从跗关节下刀，刀刃沿跗部后侧由上挑过裆部至生殖器处，剥皮至胫骨上周围肌肉全部暴露为止。

③挂左后腿　用吊钩钩住左后跗胫骨与踝骨结节连接处挂于主生产线轨道上，然后将右后腿上的索链滑钩取下。使羊由沥血轨道转入主生产线轨道。

④剥右后腿皮　用刀在右后腿跗部后侧由上挑开，挑到后腿裆部至生殖器处并对右后腿进行剥皮，剥皮至胫骨上周围肌肉全部暴露为止。

⑤去后蹄　从跗关节下刀，割断连接关节的结缔组织、韧带及皮肉，割下后蹄，挂(放)同步检验设备上或统一编号放置指定容器内。

⑥挂前腿　从副生产线上的前腿挂钩，套住两只前腿，使其呈平躺状态。

⑦剥前腿皮　沿着羊前腿趾关节中线处将皮挑开，然后分左右将前腿外侧皮剥至肩胛骨位置，刀不应伤及胴体。

⑧去前蹄　从腕关节下刀，割断连接关节的结缔组织、韧带及皮肉，割下前蹄，挂(放)同步检验设备上或统一编号放置指定容器内。

⑨剥颈部皮　从胸颈中线向两侧进刀，剥开胸颈部皮及前腿皮至两肩止。

⑩剥胸、腹部皮　用刀将羊胸腹部皮沿胸腹中线从胸部挑到裆部，沿腹中线向两侧剥开胸腹部羊皮。

⑪扯皮　对羊尾部位剥皮，腹侧面羊皮基本剥离，由上至下用手握住后腿皮和臀部皮向下拉扯，用力适当，直到皮和胴体彻底分离。也可以使用羊用扯皮机的夹皮装置夹住羊皮，平衡剥下羊皮。要防止污物、毛皮、脏手污染胴体，净剥下的羊皮从专门通道口送至羊皮暂存间。

⑫保存　净剥下的羊皮及时清理皮张血污、皮肌和脂肪，送至皮张暂存间保存，不得堆压、日晒。

(8)开胸、剖腹　冲洗屠体后，从胸软骨处下刀，沿胸中线向下贴着气管和食管边缘，划开腹壁膜至剑状软骨处，切开胸腔，下刀时不应损伤脏器。

(9)结扎食管　剥离气管和食管，将气管与食管分离至食道和胃结合部。将食管顶部结扎牢固，使内容物不流出。

(10)取内脏

①取白内脏　刀尖向外，刀刃向下，由上向下推刀割开肚皮至胸软骨处。用一只手扯出直肠，另一只手持刀伸入腹腔，从左到右割离腹腔内结缔组织，切忌划破胃肠、膀胱和胆囊，脏器不准落地，胸腹、脏器要保持连接。按压胃部同时抓住食管将白内脏取出，并割下膀胱和生殖器，放在指定的同步检验设备上。

②取红内脏　一只手抓住腹肌一边，另一只手持刀沿体腔壁从左到右割离横膈肌，割断连接的结缔组织，留下小里脊。拉出气管，取出心、肝、肺，挂到同步检验轨道。同时割开羊肾的外膜，取出肾并挂到同步检验轨道。应保持内脏完好，胴体内无残留内脏。

(11)胴体修整　冲洗羊颈血迹、内腔及胴体表面的污物，相关人员操作时不得交叉污染。一手拿钩子，一手持刀，依次去除阴鞘、输精管、阴囊皱壁、残余膈肌及零散的脂肪和肌肉，去除体表的伤斑等，使肉体达到无血、无粪、无污物等不洁物。

(12)内脏加工

①白内脏　合格的白内脏进入白内脏加工间，将肠胃内容物倒入风送管或指定容器，肠胃内容物应及时拉出屠宰车间。胃和肠采用手工或者机器进行清洗。将清洗后的胃和肠整理包装入冷藏库或保鲜库。

②红内脏　合格的红内脏通过红内脏滑槽进入红内脏加工间，将心、肝、肺清洗后，整理包装入冷藏库或保鲜库。

(13)同步检疫　羊只屠宰后应立即摘除内脏，内脏和肉尸统一编号，实行同步检疫，综合判定。包括：头蹄部的检疫，心脏、肺脏、肝脏、肾脏、脾脏、胃和肠等内脏检疫，胴体整体检查，淋巴结检查和摘除三腺的检查等。并且，官方兽医对上述检疫情况要进行复查，综合判定检疫结果。

(14)冲洗　通常采用温度 20 ℃，压力为 2 MPa 的水，从胴体腹腔开始，由里到外、从上到下进行冲洗，特别是颈部和两腿部位要反复冲洗，胴体内外的血污等附着物最终也要洗净。

(15)冷却排酸　将胴体放置于 0～4 ℃的环境下，排酸时间 12～24 h，肉中心温度应在 2～7 ℃。

四、鸡屠宰加工

（一）鸡屠宰工艺流程（图 1-21）

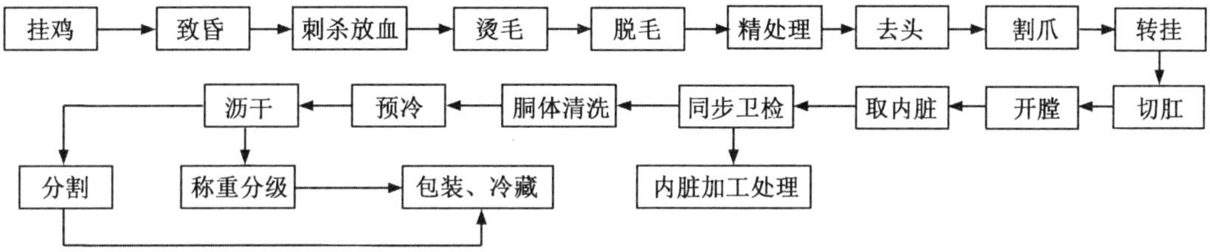

图 1-21　鸡屠宰加工工艺流程

（二）鸡屠宰操作及要求

（1）挂鸡　检验合格健康毛鸡的鸡笼放在输送机上，输送到毛鸡上挂间，家禽上挂间和屠宰车间是严格分开的，家禽挂间尽量设计阴暗，避免强光照射，造成家禽拍打翅膀，过度紧张。操作人员轻轻地从鸡笼中托着鸡腹拿出毛鸡，双手抓住家禽跗关节处，将家禽迅速挂到生产流水线的挂架上，同时稍用力，向下拉紧卡牢。鸡被挂到挂钩上以后，在黑暗的通道中运行 30～40 s，使活鸡得到镇静后再宰杀，以便减少挣扎。回空鸡笼由输送机自动输送进入鸡笼清洗机内进行清洗，清洗干净的鸡笼通过鸡笼斜滑道滑到卸鸡月台上。

注意：a. 抓鸡不得野蛮操作，上挂时须瞄准链钩，严禁挂单腿。b. 保证鸡只爪关节准确地挂在链钩上，根据生产速度调整挂鸡速度。c. 将死鸡、可疑病鸡、异常鸡、小鸡剔出。d. 死鸡应放在一边经过磅人员点数后隔离处理。挂完后的笼，须将笼盖关严。

（2）致昏　家禽的致昏分为水浴电致昏法和气体致昏法，在实际生产中，传统的水浴电致昏是目前在全球应用最广泛的方法，在欧盟国家采用家禽电致昏占 65%、气体致昏占 35%，其中澳大利亚、芬兰、德国预计达 80%。我国虽然引进了生猪的二氧化碳（CO_2）致昏屠宰线，但在家禽生产中尚未见实际应用。

家禽水浴电致昏的标准不尽相同，世界动物卫生组织（OIE）的家禽电致昏新标准对鸡、火鸡、肉仔鸡、蛋鸡和鸭鹅的电致昏参数做了推荐（表 1-5）。目前我国采用的电击昏参数相差很大，一般电压控制在 30～80 V，频率定频 50 Hz 较多，电流 120 mA，电击昏时间多数在 5～10 s。国家标准 19478—2004《肉鸡屠宰操作规程》规定，自动麻电，电压 30～50 V，要求致昏不致死。

电压越高击昏后肉鸡昏迷时间越长，但会加重胴体损伤，如引起锁骨断裂、心肝破坏、心脏停止跳动、放血不良、翅膀血管充血等现象。并且过高的电压会使肉鸡因击昏而死亡，不利于宰后沥血，击昏频率越高击昏后肉鸡昏迷程度越深，但会缩短击昏后肉鸡昏迷时间，易使肉鸡在击昏后宰杀前或放血的过程中苏醒，造成更剧烈的扑翅，在低电流的情况下，击昏频率过低不能使肉鸡深度昏迷，降低击昏效果。击昏时间越长击昏后肉鸡昏迷时间越长，但会加重胴体损伤。延长击昏时间会减少宰后放血率，减缓宰后肌肉 pH 下降速度。欧美各国普遍采用电致昏后宰杀的方式，一是出于"人道"，二是便于机械宰杀，三是放血彻底。但日本对进口的禽肉产品，一般是不喜欢经电致昏过的，这是因为被电致昏的禽体胸肉中有针状的出血点，它会影响禽肉风味，烹调时出血点处呈黑色，血点还会繁衍细菌。当前我国禽肉主要出口至日本、新加坡等地，可按客户需要决定是否采用致昏工序。若鸡宰杀前不通过麻电致昏工序，可将毛鸡上挂后通过高架输送线自动输送 1 min，让毛鸡平静下来后再进行宰杀。

表 1-5　2016 年 OIE 推荐的家禽电致昏的最低电流强度

家禽种类	波形/频率/Hz	致昏时间/s	最低电流强度/mA
肉仔鸡、蛋鸡	AC/50	4	100
鸡	50～200	4	100
	200～400	4	150
	400～1 500	4	200
火鸡	AC/50	4	150
	50～200	4	250
	200～400	4	400
	400～1 500	4	400
鸭、鹅	AC/50	4	130

注：家禽电致昏时间要在 4 s 以上，并于致昏后 20 s 内放血；AC 为正弦交流波。

(3)刺杀放血　麻电致昏后应立即采用人工或机械作业进行放血。美国农业部建议电致昏与宰杀作业间隔时间夏天为 12～15 s，冬天则需增加到 18 s。我国家禽电致昏与宰杀之间时间一般为 10～30 s，家禽宰杀放血方法通常有 3 种方式：切颈放血法（用刀切断血管、气管和食管）、口腔放血法、动脉放血法 3 种。

不论采用哪种放血方法，都应注意放血一定要充分，若放血不充分，沥血时间过短，血沥不净，家禽胴体发紫，影响鸡肉的品质，不耐贮藏，商品价值低。但若放血时间太长，不会增加血量的放出，反而会导致脱毛困难，且引起失重，降低出肉率。

(4)烫毛　烫毛是为了更好地脱毛。禽体经过浸烫后，毛孔舒张、膨胀，因此羽毛易于拔除。浸烫效果主要受水温和时间影响。水温和时间依家禽种类、大小、年龄、性别、重量、生长期以及不同加工用途而有所差别。应严格掌握水温和浸烫时间；热水应保持清洁，未曾死透或放血不全的禽尸，不能进行拔毛，否则会降低产品价值。

烫毛方式根据浸烫温度可分为高温浸烫、中温浸烫和低温浸烫 3 种方法。

①高温烫毛　高温热水处理条件为：温度 71～82 ℃，时间 30～60 s。此方法便于拔毛，降低禽体表面微生物含量，屠体呈黄色，较诱人，便于零售。但由于表层受到热伤害，所以贮藏期较短。温度高易引起胸部肌肉纤维收缩，使肉质变老，而且易导致皮下脂肪与水分的流失，故尽可能不采用高温处理。

②中温烫毛　中温烫毛处理条件为：温度 58.9～65 ℃，时间 30～75 s。通常鸡采用 65 ℃，35 s；鸭 60～62 ℃，120～150 s。中温处理羽毛较易去除，外表稍黏、潮湿，颜色均匀、光亮，适合冷冻处理，适合裹浆、裹面的炸禽。由于中温处理会造成角质脱落，失去保护层，所以屠体易在贮藏期间生长微生物。

③低温烫毛　低温烫毛处理条件为：温度 50～54 ℃，时间 90～120 s。低温处理羽毛不易去除，必须增加人工去毛，而有些部位如脖子、翅膀需再进行较高温的热水（62～65 ℃）处理。

处理后禽体外表完整，适合各种包装，而且适合冷冻处理。

鸡屠宰连续化生产中，放血后毛鸡进入浸烫池，浸烫效果与水温、时间、日龄、品种、饲料、羽毛发育、鸡舍、季节、气候、翻水有着密切关系。GB 19478—2004《肉鸡屠宰操作规程》规定，烫毛温度以 60～62 ℃为宜，时间约为 60～90 s。烫箱须按生产速度补充清洁水，以保持浸烫效果及微生物控制，每只鸡补水量最低为 1.3 L。操作人员要勤检查，观察水温度，调整气压表、水流量表等，避免烫箱水温波动太大，造成生产质量事故。鸡只过烫，鸡胸烫白；鸡只欠烫，胴体黄皮；鸡只过烫比例＜1%，鸡只欠烫比例＜1%。浸烫时间取决于挂鸡的速度，根据鸡的品种随时调整链条速度，即调整浸烫时间。

机械化烫毛一般采用普通型浸烫机和吊挂式自动浸烫机两种，通过浸烫，家禽羽毛毛孔扩张、根部松弛，有利于下道脱羽工序的操作

(5)脱毛　经过浸烫后的家禽即可进行脱毛。脱毛分手工脱毛和机械脱毛两种。

手工脱毛依禽体羽毛特性、位置顺序进行。翅上正羽根深，附着坚固，要拔除；背毛可进行推脱；胸腹毛松软，可直接抓除；尾部需拔除；颈部要逆毛倒搓。拔毛顺序一般为先拔右翅羽，附带推脱肩头毛，再拔左翅羽，同时推脱背毛，再次为胸腹毛，倒搓颈毛，最后去尾毛。手工脱毛较为原始，已经被机械脱毛所代替。

图 1-22　圆筒脱毛机

机械脱毛装置结构不一，但基本原理主要是靠附着其上的橡胶束在电动机的带动下不断转动，从而对禽体实施拍打和摩擦而使羽毛脱落。机械脱毛的特点是脱毛快，不损伤皮肤，但仍有些部位残留少量羽毛，需人工拔除。在操作过程中，要注意橡胶束与禽体的间隔距离及转动速率，过近过快都会造成禽体骨折及皮肤破裂。脱毛机根据工作方式可分为圆筒脱毛机(图 1-22)、立式脱毛机(图 1-23)和卧式脱毛机(图 1-24)3 种。

图 1-23　立式脱毛机

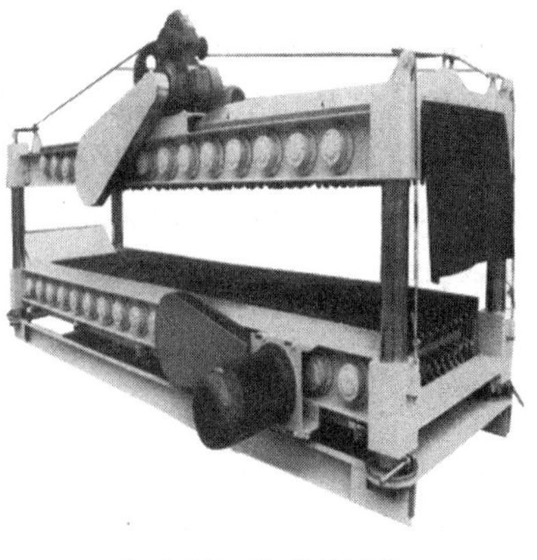

图 1-24　卧式脱毛机

不论哪种机械拔毛为提高脱毛效果，屠体大小应求一致，以便于脱毛机调整(如各组胶棒间、胶棒与屠体间距等)。另外，应掌握好处理时间。禽只禁食超过 8 h，脱毛就会较困难，公禽尤为严重。若禽只宰前经过激烈的挣扎或奔跑，则羽毛根的皮层会将羽毛固定得更紧。此外，

禽只刺杀放血后 30 min 再浸烫或浸烫后 4 h 再脱毛，都将影响脱毛的速度。脱毛时喷淋适量的水，可将脱除的羽毛冲离鸡体表面，可大大降低细菌数量。脱下的鸡毛顺水流到储毛间。

(6)精处理

①复检体毛　检查鸡体是否有翅毛、尾毛和头毛，并将其拔掉。

②去黄皮　净完毛后由专门人员对鸡体的残留黄皮进行净除，重点对鸡肋骨和腿内侧进行擦除。

③清洗　禽体脱毛后，在去内脏之前须充分清洗。经清洗后禽体应有 95% 的完全清洗率。一般采用加压冷水(或加氯水)冲洗。

(7)去头、割爪

①去头　可采用手工或机械的方法去除，从第一颈椎骨处割头或者由拉头机去掉。有的鸡架不要求去头则带头。有未切除的鸡头在后续中人工切除，切下的鸡头输送到副产品加工间待加工。

②割爪　可采用手工或机械的方法去除，一般生产线采用自动机械，从跗关节切去鸡爪。如高过胫部关节，称为“短胫”。“短胫”外观不佳，易受微生物污染，而且影响取内脏时屠体挂钩的正确位置;若是切割位置低于胫部关节，称为“长胫”，必须再以人工切除残留的胫爪，使关节露出。切下的鸡爪输送到副产品加工间待加工。

(8)转挂　开膛取内脏前须再挂钩。活禽从挂钩到切除爪为止称为屠宰去毛作业，必须与取内脏区完全隔开。此外，原挂钩链转回活禽作业区，而将禽只重新悬挂在另一条清洁的挂钩系统上。

(9)开嗉　在鸡脖基部右侧视鸡嗉囊大小决定下刀位置，轻划一刀，长 4～5 cm，割开颈皮而不破嗉囔，右手持刀割断气管、食管，左手将鸡嗉抠出，在操作过程中，如有掏破嗉子的鸡，应及时摘下，冲洗干净后转入下道工序。采用自动设备时，宜拉出嗉囊待掏膛时去除。

(10)切肛　采用人工或机械方法，从肛门周围伸入，刀口长约 3 cm，切下肛门。不应切断肠管。

(11)开膛　开膛方法较多，依加工终产品的不同，主要为腋下开膛和腹下开膛。腋下开膛主要用于整禽制品加工。此法易于在禽腹中存放香料，及防止油脂和肉汁损失，有利于香味的保持。腹下开膛较为简单、方便。用剪刀从肛门正中横切开长度为 3 cm 的刀口，或从肛门至胸骨尾端处沿正中剖开 5～6 cm，再进行拉肠或取出内脏处理。

生产过程中可采用人工或机械进行开膛，人工开膛时，操作人员一手抓住鸡腿，一手持刀，在鸡肛上方 1 cm 处伸入 2～3 cm 后，沿鸡肛上边向右下开 3～4 cm 的口，然后在第一刀入刀处向左下开 2 cm 的口，开完后，刀口呈“八”字形，鸡肛自然下垂。在操作过程中不应超过胸骨，不准划破内脏或割断肠头，防止断肠污染内脏。

(12)取内脏　从禽体内清除内脏的过程也称为净膛。根据清除内脏的程度和方法，净膛可分为全净膛、半净膛和不净膛 3 种。

全净膛是指将全部内脏取出。半净膛是指仅拉出全部肠和胆囊。不净膛是指全部内脏保留在腔内。

(13)胴体检查、冲洗

①胴体检查　检查鸡体是否有翅毛、尾毛和头毛，并将其拔掉。手伸入鸡体腔内，检查是

否有残留的肺、心、肝、胗等内脏，并将其掏出。每只鸡都要检查并保证鸡体干净，不得漏检。

②冲洗　将鸡体表、体腔冲洗干净。以除去体表、体腔的污染物(羽毛、血污、零碎组织、胆汁、粪污等)使胴体表面无可见污物。洗完后随着链条进入预冷消毒池。

(14)预冷　采用水冷或风冷方式对鸡胴体和可食副产品进行冷却。

(15)副产品加工

①鸡心加工　将鸡心去除心包膜和心血管并清洗干净。清洗干净后的鸡心需要沥水 10 min，并挑出杂质和破损的鸡心。将沥水后的鸡心进行预冷、包装。

②鸡胗加工　用手将鸡胗攥住，用力将其从大拇指与食指间挤出，将油从鸡胗上分离下来。将去油后的鸡胗放在左手内，左手握胗右手拿剪刀，在胗的白筋处下刀，将胗和腺胃一起剪开。不能剪偏，开口不宜过小。将开口后的鸡胗放入打油机内进行清洗。打油机内出来鸡胗翻开放入胗皮机上打胗皮。打好胗皮的鸡胗清洗干净，沥水 10 min 后进行预冷、包装。

③鸡肝加工　将鸡肝挑选分级，挑出变质肝和残留的苦胆，同时将破碎的肝和完整的肝分别放置并清洗干净。将清洗干净后的鸡肝沥水 10 min，并挑出杂质和破损的鸡肝。

④下脚料收集　下脚料收集作业时，各品项品种要区分清楚。对胗油、鸡心油等进行区分。鸡内金等控水后用编织袋包装。对于副产品加工区的下水道定时进行清理撇捞，避免下水道堵塞。下脚料要及时收集分类。产品分类整齐堆放，避免产品混淆。

(16)同步卫检　对体表、内脏和体腔应逐只进行视检，必要时进行触检或切开检查，注意胴体的质地、颜色和气味的异常变化，特别应注意屠宰操作可能引起的异常变化。

(17)分割、包装和贮藏　对检验合格的鸡胴体按照分割操作要求进行分割，然后称重、分级、整形、包装。分割鸡产品包装车间温度应≤12 ℃。库温－24 ℃情况下，经 12～24 h 使肉温中心温度达到－12 ℃，即可贮藏。

五、鸭屠宰加工

(一)鸭屠宰工艺流程(图 1-25)

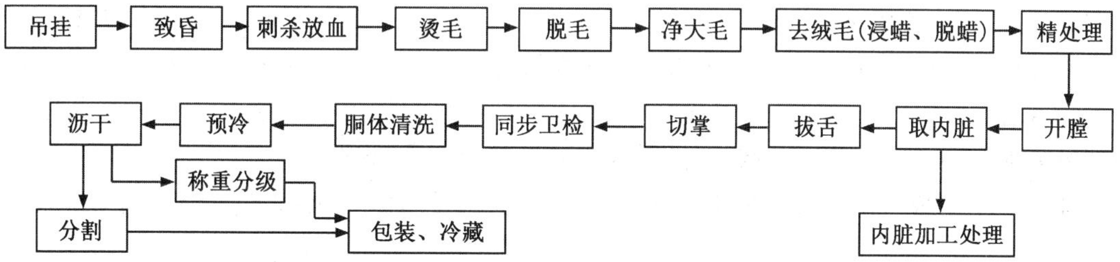

图 1-25　鸭屠宰加工工艺流程

(二)鸭屠宰操作及要求

(1)吊挂　将毛鸭从运载车上卸下来，轻轻地把鸭子从笼中提出来，双手握住鸭的跗关节，将鸭倒挂在鸭挂上。死鸭、病弱鸭、瘦小鸭不得上挂。鸭体表面和肛门四周粪便污染严重的鸭集中处理，最后上挂。

(2)致昏　活鸭击昏前应设黑暗通道。从吊挂到击昏的时间应≤1.0 min。致昏方式采用水浴式电麻击昏。击昏电压2.5～10.5 V,击昏电流0.2～0.6 A,麻电时间3～5 s。每次生产前应将电麻击昏参数调至规定的要求,生产过程中每隔3～4 h应连续抽查20只鸭查看击昏效果,不得出现击死和未击昏鸭进入浸烫槽。

(3)宰杀放血　击昏后的鸭应在10 s内宰杀,可机械或人工操作。宰杀放血主要有脖颈放血和口腔放血。鸭放血最常用的方法是口腔放血。一般采用细长型的屠宰刀,把刀深入鸭的口腔内,割断鸭上颌的静脉血管,头部向下放低来排净血液,整个沥血时间5～6 min;脖颈放血时,刀口尺寸不大于1 cm,放血应充分,沥血时间应为3～5 min。放血不良率控制在0.5%以内。人工操作时每宰杀1只鸭用清水冲洗刀具一次,每宰杀10只鸭更换一把消毒过的刀具。

(4)烫毛　用自来水冲淋鸭体,以去除血污、粪污及其他污物。根据鸭日龄、大小、链速情况调整好浸烫水温及打毛只间距,浸烫池(槽)应设有温度显示装置,应严格掌握水温和浸烫时间。一般浸烫水温为(60±2)℃,时间为4 min左右,可根据鸭只大小和季节的温度差异适当调整浸烫温度,以脱毛干净但翅内侧皮不烫伤为原则。浸烫不良率应控制在0.5%以内。浸烫时采用流动水或经常换水,一般要求每烫一批需调换一次。保持池水清洁。

(5)脱毛　脱毛采用打毛机机械脱毛。应根据杀鸭的速度和鸭的大小调节打毛机间距和打毛时间,应检查脱毛效果和鸭头、鸭嘴、断翅、断爪、胸损伤率,保持最佳的脱毛效果,机械脱羽一般脱毛率可以达到80%～85%。

(6)净大毛　按要求将脖、头部大毛搓净,先经喷淋冲洗掉鸭体附着长毛,将鸭背部、翅内侧、黄皮、大毛及其余部位长毛去除。

(7)体表检验　检查屠体鸭体表,看是否有残毛、黄衣、粪污、放血不良、损伤、淤血、出血、水肿、炎症、肿瘤等。若体表有整体性外伤、淤血、出血、放血不良、水肿、炎症和肿瘤等,做无害化处理;若有局部损伤、淤血、出血、水肿、炎症、肿瘤的进行修割,修割下的组织做无害化处理。

(8)去绒毛　无论手工脱毛还是机械脱毛,禽体上仍会附着一部分小毛,生物学上称为纤羽。此部分羽毛的去除主要有3种方法,即食用松香甘油酯或脱毛蜡拔毛、燎毛和钳小毛。

①松香甘油酯或脱毛蜡拔毛　是利用熔化的松香甘油酯或脱毛蜡与禽体混合,待凝固后与羽毛黏附,再去除松香甘油酯即可达到脱去羽毛的目的。将松香甘油酯放入到加热锅中,待加热溶化后,把待加工产品放入到加热锅内沾满松香甘油酯,3～5 s后将产品提出后再浸入冷水中,温度以25 ℃为宜,保持8 s左右。取出后再将松香甘油酯剥离,这样附着在禽体上的小毛即可去除干净。利用此物质拔毛时,要特别注意清除干净,不要有残留。

②燎毛　即利用喷灯直接对准禽体烧毛,此法不能将毛根去除,易在禽体上留有黑点,影响外观,但速度较快。

③钳小毛　为手工拔毛。禽体预先浸在水中或充分浸湿,再使用专用的拔毛钳(一头为钳,一头为刀片),左手捏紧皮肤,右手持钳,从左背尾部开始,逆毛方向经过左腿及翅外侧至颈根,再顺毛方向从颈根钳至右背,经过右翅及腿外侧,直至尾部。然后翻动禽体,从左腹开始,逆毛方向顺序钳到颈根,再从颈根顺毛钳至尾部。经过这样4个来回,可将全身小毛去除。手工钳毛工作量大,效率低,但去毛彻底,并且无化学特质残留。在一些要求较高的产品中,只能进行手工钳毛。

(9)拔舌　先在紧靠鸭头的咽喉外开一小口,割断食管和气管,然后掰开鸭嘴,采用先经过消毒处理的尖嘴钳将鸭舌用力拔出,应保持鸭舌和鸭舌须完整。

(10)去内脏　沿喉管剪开颈部皮肤，拉出气管和食道。提起腹部皮肤，使鸭尾朝上，用刀具沿着屠体鸭中线划开腹部，不得切开肠管和肛门，刀口不大于 5 cm。逐次掏出肠、心、肝、肫及其他脏器，悬挂于该屠体鸭外。使用的刀具每 30 min 要消毒一次。

(11)切掌　沿跗关节处下刀将鸭掌割下。把切掉的鸭爪放到专门的容器里。屠宰所用的器具(刀具、钳)每使用 1 次冲洗消毒 1 次，每使用 10 次器具应更换 1 次；凡受到污染的器具应立即更换。

(12)冲洗　采用压力≥0.3 MPa 的水逐只冲洗胴体鸭体表、体腔，以除去体表、体腔的污染物(羽毛、血污、零碎组织、胆汁、粪污等)使胴体表面无可见污物。洗完后随着链条进入预冷消毒池。

(13)预冷

①水冷　水冷槽分两部分，前槽流出水的水温≤16 ℃，后槽的水温≤2 ℃，胴体鸭在两槽中预冷总时间≥45 min，胴体鸭冷却后中心温度应≤4 ℃。两槽中间为消毒槽，通常使用次氯酸钠溶液进行消毒，消毒液有效氯浓度为 50～100 mg/L，消毒时间≥5 min，胴体鸭出预冷槽后，其体表有效氯浓度≤0.5 mg/L。每 1 h 内应对冷却水温度、有效氯浓度、胴体鸭中心温度各检测一次。

②风冷　风冷式冷却采用悬挂冷却方式，房间温度为 0～4 ℃，相对湿度为 90%～95%。根据实际适当调整冷却时间，确保冷却后胴体鸭中心温度≤4 ℃。将预冷后的胴体鸭挂上吊链沥水。

(14)同步卫检　对体表、内脏和体腔应逐只进行视检，必要时进行触检或切开检查，注意胴体的质地、颜色和气味的异常变化，特别应注意屠宰操作可能引起的异常变化。

(15)分割、包装和冷藏　对检验合格的胴体鸭进行分割，修去肌肉淤血、筋腱及多余脂肪，然后称重、分级、整形、包装。分割鸭产品包装车间温度应≤12 ℃。

六、家兔屠宰加工

(一)家兔屠宰工艺流程(图 1-26)

图 1-26　家兔屠宰加工工艺流程

(二)家兔屠宰加工操作及要求

(1)致昏　家兔致昏广泛采用电致昏法，兔的麻电器形如长柄钳子，钳端有海绵，使用时先蘸质量分数为 5%的盐水，然后夹住家兔的两耳后部。电致昏时电压 60～70 V，电流 0.75 A，致昏时间 2～4 s。也可采用转盘电麻击晕，操作时致昏控制参数不变。

(2)刺杀放血　现代化兔肉加工厂多用机械割头，既效率高，又安全卫生。小型屠宰场和个人多采用手工操作，其方法有切颈放血法、棒击放血法、灌醋放血法、空气针刺放血法和颈部移位放血法 5 种。

(3)剥皮　放血后立即进行剥皮，工厂化生产多采用机械剥皮，有些加工厂则采用半机械化剥皮。

家兔在剥皮前应对屠体进行淋浴或擦水，以防兔毛飞扬，污染肉尸。剥皮时速度要快，不污染肉尸和皮张。剥皮过晚或时间过长，屠体体温散失导致皮下组织冷却，皮不易剥离，还容易扯破皮肤或皮下组织，使得浅层组织大量残留在皮张上面，从而导致皮张难以干燥，且不耐保存。为了避免兔毛、粪便污染肉尸，宜采用筒式剥皮。剥下的毛皮应尽快伸展、固定和干燥，防止腐烂、虫蛀和鼠咬。但不能烈日暴晒，更不能火烤，以免引起皮张老化，失去韧性。操作时凡是接触毛皮的手和工具，不得再接触肉尸。

(4)截肢去尾　在腕关节处稍上截断前肢，在跗关节上方截断后脚，并从第一尾椎处去掉兔尾。要求没有碎骨，不沾兔毛、不留余毛。

(5)开膛取内脏　剥完皮后立即进行开膛，用刀在腹部正中切开腹膜，将肛门处直肠盲肠、膀胱及大小肠、肾脏剥离，然后将心、肺、肝、胃等内脏用手扯出，分别放在不同容器内以备检验，尤其是大小肠一定要分开放置。同时在第一颈椎处将头割下。开膛力求深浅适度，避免割伤胃肠和膀胱，造成粪便污染肉体。开膛时，下刀不要太猛，以免引起荐部刀伤，刀口不要偏斜，也不要开得过长，若露出胸软骨要及时修割掉，如不慎割破内脏器官，兔尸要挑出另行冲洗，刀具也要消毒后方可使用。

(6)擦血水　用洁净海绵擦净颈部血水，在取大肠时，应用手指按住腹壁及肾脏，然后再割开横膈膜，手指伸入胸腔抓住气管，采用"T"字形擦血架，擦出体内残留血水，可采用用真空泵吸除胸腔血水，效果比较好。

(7)胴体修整　家兔的修整工序，一般在台架上进行；流水线作业的工厂则在钢钩上进行。修整工序一般包括以下几个方面。

①修除非可食部分　残留内脏、生殖器官、肛门周围的腺体和结缔组织，修除血脖肉、大血管、胸腺，修除可拉起来的黏膜。注意后腿内侧肌肉内的大血管不得剪断，应从骨盆处挤出残余血水。

②修割外伤　背部、臀部及腿部外侧等部位的外伤不能超过两处，每处面积不得超过 1 cm^2。其他部位外伤也应修掉，面积可适当放宽，但不得影响美观。

③修割脂肪　为防止脂肪氧化变质可将暴露在肉尸外的脂肪，特别是背部的两条脂肪修割干净。

注意：家兔的肉尸修整不得采用湿修法，即不能用水冲洗，否则体表不易晾干，干膜很难形成，肉尸不耐储藏。修理加工肉尸时尽量单层摆放，最多不能超过两层。修整后的肉尸要逐只过磅、分级。

(8)分级　在外观上凡肉尸暗红、过瘦、露骨、背部发白、肉质过老，或有严重骨折、畸形、修割面积超过规定的都不宜做带骨兔肉；去骨兔肉不得有碎骨或软骨。质量上的要求是：特级每只净重质量 1 500 g 以上；一级每只净重质量 1 001～1 500 g；二级每只净重质量 601～1 000 g；三级每只净重质量 400～600 g。

(9)冷却与包装　为了使肉尸的温度迅速降低，并在肉的表面形成一层干燥的薄膜，肉尸分级后，应迅速放入冷却间冷却。冷却间的温度最好在(0±1) ℃，相对湿度在 85%左右，经 2～4 h 后方可进行包装。

任务3 畜禽分级管理与质量控制

畜禽肉的分割是指按不同国家、不同地区的分割标准将胴体进行分割，以利于进一步加工或直接供给消费者。依据胴体形态结构和肌肉组织分布进行分割，得到不同部位的肉块称为分割肉。按销售规格的要求，分割肉有带骨分割肉、剔骨分割肉和去脂分割肉3种。为了肉的保鲜或加工的需要，通常将肉经过一定时间的冷处理使肉保持低温，这种处理就是冷加工。广义上的冷加工包括最终肉产品（冷却肉、冷冻肉）的整个生产过程，从胴体的分割开始到最终肉产品形成。狭义上的冷加工仅指在胴体分割时采取低温处理的过程，目的是为方便分割及控制微生物的繁殖。不同品种畜禽肉也有区别，肉的分级形式有胴体分级和部位分级，前者适于生产规划和商业批发，后者对加工利用和消费购买使用更具有意义。

一、骨骼与肌肉的解剖部位

(一)骨骼的分布

骨骼由不同形状的密质骨和松质骨借韧带、软骨连接起来，其上附着肌肉，构成动物体的支持和运动器官，分布在头、躯干、四肢三大部分。

(1)头骨　头骨分两部分，上部为颅骨，下部为颜面骨。

(2)躯干骨　躯干骨分脊椎骨、肋骨和胸骨三部分。

各种家畜椎骨的数目如表1-6所示。

表1-6　家畜椎骨的数量

家畜类别	颈椎	胸椎	腰椎	荐椎	尾椎
猪	7	14～15	6～7	4	20～23
牛	7	13	6	5	18～20
羊	7	13	6～7	4	13～24
马	7	18	6	5	14～21
兔	7	12～13	7	4	16

(3)四肢骨　四肢骨包括前肢骨和后肢骨。

(二)关节

骨与骨相连接而能活动处称为关节，关节是由关节面（有关节软骨）、关节囊（内面能分泌滑液）及关节腔（关节软骨与滑膜之间空隙）组成。

(1)头部关节　主要是下颌关节，由下颌骨上端与颞骨形成。

(2)躯干关节　躯干关节包括脊椎关节、枕寰关节、寰枢关节、肋椎关节。

(3)四肢关节

①前肢关节　包括肩关节、肘关节、腕关节、指关节。

②后肢关节　包括荐髂关节、髋关节、膝关节、跗关节、趾关节。

猪的骨骼见图 1-27。

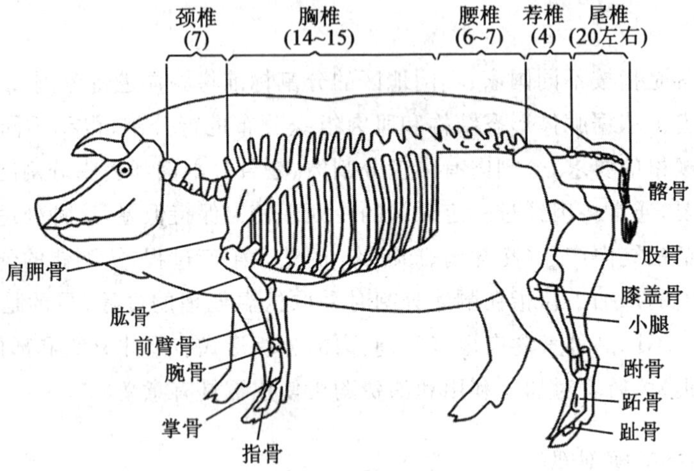

图 1-27　猪的骨骼

(三)肌肉

家畜肌肉绝大多数附着在骨骼上，称为骨骼肌，也有附在韧带、筋膜或皮肤上的，如大皮肌、腹直肌、腹外斜肌等。腱位于肌肉两端，把肌肉固着在骨骼上，大片状肌肉的腱呈薄板状。四肢的肌肉因运动量大，腱质丰富、如肘部肌肉，称腱子肉。肌肉根据其形状和功能，一般分为以下 3 种。

(1)长形肌　长形肌呈纺锤形或圆柱状，两端肌腱较长，主要分布在四肢。

(2)短形肌　短形肌较短，薄筋少腱，多分布在脊柱两侧与椎骨之间分节独立存在，如多裂肌。也有的不分节而互相结合成长条状，如背最长肌。

(3)阔形肌　阔形肌扁而宽，多覆盖在腹壁及肩胛上部，呈扁状、锯齿状及带状，如斜方肌、腹外斜肌、锯肌等。

二、猪胴体分级

(一)我国猪胴体分级

目前我国大多数屠宰企业采用人工分级的方法对猪胴体进行分级。由于人工分级是对猪胴体的体质量、体形、肥瘦程度、肌肉发育程度等一些相关经济性状根据经验进行人为主观地估测，依靠感官的估测方式会受时间、地点和人员等因素的差异而导致分级结果出现差异，使得分级结果的准确程度大大降低，为完善猪肉分级标准，使其更适合各企业和市场的变化需求，在农业行业标准 NY/T 1759—2009《猪肉等级规格》中，根据背膘厚度和胴体质量或瘦肉率和胴体质量两套评定体系，将胴体规格等级从高到低分为 A、B、C 三个级别；根据胴体外观、肉色、肌肉质地、脂肪色将胴体质量等级从优到劣分为 3 级；根据胴体规格等级和胴体质量等级将胴体综合等级分为1级到4级不等；并根据皮下脂肪最大厚度和分割肉块质量将猪胴体前腿肉、后腿肉、大排和带骨方肉分为A、B、C 3个等级。在标准NY/T 3380—2018《猪肉分级》中，将感官指标、胴体质量、瘦肉率、背膘厚度作为评定指标，分别对胴体及分割肉进行评级。这两种标准的实施对规范我国猪肉市场，提高优质猪肉产量，促进企业进行统一猪肉分级具有重要的意义。

(1)猪胴体规格等级　将胴体规格等级从高到低分为A、B、C 3个级别；胴体重分为带皮和不带皮2种。猪胴体规格等级，如表1-7所示。

表1-7　猪胴体规格等级

背膘厚度/mm 瘦肉率/%	胴体重＞65 kg(带皮) 胴体重＞60 kg(去皮)	胴体重 50～65 kg(带皮) 胴体重 46～60 kg(去皮)	胴体重＜50 kg(带皮) 胴体重＜46 kg(去皮)
＜20 / ＞55	A		
20～30/50～55	B		
30＞/ ＜50		C	

(2)猪胴体质量等级　根据胴体外观、肉色、肌肉质地、脂肪色将胴体质量等级从优到劣分为Ⅰ、Ⅱ、Ⅲ 3个等级；若其中有一项指标不符合要求，就应将其评为下一级别，如表1-8所示。

表1-8　胴体质量等级

指标	Ⅰ	Ⅱ	Ⅲ
胴体外观	整体形态美观、匀称，肌肉丰满，脂肪覆盖情况好。每片猪肉允许表皮修割面积不超过1/4，内伤修割面积不超过150 cm^2	整体形态较美观、较匀称，肌肉较丰满，脂肪覆盖情况较好，每片猪肉允许表皮修割面积不超过1/3，内伤修割面积不超过200 cm^2	整体形态、匀称性一般，肌肉不丰满，脂肪覆盖一般。每片猪肉允许表皮修割面积不超过1/3，内伤修割面积不超过250 cm^2
肉色	鲜红色，光泽好	深红色，光泽一般	暗红色，光泽较差
肌肉质地	坚实，纹理致密	较为坚实，纹理致密度一般	坚实度较差，纹理致密度较差
脂肪色	白色，光泽好	较白略带黄色，光泽一般	淡黄色，光泽较差

(3)胴体综合等级　根据胴体规格等级和胴体质量等级将胴体综合等级分为4个等级，如表1-9所示。

表1-9　胴体综合等级

规格	质量		
	Ⅰ	Ⅱ	Ⅲ
A	AⅠ(一级)	AⅡ(二级)	AⅢ(二级)
B	BⅠ(二级)	BⅡ(三级)	BⅢ(三级)
C	CⅠ(三级)	CⅡ(四级)	CⅢ(四级)

注：依据标准NY/T 3380—2018《猪肉分级》。

①胴体分级　依据猪胴体感官指标、胴体质量、瘦肉率和背膘厚度为评定指标，将胴体等级从高到低分为1、2、3、4、5、6六个级别，表1-10为胴体等级分级表。企业一般会依据自身的生产、检验和销售情况，从瘦肉率和背膘厚度中选择一项作为评定指标。

表1-10　胴体等级分级表

级别	感官	带皮胴体质量(W)[去皮胴体质量(W)下调5 kg]	瘦肉率(P)	背膘厚度(H)
1级	体表修割整齐，无连带碎肉、碎膘，肌肉颜色光泽好，无PSE肉，带皮白条表面无修割破皮肤现象，体表无明显鞭伤、无炎症。去皮白条要求体表修割平整，无伤斑、无修透肥膘现象。体型匀称，后腿肌肉丰满。	$60\ kg \leq W \leq 85\ kg$	$P \geq 53\%$	$H \leq 2.8\ cm$
2级		$60\ kg \leq W \leq 85\ kg$	$51\% \leq P < 53\%$	$2.5\ cm < H \leq 3.5\ cm$
3级	体表修割整齐，无连带碎肉、碎膘，肌肉颜色光泽好，无PSE肉，带皮白条表面无修割破皮肤现象，体表无明显鞭伤、无炎症。去皮白条要求体表修割平整，无伤斑、无修透肥膘现象。体型较匀称。	$55\ kg \leq W \leq 90\ kg$	$48\% \leq P < 51\%$	$3.5\ cm < H \leq 4\ cm$
4级		$45\ kg \leq W \leq 90\ kg$	$44\% \leq P < 48\%$	$4\ cm < H \leq 5\ cm$
5级	体表修割整齐，无连带碎肉、碎膘，肌肉颜色光泽好，带皮白条表面无修割破皮肤现象，体表无明显鞭伤、无炎症。去皮白条要求体表修割平整，无伤斑、无修透肥膘现象。	$W > 90\ kg$ 或 $W < 45\ kg$	$42\% \leq P < 44\%$	$5\ cm < H \leq 7\ cm$
6级		$W > 100\ kg$ 或 $W < 45\ kg$	$P < 42\%$	$H > 7\ cm$

②分割猪肉分级　猪胴体的切割部位不尽相同，一般将猪胴体分为带皮脂(或去皮带脂)前腿肌肉、带皮脂(或去皮带脂)后腿肌肉、带皮脂(或去皮带脂)大排肌肉、带皮带骨(或带皮去骨、去皮带骨、去皮去骨)中方肉四个部位肉，如图1-28所示。并依据脂肪厚度对部位肉进行分级，大体分为1、2、3三个等级，如表1-11。企业可根据市场和消费者需求，对部位肉进行细分割，并依据部位肉的脂肪厚度和重量进行细化分级。

表1-11　猪胴体各部位肉脂肪厚度分级表

级别	断面脂肪最大厚度(H)
1级	$H < 2.5\ cm$
2级	$2.5\ cm < H \leq 3.5\ cm$
3级	$H > 3.5\ cm$

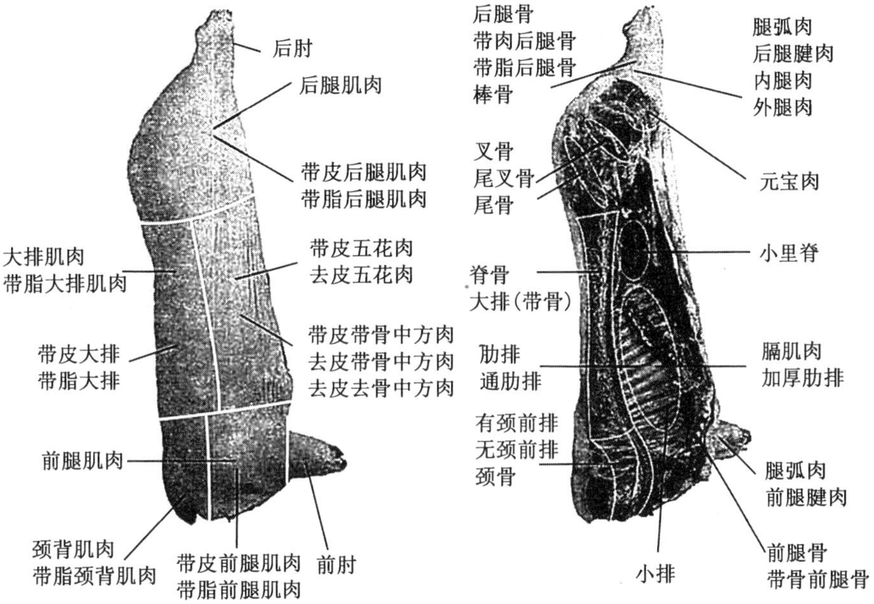

图 1-28　猪胴体分割图

(二)美国猪胴体分级

美国猪胴体分级标准分为质量等级和产量等级。首先按性别特征分为阉公猪、小母猪、母猪、小公猪、公猪共 5 类，其中只对阉公猪、小母猪和母猪进行分级，对公猪胴体不进行分级。美国猪胴体的等级主要根据肉和脂肪的质量及 4 个主要分割部位肉块（后腿肉、背腰肉、野餐肩肉、肩胛肉）的产量包括最后肋骨处的皮下脂肪厚度和肌肉发育程度来综合确定。美国农业部标准将猪胴体分成 5 个等级：U. S. 1 级、U. S. 2 级、U. S. 3 级、U. S. 4 级和 U. S 实用级。

(1)质量等级评定　如果 4 个优质切块的质量性状都合格。胴体可参加评级（U. S. 1～4 级），4 个优质切块的质量性状不合格，胴体只能定为 U. S. 实用级。

参加评级的胴体要求：a. 只能含有微量结膜；b. 背膘质地微硬；c. 肌肉质地微硬；d. 肉色介于浅红色和褐色之间。同时，腹肉的厚度（最薄的地方）不低于 1. 52 cm。质量不合格、腹肉太薄不适于制作培根的胴体都只能定为 U. S. 实用级。同样，肉的质地松软、表面油腻的胴体，不管其他性状如何，也一律定为 U. S. 实用级。

(2)产量等级评定　根据 4 个优质切块的理论产率确定胴体的产量等级：U. S. 1 级、U. S. 2 级、U. S. 3 级、U. S. 4 级 如表 1-12 所示。

表 1-12　理论产率(以冷胴体重计)与产量等级关系

等级	理论产率/%	等级	理论产率/%
U. S. 1 级	≥60. 4	U. S. 3 级	54. 4～57. 3
U. S. 2 级	57. 4～60. 3	U. S. 4 级	＜54. 4

注：如果按热胴体重计算产率应降低 1%。

由于胴体的背膘厚和肌肉丰度（相对于骨骼大小的肌肉厚度）不同，4 个优质切块的产率也不同。美国农业部《猪胴体等级标准》根据最后一肋背膘厚（包括皮）和肌肉丰度2个指标来计算产量等级。猪胴体的产量等级可用下列公式计算：

$$胴体产量等级=1.58\times背膘厚(cm)-1.0\times肌肉丰度$$

式中，肌肉丰度值表示方法为：薄=1分，中等=2分，厚=3分。

肌肉薄的胴体不能评为U.S.1级；如果背膘厚超过4.54 cm，即便是肌肉丰度为3，胴体也不能评为产量级U.S.3级。评定等级如表1-13所示。

表1-13 根据最后一肋背膘厚初评的产量等级

等级	背膘厚/cm	等级	背膘厚/cm
U.S.1级	<2.54	U.S.3级	3.16～3.79
U.S.2级	2.54～3.15	U.S.4级	≥3.8

（三）欧盟猪胴体分级标准

1989年欧盟开始实行统一的猪胴体分级标准，其主要依据是胴体瘦肉率和胴体重。欧盟依照猪胴体瘦肉率不同分为S、E、U、R、O、P 6个等级，如表1-14所示。

表1-14 欧盟猪胴体分级等级标准

胴体等级	胴体瘦肉率/%	胴体等级	胴体瘦肉率/%
S	>60	R	45～49.9
E	55～59.9	O	40～44.9
U	50～54.9	P	<40

欧盟组织各成员国根据各国情况使用不同分级仪器和不同估测瘦肉率的方法，但不管用何种方式测量，必须满足估测胴体瘦肉率和实测瘦肉率之间的相关系数 r 不小于0.8，残差 *RSD* 不大于2.5%，样本使用量不少于120头，且样本需具代表性。

三、牛胴体分级

（一）我国牛胴体分级

1.依据农业行业标准NY/T 676—2010《牛肉等级规格》分级

牛胴体质量等级规格主要由大理石纹和生理成熟度两个因素决定，分为特级、优级、良好级和普通级。同时结合肌肉色和脂肪色对等级进行适当的调整。当肉色等级为3～7级，脂肪色等级为1～4级时，则不进行调整；当肌肉色等级为1～2级、8级或脂肪色等级为5～8级时，牛肉品质等级在标准评定等级的基础上下降一个等级。检测评定时将胴体分割冷却0.5 h以后，采用白炽灯660 lx的光线强度下（避免光线直射）进行等级评定。

大理石纹：大理石纹是指肌肉中沉积的脂肪，选取胴体第5肋至第7肋间，或第11肋至第13肋间背最长肌，切开横断面后呈现出大理石纹。评定时对照大理石纹等级图片（大理石纹等级图给出的是每个等级中花纹的最低标准）确定背最长肌肌横切面处大理石纹等级。大理石纹等级共分为五个等级，分别为5级、4级、3级、2级和1级。如表1-15所示。

表 1-15　牛胴体等级

大理石纹等级	生理成熟度				
	A(24 月龄以下)	B(24～36 月龄)	C(36～48 月龄)	D(48～72 月龄)	E(72 月龄以上)
	无或一对永久门齿	二对永久门齿	三对永久门齿	四对永久门齿	永久门齿磨损较重
5 级（丰富）	特级	特级	优级	优级	良好级
4 级（较丰富）	特级	优级	优级	良好级	良好级
3 级（中等）	优级	优级	良好级	良好级	普通级
2 级（少量）	良好级	良好级	良好级	普通级	普通级
1 级(几乎没有)	良好级	良好级	普通级	普通级	普通级

注:本表中评定为选取 11～13 肋骨间背最长肌进行评定等级,若选取 5～7 肋骨间最长肌进行评定等级时,再下降一个等级。例如:5～7 肋骨间背最长肌评定等级时,大理石纹等级为 4 级,等同于 11～13 肋骨间评定等级时的 3 级。因此,最终大理石纹等级为 3 级。

生理成熟度:以门齿变化和脊椎骨(主要是最后 3 根胸椎)棘突末端软骨的骨质化程度为依据来判断生理成熟度。年龄小的动物在脊椎的脊突末端都有一块软骨,随着年龄的增大,这块软骨逐渐骨质化而消失,这个过程一般从胴体后端开始,最终在前端结束,这个规律为判断胴体年龄提供了较可靠的依据。生理成熟度分为 A、B、C、D、E 5 级。如表 1-16 所示。

肉色:对照肉色等级图片判断背最长肌横截面处肌肉颜色的等级。按颜色深浅分为 8 个等级,肉色标准中,1 级肉色最浅,8 级肉色最深,4、5 两级的肉色最好。

脂肪色:对照脂肪色等级图片判断背最长肌横切面处肌内脂肪和皮下脂肪的颜色等级。脂肪色等级分为八个等级,其中 1、2 两级的脂肪色最好。

表 1-16　脊椎骨化程度、门齿变化与生理成熟度的关系

脊椎部位	生理成熟度				
	A	B	C	D	E
	24 月龄以下	24～36 月龄	36～48 月龄	48～72 月龄	72 月龄以上
	无或一对永久门齿	二对永久门齿	三对永久门齿	四对永久门齿	门齿磨损较重
荐椎	明显分开	开始愈合	愈合但有轮廓	完全愈合	完全愈合
腰椎	未骨化	一点骨化	部分骨化	近完全骨化	完全骨化
胸椎	未骨化	未骨化	小部分骨化	大部分骨化	完全骨化

2.依据农业行业标准 NY/T 3379—2018《牛肉分级》分级

将牛分割肉分成两个部分,第一部分包括里脊、上脑、眼肉、外脊;第二部分包括辣椒条、胸肉、臀肉、米龙、牛霖、大黄瓜条、小黄瓜条、腹肉、腱子肉。里脊依据质量大小分为 S、A、B、C 四个级别。上脑、眼肉、外脊依据横切面处的大理石纹含量,肉色、脂肪颜色和质量分成 S、A、B、C 四个级别,如表 1-17 所示。第二部分依据外观、感官特性分为优质牛肉和普通牛肉,优质牛肉是指进行精修,指标包含无刀伤,无血污,保持肉的自然形状,无筋皮、风干层、血管,肉色为红色,有光泽等。普通级牛肉是指进行粗修,指标包含无刀伤,无血污,表面有多余脂肪,有少量筋皮、血管,有碎肉、碎骨,肉色发暗等。

表 1-17　第一部分割肉分级方法

品名	级别	质量要求	感官要求
里脊	S 级	≥1.8 kg	无多余筋膜,背面无多余脂肪,里脊头完整无损。
	A 级	1.5～1.8 kg	
	B 级	1.3～1.5 kg	
	C 级	≤1.3 kg	
上脑	S 级	≥3.0 kg	S 级:脂肪白色或微黄色,肉色为红色,无碎肉、血污,大理石纹极丰富,无多余筋膜、腱膜和肌膜。眼肉和外脊的背面脂肪平整,腹面无碎肉、血污。 A 级:脂肪白色或微黄色,肉色为红色,无碎肉、血污,大理石纹丰富,无多余筋膜、腱膜和肌膜。眼肉和外脊的背面脂肪平整,腹面无碎肉、血污。 B 级:脂肪白色或微黄色,肉色为红色,无碎肉、血污,大理石纹一般,无多余筋膜、腱膜和肌膜。 C 级:大理石纹几乎没有,无碎肉、血污,无多余筋膜、腱膜和肌膜。眼肉和外脊腹面无碎肉、血污。
	A 级	≥3.0 kg	
	B 级	—	
	C 级	—	
眼肉	S 级	≥3.0 kg	
	A 级	≥3.0 kg	
	B 级	—	
	C 级	—	
外脊	S 级	≥3.5 kg	
	A 级	≥3.0 kg	
	B 级	—	
	C 级	—	

(二)美国牛胴体分级

发达国家都有自己的牛肉分级标准,其中美国标准历史悠久,历经多次修订,体系比较完善,在国际上影响也较大。美国是畜牧大国,畜牧业产值约占农业总产值的 60%。在畜牧业产值中,肉牛业所占比重达到 47%。美国肉牛业的发达除了得益于育种和饲养技术的提高外,牛肉分级制也起了至关重要的作用。美国牛肉的分级系统研究始于 1917 年,在 1931 年由美国农业部正式推出执行,实行自愿、付费和农业部雇用的专职分级员评定三项原则。自从采用牛肉分级制度以后,美国整体牛肉质量大幅度上升,现在美国有 90 多个肉牛品种,产品也趋于一致。据最新资料表明,80%的牛肉达到优选级以上。美国对牛肉采用产量级和质量级两种分级体系,既可单独对牛肉定级,也可同时使用,即一个胴体既有产量级别又有质量级别,主要取决于客户对牛肉的需求。牛肉分级标准由农业部颁布。

(1)质量级　阉牛、小母牛、母牛可分为 8 个级别;而母牛除了特等以外,其他等级都适用;小公牛的质量级只有特等、优选、精选、标准和可用 5 个级别。美国依据牛肉的大理石纹和生理成熟度(年龄)将牛肉分为:特优、优选、精选、标准、商用、可用、切碎和制罐 8 个级别。

生理成熟度以年龄决定,年龄越小,肉质越嫩,级别越高。生理成熟度共分为 A、B、C、D、E 5 个级别,A 级为 9～30 月龄,B 级为 30～42 月龄,C 级为 42～72 月龄,D 级为 72～96 月龄，96 月龄以上为 E 级。而年龄则以胴体骨骼和软骨的大小、形状和骨质化程度及眼肌的颜色和质地为依据来判定，其中，最末 3 根胸椎的软骨骨化程度为最重要的指标。

大理石纹是决定牛肉品质的主要因素，它与嫩度、多汁性和适口性有密切的关系，同时它又是最容易客观评定的指标，因而品质的评定就以大理石纹为代表。大理石纹的测定部位为 12～13 肋骨间的眼肌横切面。当生理成熟度和大理石纹决定以后就可判定其等级了，牛的龄越小，大理石纹越丰富，级别越高；反之则越低。详细关系见表 1-18。

表 1-18　美国牛胴体大理石纹、生理成熟度与质量等级关系

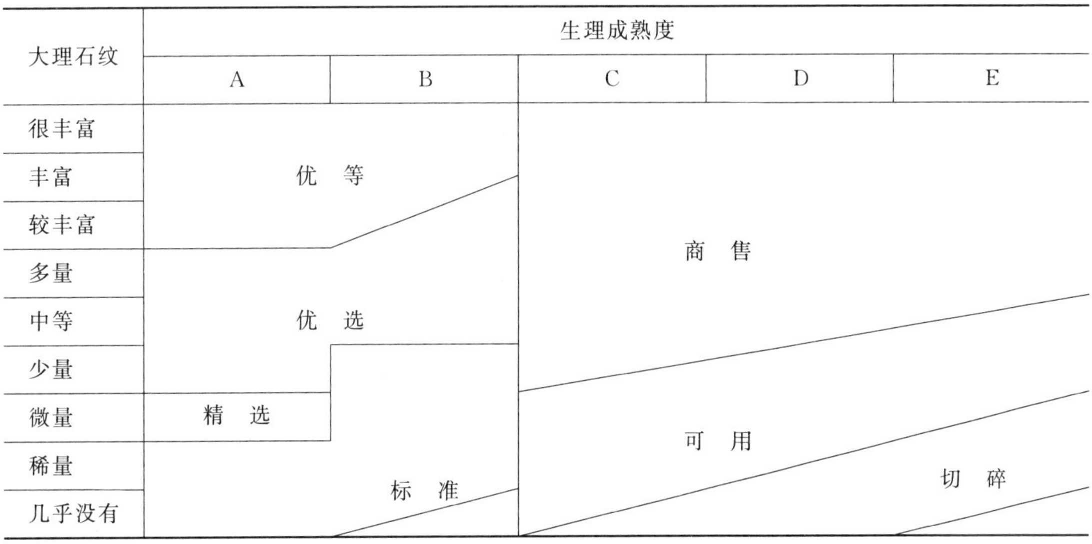

(2)产量级　产量级以胴体出肉率为依据，后者定义为修整后去骨零售肉量与胴体的比例，可依据以下公式计算出肉率。

$$出肉率=51.34-5.784\times 脂肪厚度-0.462\times KHP(\%)+0.74\times 眼肌面积-0.009\,3\times 热胴体重$$

式中：KHP 表示肾、盆腔和心脏占胴体重的百分数。

出肉率与产量等级之间的关系见表 1-19。

$$产量级=2.50+2.50\times 脂肪厚度-0.2\times KHP(\%)-0.32\times 眼肌面积+0.003\,8\times 热胴体重$$

根据公式得出产量级数值，以其整数部分作为产量级的等级数，例如，4.9 的产量等级是 4。

表 1-19　美国牛胴体出肉率和产量级的关系

产量级	出肉率%	产量级	出肉率/%
1	＞52.3	4	47.7～45.4
2	52.3～50	5	＜45.5
3	50～47.7		

(三)日本牛胴体分级

日本也有着比较详细而完善的牛胴体分级标准。1975年,由日本畜产工业合作株式会社、地方政府和多家农场及肉类推销商协会联合成立日本肉品分级协会,承担肉品分级任务。日本的有关标准也同样包括质量级和产量级两方面,最后将两者结合起来得出最终等级。

(1)质量级　质量级包括大理石纹、肉的色泽、肉的质地和脂肪色泽4个指标。每个指标均分为5级。大理石纹从1级到5级越丰富越好;肉的色泽从1级到5级由劣到好;肉的质地由致密度和纹理两个因素决定,从1级到5级由劣到好;脂肪的色泽越白越好。4个指标经评定后定级,最终的质量等级要按照4个指标中最低的一个确定。

(2)产量级　产量级也是以出肉率为衡量标准,主要指标有:背腰最长肌面积(在第6~7肋骨间切面处,背腰最长肌肌膜范围内的面积)、肋部厚度(在第6~7肋骨间切面处,约肋骨全长的中部,从胸腔膜内面到背阔肌外面的长度)、半冷胴体重(区别于美国的热胴体,且只对半胴体进行评价)、皮下脂肪厚度(第6~7肋骨间切面处,由髂肋肌到胴体表面形成一个直角,在该直角线上测量从背阔肌到胴体表面的长度)。

日本的出肉率标准值可按以下公式计算:

$$产量百分数(\%)=67.37\times0.13\times眼肌面积(cm^2)\times0.667\times肋部肉厚(cm)-0.025\times左半冷胴体重(kg)-0.896\times皮下脂肪厚度(cm)$$

另外,肉用种牛胴体的出肉率标准值要再加2.049。胴体如有下列情况之一者,即可降低一个等级:切面的肌间脂肪与胴体重及背腰最长肌面积相比相对较厚;臀肉肌肉丰厚度不够,前躯与臀腿比例显著不相称者。在此基础上,再结合肉质等级(共5级,5级最好,1级最差)最终将牛胴体规格分为15个等级。根据产量百分数将胴体产量分为3级:A级在72%以上,B级在69%~72%,C级在69%以下。结合胴体质量级和产量级,最终牛胴体的等级标准见表1-20。

表1-20　日本牛胴体最终等级

产量评分	肉质的评分				
	5	4	3	2	1
A级(胴体产率72%以上)	A5	A4	A3	A2	A1
B级(胴体产率69%以上)	B5	B4	B3	B2	B1
C级(胴体产率不足69%)	C5	C4	C3	C2	C1

四、羊胴体分级

(一)我国羊胴体分级

为了规范羊肉市场及羊肉食用安全,我国制定了相关的国家标准和行业标准。在农业行业准NY/T 630《羊肉质量分级》标准中,根据生理成熟度将羊肉划分为3类:大羊肉、羔羊肉和肥羔羊。根据胴体重、肥度、肋肉厚度、肉质硬度、肌肉发育程度、生理成熟度和肉脂色泽共7个指标将每类羊肉分为4个级别，分别是特等级、优等级、良好级和可用级。胴体分级指标是指用于评定胴体产量和质量的指标，由于直接评定肉品质量的指标如嫩度、多汁质和品味等不易准确或直接度量，所以，在农业行业标准 NY/T 2781《羊胴体等级规格评定规范》中规定，实际操作中主要以大理石纹、生理成熟度以及肌肉、脂肪的颜色等指标对胴体质量进行评定，并以肌肉颜色和大理石纹为辅助分级指标，评定羊胴体等级规格。

(1)羊胴体等级　依据羊恒切齿数目、前小腿关节和肋骨形态确定生理成熟度。再按照生理成熟度，将羊胴体分为羔羊胴体和大羊胴体。羔羊胴体是指屠宰12月龄以内，完全是乳齿的羊获得的羊胴体，无恒切齿，前小腿有折裂关节，折裂关节湿润，颜色鲜红，肋骨略圆；大羊胴体是指屠宰12月龄以上，并已更换一对以上乳齿的羊获得的羊胴体，有恒切齿，前小腿至少有一个控制关节，肋骨又宽又平。

羔羊和大羊胴体等级由肋脂厚度、胴体重量指标评定，用称量器具称量羊胴体重量；用测量工具测量羊胴体12肋骨至13肋骨间截面，距离脊柱中心11 cm处肋骨上脂肪的厚度。羊胴体等级从高到低分为特等级、优等级、良好级、普通级4个级别，评定标准见表1-21。

表 1-21　羊胴体分级标准

级别	羔羊胴体		大羊胴体	
	肋脂厚度(H)/mm	胴体重量(W)/kg	肋脂厚度(H)/mm	胴体重量(W)/kg
特等级	$8\leqslant H\leqslant 20$	绵羊 $W\geqslant 18$ 山羊 $W\geqslant 15$	$8\leqslant H\leqslant 20$	绵羊 $W\geqslant 25$ 山羊 $W\geqslant 20$
优等级	$8\leqslant H\leqslant 20$	绵羊 $15\leqslant W<18$ 山羊 $12\leqslant W<18$	$8\leqslant H\leqslant 20$	绵羊 $19\leqslant W<25$ 山羊 $14\leqslant W<20$
良好级	$8\leqslant H\leqslant 20$	绵羊 $8\leqslant W<15$ 山羊 $8\leqslant W<12$	$8\leqslant H\leqslant 20$	绵羊 $16\leqslant W<19$ 山羊 $11\leqslant W<14$
	$5\leqslant H<8$	绵羊 $W\geqslant 12$ 山羊 $W\geqslant 10$	$5\leqslant H<8$	绵羊 $W\geqslant 19$ 山羊 $W\geqslant 14$
普通级	$H<5$	绵羊 $W\geqslant 8$ 山羊 $W\geqslant 8$	$H<5$	绵羊 $W\geqslant 16$ 山羊 $W\geqslant 11$
	$H>20$	绵羊 $W\geqslant 8$ 山羊 $W\geqslant 8$	$H>20$	绵羊 $W\geqslant 16$ 山羊 $W\geqslant 11$

(2)大理石纹等级　大理石纹是指羊胴体背最长肌中肌内脂肪的含量和分布状态。评定时对照大理石纹等级标准图片(大理石纹等级图给出的是每个等级中花纹的最低标准)，判断羊胴体背最长肌12～13肋骨间眼肌横切面的大理石纹等级。大理石纹分为：1级(极丰富)，2级(丰富)，3级(较丰富)，4级(中等)，5级(少量)，6级(几乎没有)共计6个等级，其中1级、2级、3级划为A级，其余级别划为B级。

(3)肌肉颜色等级　胴体分割0.5 h后，在660 lx白炽灯照明的条件下，按照评定标准图片，判断背最长肌12肋骨至13肋骨间眼肌横切面的颜色等级。标准中，肌肉颜色分为6个等级，其中3级、4级划为A级，其余级别划为B级。

(4)羊胴体等级规格　羊胴体等级以肌肉颜色和大理石纹为辅助分级指标，将特等级、优等级、良好级、普通级羊胴体分为16个规格，评定标准见表1-22。

表 1-22 羊胴体等级规格

等级	规格			
特等级	AA	AB	BA	BB
优等级	AA	AB	BA	BB
良好级	AA	AB	BA	BB
普通级	AA	AB	BA	BB

注:第一个字母表示肌肉颜色级别;第二个字母表示大理石纹级别。例如:特等级 AA,表示色泽为 A 级、大理石纹为 A 级的特等级羊肉;优等级 AB,表示色泽为 A 级、大理石纹为 B 级的优等级羊肉。

(二)国外羊胴体分级

国外对羊肉质量的评价标准,不同的国家和地区,差异较大。澳大利亚主要根据羊的类别,并以胴体重量确定等级;作为世界羊肉生产大国的新西兰,主要根据胴体重和脂肪含量进行分级,划分得非常细致;美国对羊肉的分级标准,则划分了羊肉的类别,并确定了质量等级和产量等级。具体标准见表 1-23。

表 1-23 世界羊肉主产国羊胴体分级

国别	羊类别	各等级重量/kg			
		轻(L)	中(M)	重(H)	特重(X)
澳大利亚	羔羊肉	13 或以下	13～16.5	16.5～20.0	20 以上
	幼年羊肉	16.5 或以下	16.5～20.0	20～24	24 以上
	青年羊/成年羊	19 或以下	19～26	26 以上	
美国	产量等级	羔羊肉、周岁羊肉、胴体羊肉的脂肪厚度要求一样,1 级为 0～0.15 cm,2 级 0.15～0.25 cm,3 级 0.26～0.35 cm,4 级 0.36～0.45 cm,5 级≥0.46 cm			
	质量等级	脂肪含量			
		羔羊肉	周岁羊肉	羊肉	
	特等	含少量或限量的脂肪	含适量的脂肪		
	优等	轻量或微量的脂肪	含少量的脂肪	含有限量的脂肪	
	优良	几乎没有脂肪或含微量脂肪	含轻量的脂肪	少量的脂肪	
	可用级	几乎没有脂肪	几乎没有脂肪	几乎没有脂肪(淘汰)	

(三)羊胴体分割

羊肉是我国三大食用畜肉之一,是我国牧区、民族地区、西北地区不可或缺的肉食来源。活羊(包括山羊和绵羊)放血后,去除皮(或毛)、头、蹄、尾、脏及生殖器(母羊去除乳房)等后得到的躯体,称为羊胴体。羊的胴体分割反映了人们对肉羊胴体的价值趋向,是肉羊胴体深加工形成产品的基础,是实现优质优价的重要环节。羊胴体不同部位的肌肉、脂肪、结缔组织及骨骼的组成比例不同,这不仅反映了可食部分的数量,而且肉的品质和风味也有所差异。随着我国经济发展和人民生活水平的提高,分割羊肉产品已逐渐成为消费主体,羊肉分割技术已成为羊肉加工企业必需的技术。结合羊胴体组织形态结构和市场售卖需求，我国2021年发布的中华人民共和国国家标准GB/T 39918—2021《羊胴体及鲜肉分割》中明确规定了羊肉分割的部位名称(图1-29)及技术要求。

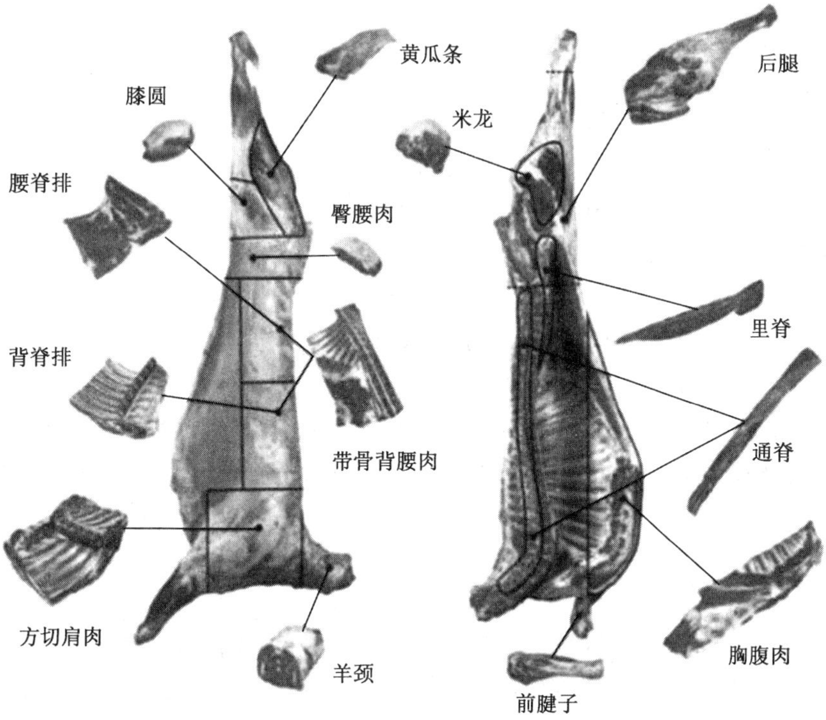

图1-29　羊胴体分割图

1. 羊胴体分割技术要求

羊胴体分割是羊肉处理和加工的重要环节，也是提高羊肉商品价值的重要手段。羊胴体分割通常有二分体、套叠羊胴体和四分体3种形式。二分体是将羊胴体沿脊柱中线纵向切成两片，又称半胴体或半扇体；套叠羊胴体是将胴体在腰荐结合处沿脊柱短轴方向切开胴体背侧缘，折断脊柱，把后腿折叠塞进胸腹腔；四分体是从二分体沿指定肋骨弓(宜在6～7肋之间或腰椎与胸椎连接处分切)切至腹边缘所得的前半部分和后半部分。目前，企业已很少生产羊胴体、羊二分体和羊四分体等产品。

2. 带骨羊肉分割技术要求

企业在实际生产中，带骨羊肉和去骨羊肉都会通过剔骨修割而得，甚至还会加入软骨，结合我国国家标准，在羊二分体和四分体的基础之上，可以进一步将带骨羊肉分割成后腿肉、带骨臀腰肉、鞍肉和背腰肉等13个品种。

(1)后腿肉　从二分体腰荐结合处直切至腹胁肉的腹侧得到的后半部分，去除腹胁肉、淋巴结、腺体、外周脂肪和腱尖。

(2)带骨臀腰肉　从后腿距髋关节指定距离处垂直切割所得的前半部分。

(3)鞍肉　又名羊腰脊(带)，从羊胴体腰荐结合处沿脊柱中轴线垂直方向从背侧切至腹胁肉的腹侧，从指定的肋骨处(宜在 6～7 肋之间分切)切断胸椎，再沿脊柱长轴方向切至胸腹侧指定位置，切除前四分体后所得的部分。

(4)背腰肉　又名羊腰脊或羊丁骨，从二分体第 6 腰椎切至髂骨头，再切至腹胁肉的腹侧；在指定的肋骨处沿脊柱垂直方向切断椎骨，切除前四分体；沿脊柱长轴方向距外脊腹侧指定距离处切开，切除胸腹肉所得的部分。在第 13 胸椎处垂直切断后可得前后两部分，分别是背脊排和腰脊排。

(5)方切肩肉　又名羊肩胛或方形肩肉，从前四分体第三、四颈椎之间切除羊颈，再从第一胸肋结合处沿脊柱长轴方向切除胸肉和前腱子后所得的部分。

(6)肩脊排　从方切肩肉中剔除肩胛骨及其所附肌肉后所得的部分，包括肋骨、胸椎和附着的肌肉，根据需要确定保留肋骨数量(宜为 5～6 根)，剔除部分肋间肌得到的产品即为法式肩脊排。

(7)前腿肉　将前四分体沿肋骨与表层肌肉之间、肩胛骨腹侧与肌肉之间的自然缝切开所得到的部分，包括肩胛骨、肱骨、桡骨、尺骨以及附着的肌肉。

(8)胸腹肉　又名羊腹肉或腹腩，从第 1 胸肋结合处沿背切线切除方切肩肉和前腿，再沿脊柱长轴方向经腹胁肉切至腹股沟浅淋巴结处所得的部分。从第 5、6 肋间直切可得到腹肉和部分胸肉。

(9)全肋排　又名羊肋排、羊类脊排或中式排，沿肋骨边缘切开，再沿肋骨和椎骨结合处切断所得的部分。

(10)仔排　又名羊仔骨，将全肋排沿腹侧切割线切除胸腹肉后，经修整所得的部分。

(11)羊颈　别名羊脖子，从胴体第 3、4 颈椎处(即方切肩肉的背切线位置)切开所得的部分。

(12)前腱子　别名前小腿肉，从前四分体肱骨远端沿胸腹肉切除线切开得到的部分，包括桡骨、尺骨及所附肌肉。切除腱尖即得法式前腱子。

(13)后腱子　别名后小腿肉或后蹄拐，后腿膝关节处直切得到的部分，包括胫骨及所附肌肉。切除腱尖即得法式后腱子。

3. 去骨分割羊肉分割技术要求

去骨分割羊肉和带骨分割羊肉并没有清晰的界限，产品种类也不是根据去骨和带骨分类，而是依据市场和产品需求进行分割。基于我国人民的消费习惯和市场需求，根据我国羊肉屠宰和加工企业实际生产情况，将去骨羊肉分成 9 个品种。

(1)大黄瓜条和小黄瓜条　沿半腱肌股骨边缘取下的长而宽的肉块，即大黄瓜条，大黄瓜条又名烩扒或磨裆肉，主要是臀股二头肌。沿臀股二头肌边缘取下的形如条状的肉块，即小黄瓜条，主要是半腱肌。

(2)膝圆　又名羊霖肉，沿股骨前面及两侧分割下来肉块，主要是臀股四头肌。

(3)米龙　又名针扒或后臀肉，从后腿外侧剥离得到的肉块，主要包括半膜肌、股薄肌等。

(4)臀腰肉　又名尾扒或尾龙扒，从后腿外侧靠近股骨一端剥离得到的肉块，主要包括臀中肌、臀深肌、股阔筋膜张肌等。

(5)里脊　别名羊菲力，从半胴体腰椎腹侧和髂骨背侧剥离后得到的肉块，包括腰大肌和腰小肌。

(6)上脑　取自羊半胴体倒数第1颈椎至第6胸椎间的肉块，前端为倒数第一颈椎后缘，后端与眼肉相连，主要包括背最长肌、斜方肌等。

(7)通脊　别名整脊，位于腰椎、胸椎棘突和横突上，起于倒数第一颈椎后缘，止于腰荐结合处，主要为背最长肌。

(8)眼肉　从通脊第4～5(或第6胸椎)至第1腰椎处切开所得的肉块。

(9)外脊　又名扁担肉，从通脊第10胸椎处切开所得的后半部分肉块。

五、禽肉的分割

我国禽肉分割技术发展较早的主要是鹅、鸭的分割，鸡的分割是近几年来参考鹅的分割方法发展起来的，其基本分割方法大同小异。目前分割方法有三种：平台分割法、悬挂分割法和按片分割法。前两种方法适合于鸡，后一种方法适合于鹅和鸭。禽类的分割亦是按照不同禽类的不同要求进行的。如鸭的胴体可进行劈半处理，沿脊椎骨左侧从颈至尾将胴体一分为二，右侧称为一号硬边鸭肉，左侧称为二号软边鸭肉。鸭的胴体身体构造及脏器分为头、颈、翅、爪、心、肫等；鹅胴体分割与鸭相似，只是可将禽体沿脊椎骨从头到尾纵切为二后，再可由胸骨端至髋骨关节前缘连线处再将半胴体分为两半，分别称为一号硬边鹅胸肉、二号软边鹅胸肉、三号硬边鹅腿肉、四号软边鹅腿肉，其他分割与鸭相同。鸡分割加工则依据市场需求和再加工情况，可以再适当分成更少的件数。我国大体上分为腿部、胸部、翅爪及脏器类。家禽的分级标准包括产量级和质量级两种。由于家禽加工生产线速度较快，一直以重量分级为主。产量分级通过对整禽或分割产品称重进行分级。质量分级则通过对去内脏后的禽体进行拍照，采用图像处理技术在线快速统计每只禽体的表皮擦伤、破损、羽毛残留及断翅等情况进行分级。

(一)鸡的分割

1. 鸡胴体分割工艺流程(图1-30)

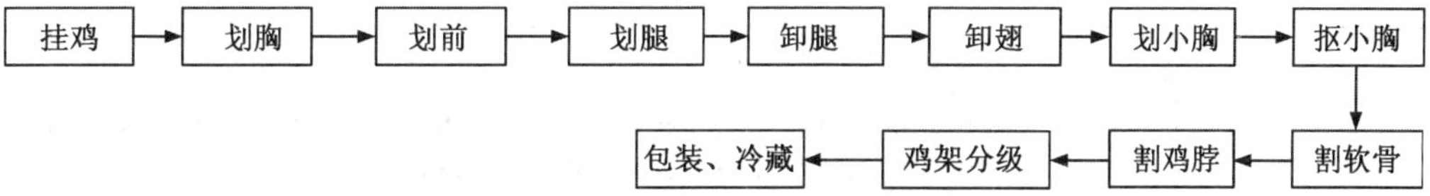

图1-30　鸡胴体分割工艺流程

2. 鸡胴体分级

目前我国鸡肉产品质量等级划分将鸡肉分为鸡胴体和分割肉两个部分，又根据鸡的年龄和品种将鸡胴体分为引进类、仿土类和土种类，并分别根据完整程度、胸部形态、肤色、皮下脂肪分布形态和羽毛残留状态5个维度将胴体等级划分为1级、2级和3级，如表1-24所示。根据鸡的年龄和品种将鸡分割肉分为引进类、仿土类和土种类，并分别根据形态、肉色和脂肪沉积程度3个维度将分割肉等级划分为1级、2级和3级。如表1-25所示。

表 1-24 鸡胴体等级及要求

类别		等级	要求
完整程度	引进类	1	胴体完整,皮肤无伤斑和溃烂破损,无脱臼、骨折
		2	胴体比较完整,皮肤修割伤斑和溃烂破损不影响外观,骨折与脱臼均不超过 1 处,无断骨突出
		3	不符合等级 1 和 2 的标准
	仿土类	1	胴体完整,皮肤无伤斑和溃烂破损,无脱臼、骨折
		2	胴体比较完整,皮肤修割伤斑和溃烂破损不影响外观,骨折与脱臼均不超过 1 处,无断骨突出
		3	不符合等级 1 和 2 的标准
	土种类	1	胴体完整,皮肤无伤斑和溃烂破损,无脱臼、骨折
		2	胴体比较完整,皮肤修割伤斑和溃烂破损不影响外观,骨折与脱臼均不超过 1 处,无断骨突出
		3	不符合等级 1 和 2 的标准
胸部形态	引进类	1	胸骨尖不显露,胸部呈梯形,胸背骨略弯曲
		2	胸骨尖显露但不弯曲,胸部略呈梯形,胸背骨略弯曲明显
		3	不符合等级 1 和 2 的标准
	仿土类	1	胸骨尖显露但不突出,胸部略呈梯形,胸背骨略弯曲明显
		2	胸骨尖显露,胸角大于 70°、胸背骨弯曲明显
		3	不符合等级 1 和 2 的标准
	土种类	1	胸骨尖显露,胸角大于 70°、胸背骨弯曲明显
		2	胸骨尖显露,胸角大于 60°、胸背骨弯曲明显
		3	不符合等级 1 和 2 的标准
肤色	引进类	1	无黄衣,无异常色斑
		2	胸腿异常色斑与破损不超过 3 处,总面积不超过 1 cm^2,整个胴体异常色斑与破损不超过 6 处,总面积不超过 2 cm^2
		3	不符合等级 1 和 2 的标准
	仿土类	1	无黄衣,无异常色斑
		2	胸腿异常色斑与破损不超过 3 处,总面积不超过 1 cm^2,整个胴体异常色斑与破损不超过 6 处,总面积不超过 2 cm^2
		3	不符合等级 1 和 2 的标准
	土种类	1	无黄衣,无异常色斑
		2	胸腿异常色斑与破损不超过 3 处,总面积不超过 1 cm^2,整个胴体异常色斑与破损不超过 6 处,总面积不超过 2 cm^2
		3	不符合等级 1 和 2 的标准

续表 1-24

类别		等级	要求
皮下脂肪分布形态	引进类	1	背与尾部皮下脂肪厚度在 0.3 cm 以上
		2	背与尾部皮下稍有脂肪
		3	不符合等级 1 和 2 的标准
	仿土类	1	背与尾部皮下布满脂肪，厚度 0.5 cm 以上
		2	背与尾部皮下脂肪厚度在 0.3 cm 以上
		3	不符合等级 1 和 2 的标准
	土种类	1	背与尾部皮下布满脂肪，厚度 0.5 cm 以上
		2	背与尾部皮下脂肪厚度在 0.3 cm 以上
		3	不符合等级 1 和 2 的标准
羽毛残留状态	引进类	1	无毛根与绒毛
		2	毛根在 4 根以上，绒毛在 20 根以下
		3	不符合等级 1 和 2 的标准
	仿土类	1	无毛根与绒毛
		2	毛根在 4 根以上，绒毛在 20 根以下
		3	不符合等级 1 和 2 的标准
	土种类	1	无毛根与绒毛
		2	毛根在 4 根以上，绒毛在 20 根以下
		3	不符合等级 1 和 2 的标准

表 1-25　鸡肉分割肉等级及要求

类别		等级	要求
分割肉形态	引进类	1	块形完整、无缺损，无残存羽毛，无伤斑和溃烂，无剔割伤痕
		2	块形较完整、无缺损，无残存羽毛，胸腿部剔割伤痕在 2 处以下，鸡胸与胸里脊均不超过 1 处，不影响外形美观
		3	不符合等级 1 和 2 的标准
	仿土类	1	块形完整、无缺损，无残存羽毛，无伤斑和溃烂，无剔割伤痕
		2	块形较完整、无缺损，无残存羽毛，胸腿部剔割伤痕在 2 处以下，鸡胸与胸里脊均不超过 1 处，不影响外形美观
		3	不符合等级 1 和 2 的标准
	土种类	1	块形完整、无缺损，无残存羽毛，无伤斑和溃烂，无剔割伤痕
		2	块形较完整、无缺损，无残存羽毛，胸腿部剔割伤痕在 2 处以下，鸡胸与胸里脊均不超过 1 处，不影响外形美观
		3	不符合等级 1 和 2 的标准

续表 1-25

类别		等级	要求
肉色	引进类	1	肉色正常,无血肿、溃烂等异常色斑
		2	胸肉、腿肉血肿色斑少于 2 处,最大色斑长、宽在 0.5 cm 以下,胸里脊与鸡翅红肿、色斑在 1 处以下,最大长、宽不超过 0.3 cm,无溃烂
		3	不符合等级 1 和 2 的标准
	仿土类	1	肉色正常,无血肿、溃烂等异常色斑
		2	胸肉、腿肉血肿色斑少于 2 处,最大色斑长、宽在 0.5 cm 以下,胸里脊与鸡翅红肿、色斑在 1 处以下,最大长、宽不超过 0.3 cm,无溃烂
		3	不符合等级 1 和 2 的标准
	土种类	1	肉色正常,无血肿、溃烂等异常色斑
		2	胸肉、腿肉血肿色斑少于 2 处,最大色斑长、宽在 0.5 cm 以下,胸里脊与鸡翅红肿、色斑在 1 处以下,最大长、宽不超过 0.3 cm,无溃烂
		3	不符合等级 1 和 2 的标准
分割肉脂肪沉积程度	引进类	1	胸肌脂肪宽度在 0.5～1 cm,腿部与尾部切离处脂肪厚度在 0.3 cm 以上
		2	可见胸肌边缘脂肪带
		3	不符合等级 1 和 2 的标准
	仿土类	1	胸肌边缘脂肪带宽在 1 cm 以上,腿部与尾切离处皮下脂肪厚度在 0.5 cm 以上
		2	胸肌脂肪宽度在 0.5～1 cm,腿部与尾部切离处脂肪厚度 0.3～0.5 cm
		3	不符合等级 1 和 2 的标准
	土种类	1	胸肌边缘脂肪带宽在 1 cm 以上,腿部与尾切离处皮下脂肪厚度在 0.5 cm 以上
		2	胸肌脂肪宽度在 0.5～1 cm,腿部与尾部切离处脂肪厚度 0.3～0.5 cm
		3	不符合等级 1 和 2 的标准

(二)鸭分割

1. 鸭分割工艺流程(图 1-31)

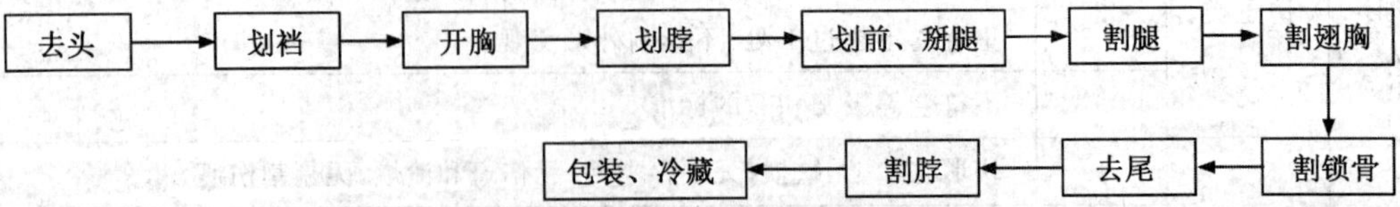

图 1-31　鸭分割工艺流程

2. 胴体分级

(1)胴体质量等级　根据胴体完整程度、表皮状态、羽毛残留状态将鸭胴体质量等级从优到劣分为Ⅰ、Ⅱ、Ⅲ 3个等级,具体要求应符合表1-26的规定。若其中有一项指标不符合要求,应将其评为下一级别。

表1-26　鸭胴体质量等级要求

指标	等级		
	Ⅰ	Ⅱ	Ⅲ
胴体完整程度	胴体完整,脖颈放血门及开膛处刀口整齐,脖颈放血时脖下刀口尺寸不超过1 cm,开膛处开门不超过5 cm,无断骨,无脱臼	胴体完整,脖颈放血口不超过2 cm,开膛处刀口不超过7 cm,断骨和脱臼均不超过1处	胴体完整,脖颈放血口超过2 cm以上,开膛处刀口超过7 cm以上,断骨和脱臼超过2处
表皮状态	表皮完好,颜色洁白,无破皮、无淤血等异常色斑	表皮较完好,表皮颜色较白,无红头,无红翅,整个胴体破损不超过1处,总面积不超过2 cm^2,淤血等异常色斑不超过2处,总面积不超过2 cm^2	表皮颜色微黄,无红头,无红翅,整个胴体破损超过1处,总面积超过2 cm^2,淤血等异常色斑超过2处,总面积超过2 cm^2
羽毛残留状态	无硬杆毛,皮下残留毛根数不超过10根,无残留长绒毛	无硬杆毛,皮下残留毛根数10～30根,残留长绒毛数不超过5根	无硬杆毛,皮下残留毛根数超过30根,残留长绒毛数超过5根

(2)胴体规格等级　根据胴体重量将鸭胴体从大到小分为L、M、S 3个规格。L:胴体重>2 200 g;M:1 800 g≤胴体重≤2 200 g;S:胴体重<1 800 g。

(3)胴体综合等级　根据胴体质量等级和规格等级将鸭胴体综合等级分为LⅠ、LⅡ、LⅢ、MⅠ、MⅡ、MⅢ、SⅠ、SⅡ、SⅢ 9个等级,见表1-27。

表1-27　鸭胴体综合等级

规格	等级		
	Ⅰ	Ⅱ	Ⅲ
L	LⅠ	LⅡ	LⅢ
M	MⅠ	MⅡ	MⅢ
S	SⅠ	SⅡ	SⅢ

3. 鸭分割产品

(1)带皮胸肉　从翅根与大胸的连接处下刀,将大胸切下,并对大胸肉的血筋、多余的脂肪、筋膜及外皮进行修剪,得到完整的带皮鸭胸肉。

(2)鸭小胸　将小胸与锁骨分离,紧贴龙骨两侧下滑至软骨处,使小胸与胸骨分离,撕下完整小胸。

(3)鸭腿　在腰眼肉处下刀,向里圆滑切至髂关节,顺势用刀尖将关节韧带割断,同时用力将腿向下撕至鸭尾部,切断与鸭尾相连的皮,修剪掉淤血、多余的皮及脂肪,得到形状规则的鸭腿肉。

(4)鸭全翅　将大翅从翅胸上切下,再将肩肉切下,即可得到剩余的鸭全翅。

(5)鸭二节翅　沿翅中与翅根的关节处将鸭全翅切断后得到的翅尖和翅中部分。

(6)鸭翅根　沿翅中与翅根的关节处将鸭全翅切断,除去二节翅后的剩余部分。

(7)鸭脖　在鸭脖与鸭壳连接处下刀,将鸭脖割下,除去脖皮和脖油。

(8)鸭头　从第一颈椎处下刀,割下鸭头,并除去气管、口腔淤血等。

(9)鸭掌　从踝骨缝处下刀,将鸭掌割下,并对脚垫进行修剪。

(10)鸭舌　在紧靠鸭头的咽喉处开一小口,割断食管和气管,然后掰开鸭嘴,将鸭舌拔出,并修剪掉气管头和舌皮,舌根软骨保留完整。

任务4　畜禽宰后检疫及处理

宰后检疫是指动物检疫人员应用兽医病理学知识和实验室诊断技术,依照国家规定的检验项目、标准和方法,对解体后的畜禽胴体、脏器及组织实施检验,并根据检验结果进行综合性的卫生评定。宰后检疫通过直接检验畜禽的内脏、胴体和有关淋巴结等器官,发现和检出对人有害及致病的肉类,并剔出有害于其他动物体或有害于公共卫生的肉类,继而依照有关规定对其进行无害化处理或予以销毁。搞好宰后检疫对消灭畜禽的疾病、防止传染扩散、保证肉品卫生质量方面具有重要意义。

一、宰后检疫的基本方法

畜禽疾病的宰后检验对象主要为胴体和内脏。其检验方法主要以感官检验和剖检为主,必要时辅之以实验室病理学、微生物学、寄生虫学和理化学检验,以便对宰后检验中所发现的病害肉做出准确诊断,并做出相应的卫生处理。

(一)视检

即用眼睛看,用肉眼观察动物头部、内脏、胴体的皮肤、肌肉、胸腹膜、脂肪、骨骼、关节、天然孔及各种脏器的色泽、形状、大小、组织状态等是否正常,为进一步的剖检提供依据。例如,皮肤、皮下组织、结膜、黏膜和脂肪组织发黄,表明病变为黄疸,应仔细检查肝脏和造血器官有无病变;牛羊上下颌骨膨大,应注意放线菌病;咽喉肿胀应注意炭疽、链球菌病和巴氏杆菌病;皮肤的病变应注意猪瘟、猪丹毒、猪肺疫等疫病;口腔黏膜和蹄部发现水疱、糜烂和溃疡,则应注意鉴别口蹄疫、水疱病、羊痘、传染性水疱性口炎等传染病。

(二)触检

用手或刀具触摸、触压组织和器官,判定其弹性和软硬度是否正常。并且可以发现位于被检组织或器官深部的结节性病变。

(三)剖检

用检验刀剖开被检组织和器官,检查其深层组织的结构和组织状态,发现组织和器官内部的病变。这对探明病变的性质和程度是非常重要的。

(四)嗅检

检验人员利用嗅觉探察畜禽的组织和脏器有无异常气味,以判定肉品卫生质量。如屠畜生前患尿毒症,肌肉组织带有尿味;农药中毒、药物中毒或药物治疗后不久屠宰的畜禽肉品,则带有特殊的气味或药味,这些异常气味,只有依靠嗅觉才能做出正确的判断。

二、宰后检疫的技术要求

(1)检疫人员必须具有相关的专业技术知识和熟练的检验技能,并且要具有相关的资质证书。

(2)在畜禽屠宰过程中,高速度的流水作业,要求官方兽医在短时间内对屠宰畜禽的健康状况做出准确的判断,必须选择最能反映肉尸病理状态的器官和组织进行剖检。

(3)检疫操作时,下刀要迅速准确,并严格按照检疫程序操作,要求操作熟练。对畜禽的每一个应检部位都要认真检疫,以免漏检和误检。

(4)当切开脏器和组织的病变部位时,应防止病变组织污染产品、地面、设备和检验人员的手。尤其发现恶性传染病和一类动物检疫对象时,应立即停宰,封锁现场,采取严格的防疫消毒措施。每位卫检人员均应配备两套检验刀和钩,以便污染后替换,被污染的器械应立即彻底消毒。

(5)卫检人员应搞好个人防护,穿戴清洁的工作服、鞋帽、围裙和手套上岗,工作期间不得到处走动。

三、家畜宰后检疫的程序

家畜的宰后检疫分为头部检疫、内脏检疫、胴体检疫、旋毛虫检验几个环节。在操作时应对同一家畜的头、内脏、胴体等器官部位统一进行编号检疫。编号的方法多采用变色铅笔书写、贴纸标号或挂牌放置在该胴体的前面,以便于各检疫点发现异常及疫病备查。检验主要器官部位以感官检查和剖检为主,旋毛虫检验以镜检为主。

(一)头部检验

头部检验重点是检查慢性局部炭疽病、口蹄疫、水泡病、结核、囊尾蚴等疫病的典型病变。分两步进行。第一步,在放血浸烫前或剥皮前,沿放血刀口切开至下颌区的皮肤和肌肉,剖检左右颌下淋巴结,观察淋巴结有无充血、出血、发炎、化脓或坏死等病理变化,注意猪的局限性炭疽、结核,有时也能据此检出猪(牛)瘟和猪肺疫。第二步,在割头或半割头后,与左右侧下颌骨平行处切开咬肌,检查两侧咬肌有无囊尾蚴寄生,然后检查咽喉黏膜、会厌软骨、扁桃体及鼻盘、唇和齿龈有无出血斑、糜烂和水泡,以便检查水泡病等疾病。羊一般不进行头部检验。

(二)皮肤检验

皮肤检验应观察在四肢、腋下、耳根、后股、腹部等处有无点状、斑状或弥漫性的发红或出血症状。如猪瘟则一般在四肢、腋下等部位有点状或斑状的深红色出血。肺疫从则一般在腋下、腹部、耳根等处有界限性、弥漫性的出血斑,先红色后变成紫色,边缘不整齐。如败血型猪丹毒,则周身或大半身皮肤呈现红色,指压能褪色。疹块形丹毒有方形、菱形或不规则形的红包斑块。又如黄疸，则体表颜色有不同程度的黄色，与正常皮色显著不同。发现以上皮肤症状后及时做出标记，并根据其他部位检验作出综合判断。

(三)内脏检验

内脏检疫在宰后检疫中尤为重要，因为大部分疾病不仅在肉尸及头蹄上有变化，在内脏上也有明显的病理变化；有些疾病只有在内脏上才会表现出特征性的病理变化。因此，宰后检疫时内脏检疫应该作为重点检查部位。一般根据畜禽屠宰加工过程中内脏摘出的顺序进行同步检验。

(1)胃肠的检验　首先视检胃肠浆膜，观察胃肠浆膜有无异常，必要时剖检胃肠，检查黏膜。患猪丹毒时胃底部有出血；患猪瘟病时胃黏膜有点状出血，肠系膜检验时要主要检查弓形体病和其他传染病。另外，要重点剖检肠系膜淋巴结，观察有无病理变化，是否患有猪瘟、猪丹毒、败血型炭疽等疾病。牛、羊尚需检查食道。

(2)脾脏的检查　检查其形态、大小、色泽，检查有无肿胀、淤血、梗死，指压被膜和实质弹性。必要时看脾脏的变化，若脾脏高度肿胀，呈紫黑色，稀泥脾，则可疑为败血性炭疽；若脾肿大，呈桃红色，可疑为急性猪丹毒；若脾脏发生出血性梗死，则可疑为急性猪瘟。必要时剖检脾髓。

(3)心脏的检查　先检查心包、心外膜有无出血，心表面有无寄生虫（囊虫），检查心肌弹性，再沿动脉弓切开心室，检查房室瓣及心内膜，观察心肌上有无囊尾蚴寄生和血液凝固的情况，患口蹄疫的猪心在左室壁和室中膈断面可见不整齐斑点，灰白色或带黄色的条纹，即所谓的虎斑心。

(4)肝脏的检查　先观察外表形状、大小、色泽的变化，然后触摸弹性、硬度，再剖开肝门淋巴结，必要时切开胆囊检查，检查中注意有无淤血、出血、肿大、变性、坏死、硬化、萎缩、结节、结石、寄生虫损伤等，特别要注意有无米粒大小的黄色结节（副伤寒结节）和白色、灰色油亮结节（淋巴细胞肉瘤）。棘球蚴病肝脏可见大小不等包囊，肝脏表面常寄生细颈囊尾蚴，俗称水铃铛，轻者修割，重者废弃。在检验中可看到饥饿肝、肝硬变。饥饿肝特征是肝呈黄褐色或黄色，但体积不肿大，结构质地无变化。肝硬变有萎缩性硬变和肥大性硬变两种，萎缩性的称石板肝，肥大性的称大肝，对饥饿肝以及轻度的肝硬变可以食用，硬变明显的大肝、石板肝须作工业用，并注意胆管是否变粗变白（肝片吸虫病）。

(5)肺脏检查　肺脏检验主要是检查肺脏感染情况及肺脏疾病。先观察其外表形状的大小、色泽、被膜是否有光泽，有无充血、出血、结节、化脓、肿块，再触摸弹性、硬度，剖检支气管淋巴结和纵膈淋巴结(牛、羊)，必要时，剖检肺实质。猪肺疫的肺脏呈典型的纤维素性胸膜肺炎，即大叶性肺炎的变化，切面呈大理石样外观。

(6)肾脏检验　在患有很多传染病时，肾脏都有相应的变化，肉检时要特别注意。一般肾脏附在胴体上检验不剖开检查，在检查时，首先剥离肾包膜，观察其外表形状、大小、弹性、色泽，及有无出血、化脓、坏死灶病变。然后触检弹性和硬度。注意区别猪丹毒的“大红肾”和猪瘟的“麻点肾”病变。患猪丹毒病时肾脏充血、肿大，有出血斑点；患猪瘟病时肾脏贫血，有针尖大小的出血点。

膀胱、子宫等器官一般不做检查，如有可疑布氏杆菌病时，检查生殖器官，注意有无红肿等炎症变化。检查膀胱黏膜时，如有出血和树枝状充血，多见于猪瘟。

(四)胴体检验

一般应在胴体劈半后进行检验,主要检验胴体的完整性、清洁度、放血程度、淋巴结等。

(1)整体检查　检查放血程度是否良好。如放血完全,又经淋巴结及其他项目的检验结果正常时,说明动物宰前健康,如肉尸放血不全,应进一步查明原因。检查皮肤、皮下组织脂肪、肌肉、骨骼、胸腔、腹腔浆膜是否正常。

(2)淋巴结检查　胴体检验时必检的淋巴结有肩前淋巴结、浅腹股沟淋巴结(乳房淋巴结)。剖检时注意淋巴结外观及剖面有无病理变化,如果发现可疑病变,必须增加对有关淋巴结的检查。如深腹股沟淋巴结、髂内淋巴结和股前淋巴结等。如在割检乳房淋巴结和股前淋巴结时发现疑问,应再剖检股后淋巴结、肩胛淋巴结等。当发现骨折、肌肉深部的出血、化脓等病灶时,剔出,另行修割整理。如发现有化脓、结核或严重出血肿胀的病变淋巴结则必须予以割除,并对体表及腹腔再做一次全面的观察。牛、羊则主要剖检股前淋巴结、肩胛淋巴结及肠淋巴结。

(3)肌肉检验　在胴体检验时要进行肌肉检查。检查肌肉颜色、弹性、气味是否正常。另外,要剖检两侧深腰肌、股内侧肌。深腰肌沿肌纤维方向切开,刀切口长 13 cm、深 3 cm;股内侧肌纵切,刀切口长 13 cm、深 3 cm。主要检查有无囊尾蚴、住肉孢子虫。

(4)旋毛虫检疫　取出猪的内脏之后,从横膈膜肌脚左右各取 25～30 g 样品与胴体编记同一号码,检验时撕去肌膜进行肉眼观察,然后用手术剪剪取 12～24 个米粒大小的肉样压片置于 50 倍显微镜下,或在旋毛虫检验投影仪检查。在进行肉眼观察时,如果发现有针尖大小的小白点时,一定要专门剪取带有小白点的部位进行镜检。如果发现有旋毛虫时,要重新取样进行复检,并根据编号进一步检查同一动物胴体、头部和心脏。

(五)复检

经上述初步检验后,还要作最后的复检。复检兽医应对每一具胴体进行仔细地观察,对一些漏检、误判部位进行补检,对未摘除的甲状腺、肾上腺和病变淋巴结进行摘除,确认无任何问题后在胴体上加盖检验合格印讫印章。

四、家禽宰后检疫的程序

家禽的宰后检验与家畜的宰后检验有所不同。首先,家禽的加工方法与家畜不同,有全净膛、半净膛和不净膛之分,对全净膛者能检查内脏和体腔,对半净膛者一般只能检查胴体表面和肠管,对不净膛者只能检查胴体表面。其次,家禽的淋巴系统组织结构特殊,鸡仅有一些很不发达的淋巴小结丛,鸭鹅仅在颈胸部和腰部有少量淋巴结,都没有可供检验的较大淋巴结,所以不论是内脏检验还是胴体检验,均不剖检淋巴结。因此,家禽的宰后检验,只能依靠体表外部的变化及对部分脏器的观察做出判断。

(一)胴体检验

(1)头部检查　视检皮肤色泽,观察皮肤有无病变、关节有无水肿,检查头部和各天然孔有无异常。

(2)整体检查　先检查家禽体表有无未拔尽的细毛、毛栓及皮肤破损,然后观察胴体各部位、放血口等处附着的污物是否清除干净,整个体表是否清洁、完整。

(3)检查放血程度　根据体表的颜色和皮下血管(特别是翅下血管、胸部与鼠蹊部血管)的充盈程度来判定放血程度是否良好。放血良好的健康家禽,皮肤为白色或淡黄色,具有光泽,皮下血管不暴露,肌肉切面颜色均匀,切断面无血滴渗出。而放血不良的家禽,皮肤呈暗红色,常见表层血管充血,皮下血管显露,胴体切断口有残留血迹或凝血块,肌肉颜色不均匀。若胴体皮肤呈紫红色,皮下血管为充盈状态,说明是濒死期屠宰的病禽; 禽的尾、翅尖部呈鲜红色,常常是未死透的活禽被浸烫致死所致。

(4)检查体表和体腔　首先观察皮肤的色泽,色泽异常者可能是病禽或放血不良的禽体,同时注意皮肤上有无结节、结痂和疤痕(鸡痘、马立克氏病);其次观察胴体有无外伤、水肿、化脓及关节肿大等病变;然后检查全净膛家禽体腔内是否有炎性渗出物、赘生物及寄生虫等异常变化,注意是否有粪便和胆汁的污染。半净膛家禽体腔可用开张器撑开泄殖腔,用电筒的光线进行检查,必要时剪开体腔检查。

(二)检查头部和肛门

(1)鸡冠和肉髯　注意有无肿胀、结痂(鸡痘)、结节、出血和变色,鸡冠和肉髯呈青紫色或黑色,应注意是否新城疫或禽流感。

(2)眼　观察眼球有无下陷,注意虹膜的色泽、瞳孔的形状、大小以及有无锯齿状的白膜或白环(眼型马立克氏病),眼睛和眼眶周围有无肿胀,眼睑内有无干酪样物质(鸡传染性鼻炎,眼型鸡痘)。

(3)鼻孔和口腔　观察其清洁度,有无肿胀,炎症,注意有无黏性分泌物或干酪性假膜。

(4)咽喉和气管　观察有无充血、出血溃疡、糜烂; 有无纤维蛋白性或干酪性渗出物。

(5)肛门　观察肛门的清洁度,注意是紧缩还是松弛,有无炎症。

(三)内脏检验

全净膛加工的家禽,取出内脏后应全面而仔细地检验,半净膛家禽只能检查拉出的肠管。不净膛的家禽一般不检查内脏,但在胴体检验时怀疑为病禽者,可单独放置,应剖开胸腹腔,仔细检查内脏和体腔。

(1)肝脏　观察其外表、色泽、形状、大小、硬度、充盈度和出血点,是否有肿大,胆囊有无变化,外表有无黄白色斑纹和结节(鸡马立克氏病、鸡白血病、鸡结核病),有无坏死小斑点(禽霍乱等)。

(2)心脏　观察心包膜是否粗糙,有无炎症变化; 心包腔是否积液,心脏是否有出血、心冠脂肪和心外膜有无出血点、心脏的肥厚程度、有无形态变化、结节、黏连和赘生物等。

(3)脾脏　观察是否有充血、淤血、肿大、变色和灰白色结节(注意鸡结核病)。

(4)胃　腺胃和肌胃有无异常,必要时应剖检肌胃,剥去角质层(鸡内金),观察有无出血;剪开腺胃,轻轻刮去胃内容物,观察腺胃乳头是否肿大,腺胃与肌胃交界处有无出血和溃疡(注意鸡新城疫、禽流感)。

(5)肠　视检整个肠管浆膜及肠系膜有无充血、出血、结节,特别注意小肠、盲肠以及盲肠扁桃体的变化,必要时剪开肠管检查肠黏膜。检查有无出血、淤血、肿胀、坏死、溃疡和内容物异常变化。

(6)卵巢　观察卵巢有无变形、变色、变硬等现象(注意卵黄性腹膜炎),同时注意卵巢的完整性。

(7)肺、肾　必要时可检查肺、肾有无变化。检查肺有无炎症、淤血、结节等变化。检查肾有无肿大、充血、出血和尿酸盐沉积等。

(四)复检

对在生产线上检出的可疑家禽，一律连同脏器送复检台逐步复核检查并综合判断。登记被检家禽种类、数量、检验时间、检验后结果及处理的详细情况等，要保证检验记录保存 2 年以上。

五、畜禽宰后检疫的处理

经过宰后检验的患病畜禽根据其患病情况的不同，做出相应处理。原则上既要保证肉品质量安全，又要提高屠宰利用率，从而减少经济损失。

(一)检验结果的登记

宰后检验必须准确统计被检屠畜的数量，并将检验中发现的各种传染病、寄生虫病和病变由专人进行详细登记，以供综合性研究需要，方便查阅，对提高卫检人员的宰后检验水平，了解当地各种传染病、寄生虫病流行现状及对畜禽、畜禽产品追溯都具有十分重要的意义。登记工作应当坚持经常进行，并指定专人负责。登记的项目包括：屠宰日期、胴体编号、屠畜种类、产地名称、畜主姓名、疾病名称、病变组织器官及病理变化、检验人员的结论(包括处理意见)等。当宰后检验发现某种危害严重的畜禽传染病或寄生虫病时，应及时通知畜禽产地的动物防疫监督部门，并根据传播情况和危害范围的大小，及早采取有效的兽医防疫措施，并凭标识编码追溯疫源，必要时停止畜禽调运。

(二)宰后检验结果处理

胴体和内脏器官经宰后检验后，检疫人员可做到综合性判定结果，并提出处理意见。处理要以确保消费者食用安全、避免造成环境污染和尽量减少经济损失为基本原则。检验后常用的处理方法有以下几种。

(1)适于食用 健康无病、品质良好的肉品及内脏符合国家卫生标准，盖以“兽医验讫”印章，可不受限制新鲜出厂(场)。经检疫合格的，检疫员在其胴体上加盖统一的“检疫验讫”印章，签发“动物产品检疫合格证明”。印章染色液应对人无害，盖后不流散，迅速干燥，附着牢固。

(2)有条件食用 对于肉质良好，患有一般传染病或轻度感染寄生虫病及普通疾病的胴体和内脏，可根据病变性质和危害程度，经无害化处理，可以出厂。常采用冷冻、腌制、高温等方法进行无害化处理，经高温处理，有效地达到无害处理的目的，同时病原因素消失，消费者可以有条件地食用。高温处理即应用高压蒸煮法和一般煮沸法将胴体等进行无害处理。

①冷冻 对患有口蹄疫、体温正常的患畜，其剔骨肉及其内脏，经过按规范冷却、产酸、无害处理后可以出厂销售。猪和牛在规定检验部位上的 40 cm^2 面积内发现囊尾蚴和钙化的虫体在 3 个以下者(包括 3 个)，整个肉尸经冷冻无害处理后可出厂；羊肌肉的切面上在 40 cm^2 面积内发现有 9 个以下(包括 9 个)虫体，而肌肉无任何病变者，冷冻处理后出厂。低温对寄生在猪、牛肉中的旋毛虫、囊虫等都有致死作用：旋毛虫 －17 ℃以下时，2 d 死亡；绦虫类在 －18 ℃时，3 d 死亡；囊尾蚴在 －12 ℃时，即可完全死亡。

②腌制 宰后检验如发现患布氏杆菌的牲畜，其肉尸可腌制 60 d 出厂，毛皮盐渍 60 d 后出厂，另外肉尸仅脂肪有明显变色而无其他传染病或异味者，可进行腌制处理。

③加工肉 猪、牛患有囊尾蚴病在规定检查部位，40 cm^2 面积内有 6～10 个虫体，如能将虫体全部清除，可作为肉制品原料。凡是高温处理的原料也可作为加工肉。

④高温处理　有如下情况发生者，需进行高温处理。猪患慢性局部炭疽，仅于头部一个淋巴结发现菌体，而其他淋巴结和血液中末发现菌体者，肉尸、内脏可先存放于隔离冷藏室中，再将发现菌体的淋巴结进行细菌培养和动物接种，如检查没有发现炭疽菌时，按规定高温处理后出厂。被炭疽污染或可疑被污染的肉尸、内脏，应经6h内高温处理后出厂。患口蹄疫体温高的患畜的肉尸、内脏及副产品等需高温处理。体温正常的患畜，其剔过骨的肉及内脏，不能进行产酸无害处理的，需高温处理。其头（包括脑）、蹄、肠、食道、膀胱、血、骨骼、角及肉屑等需高温处理。患全身性结核病，除有病变部分外，其余部分高温处理。肉尸有部分淋巴结结核病病变时，割除有病变的淋巴结后其周围部分肌肉割下高温处理。患骨结核病牲畜，将病变骨剔除后，肉尸及内脏高温处理。患布氏杆菌病的牲畜，宰前诊断为阳性症状，宰后检验无病变者，母牛、羊的肉尸和内脏高温处理。患破伤风的牲畜，宰后肌肉有局部病变时，无病变部分及内脏高温处理。有轻微猪瘟、猪丹毒、猪巴氏杆菌病（猪出血性败血病、猪肺疫）和有轻微病变的肉尸及内脏，高温处理。规定高温处理的肉尸及内脏，应在24 h内处理完毕，超过24 h，应延长处理30 min。患猪喘气病者，无病变内脏做高温处理。牛羊有布氏杆菌病（牛羊出血性败血病），病变轻微的内尸及内脏，被牛瘟污染的肉尸及内脏，被牛肺炎症浸出液所污染的肉尸部分均用高温处理。对于患猪旋毛虫病的猪肉，如果在规定检验部位上，40 cm^2 的面积内有4个囊尾蚴和钙化的虫体时，需要再切开其他可检部位详细检查，根据各部位数目多少分别处理（牛不分部位）。羊肌肉切面上在40 cm^2 面积内虫体9个以下（包括9个）肌肉无任何病变者，做高温处理。患住肉孢子虫病，发现全身肌肉有较多的虫体，肌肉无病变时，高温处理；局部肌肉发现较多虫体时，该部位做高温处理。

(3)不可食用　凡是患严重的传染病、寄生虫病或中毒性疾病及有害化学物质残留的病猪及其产品应对全部或严重病变部分和其他有碍肉品卫生部分，做化制或销毁处理。凡患有严重传染病、寄生虫病（囊尾蚴病、旋毛虫病）、中毒和严重病理损伤的胴体和脏器，不能在无害处理后食用者，应进行化制处理。化制可采用干法化制和湿法化制。凡患有重要人兽共患病或危害性大的畜禽传染病的动物尸体、宰后胴体和脏器，并按照相应的规定进行无害化处理，必须在严格的监督下用焚烧、深埋、湿化（通过湿化机）等方法予以销毁。凡患有严重传染性疾病的病畜禽必须在规定地点进行销毁。

(三)检验后的盖印

宰后检验的肉品按照国家有关规定需加盖检验印章和肉品品质检验印章。检疫员对作无害处理的胴体及产品上加盖统一专用的处理印章，并监督屠宰厂（场）方做好处理工作，同时认真填写处理记录存档。

盖在胴体和脏器上的检印，按GB/T 17996《生猪屠宰产品品质检验规程》，基本上分为四类，如图1-32所示。

第一类，认为肉品质良好、适于食用的胴体和脏器，盖以“兽医验讫”印戳；

第二类，认为经无害化处理后可供食用的胴体和内脏，盖以“高温”印戳；

第三类，病变比较严重，已不适于食用的胴体及脏器，盖以“非食用”印戳；

第四类，鉴定评价为应销毁的胴体和脏器，盖以“销毁”印戳。

盖印的部位及数目，外销产品应根据合同办理。盖印的部位，国有肉联厂屠宰检验后，第一类一般在胴体左右臀部各盖以“检验合格”印戳，第二、三、四类应在胴体多处盖以相应戳；而定点屠宰场宰后检验的盖印要求，第一类为沿胴体中线两侧的皮肤10 cm处加盖动物防疫

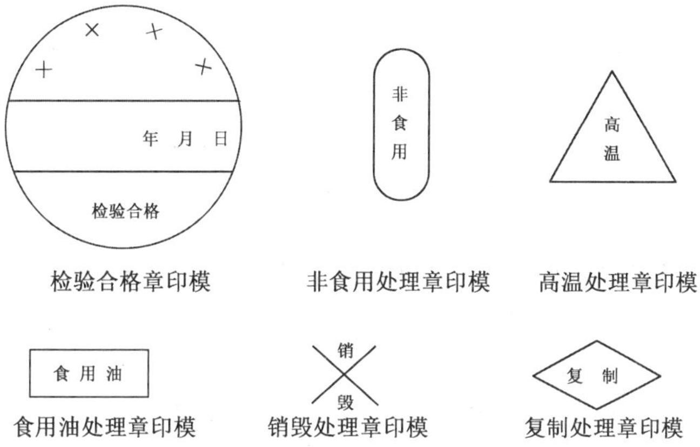

图 1-32　检验处理章印模

监督机构统一使用的滚动长条形的“兽医验讫”印戳，第二类盖以“高温”印，第三、四类应盖以“销毁”印戳，在胴体多处加盖印戳。

1. 宰后检验合格的动物产品书面证明

我国规定对于经屠宰检疫合格的产品，除应在胴体加盖验讫印章或加施验讫标志外，运输或销售前，尚需由动物检疫机构出具动物产品检疫合格证明，包括县境内销售和出县境销售证明。前者要求一畜一证，后者要求一般以运输工具为单位可出具一份证明。

2. 疫情报告

(1)在屠宰检疫中，检疫人员发现动物疫情时，按有关规定向畜牧兽医行政管理部门及时报告。

(2)宰后发现炭疽等恶性严重传染病或其疑似的病猪，应立即停止屠宰工作，严格封锁现场，采取相应的防疫措施，将可能被污染的场地、工具以及用品等进行彻底消毒。在保证消灭一切疾病的传染源后，方可恢复屠宰。对患猪的污物等经消毒后方可移出场外。

(3)若宰后发现各种恶性传染病时，其同群的屠猪处理办法同宰前。

(4)发现疑似炭疽等严重恶性传染病屠体和组织器官时，立即密封送至化验室进行实验检查。

(5)若宰后发现人畜共患传染病时，立即采取防范措施隔离观察与病猪接触过的人员，并做出处理。

(6)检验人员详细记录宰后检验结果及处理情况，填写完整存档保存 5 年以上，以备统计和查阅。

【强化练习】

一、填空题

1. 畜禽的宰前检疫，通常采用________和________相结合的方法，其具体做法是可归纳为________、________和________三个环节，________、________、________和________四个要领。

2. 屠宰前检验发现病畜时，要根据疾病的性质，病势的轻重和车间有无隔离的条件等，应当做出________、急宰和________有效的处理。

3. 家畜的放血是在架空滑车轨道上进行的，常采用的放血方式有：________、切颈放血和

________三种方式。

4.家禽的放血方法有:切颈放血法、________和________,其中最好的一种方法是________。

5.家禽屠宰浸烫和脱毛后要取出内脏,将内脏全部取出的方法称为________,仅拉出全部肠管、胆囊和胰脏的方法称为________。

二、选择题

6.经宰前检疫后的确诊畜禽患有以下哪种疾病必须采取禁宰措施,采取不放血的方法扑杀,肉尸不得食用,只能工业用或销毁。(　　)

A.布病　　B.破伤风　　C.口蹄疫　　D.炭疽

7.畜禽宰前的一定时间内停止饲喂饲料,家禽一般应禁食多长时间?(　　)

A.8～10 h　　B.12～24 h　　C.36～48 h　　D.48～72 h

8.屠宰加工过程中,禽体上仍会附着一部分小毛,严禁使用的脱毛方法是(　　)。

A.石蜡脱毛　　B.松香甘油酯脱毛　　C.火焰燎毛　　D.沥青脱毛

9.在对猪胴体进行分割时,各个国家有不同的划分标准。按我国的划分标准:将猪胴体的前端从第1颈椎,后端从第5～6根肋骨间,与背线成直角切断的肉是(　　)。

A.肩颈肉　　B.臀腿肉　　C.背腰肉　　D.前颈肉

10. 在对猪胴体进行分割时,各个国家有不同的划分标准。按我国的划分标准:将猪胴体从最后腰椎与荐椎结合部和背线成直角切断的肉是(　　)。

A.肩颈肉　　B.臀腿肉　　C.背腰肉　　D.肋腹肉

项目二

肉制品原辅材料鉴别

【知识目标】

①熟悉肉制品中原料肉性质。②熟悉肉制品中辅助材料性质。③了解肉制品中包装材料性质。

【技能目标】

①能够判断原料肉的优劣，具备鉴别病死肉、注水肉、PSE 肉、DFD 肉的能力。②能够鉴别各种辅助材料质量等级。③掌握肉制品各种包装材料质量判断方法。

【项目描述】

本项目包含 2 个任务，即肉制品原料肉认知鉴别，肉制品辅助材料认知鉴别，让学习者对肉制品所用原料肉、辅助材料、包装材料从性质特点、评定标准、应用与贮存方法及质量鉴别进行全面系统的学习，为保证肉制品产品质量把好选料关。

【思维导图】

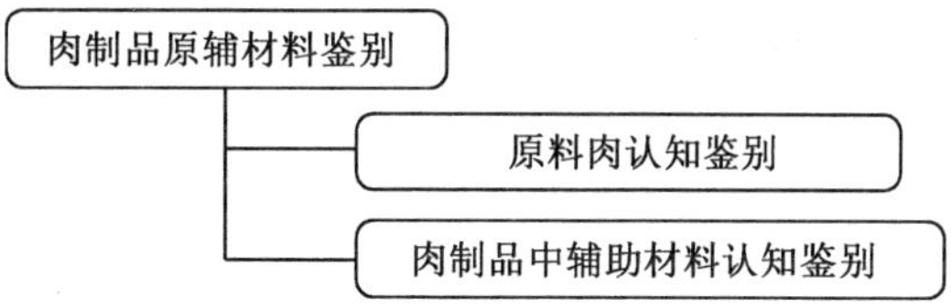

【案例导入】

巧妇难为无米之炊

据陆游《老学庵笔记》记载，尚书晏景初请一位和尚住持禅院，和尚以禅院太穷没法管理推辞。晏景初说："对有才能的人来说管理就很容易。"僧人回答说："即使聪明能干的妇女，没面也做不出饼来。"后来就演变成了"巧妇难为无米之炊"。巧妇难为无米之炊的故事诠释了原辅材料的重要性。

【课前思考】

①猪肉中Ⅱ号、Ⅳ号指的是什么部位？②西冷牛排是牛肉中的哪个部位？③哪些香辛料

是辛辣味的？④食盐、白糖是食品添加剂吗？

【任务设计】

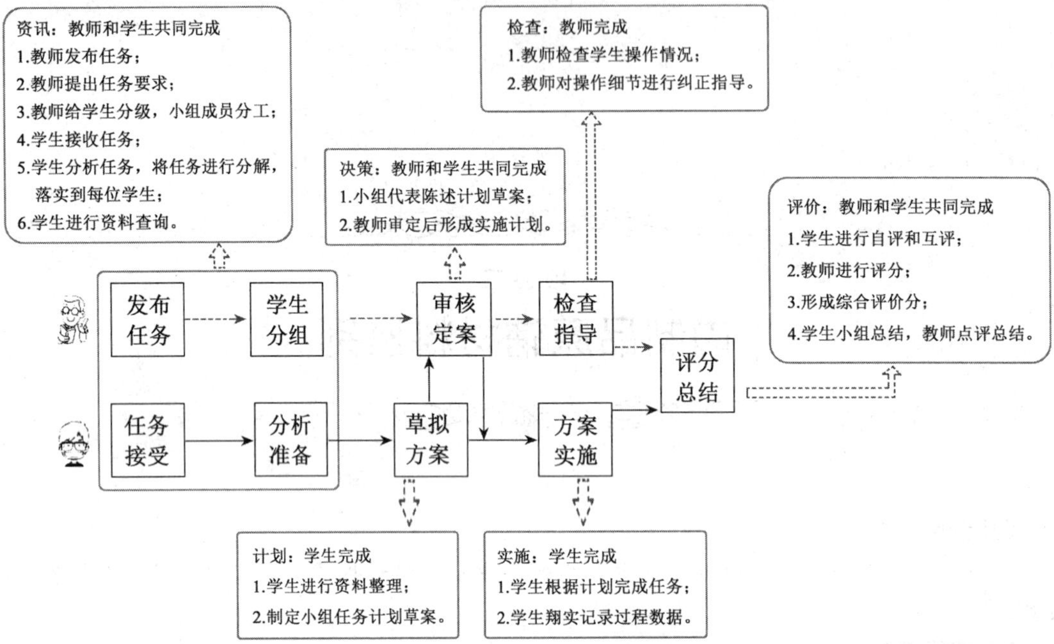

现代肉制品制作需要有原材料、辅助材料及包装材料。原材料主要指经过屠宰分割所得的畜禽肉类，主要有猪肉、牛肉、鸡肉等；辅助材料主要有调味料、香辛料、肉类香精、发色剂、着色剂、水分保持剂、增稠剂、抗氧化剂、防腐剂等；包装材料主要指各种肠衣和外包装材料。要保证肉制品制作原辅材料的用料质量，杜绝使用不合格材料制作肉制品，必须熟悉原辅材料的性能特点，掌握原辅材料鉴别方法。

任务1 原料肉认知鉴别

一、肉的形态及成分

1. 肉的形态

肉（胴体）主要由肌肉组织、脂肪组织、结缔组织和骨骼组织四大部分组成。

一般来讲，成年动物的骨组织含量比较恒定，约占20%，而脂肪组织的变动幅度较大，低至2%～5%，高达40%～50%，主要取决于肥育程度。肌肉组织占40%～60%，结缔组织约占12%，见表2-1。

表 2-1　肉的各种组织占胴体重量的百分比　%

组织状态	猪肉	牛肉	羊肉
肌肉组织	39～58	57～62	49～56
脂肪组织	15～45	3～16	4～18
骨骼组织	10～18	17～29	7～11
结缔组织	6～8	9～12	20～35

（1）肌肉组织　是肉在质与量上最重要的组成部分。可分为骨骼肌、心肌、平滑肌 3 种。骨骼肌是附着在骨骼上的肌肉，心肌是构成心脏的肌肉，平滑肌分布在消化道、血管壁等处。

用于肉制品加工的主要原料是骨骼肌，占动物机体的 30%～40%，占整个肉胴体重量的 50%～60%，横纹肌是由多数的肌纤维和比较少量的结缔组织，以及脂肪细胞、腱、血管、神经纤维、淋巴结或淋巴腺等，按一定秩序排列构成的。在加工肉制品时主要研究的就是这类肌肉。

（2）脂肪组织　大多附着在动物皮下、脏器的周围和腹腔等处，它具有储存脂肪、保持体温、保护脏器等作用，若脂肪组织积于肉中的话，能使肉的柔软性、致密度、滋味及气味等明显提高。脂肪组织是由脂肪细胞所构成的，脂肪细胞是用很多胶原纤维将它们互相连接起来，再由很多的脂肪细胞构成集团，用结缔组织膜把它包住形成脂肪小叶，很多个脂肪叶聚集起来构成脂肪组织。

（3）结缔组织　在动物体内分布极广，在肉内构成肌腱、筋鞘、韧带、肌肉组织的肉外膜。它的主要功用是赋予肉以伸缩性和韧性。结缔组织由少量的细胞和大量的细胞外基质构成，后者的性质变异很大，可以是柔软的胶体，也可以是坚韧的纤维。其重量占胴体重量的 9.7%～12.4%。

2. 肉的化学成分

肉的化学成分主要是指肌肉组织的各种化学物质的组成，包括水分、蛋白质、脂类、碳水化合物、含氮浸出物及少量的矿物质和维生素等（表 2-2）。

表 2-2　各种肉类中的化学成分

类别	名称	水分/g	蛋白质/g	脂质/g	碳水化合物/g	灰分/g
牛肉	肩肉	66.8	19.3	12.5	0.3	1.1
	肋肉	58.3	17.9	22.6	0.3	0.9
	腹肉	63.7	18.8	16.3	0.3	0.9
	腿肉	71.0	22.3	4.9	0.7	1.1
猪肉	肩肉	71.6	19.3	7.8	0.3	1.0
	通脊	65.4	19.7	13.2	0.6	1.1
	腹肉	53.1	15.0	30.8	0.3	0.8
	腿肉	73.3	21.5	3.5	0.5	1.2
	猪皮	46.3	26.4	22.7	4.0	0.6

续表2-2

类别	名称	水分/g	蛋白质/g	脂质/g	碳水化合物/g	灰分/g
其他	马肉	76.1	20.1	2.5	0.3	1.0
	鸡胸	66.0	20.6	12.3	0.2	0.9
	鸡腿	67.1	17.3	14.6	0.1	0.9
	家鸭	54.3	16.0	28.6	0.1	1.0

(1)水分　水分在肉中占绝大部分,可以把肉看作一种复杂的胶体分散体系。水为溶媒,其他成分为溶质,以不同形式分散在溶媒中。

水在肉体内分布是不均匀的,其中肌肉含量为70%～80%,皮肤为60%～70%,骨骼为12%～15%。肉中水分含量多少及存在状态影响肉的加工质量及贮藏性。水分含量与肉品贮藏性呈函数关系,水分多易于细菌、霉菌繁殖,引起肉的腐败变质,肉脱水干缩不仅使肉品失重而且影响肉的颜色、风味和组织状态,并引起脂肪氧化。

①肉中水分的存在形式(图2-2)。

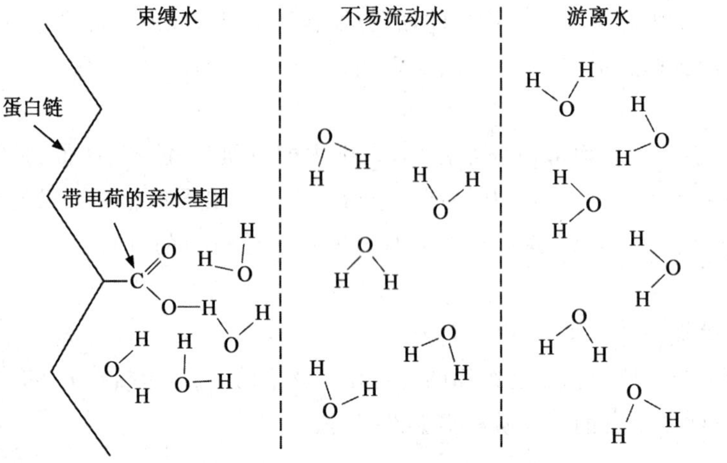

图2-2　肌肉蛋白质与水分的结合形式

结合水,是指与蛋白质分子表面借助极性基因与水分子的静电引力而紧密结合的水分子层,它的冰点很低(－40 ℃),无溶剂特性,不易受肌肉蛋白质结构和电荷变化的影响,甚至在施加严重外力条件下,也不能改变其与蛋白质分子紧密结合的状态。结合水约占肌肉总水分的5%。

不易流动水,肌肉中大部分水分(80%)以不易流动水状态存在于纤丝、肌原纤维及膜之间。它能溶解盐及其他物质,并在0 ℃或稍低时结冰。这部分水量取决于肌原纤维蛋白质凝胶的网状结构变化,通常我们度量的肌肉系水力及其变化主要指这部分水。

自由水,指存在于细胞外间隙中能自由流动的水,约占总水分的15%。

②水分活度的概念　水分是微生物生长活动所必需的物质,一般来说,食品的水分含量越高,越易腐败。但是,严格地说,微生物的生长并不取决于食品的水分总含量,而是它的有效水

分，即微生物能利用的水分多少，通常用水分活度来衡量。

所谓水分活度（Aw）是指食品在密闭器内测得的水蒸汽压力（P）与同温下测得的纯水蒸汽压力（P_0）之比，即为 $Aw=P/P_0$。纯水的 $Aw=1$，在完全不含水时 $Aw=0$，所以 Aw 的范围在 0～1。

水分活度反映了水分与肉品结合的强弱及被微生物利用的有效性，各种食品都有一定的 Aw 值。新鲜肉为 0.97～0.98，鱼为 0.98～0.99，红肠为 0.96 左右，干肠为 0.65～0.85。各种微生物的生长发育有其最适的 Aw 值。一般而言，细菌生长的 Aw 下限为 0.94，酵母菌为 0.88，霉菌为 0.8。Aw 下降至 0.7 以下，大多数微生物不能生长发育，但有些特殊微生物仍能发育。

（2）蛋白质　肌肉中除水分外主要成分是蛋白质，占 18%～20%，占肉中固形物的 80%。主要有肌原纤维蛋白质、肌浆蛋白、肉基质蛋白质。

①肌原纤维蛋白质　是构成肌原纤维的蛋白质，通常利用离子强度 0.5 以上的高浓度盐溶液抽出，被抽出后，即可溶于低离子强度的盐溶液中，属于这类蛋白质的有肌球蛋白、肌动蛋白、原肌球蛋白、肌原蛋白、M 蛋白等。

②肌浆蛋白　属清蛋白类的单纯蛋白质，存在于肌原纤维间。易溶于水，把肉用水浸透可以溶出。属于这类蛋白质的有肌红蛋白、肌浆酶、肌粒蛋白、肌质网蛋白等。其中肌红蛋白是一种复合型的色素蛋白质，由一分子的珠蛋白和一个亚铁血色素结合而成，为肌肉呈现红色的主要成分。

③肉基质蛋白质　为结缔组织蛋白质，是构成肌内膜、肌束膜、肌外膜和腱的主要成分，包括有胶原蛋白、弹性蛋白、网状蛋白及黏蛋白等，存在于结缔组织的纤维及基质中。

（3）脂质　肉的可食部分，不同部位脂质含量的变动最大，性质差别也大。牛、羊等反刍动物的体脂肪比猪脂的硬脂酸多，但亚油酸含量少，所以它的熔点高，而且较硬。鸡脂是软脂，含有油酸、亚麻酸、棕榈酸等主要的脂肪酸，构成脂肪酸的不饱和度很高。各类脂肪的熔点也多不相同：一般牛脂为 40～50 ℃，羊脂为 44～45 ℃，猪脂为 33～46 ℃，鸡脂为 30～32 ℃。所以猪肉为原料的火腿、香肠不经加热，直接食用时，嚼起来很香，就是因为猪脂的熔点和人的体温接近造成的，其他的原料产品冷食较困难。

（五）肉的感官性质

肉的感官性质包括颜色、嫩度、持水性和风味等因素。

1. 颜色

肌红蛋白的含量决定肉色的深浅，它受动物种类、肌肉部位、运动程度、年龄以及性别的影响。不同种的动物肌红蛋白含量差异很大，在肉用动物中，牛＞羊＞猪＞兔，肉颜色的深度也依次排列，牛羊肉深红，猪肉次之，兔肉就近乎于白色。在同一种动物的肌肉中差异也很大，最典型的是鸡的腿肉和胸脯肉，前者肌红蛋白含量是后者的 5～10 倍，所以前者肉色红，后者肉色白。

肌红蛋白（Mb）本身是紫红色，与氧结合可生成氧合肌红蛋白，呈鲜红色，是新鲜肉的象征；Mb 和氧合 Mb 均可以被氧化生成高铁肌红蛋白，呈褐色，使肉色变暗；有硫化物存在时 Mb 还可被氧化生成硫代肌红蛋白，呈绿色，是一种异色；Mb 与亚硝酸盐反应可生成亚硝基肌红蛋白，呈亮红色，是腌肉加热后的典型色泽；Mb 加热后蛋白质变性形成球蛋白氯化血色原，呈灰褐色，是熟肉的典型色泽。

2. 嫩度

嫩度是肉的重要感官指标之一，肉质太软或太硬都不受欢迎。决定和影响嫩度的因素很多，主要取决于肌肉的组织结构及成分，还有死后结构蛋白的生物化学变化等。肉嫩度的差别是由于各种肉中的肌原纤维和肌纤维的粗细、构成肌肉的纤维数和纤维的长度不同造成的。一般构成数越多越硬，纤维越长越硬，纤维越短越软。

3. 持水性

肌肉中 70%是水，其中大部分呈比较容易游离的状态，所以将烹调过的肉放入口中咀嚼时，这些水分就和肉中的可溶性蛋白、气味成分一起流出，使人感到鲜美的风味。肉的风味受其所含汁液的多少和流出难易程度的影响，这样的肉品性质称作多汁性或汁液性。

肉品中给肉提供汁液性的是不易流动的水和游离水，其中特别重要的是不易流动的水。我们把保持肉的这种不易流动的水的能力称作持水力或持水性。保水力大，即持水性高时，不易流动的水的比例就变大，肉的汁液就丰富。

影响肌肉持水性的因素：

①pH 对肌肉持水力的影响实质上是蛋白质分子的静电荷效应。肌肉 pH 接近等电点时(pH 5.0～5.4)，静电荷数达到最低，这时肌肉的持水力也最低。

②尸僵和成熟，尸僵状态肉的持水性较差，成熟状态的肉持水性是理想的。

③无机盐，对肌肉持水力影响较大的有食盐和磷酸盐等。

④加热，肉加热时持水力明显降低，加热程度越高，持水力下降越明显。这是由于蛋白质的热变性作用使肌原纤维紧缩。

除以上影响保水性的因素外，在加工过程中还有许多影响保水性的因素，如滚揉按摩、斩拌、添加乳化剂、冷冻等。

4. 风味

肉的风味大都通过烹调后产生，生肉一般只有咸味、金属味和血腥味。当肉加热后，前体物质反应生成各种呈味物质赋予肉滋味和芳香味。这些物质主要是通过美拉德反应、脂质氧化和一些物质的热降解这 3 种途径形成。熟肉中与风味有关的物质超过 1 000 种。

二、原料肉在保藏中的变化

屠宰后的动物肉类，一般经过肉的僵直、成熟、自溶和腐败四个连续的变化过程。这些变化具有条件性和阶段性，是连续甚或同时发生的。

成熟和自溶阶段的分解产物，为腐败微生物生长繁殖提供了良好的营养物质。一般认为，前两个阶段的肉是新鲜的；自溶现象的出现标志着腐败变质的开始，市售鲜肉大部分是在成熟状态；其后，外界污染的微生物逐渐深入肌肉内部，使肉逐步分解，出现自溶和腐败现象。

1. 僵直

屠宰后的畜禽肉，随着肌糖原酵解和各种生化反应的进行，肌纤维发生强直性收缩，使肌肉失去弹性，变得僵硬。其特点是 pH 下降到 5.4；保水性降低；适口性差。

2. 成熟

屠宰后的动物肉在一定的温度下贮存一定的时间，继僵直之后肌肉组织变得柔软而有弹性，切面富有水分，易于煮烂，肉汤澄清透明，肉质鲜嫩可口，具有愉快的香气和滋味，这种食用性质得到改善的肉称为成熟肉，其变化过程称为肉的成熟。

3. 自溶

肉在不合理的条件下或长时间保藏，使肉长时间保持较高的温度，致使肉中的组织蛋白酶活性增强而发生蛋白质的强烈分解，除产生多种氨基酸外，还放出硫化氢和硫醇等有不良气味的挥发性物质，肉的品质下降，外观也发生明显的改变，这个过程称为自溶。

4. 腐败

肉在成熟和自溶阶段的分解产物，为腐败微生物的生长繁殖提供了良好的营养物质，随着时间的推移，微生物大量繁殖，蛋白质不仅被分解成氨基酸，而且在微生物各种酶的作用下，将氨基酸脱氨、脱羧，进一步分解成更低的产物，使肉完全失去了食用价值。这个过程就称为肉的腐败。

肉类腐败原因虽然是多方面的，但主要是微生物的作用。一般来说，微生物的污染有两种情况：一种情况，屠宰的健康畜禽胴体本应是无菌的，尤其是深部组织，但从解体到销售，要经过许多环节，因此，即使设备非常完善、卫生制度严格的肉联厂，也不可能保证屠体表面绝对无菌。另一种情况，畜禽在屠宰前就已患病，病原微生物可能在生前已蔓延至肌肉和内脏，或畜禽的抵抗力十分低下，肠道寄生菌乘机而入。

三、猪肉

(一)猪肉的分割标准

我国供市场零售的猪胴体分成下列 7 个部分：臀腿部、背腰部、肩颈部、肋腹部、猪蹄膀、前颈部及修整下来的腹肋部。精细分割包装销售的猪胴体分成下列几部分：颈背肉（Ⅰ号肉）、前腿肉（Ⅱ号肉）、脊背大排（Ⅲ号肉）、后腿肉（Ⅳ号肉）四个部分。如图 2-1 所示。

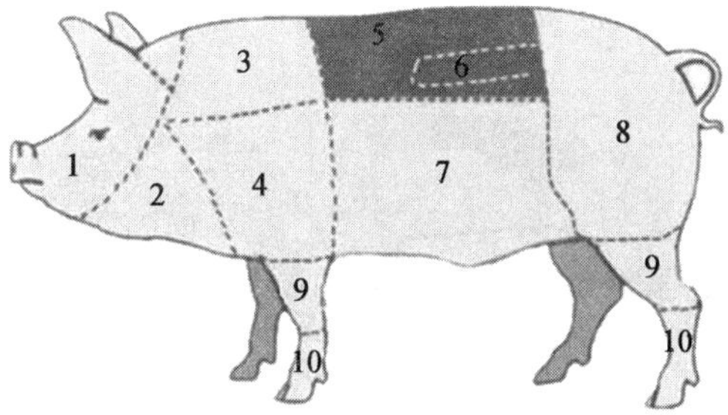

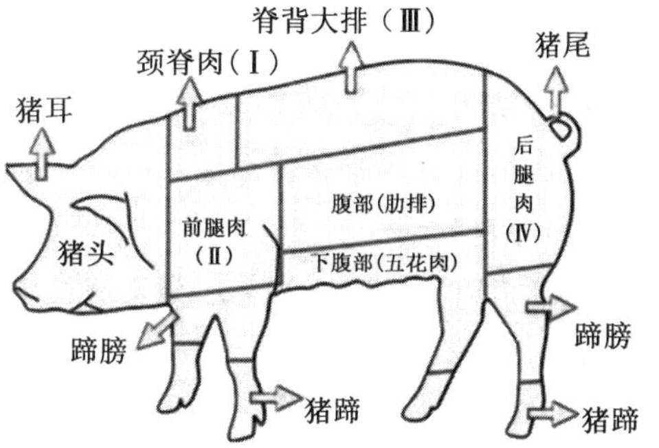

图 2-1　我国猪胴体部位分割图

1.猪颊肉　2.猪颈肉　3.梅花肉　4.前腿肉　5.里脊肉　6.小里脊　7.五花肉　8.后腿肉　9.猪蹄膀　10.猪蹄

1. 肩颈部(俗称胛心、前槽、前臂肩)

前端从胴体第 1、2 颈椎切去颈脖肉，后端从第 4、5 胸椎间或 5、6 肋骨中间与背线成直角切断，下端如做火腿，则从腕关节截断，如做其他制品则从肘关节截断并剔出椎骨、肩胛骨、臂骨、胸骨和肋骨。梅花肉位于前肩与前腿之间，因形似梅花而得名，一头猪有 4 kg 左右的梅花肉，最精华的只有 1.5 kg 左右，梅花肉特点是瘦肉中带有细细的脂肪，吃起来嫩且香，一点儿也不油腻，是做叉烧肉、煎肉、烤肉以及涮火锅的好食材。

2.臀腿部(俗称后腿、后鞧、后臀肩)

从最后腰椎与荐椎结合部和背线成直角垂直切断,下端则根据不同用途进行分割,如作分割肉、鲜肉出售;从膝关节切断,剔出腰椎、荐椎、髋骨、股骨、去尾,如作火腿则保留小腿、后蹄。

3.背腰部(俗称通脊、大排、横排)

前去肩颈部,后去臀腿部,取胴体中段下端从脊椎骨下方4~6 cm处平行切断,上部为背腰部。哈尔滨红肠肥肉丁出自通脊肥膘。

4.肋腹部(俗称软肋、五花、腰排)

与背腰部分离的下部即是,切去奶脯。这是猪全身最出名的肉,与猪肋骨相连,红肉和脂肪层次分明。五花肉有五层,第一层是猪皮,第二层是猪油,第三层是猪瘦肉,第四层也是猪油,最后一层是比较深层的猪瘦肉。五花肉分为上五花肉和下五花肉,上五花肉位于猪两侧肋条的位置,一般都是长在猪肋排上的肉,这种五花肉肉质柔软而不柴,是名副其实的"五花三层";下五花肉位于猪肚腩的位置,这里的猪肉上会带有一定的腹肌,所以肉质比较富有弹性且口感有点偏硬,下五花肉多半会带有一定的脂肪。五花肉肥瘦相间,软而不烂,肥而不腻,是加工酱肉、酱汁肉、走油肉、咸肉、腊肉和培根的原料。

5.猪蹄膀(猪肘子、猪展)

前肘子也称小展,上端从肘关节,下端从腕关节切断;后肘子也称大展,上端从膝关节,下端从跗关节切断。猪蹄膀表面有很多白色的筋腱。

6.前颈部(俗称槽头、血脖)

从第1、2颈椎处切断,肌肉群有头前斜肌、头后斜肌、小直肌等。该部肌肉少,结缔组织及脂肪多,用于加工必须摘净淋巴。

目前我国还没有统一的强制性分级标准,企业往往根据肉的部位、膘厚和肉厚来确定等级。我国猪肉分级主要有两种方法:一种是按整个胴体的肌肉发达程度及脂肪的厚薄分级;另一种是按胴体不同部位肌肉的组织结构、食用价值和加工用途分级。

(二)猪肉质量验收标准

1.新鲜猪肉质量验收标准

(1)外观鉴别

新鲜猪肉——表面有一层微干或微湿润的外膜,呈淡红色,有光泽,切断面稍湿、不粘手,肉汁透明。

次鲜猪肉——表面有一层风干或潮湿的外膜,呈暗灰色,无光泽,切断面的色泽比新鲜的肉暗,有黏性,肉汁混浊。

(2)气味鉴别

新鲜猪肉——具有鲜猪肉正常的气味。

次鲜猪肉——在肉的表层能嗅到轻微的氨味、酸味或酸霉味,但在肉的深层却没有这些气味。

(3)弹性鉴别

新鲜猪肉——新鲜猪肉质地紧密且富有弹性,用手指按压凹陷后会立即复原。

次鲜猪肉——肉质比新鲜肉柔软、弹性小,用手指按压凹陷后不能完全复原。

(4)脂肪鉴别

新鲜猪肉——脂肪呈白色,具有光泽,有时呈肌肉红色,柔软而富于弹性。

次鲜猪肉——脂肪呈灰色,无光泽,容易粘手,有时略带油脂酸败味和蛤喇味。

(5)肉汤鉴别

新鲜猪肉——肉汤透明、芳香,汤表面聚集大量油滴,油脂的气味和滋味鲜美。

次鲜猪肉——肉汤混浊,汤表面浮油滴较少,没有鲜香的滋味,有轻微的油脂酸败和霉变气味及味道。

2. 注水猪肉的识别

一看:①紫色检疫验讫印章和检疫合格证明;②颜色、光泽;③切面有无水渗出。

二摸:用手指肚紧贴肉的切口部位触摸,有一定的粘贴感,感觉油滑,无异味。

三燃烧:取一小块未用的纸巾贴在切开肉的切口部位,放置 5~15 s,待纸巾湿透后取下,看是否完全燃烧。

3. PSE 肉(pale,soft and exudative meat)

PSE 肉俗称灰白肉,如果肌肉 pH 在宰后 45 min 后快速下降至 5.8 以下,就产生了 PSE 肉。其颜色暗淡(灰白),pH 及系水力较低,肌肉组织松软并伴有大量渗水现象,嫩度和风味较差。

产生原因:应激性强烈的生猪,由于长途运输的影响,特别是强制下车赶入屠宰场处于高度紧张状态,造成机体缺氧、体温升高、糖酵解产生大量乳酸,使肌肉 pH 在宰后迅速下降、分解 ATP(三磷酸腺苷)。

4. DFD 肉(dark,firm and dry meat)

俗称黑干肉,常见于猪腿部和臀部肌肉,与 PSE 肉的发生相反,肌肉在宰后 24 h 后 pH 仍然保持在 6.2 以上,我们称其为 DFD 肉。

产生原因:猪在屠宰前处于饥饿状态时间较长,造成肌肉中肌糖原消耗过多,几乎没有乳酸生成,使肉的 pH 始终维持在 6.0~6.2 以上,在细胞色素酶的作用下,氧合肌红蛋白(鲜红色)变成了肌红蛋白(紫红色),致使肉呈暗红色。

pH 不下降,美味成分肌苷酸生成减少,造成了肉的品质下降;pH 不下降,细菌易繁殖,肌肉组织紧密干燥,水分不渗出,肉质较硬。

5. 冷冻肉鉴别

冷冻肉鉴别分三步:第一步,肉在冻结状态时主要是看肉表面颜色,肌肉有光泽,色红均匀,脂肪洁白。如冻肉表面颜色发黄,特别是脂肪发黄,说明肉已经超过贮存期或肉经过了反复缓化冷冻,皆属于不合格肉。第二步,测量失水率,即测量冻结状态肉的质量和解冻后肉的质量,前后质量差为失水量,失水量与冻结肉质量比值即为失水率。失水率介于 8%~10%为非注水肉。第三步,解冻后的肉看颜色、闻气味、摸黏性,方法同鲜肉鉴别。

6. 种公母猪肉鉴别

一是看肌纤维。一般种公母猪晚阉猪肌肉纤维粗壮,横断面上肌肉颗粒大。

二是闻气味,种公母猪晚阉猪具有较强的臊味(性气味)。

三是看色泽,由于种公母猪晚阉猪生长周期长,肌肉颜色较正常猪肉深。

四看销售场所。种公母猪晚阉猪产品应当实行挂牌销售。

四、牛肉

(一)牛肉的分割标准

牛肉颜色较猪肉褐红，与猪、羊肉相比，牛肉肌纤维长而粗糙，结缔组织多，加热后凝固收缩性强，肉质较老韧，但有弹性，切面有光泽，白色的脂肪分布于肌肉中而成大理石花纹状或霜降状，供加工用的牛肉以背脊肉和臀部肉为最佳。

我国试行的牛胴体分割法，将标准的牛胴体二分体分成臀腿肉、腹部肉、腰部肉、胸部肉、肋部肉、肩部肉和前后腿肉 7 个部分。在此基础上再进一步分割成里脊、外脊、眼肉、上脑、辣椒条、胸肉、腹肉、腰肉、臀肉、米龙、牛霖、黄瓜条、腱子肉 13 块不同肉块(图 2-3)。

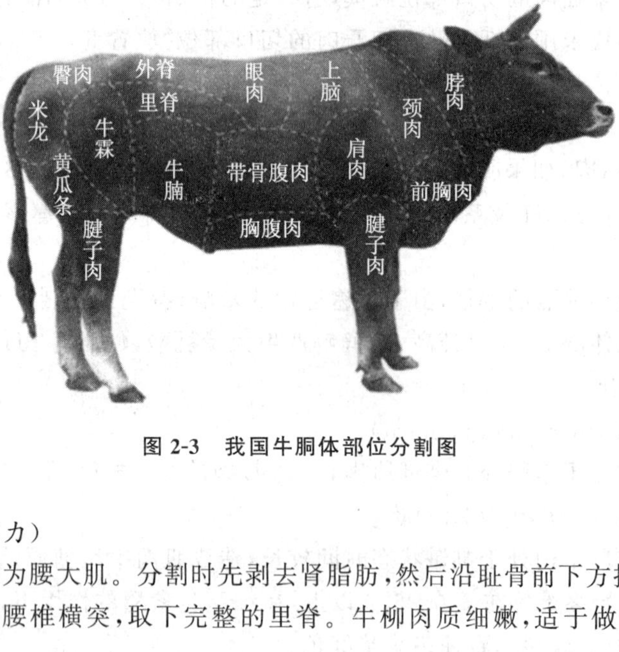

图 2-3　我国牛胴体部位分割图

1. 里脊(牛柳、菲力)

里脊解剖学上称为腰大肌。分割时先剥去肾脂肪，然后沿耻骨前下方把里脊挑出，由里脊头向里脊尾逐个剥离腰椎横突，取下完整的里脊。牛柳肉质细嫩，适于做烤牛排、烤肉片、熘炒等。

2. 外脊(西冷、沙朗)

外脊主要是背最长肌，分割时从倒数第 1 腰椎至第 12～13 胸椎，在眼肌腹壁侧(离眼肌 5～8 cm)切下的净肉。外脊适于烤牛排、烤肉片、火锅涮肉等。

3. 眼肉

眼肉主包括背阔肌、肋最长肌、肋间肌等，后端与外脊相连，前端至第 5～6 胸椎间，沿胸椎的棘突与横突之间取出的净肉。分割时先剥离胸椎，抽出筋腱，在眼肌腹侧距离为 8～10 cm 处切下。眼肉适于做肉干、肉脯、罐头、制馅。

4. 上脑

上脑主要包括胸背最长肌、肋间肌、斜方肌。后端与眼肉相连，前端至第 1 胸椎处，沿胸椎的棘突与横突之间取出的净肉。分割时剥离胸椎，去除筋腱，在眼肌腹侧距离为 6～8 cm 处切下。上脑适于做肉干、肉脯、罐头、熘炒等。

5. 辣椒条

也称嫩肩肉，位于肩胛骨外侧，以肱骨头与肩胛骨结节处紧贴冈上窝取出的形如辣椒状的净肉，主要是冈上肌，适于肉干、肉脯、罐头、熘炒等。

6. 胸肉

胸肉主要包括胸深肌、胸浅肌等。从胸骨柄沿着胸骨直至剑状软骨，去除胸骨、肋软骨后的一块完整的胸肉。胸肉适于做罐头、灌肠制品、酱肉。

7. 腹肉

从胸椎沿腹壁外侧 8～12 cm 处并且平行胸椎切断，主要包括 1～13 肋部分，去除肋骨以后的净肉，位于胸腹部，主要包括肋间外肌、肋间内肌、腹外斜肌等。腹肉筋膜较厚，可烧、煮、制馅。

8. 腰肉

腰肉主要包括臀中肌、臀深肌、股阔筋膜张肌。在臀肉、大米龙、小米龙、膝圆取出后，剩下的一块便是腰肉。腰肉肉质细嫩，结缔组织少，适于做肉干、肉脯、罐头、制馅。

9. 臀肉

臀肉也称尾龙扒，位于后腿外侧靠近股骨一端，沿着臀股四头肌边缘取下的净肉，主要包括臀中肌、臀伸肌、股阔筋膜张肌。分割时把大米龙、小米龙剥离后便可见到一块肉，沿其边缘分割即可得到臀肉。也可以沿着被切开的盆骨外缘，再沿本肉块边缘分割。臀肉适于做肉干、肉脯、罐头、制馅。

10. 牛霖

牛霖也称膝圆，位于股骨前面及两侧，被股阔筋膜张肌覆盖，即沿着股骨直至膝盖骨，取下的一块近似椭圆形的一块净肉，主要是股四头肌。当大米龙、小米龙、臀肉取下后，能见到一块圆形肉块，沿此肉块周边（自然走向）分割，很容易得到一块完整的膝圆肉。肌肉纤维较粗大，脂肪含量低，膝圆适于做肉干、肉脯、罐头、馅料等。

11. 米龙

米龙也称针扒，包括大米龙和小米龙。沿股骨内侧从股二头肌与股四头肌边缘取下的净肉，位于后腿内侧，主要包括半膜肌、股薄肌等，米龙适于加工酱肉。

12. 黄瓜条

包括大黄瓜条和小黄瓜条，大黄瓜条也称烩扒，北方有的地区称为底板，大黄瓜条位于牛后腿骨外侧，沿半腱肌股骨边缘分割而出，肉块长而宽大，主要由股二头肌等肌肉组成，大黄瓜条肉质较粗，纤维均匀；小黄瓜条主要是半腱肌，位于臀部，沿股二头肌边缘取下的形如管状的净肉，小黄瓜条肉质纤细。

13. 腱子肉

前牛健位于前小腿处，主要包括腕桡侧伸肌、腕外侧屈肌等，从肱骨与桡骨结节处剥离桡骨、尺骨以后，取下的净肉。后牛腱位于后小腿处，主要是腓骨长肌、趾深屈肌、腓肠肌、胫骨前肌等，从胫骨与股骨结节处剥离胫骨以后取下的净肉。腱子肉肌肉紧凑，筋腱较多，适于加工酱肉。

（二）新鲜牛肉质量验收标准

新鲜牛肉有光泽，红色均匀稍暗，脂肪为洁白或淡黄色，外表微干或有风干膜，不粘手，弹性好，有鲜肉味。老牛肉色深红，质粗；嫩牛肉色浅红，质坚而细，富有弹性。

牛肉的感官性状：

1. 色泽

新鲜肉——肌肉呈均匀的红色，具有光泽，脂肪呈白色或乳黄色。

次鲜肉——肌肉色泽稍转暗，切面尚有光泽，但脂肪无光泽。

变质肉——肌肉呈暗红色，无光泽，脂肪发暗直至呈绿色。

2. 气味

新鲜肉——具有鲜牛肉的特有正常气味。

次鲜肉——稍有氨味或酸味。

变质肉——有腐臭味。

3. 黏度

新鲜肉——表面微干或有风干膜，触摸时不粘手。

次鲜肉——表面干燥或粘手，新切面湿润。

变质肉——表面极度干燥或发黏，新切面也粘手。

4. 弹性

新鲜肉——指压后的凹陷能立即恢复。

次鲜肉——指压后的凹陷恢复较慢，并且不能完全恢复。

变质肉——指压后的凹陷不能恢复，并且留有明显的痕迹。

五、鸡肉

鸡肉蛋白质是一类完全蛋白质，蛋白质含量约占鸡肉总量的 20%，营养价值较高。由于鸡肉中含有的胶原蛋白比畜肉中少，因此鸡肉加工中，若温度过高、时间过长，会导致胶质溶出，肉的纤维感加强，变老，难以咀嚼。所以在鸡制品加工中应掌握好火候。另外，弹性蛋白质比胶原蛋白更为坚韧，即使加热也不溶解，所以含弹性蛋白多的肉，如鸡腿肉，坚硬而不易咀嚼。

鸡肉脂肪主要由棕榈酸、硬脂酸、油酸等所组成，鸡脂不是以单独状态集中存在，而是散布于肌肉组织间，脂肪分布均匀，因此增加了肉的柔嫩性，提高了鸡肉的营养价值和适口性。另外，鸡肉脂肪熔点较低，它不仅为人体营养所需要，易于消化，而且增加了鸡肉的可口感。鸡肉中含有维生素 E，由于其具有抗氧化作用，故一般鸡脂肪可在 −18 ℃冷藏一年也不酸败。

(一)鸡肉的分割标准

鸡类的分割要求更高。鸡个体更小，因应用的广泛性，国内外市场上出现了品种繁多的分割鸡，主要有鸡翅、鸡全腿、鸡腿肉、鸡胸肉、鸡肫、鸡爪、鸡颈皮、鸡尾、鸡心等(图 2-4)。

1. 白条类

(1)带头带爪白条鸡　屠体去除所有内脏，保留头、爪。

(2)带头去爪白条鸡　屠体去除所有内脏，沿跗关节处切去爪，保留头。

(3)去头带爪白条鸡　屠体去除所有内脏，在第一颈椎骨与寰椎骨交界处连皮将头去掉，保留爪。

(4)净膛鸡　屠体去除所有内脏，齐肩胛骨处去掉颈和头，颈根不得高于肩胛骨。

(5)半净膛鸡　符合卫生质量标准要求的心、肝、肫(肌胃)和颈装入净膛鸡胸腹腔内。

2. 鸡翅类

(1)整翅切开肱骨与喙状骨连接处，切断筋腱，不得划破关节面和伤残里脊。

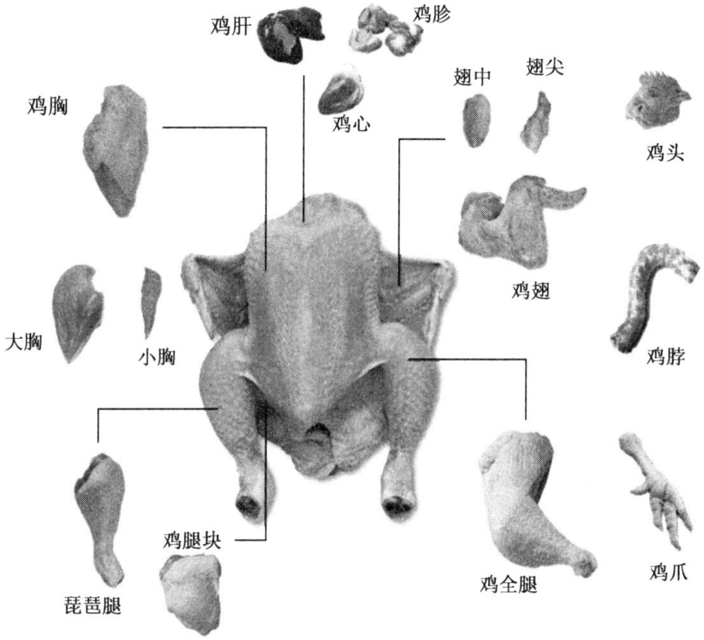

图 2-4　鸡肉分割部位图

(2)翅根(第一节翅)沿肘关节处切断,由肩关节至肘关节段。

(3)翅中(第二节翅)切断肘关节,由肘关节至腕关节段。

(4)翅尖(第三节翅)切断腕关节,由腕关节至翅尖段。

(5)上半翅(V 形翅)由肩关节至腕关节段,即第一节和第二节翅。

(6)下半翅由肘关节至翅尖段,即第二节和第三节翅。

3.胸肉类

(1)带皮大胸肉　沿胸骨两侧划开,切断肩关节,将翅根连胸肉向尾部撕下,剪去翅,修净多余的脂肪、肌膜,使胸皮肉相连,无淤血、无熟烫。

(2)去皮大胸肉　将带皮大胸肉的皮除去。

(3)小胸肉(胸里脊)　在鸡锁骨和喙状骨之间取下胸里脊,要求条形完整,无破损,无污染。

(4)带里脊大胸肉　包括去皮大胸肉和小胸肉。

4.腿肉类

(1)全腿　沿腹股沟将皮划开,将大腿向背侧方向掰开,切断髋关节和部分肌腱,在跗关节处切去鸡爪,使腿形完整,边缘整齐,腿皮覆盖良好。

(2)大腿　将全腿沿膝关节切断,为髋关节和膝关节之间的部分。

(3)小腿　将全腿沿膝关节切断,为膝关节和跗关节之间的部分。

(4)去骨带皮鸡腿　沿胫骨到股骨内侧划开,切断膝关节,剔除股骨、胫骨和腓骨,修割多余的皮、软骨、肌腱。

(5)去骨去皮鸡腿　将去骨带皮鸡腿上的皮去掉。

5.副产品

(1)心　去除心包膜、血管、脂肪和心内血块。

(2)肝　去除胆囊,修净结缔组织。

(3)鸡肫　去除腺胃、肠管、表面脂肪。在一侧切开,去除内容物,剥去角质膜。

(4)骨架　去除腿、翅、胸肉和皮肤后的胸椎和肋骨部分。

(5)鸡爪　沿跗关节切断,除去趾壳。

(6)鸡头　在第一颈椎骨与寰椎骨交界处连皮切断。

(7)鸡脖　去头后再齐肩胛骨处切断,去掉食道和气管。

(二)鸡肉质量验收标准

鸡肉的感官性状:

1. 色泽

新鲜鸡肉——皮肤有光泽,因品种不同可呈淡黄、淡红和灰白等颜色,肌肉切面具有光泽。

次鲜鸡肉——皮肤色泽转暗,但肌肉切面有光泽。

变质鸡肉——体表无光泽,头颈部常带有暗褐色。

2. 眼球

新鲜鸡肉——眼球饱满。

次鲜鸡肉——眼球皱缩凹陷,晶体稍显混浊。

变质鸡肉——眼球干缩凹陷,晶体混浊。

3. 弹性

新鲜鸡肉——指压后的凹陷能立即恢复。

次鲜鸡肉——指压后的凹陷恢复较慢,并且不能完全恢复。

变质鸡肉——指压后的凹陷不能恢复,并且留有明显的痕迹。

4. 黏度

新鲜鸡肉——表面微干或微湿润,不黏手。

次鲜鸡肉——表面干燥或黏手,新切面湿润。

变质鸡肉——表面或干燥或黏手或腻滑,新切面发黏。

5. 气味

新鲜鸡肉——具有鲜鸡肉的正常气味。

次鲜鸡肉——仅在腹腔内可嗅到轻度不愉快味,无其他异味。

变质鸡肉——体表和腹腔均有不愉快味甚至臭味。

任务 2　肉制品中辅助材料认知鉴别

一、调味料

调味料是指为了改善食品的风味,能赋于食品特殊味感(咸、甜、酸、苦、鲜等),使食品鲜美可口、增强食欲而添加入食品中的天然或人工合成的物质。按照来源分为天然和化学合成食品添加剂两类。肉制品常用的调味料有咸味剂、甜味剂、鲜味剂、酸味剂。

(一)咸味剂

1.食盐

食盐的主要成分是NaCl,肉品加工中应选用精制盐,含NaCl 97%以上是易溶于水的无色结晶体,具有吸湿性。在肉品加工中食盐具有调味、防腐保鲜、提高保水性和黏着性等重要作用。但食盐能加强脂肪酶的作用和脂肪的氧化,因此,腌肉的脂肪较易氧化变质。食盐是维持人体正常生理机能,调节血液渗透压必不可少的物质。但高盐饮食易导致高血压,故在生产中应适当降低用盐量。

食盐素有“百味之王”的美称。在选购食盐时,要鉴别其品质的优劣。

(1)色泽　纯净的食盐,色泽洁白,呈透明或半透明状。如果色泽晦暗,呈黄褐色,证明含硫酸钙、碳化氢等水溶性杂质和泥沙较多,品质低劣。

(2)晶粒　品质纯净的食盐,晶粒很齐,表面光滑而坚硬,晶粒间缝隙较少(复制盐应洁白干燥,呈细粉末状)。如果食盐晶粒疏松,晶粒乱杂,粒间缝隙较多,会促进卤水过多地藏于缝隙,带入较多的水溶性杂质,造成品质不好。

(3)咸味　纯净的食盐应具有正常的咸味,如果咸味带有苦涩味,或者牙碜的感觉,即说明钙、镁等水溶性杂质和泥沙含量过高,品质不良,不宜直接食用。

(4)水分　质量好的食盐,颗粒坚硬,干燥,但在雨天或湿度过大时,容易发生“返卤”现象。食盐含有硫酸镁、氯化镁、氯化钾等。水溶性杂质越多,越容易吸潮。

2.酱油

酱油俗称豉油,主要由大豆、小麦、食盐经过制油、发酵等程序酿制而成。酱油是富有营养价值、独特风味和色泽的调味品,含十几种复杂的化合物,除食盐的成分外,还有多种氨基酸、糖类、有机酸、色素及香料等成分,以咸味为主,亦有鲜味、香味等,调味调色兼具。酱油一般有老抽和生抽两种,老抽较淡,用于提色;生抽较咸,用于提鲜。酱油还有有色酱油和无色酱油之分。酱油在肉制品生产中所起的作用是多方面的,酱油中所含食盐能起调味和防腐作用;所含的氨基酸(主要是谷氨酸)能增加肉制品的鲜味;所含的多种酯类和醇类能增加肉制品的香味;其自然生成的色素对肉制品有良好的着色作用。此外,在香肠等制品中,还有促进成熟发酵的良好作用。

酱油鉴别技巧,一看二摇三品。

(1)一看　指看等级,看工艺,看颜色,看用途,看配料,看保质期。

①看等级,看氨基酸态氮含量。酱油的鲜味和营养价值取决于氨基酸态氮含量的高低,一般来说氨基酸态氮越高,酱油的等级就越高,也就是说品质越好。按照我国酿造酱油的标准,氨基酸态氮≥0.8 g/100 mL为特级;≥0.7 g/100 mL为一级;≥0.55 g/100 mL为二级;≥0.4 g/100 mL为三级。

②看工艺,主要看是酿造还是配制酱油。酿造酱油标准号GB 18186—2000,配制酱油标准号SB 10336—2000。如果是酿造酱油应看清标注的是传统工艺酿造的高盐稀态酱油,还是采用低盐固态发酵的速酿酱油。

③看颜色,正常的酱油色应为红褐色,品质好的颜色会稍深一些,但如果酱油颜色太深了,则表明其中添加了焦糖色,香气、滋味相比会差一些,这类酱油仅仅适合红烧用。

④看用途,酱油上应标注供佐餐用或供烹调用,供佐餐用的可直接入口,卫生指标要求高,如果是供烹调用不能直接用于拌凉菜。

⑤看配料，从原料表中可以看出其原料是大豆还是脱脂大豆，是否非转基因，是小麦还是麸皮。

⑥看保质期，瓶装酱油保质期多为 6 个月，袋装酱油保质期为 3 个月。

(2)二摇　指摇动瓶子。好酱油摇起来会起很多的泡沫，不易散去，且有明显的挂壁性。也可贴着瓶口闻味道，好酱油往往有一股浓烈的酱香味，而劣质酱油摇动只有少量泡沫，并且容易散去。

(3)三品　指尝滋味或品滋味。好的酱油尝起来味道鲜美，劣质酱油尝起来有些苦和涩。

(二)甜味剂

肉制品生产中常用的甜味剂就是糖。化学上把糖分为单糖(如葡萄糖、果糖)、双糖(如蔗糖和麦芽糖)和多糖(如淀粉、纤维素)。商业上，从形状上看可分为砂糖、绵糖、冰糖。从颜色上看，又可分为白糖、红糖。糖是多羟基醛或多羟基酮及其衍生物的总称。由于其组成为 C、H、O 三种元素，所以人们又习惯称之为碳水化合物。

1. 糖的种类

(1)绵白糖　又叫绵糖，是我们日常最常见的一种食用糖，它质地绵软、细腻，结晶颗粒细小，并在生产过程中喷入了 2.5%左右的转化糖浆，所以绵白糖的口感优于白砂糖。绵白糖最宜直接食用，但不宜用来制作高级糕点。根据总糖百分含量分为精制绵白糖(98.4)、优级绵白糖(97.95)、一级绵白糖(97.92)。绵白糖的保管要注意卫生、防潮，否则易返潮、熔化、干缩、结块、发酵和变味。

(2)白砂糖　又叫砂糖，由甘蔗或甜菜等植物加工而成，颗粒为结晶状，均匀，颜色洁白，甜味纯正，其主要成分是蔗糖(含蔗糖 95%以上)。国外食用较多的是白砂糖。甜菜糖可用于葡萄酒的制作，甘蔗糖则不能。白砂糖具有纯正的蔗糖甜味，除直接食用外，也是工业用糖的主要品种。根据蔗糖分百分含量可分为精制白砂糖(99.8)、优级白砂糖(99.7)、一级白砂糖(99.6)、二级白砂糖(99.5)。保管要注意卫生、防潮。

(3)红糖　有黄褐、赤红、红褐、青褐等颜色，但以色浅黄红、甜味浓厚的为佳。红糖除含蔗糖(约 8.4%)外，所含果糖、葡萄糖较多，还含有维生素与微量元素，如铁、锌、锰、铬等，营养成分比白砂糖高很多。但因红糖未脱色精炼，其水分(2%～7%)、色素、杂质较多，容易结块、吸潮，甜味不如白糖醇厚。保管要注意卫生、防潮。

(4)冰糖　以白砂糖为原料，经过再溶、清净、重结晶生产工艺而制成，有白色、微黄、微红、深红等颜色，结晶如冰状。单晶体冰糖的成分是蔗糖，多晶体冰糖的成分除蔗糖外还含有少量葡萄糖。冰糖结晶组织紧密，杂质较少，味甜纯正。冰糖有润肺止咳、健胃生津的功效。冰糖以白色明净(或微黄)、透明味浓为上品。

(5)饴糖　有软、硬之分，软者为黄褐色黏稠液体，俗称糖稀，非糖类成分多；硬者系软饴糖经过滤提纯，除去渣滓，混入空气后凝固而成，为多孔之黄白色糖块。饴糖是生产历史最为悠久的淀粉糖品，现代工业以优质玉米淀粉为原料，以酶制剂液化、糖化、精制、浓缩而成的麦芽糖含量介于高麦芽糖浆与麦芽糊精之间。饴糖主要是麦芽糖(50%)、葡萄糖和糊精(30%)。饴糖味甜柔爽口，有吸湿性和黏性。肉制品加工中，用于增色和作为辅助剂，饴糖还具有一定的还原性，可以抗氧化。饴糖以颜色鲜明、汁稠味浓、洁净不酸为上品。保管要注意降温，防止溶化。

(6)蜂蜜　蜂蜜的营养价值很高，其含葡萄糖42%、果糖35%、蔗糖20%、淀粉1.8%、蛋白质0.3%、苹果酸0.1%、脂肪、无机盐和多种维生素。蜂蜜甜味纯正，能增加血红蛋白，提高人的抵抗力，蜂蜜为白色或黄色透明、半透明液体、或凝固成脂状，无杂质、无酸味者为佳。蜂蜜鉴别方法如下：

一看光泽和黏度。辨别真假蜂蜜第一是看光泽和黏度，好的蜂蜜色泽清透，光亮如油，晃动蜜瓶时颤动很小，停止晃动后挂在瓶壁上的蜜液会缓缓流下。

二看气泡。优质蜂蜜由于含水量低、质感黏稠，如果将密封好的蜜瓶倒置，会发现封在瓶口处的空气很难上浮起泡。

三拉“蜜丝”。用小汤匙或牙签搅起一些蜂蜜向外拉伸，真蜜通常可以拉出细而透亮的“蜜丝”，而且丝断后会自动回缩并且呈现球状。

四磨颗粒。购买乳白色或淡黄色的天然“结晶蜜”，可以将结晶挑出小部分放在指尖研磨，真蜜的结晶颗粒细腻，会完全融化。

五尝味道。纯正蜂蜜甜而微酸，口感绵软细腻，而假蜜的蜜味淡，余味淡薄短促。

(7)葡萄糖　是自然界分布最广且最为重要的一种单糖，它是一种多羟基醛。葡萄糖为白色晶体或粉末，易溶于水，有甜味但甜味不如蔗糖。葡萄糖是活细胞的能量来源和新陈代谢中间产物，即生物的主要供能物质。对于肉制品加工中的使用量以0.3%～0.5%最合适。葡萄糖应用于发酵的香肠制品，为细菌发酵产生乳酸提供碳源，因此目的加入的葡萄糖量为0.5%～1.0%。葡萄糖除作为调味外，还有调节pH和氧化还原作用。

2.糖类在肉制品中的主要作用

(1)助呈色作用　在腌制时还原糖的作用对于肉保持颜色具有重要的意义，还原糖(葡萄糖等)能吸收氧而防止肉脱色。在短期腌制时建议使用葡萄糖，它本身就具有还原性；而在长时间腌制时建议加蔗糖，它可以在微生物和酶的作用下形成葡萄糖和果糖，这些还原糖能加速NO的形成，使发色效果更佳。

(2)增加嫩度，提高得率　由于糖类的羟基均位于环状结构的外围，使整个环状结构呈现为内部为疏水性，外部为亲水性的物性，这样就提高了肉的保水性，也就提高了产品的出品率。另外，由于糖极易氧化成酸，使肉的酸度增加，利于胶原膨润和松软，因而增加了肉的嫩度。

(3)调味作用　糖和盐有相反的滋味，可一定程度地缓和腌肉咸味。

(4)产生风味物质　在加热肉制品时，糖和含硫氨基酸之间发生美拉德反应，产生醛类羰基化合物，其次产生含硫化合物，增加肉的风味。

糖可以在一定程度上抑制微生物的生长，它主要是降低介质的水分活度，减少微生物生长所能利用的自由水分，并借渗透压导致细胞质壁分离。但一般的使用量达不到抑菌的作用，低浓度的糖，还能给一些微生物提供营养，因而在需发酵成熟的肉制品中添加糖，可有助于发酵的进行。

(三)鲜味料

鲜味剂又称风味增强剂，是一类可以增强食品鲜味的化合物。根据化学成分的不同，可将食品鲜味剂分为氨基酸类、核苷酸类、有机酸类、复合鲜味剂等。氨基酸类典型产品有谷氨酸钠，核苷酸类典型产品有肌苷酸钠和鸟苷酸钠，有机酸类典型产品有琥珀酸钠，复合鲜味剂主要有动物水解蛋白、植物水解蛋白和酵母抽提物。

1. 谷氨酸钠

谷氨酸钠俗称味精，具有很强的肉类鲜味，高温易分解，酸性条件下鲜味降低，对酸性强的食品可比普通食品多加20%。味精的阈值(即溶于水中能尝出鲜味的最小浓度)为0.03%。*L*-谷氨酸钠是我国应用于食品中的一种最广泛的鲜味剂之一。在肉制品加工中，一般使用量为食盐用量的15%～20%。

2. I+G

I+G是新一代鲜味剂，I+G是肌苷酸二钠(IMP)和鸟苷酸二钠(GMP)以1∶1的比例混合制成。IMP呈鸡肉鲜味，GMP呈鲜菇鲜味，I+G与味精有很好的协同作用(表2-3)。

表2-3 鲜味剂之间的协同效应

MSG量	IMP量	GMP量	相当于MSG量
99	1		290
98	2		350
97	3		430
96	4		520
95	5		600
95	2.5	2.5	800

3. 复合鲜味剂

复合鲜味剂可以增强食品的鲜美味，呈味力强，含有人体不可缺少的八种必需氨基酸，能增强食品的营养成分，可抑制食品中的不良风味。

(1)动物水解蛋白　采用鸡肉、猪肉、牛肉等畜禽原料提取的水解动物蛋白，蛋白质含量高，其氨基酸模式更接近人体需要，更能体现动物原料的风味特点，而气味来源于极性氨基酸和还原糖通过美拉德反应的产物。动物水解蛋白可增强海鲜的风味，掩盖其鱼腥味。应用于各种调味品，可提高鲜味，产生肉香效果；应用于香肠、牛肉、火腿等制品，可加强肉类天然味道。

(2)植物水解蛋白　来自大豆、玉米、麦子胚芽蛋白，经过水解精制获得膏状产品。水解植物蛋白富含各种氨基酸和小肽，具有很高的营养价值，可作为消化功能不健全或患病者的功能性食品配料。它所含的小肽具有促进微量元素吸收、提高机体免疫力、抗肿瘤等功能。

(3)酵母抽提物　又称酵母精，酵母精能在动、植物原料的风味之间起到调和作用，掩盖植物性原料的味道。在食品工业中，酵母抽提物主要用作液体调料、特鲜酱油、粉末调料、肉类加工、鱼类加工、动植物抽提物、罐头、蔬菜加工、饮食业等鲜味增强剂，起着改善产品风味，提高产品品质及营养价值，增进食欲等作用。

(四)酸味料

酸味剂在肉制品生产中实际应用是比较少的，主要有食醋和柠檬酸。

1. 食醋

食醋是以谷类及麸皮等碳水化合物类为原料经发酵酿造而成，含醋酸3.5%以上，是肉及其他食品常用的酸味料之一。食醋可以促进食欲，帮助消化，并有一定的防腐、去膻腥作用。

2. 柠檬酸

柠檬酸为无色透明结晶或白色粉末，具有强烈酸味。不仅可以作为酸味剂，还用作肉制品的改良剂，提高肉制品的保水性，还可以作为抗氧化剂的增效剂使用。

(五)酒类

酒类主要在中式肉制品中使用，常用的有黄酒和白酒。

酒类在肉制品中有防腐和调味两个作用。通常使用1%的乙醇可以增强食品的风味，但这种浓度没有防腐作用。提高乙醇浓度可以增加防腐效果，但它的刺激性气味会影响食品的香味。黄酒和白酒主要成分是乙醇和少量的酯类。它可以除去腥味、膻味和其他异味，并有一定的杀菌作用，给制品以特有的醇香气味，使制品食用时回味甘美，增加风味特色。白酒选购时要认清标准号，纯酒精勾兑的执行标准是GB/T 20821，固液结合白酒执行标准是GB/T 20822，纯粮食酒的执行标准是GB/T 10781。

二、香辛料

香辛料是指一类具有芳香和辛香等典型风味的天然植物性制品，或从植物(花、叶、茎、根、果实或全草等)中提取的某些香精油。香辛料具有特定的气味和滋味，能够赋予产品一定的风味，起到抑制和矫正食物不良气味，增进食欲、促进消化的作用。很多香辛料有抗菌防腐作用，同时还有特殊生理药理作用。有些香辛料还有防止氧化的作用。

现在香辛料仍多以植物体原来的新鲜、干燥或粉碎状态使用，这样的香辛料叫天然香辛料。而天然的香辛料易受虫害和细菌的污染，影响肉制品质量，因而以蒸馏、抽提等技术研制了与天然物质相类似成分的液体香辛料。

(一)香辛料的分类

1. 根据利用的部位不同分类

(1)根或根茎类　姜、葱、蒜、葱头等。

(2)皮　桂皮等。

(3)花或花蕾　丁香等。

(4)果实　辣椒、胡椒、八角茴香、小茴香、花椒等。

(5)叶　鼠尾草、麝香草、月桂叶等。

2. 根据应用不同分类

(1)辛辣味香辛料　大蒜、葱、洋葱、鲜姜、辣椒、胡椒、花椒等。

(2)芳香味香辛料　肉桂、月桂、丁香、小豆蔻、众香子等。

(3)香甜味香辛料　香叶、月桂、桂皮、茴香、百里香、甘草、葛缕子等。

(4)带有上色作用的香料　如姜黄、红椒、藏红花等。

3. 根据辛味成分的化学性质不同分类

(1)酰胺类(无气味香辛料)　辛味成分是酰胺类化合物，这是不挥发性化合物。食用时感到强烈的辛味刺激部位仅仅是口腔内的黏膜，如胡椒、辣椒等。

(2)含硫类(刺激性香辛料)　辛味成分是硫氢酸酯或硫醇，是含硫的挥发性化合物，在食用时一部分挥发掉，不仅刺激口腔，也刺激鼻腔，如葱、蒜等。

(3)无氮芳香族(芳香性辛味料)　辛味成分是不含氮的芳香族化合物,一般辛味较弱,香味成分主要来源于萜烯类化合物或芳香族化合物,如丁香、麝香草等。

(二)常用香辛料

1.花椒

花椒中含有挥发油,油中含有异茴香醚及香茅醇等物质,所以具有特殊的强烈芳香气。味辛麻持久,是很好的香麻味调料。花椒籽能榨油,有轻微的辛辣味,也可调味。花椒也是一味中药,性味辛温,具有温中散寒、除湿、止痛和杀虫等功用。

花椒为芸香科灌木或小乔木植物青椒的干燥成熟果实,一般在立秋前后成熟。花椒是中国特有的香料,位列调料"十三香"之首,可粗磨成粉和盐拌匀为椒盐,做蘸料用。麻椒颜色浅,成熟后为深绿色,风干后偏棕黄色;花椒颜色重,偏棕红色。麻椒的味道比花椒重,特别麻。用手抓一把花椒,然后放下花椒闻手上的气味,花椒香味越大越好。花椒四川产的质量好,以河北、山西产量为高。

2.大茴香

大茴香俗称大料、八角,由于所含芳香油的主要成分是茴香脑,因而有茴香的芳香味,大料以其浓郁的香甜风味而著称,味微甜。优质的八角质硬而脆,瓣角完整,平直尖角,饱满大个,颜色为棕红色,果皮厚实,背面粗糙有皱缩纹。通常为8个角,也有7个或9个角的。荚边较大的裂缝内有圆鼓鼓的籽粒。好的八角会发出醇厚的香味,且香味较浓烈。八角属于万能调料,是我国的特产,而广西则是我国八角的主要产地。在制做酱卤类制品时使用大茴香可增加肉的香味,既有除腥作用,又有增香保健功效。

3.小茴香

小茴香俗称角茴香、谷茴香,其主要成分为茴香醚,可挥发出特异的茴香气,其枝叶可防虫驱蝇。植物茴香的成熟果实,呈灰色,形如稻粒。味微甜、辛,性温,气味芳香著称,要选绿色的,久了颜色会发黄,香味会散失。由于具有很好去异味作用,小茴香在肉制品加工中使用极为普遍,尤其国内酱卤肉制品加工中,是不可缺少的香料。小茴香既可单独使用,也可与其他香料混合使用,是五香粉主要成分之一,研磨成粉后使用效果更佳。小茴香主产于内蒙古和山西。

4.肉桂

肉桂俗称桂皮,桂皮中含有约1%的挥发油,油中含有桂皮醛、丁香油酚等化合物,其性温,具有暖胃、散风寒、通血脉等功效。肉桂为樟科植物肉桂的干皮和枝皮,广西产的最好。肉桂具有特殊香甜味道和去腥膻的作用,被广泛应用,在肉制品加工中更是不可缺的调味品,尤其酱卤产品,欧洲许多品种肠类产品中肉桂也是常用调料。它既可片状直接煮制使用,也可研磨成粉后添加,是五香粉、咖喱粉的主要原料。肉桂属热带、亚热带植物,我国广西是主产区。

企边桂又名清化桂、清化玉桂、清化肉桂,是肉桂中的重要品种,产于越南北圻清化。选取十余年生薄厚适中的桂树皮干皮,切为长条状,并削去两端外皮,用特制模具压制成两边内卷形状晒干。成品呈长片状,左右两边向内卷曲,中央略向下凹,长40～50 cm,宽4.5～6 cm,厚3～6 mm,为肉桂商品中之最佳规格。外表面灰棕色,内表面红棕色,用指甲刻划时则现棕色油纹,香气浓烈。肉桂是哈尔滨风干肠的主要调料。

5. 白芷

白芷因其含有白芷素、白芷醚等香豆精化合物，故气味久香，味辛，气芳香，微苦，是提鲜增香佳品。根呈圆锥形，表面灰棕色，有横向突起的皮孔，顶端有凹陷的茎痕。质硬，断面白色，粉性足，皮部密布棕色油点。具有除腥、祛风、止痛及解毒功效，是酱卤制品中常用的香料。主产于四川、浙江。

6. 山柰

山柰又称三柰、沙姜，根块状茎含挥发油，油中主要成分为龙脑、桉油精、对甲氧基桂皮酸等，有行气温中、消食、止痛的作用。由于具有较浓烈的芳香味，在炖、卤肉时加入山柰，别具香味。根茎横切片呈圆形或近圆形，直径 1～2 cm，通常厚约 3～5 mm，外表面呈红棕色，切面呈白色，富粉性，质坚脆、易折断，气芳香，味辛辣。断面用水、乙醇浸泡，溶液、断面均无色。多产于广西、云南、广东、台湾。

7. 丁香

丁香因含有丁香酚和丁香素等挥发性成分，气味芬芳浓郁，辛甜而麻辣，带有花香清甜味道，兼有胡椒、芥末口味。干燥的花蕾略呈短棒状，红棕色至暗棕色。下部为圆柱状略扁的萼管，基部渐狭小，表面粗糙，刻之有油渗出，上部近圆球形，断面有油性，用指甲划之可见油质渗出。以个大、粗壮、鲜紫棕色、香气强烈、油多者为佳。丁香被广泛应用于各种肉类制品中，经研磨后丁香味道更加浓郁，起到增香、调味、去腥作用，因含有丁香酚有抗氧化和杀菌的功效。但在使用中应注意添加量，若加太多，肉制品会味道过浓，使人难以接受，并使颜色发暗，影响感观，丁香还会影响亚硝酸盐的发色效果，使用时要特别注意。

8. 胡椒

胡椒是世界级香辛料，是有名的热带香辛作物。胡椒属胡椒科植物胡椒的干燥近成熟或成熟果实，有白胡椒、黑胡椒和野胡椒之分。野胡椒比人们种植的胡椒粒要小，呈浅褐色，纯属天然，其香味更为浓烈。

商品胡椒分白胡椒和黑胡椒两种，白胡椒是成熟的果实脱去果皮的种子，色灰白，在果实变红时采收，用水浸渍数日，擦去果肉，晒干；黑胡椒是未成熟而晒干的果实，果皮皱而黑，在秋末或次春果实呈暗绿色时就采收晒干。辛辣味成分主要是胡椒碱和胡椒脂碱。具有特殊的胡椒辛辣刺激味和强烈的香气，可去腥、提味、增香、增鲜、带辣，还有除异味、防腐和抗氧化等作用。胡椒在肉制品中使用非常广泛，烤肉串、煲汤、热炒、腌腊酱卤、香肠火腿、炸鸡等都是不可缺少的香辛料。胡椒一般用量为 0.1%～0.3%。胡椒以粒大饱满为好，水分含量超标的白胡椒容易发霉变质、腐臭。白胡椒去皮时因浸泡胡椒的水多为不流动的死水，致使加工出来的白胡椒产生异味，白胡椒的色泽灰暗。胡椒主产国为印度、印度尼西亚、巴西和马来西亚，中国胡椒的主产区是海南省。

9. 砂仁

砂仁为姜科豆蔻属多年生草本植物，砂仁含约 3% 的挥发油，油的主要成分为龙脑、右旋樟脑、乙酸龙脑酯、芳梓醇等。蒴果椭圆形，成熟时紫红色，干后褐色，种子多角形，有浓郁的香气，味苦凉。砂仁是肉制品加工中一种重要的调味香料。含有砂仁的食品食之清香爽口，风味别致并有清凉口感。砂仁分布于中国福建、广东、广西和云南；栽培或野生于山地阴湿之处。以广东阳春产品质为佳。

香砂和砂仁的外观上差别较大，在气味上，其实两者之间相似度不高，砂仁中含有比较丰富的挥发性油，芳香气味要远高于香砂，而香砂带着的辛感要高于砂仁，回口上香砂的苦涩感也要高于砂仁，在料性中，砂仁的渗透力比起香砂而言要高，同时砂仁具有一些脱骨的效用，虽然不如草蔻明显，这些都是香砂所不具备的。在遇热之后，两者的香气差别更大，砂仁的香气充盈丰富，而香砂寡淡单一。香砂遇热之后的口感带有对舌头的刺激，而砂仁其实并没有明显的感觉。在去腥上，香砂带有一些去腥的效果，而砂仁却不明显，两者在用量上，一般的配方中香砂可以为佐料，而砂仁一般建议在使料的位置上。应用中砂仁可以广泛地用于后香，充当一种增香的推力香料，而这些却是香砂做不到的。

10. 豆蔻

豆蔻有草豆蔻、白豆蔻、红豆蔻几种。草豆蔻又名草蔻、草蔻仁、假麻树、偶子，辛辣芳香，性质温和；白豆蔻又称多骨、壳蔻、白蔻，皮色黄白，具有油性，辣而香气柔和；红豆蔻也叫红豆、红蔻、良姜子，颜色深红，有辣味和浓烈的香气。另有肉豆蔻，又名迦拘勒、肉蔻、肉果、玉果，为肉豆蔻科常绿乔木植物果实，性状相近，常被归为豆蔻类，实有不同。

肉蔻种仁含5%～15%挥发油，油中主要含多种萜烯类化合物及豆蔻醚、丁香酚等。果实梨形，淡黄色或橙黄色，成熟时纵裂成两瓣，露出绯红色的假种皮，称为“豆蔻瓣”，内含种子1枚，称“肉豆蔻”。种皮红褐色，木质坚硬。

肉蔻气味芳香、带有辛味，对舌头有些辣的刺激，香味种类比较丰富，味道中带着苦涩，有股淡淡的清凉感。肉蔻的用量一般不可过多，正常的配方中建议定位在佐料的位置上，它的渗透力度不算强，所以常常需要有渗透力好的香料来辅助。

肉蔻主要的作用在于提升肉质的鲜度，改善肉质的口感，对肉质纤维较粗和鲜度不足的食材，功效十分重要，猪肉、牛肉都是比较合适使用肉蔻的，而禽类和羊肉则是相对来说适用度要低些。而禽类食材中，鸡肉和鹅肉相对来说纤维细些，不必使用肉蔻，而鸭肉相对来说要粗些，用肉蔻可以提升肉质的口感。

肉蔻原产于印度尼西亚、马来西亚、西印度群岛及巴西。我国广东、云南等省有栽培。

11. 甘草

甘草又称甜草根、红甘草、粉甘草，为豆科甘草属植物甘草的根茎及根。根状茎粗壮味甜，圆柱形，外皮红棕色或暗棕色。秋季采摘，除去残茎，按粗细分别晒干，以外皮紫褐、紧密细致、质坚实而重者为上品。甘草含6%～14%草甜素（即甘草酸）及少量甘草苷，被视为矫味剂。甘草在肉制品中常用作甜味剂。

在亚洲、欧洲、澳洲、美洲等地都有分布。我国主要分布于新疆、内蒙古、宁夏、甘肃、山西等地，以野生为主。人工种植甘草主产于新疆、内蒙古、甘肃的河西走廊及宁夏部分地区。

12. 草果

草果又称草果仁、草果子，姜科豆蔻属多年生草本植物，草果的种子含有0.7%～1.6%的挥发性油类物质，蒴果密生，熟时红色，干后褐色，不开裂，长圆形或长椭圆形，顶端具宿存花柱残迹，干后具皱缩的纵线条。有特殊浓郁的辛辣香味，用于牛羊肉制品，可压腥膻味。分布于中国云南、广西、贵州等地。

13. 香叶

香叶为月桂叶的别名。月桂叶中含月桂油1%～3%，其中桉油精占35%～40%，此外含有丁香酚。常用于西式产品或在罐头生产中作矫味剂，在料理界被称为“香料之母”。月桂叶是樟科常绿树甜月桂的叶，但与肉桂树的桂叶、桂花树的桂叶均不同，身价远高于肉桂树叶与桂花树叶。味芬芳，但略有苦味。月桂叶的加入，不仅增加了食物气味的层次感，帮助食物消油解腻，更对我们的消化系统有着助益之功效。

香叶原产于地中海一带，我国江苏、浙江、福建、台湾、四川、云南等地有引种栽培。

三、肉类香精

肉类香精包括猪、牛、鸡、羊肉、火腿等各种肉类香精，采用纯天然的肉类为原料，经过蛋白酶适当酶解成小肽和氨基酸，加还原糖在适当的温度条件下发生美拉德反应，生成风味物质，经过超临界萃取和微胶囊包埋或乳化调和等技术生产的粉状、水状、油状系列调味香精，如猪肉香精、牛肉香精等。可直接添加或混合到肉类原料中，使用方便，是目前肉类工业上常用的增香剂，尤其适用于高温肉制品和风味不足的西式低温肉制品。

肉类香精是由香料和相应辅料构成的具有肉类香气和(或)香味的复杂混合物。肉类香精中含有多种香味成分，是用来补充、改善、提高肉制品香味质量的混合物。现代食品企业普遍采用现代化设备规模化、效率化生产食品，由于工艺简化、加工时间短等原因，其香味一般不如传统方法制作的浓郁、可口，必须要额外添加能补充和改善食品香味的物质，即食用香精来改善最终食品品质。肉类香精是肉制品加工中不可缺少的一类食品添加剂，它可以丰富和增强产品的特征香气，协调产品的香气使其口感更加圆润、丰满，掩蔽或修饰产品本身固有的风味，最终提高产品的吸引力。

(一)肉类香精的分类

按生产工艺分：合成肉香精、拌和型肉香精、反应型调理肉香精。

按香精形态分：水溶性香精、液体香精、油性香精、固体香精。

按常用肉香精风味分：猪肉香精、鸡肉香精、牛肉香精、羊肉香精、海鲜香精等。

(二)肉类香精使用的注意事项

肉类香精在应用过程中，既要考虑到效果，也要考虑到成本，更要考虑到安全性。

(1)在肉制品加工过程中，采用斩拌、搅拌或滚揉等技术方法生产的产品，必须特别注意肉类香精和磷酸盐的添加顺序，要避免两者直接接触、堆积在一起或同时加入。因为磷酸盐的pH偏碱性，而肉类香精的pH一般则偏酸性(pH 5～6，甚至更低)，如果两者直接接触或堆积在一起，在有水分的情况下会发生中和反应，两者的作用就会削弱。因此，在生产中一般可先加磷酸盐，待其与肉充分作用后，再添加香精。采用盐水注射工艺生产的产品，在配制盐水时先溶解磷酸盐，香精则在最后阶段加入。无论采用何种生产工艺都要保证香精加入后能分散均匀，以起到应有的效果。

(2)肉类香精具有“自我限量”特性。当肉类香精的使用量超过一定范围时其香味会令人不愉快，使用者不得不将其用量降低到合适范围，因此，不会出现因香精使用过量而产生的安全问题。但应该注意，在适量范围内，仍应尝试使香精用量降到最低。过多香精的应用会掩盖原料本身的风味，并在一定程度上给人以厌恶感，降低产品的可接受度。

(3)香精在拌馅最后阶段加入，不能长时间暴露在空气中，以防香气挥发。

(三)肉制品加工中肉类香精的选用

肉类香精在肉品中普遍使用，有粉末状、液状和膏状。生产中，企业可根据产品的档次和特点来选择肉类香精。高温肉制品必须选择耐高温型香精。由于粉末状香精的分散性较差，故许多企业转向使用液状香精。另外，还有一些特殊增香剂，如酵母精、烟熏剂。酵母精在肉品中应用主要是赋予产品以浓厚鲜美的风味，在中式香肠中应用较多，具有味精所不具备的厚味。烟熏剂应用于肉品中，可使产品不用烘烤就能产生同样的熏烤风味，提高产品档次，同时还具有防腐作用。

四、发色剂和发色助剂

（一）发色剂

发色剂是为增色、调色或加深颜色而加入食品中的物质，主要是指非色素类并能使红肉发色的化学物质，也称护色剂、呈色剂。常用的发色剂有硝酸钠、亚硝酸钠。

发色助剂指在使用发色剂的同时，常常加入的一些能促进发色的还原性物质。主要有 *L*-抗坏血酸钠及烟酰胺等。

1. 硝酸盐和亚硝酸盐的作用

（1）抑菌作用　抑制肉毒梭状芽孢杆菌的生长，并且具有抑制许多其他类型腐败菌生长的作用。

（2）呈色作用　发色剂与肉发生反应，生成鲜艳的亮红色。

（3）抗氧化作用　延缓腌肉腐败，这是由于它本身具有还原性。

（4）增加风味　对腌肉的风味有极大的影响，如果不使用它们，腌制品仅带有咸味而已。

2. 肉的发色原理

原料肉的红色是由肌红蛋白（Mb）和血红蛋白（Hb）组成的。一般来说，在色素蛋白质中，肌红蛋白约占 70%～90%，血红蛋白占 10%～30%，因此肌红蛋白是使肉类呈色的主要成分。

硝酸钠或亚硝酸钠对肉发色过程就是硝酸钠或亚硝酸钠与肉中肌红蛋白相结合的过程。

首先在酸性条件和还原性细菌作用下形成亚硝酸。硝酸钠之所以能在腌肉中起呈色作用是因为能形成 $NaNO_2$，形成的亚硝酸钠在微酸性条件下形成亚硝酸。

$$NaNO_3 \xrightarrow[H^+]{\text{还原性细菌}} NaNO_2 + H_2O$$

$$NaNO_2 \xrightarrow{H^+} HNO_2$$

其次生成一氧化氮，亚硝酸是一个非常不稳定的化合物，腌制过程中在还原性物质作用下形成 NO。

（1）歧化反应

$$HNO_2 \xrightarrow{\text{还原性细菌}} HNO_3 + NO + H_2O$$

（2）D-抗坏血酸钠还原作用

$$NO + Mb \xrightarrow{\text{适宜条件}} NOMb$$

（3）肉中还原性物质作用

最后生成一氧化氮肌红蛋白（NOMb）和一氧化氮血色原，这两种物质的色泽就是理想的腌肉色泽。

$$NO\text{-}Met\text{-}Mb \xrightarrow{\text{适宜条件}} NOMb$$

$$NO\text{-}Mb+热+烟熏\longrightarrow NO\text{-}血色原(Fe^{2+})$$

3. 硝酸钠和亚硝酸钠使用量

亚硝酸钠是食品添加剂中急性毒性较强的物质之一，过量亚硝酸钠进入血液后，可使正常的血红蛋白（二价铁）变成正铁血红蛋白（即三价铁的高铁血红蛋白），失去携带氧的功能，导致组织缺氧。亚硝酸很容易与肉中蛋白质分解产物二甲胺作用，生成二甲基亚硝胺，亚硝胺具有致癌性。

在肉制品中，硝酸钠和亚硝酸钠的用量应尽可能降低到最低限度。按国家食品安全法标准规定，硝酸钠在肉类制品的最大使用量为 0.5 g/kg，亚硝酸钠在肉类罐头和肉类制品的最大使用量为 0.15 g/kg；残留量以亚硝酸钠计，西式火腿不得超过 70 mg/kg，肉类罐头不得超过 50 mg/kg，肉制品不得超过 30 mg/kg。

（二）发色助剂

肉在发色过程中亚硝酸盐被还原成 NO，但是 NO 的生成量与腌肉色泽有很大关系，为了使之达到理想的状态，常使用还原性的发色助剂。在肉制品中常用的发色助剂是抗坏血酸盐、异抗坏血酸盐和烟酰胺。

1.（异）抗坏血酸及（异）抗坏血酸盐

（1）抗坏血酸盐可以将高铁肌红蛋白还原为亚铁肌红蛋白，因而加速了腌制的速度。

（2）抗坏血酸盐可以同亚硝酸发生化学反应，产生一氧化氮。

（3）过量的抗坏血酸盐能起到抗氧化剂的作用，因而稳定腌肉的颜色和风味。

（4）在一定条件下抗坏血酸盐具有减少亚硝胺形成的作用。

抗坏血酸即维生素 C，具有很强的还原作用，但对热和重金属不稳定，因此一般使用其稳定性较高的钠盐。异抗坏血酸是抗坏血酸的同分异构体，其性质与抗坏血酸相似，也具有很强的还原作用。

2. 烟酰胺

烟酰胺作为肉制品的发色助剂使用，其添加量为 0.01%～0.02%。烟酰胺可与肌红蛋白相结合生成稳定的烟酰胺肌红蛋白，很难被氧化，可以防止肌红蛋白在从亚硝酸生成亚硝基期间的氧化变色。如果在肉类腌制过程中同时使用抗坏血酸与烟酰胺，则发色效果更好，并能保持长时间不褪色。

五、着色剂

在肉制品生产中，因为白肉用量的增加，或植物蛋白、淀粉等的使用导致肉制品色泽暗淡，为保证肉制品具有诱人的肉红色，常常使用着色剂，目前国内大多使用红色素。红色素分为天然和人工合成两大类。

（一）天然色素

1. 红曲色素

（1）红曲米　又名红曲、红米，是将稻米蒸煮后接种红曲霉发酵制得的一种大米发酵食品。棕红色至紫红色颗粒，耐酸性、耐碱性、耐热性、耐光性均好，着色力强，对金属离子的氧化、还原作用稳定。在腌腊肉制品及熟肉制品中按生产需要适量使用。

（2）红曲红　又名红曲色素，红曲红是由红曲深层培养或从红曲米中提取制得的。红曲色素中主要含18种不同的成分，确定结构的6种，其中有红色色素、黄色色素和紫色色素各两种。与红曲米相似，但色价更高，日光直射可褪色，对高蛋白质食品染色性好，还有抑菌作用。

2. 高粱红

高粱红色素是以高粱壳为原料提取的红色素。高粱红色素以花色素苷类化合物为主，结构为黄酮类化合物。食用色素之一，属纯天然食品着色剂，该色素无毒、无副作用、无特殊气味、使用安全性高、色调自然柔和、耐光耐热、性能稳定。

3. 胭脂虫红

胭脂虫红是从生长在不同地区、不同类型的仙人掌上的胭脂虫体内提取的一种天然色素，并且是从雌胭脂虫体内提取的，色调呈粉红至紫红。它是品质优良的天然红色素。它是一种蒽醌类天然色素，与其他天然色素不同，其理化性质非常稳定，外观呈红色菱形晶体或红棕色粉末，也有一些是呈深红色的黏稠液体。不溶于冷水，稍溶于热水或乙醇。能溶于碱，不溶于稀酸。色素的贮藏稳定性和热稳定性良好，但光稳定性较差。另外，该色素的耐氧化性较弱，受金属离子Fe^{3+}影响较大；但对色素有护色作用。熟肉制品中最大使用量为0.5 g/kg。

4. 花生衣红

花生衣红主要成分为黄酮类化合物，另外还含有花色苷、黄酮、二氢黄酮等。易溶于热水及稀乙醇溶液。花生衣红是以鲜花生的内衣为原料，利用现代的生物技术提取而成的天然着色剂，红褐色粉末或液体，无臭无味。在中性溶液中呈红色，碱性溶液中呈咖啡色，酸性溶液中不溶。颜色随pH的降低而变浅。易溶于热水及稀乙醇溶液，不溶于乙醚、丙酮、氯仿等非极性溶剂，溶解度随温度升高而升高。对热、光、金属离子稳定，耐氧化、耐酸碱、耐变化性良好。染着性好，尤其对蛋白质、淀粉的着色性较佳。肉灌肠类最大使用量为0.4 g/kg。

5. 栀子黄

栀子黄，别名藏花素，俗称黄栀子，属类胡萝卜素系列，它是栀子中的黄色色素，其黄色素成分为类胡萝卜类色素的藏花素，与藏红花中的藏花素相同。橙黄色结晶性粉末，微臭。易溶于水，在水中立即溶解成透明的黄色液体。可溶于乙醇和丙二醇，不溶于油脂，pH对色调几乎无影响。其色调比β-胡萝卜素稳定，特别在碱性中黄色更鲜明，在波长440 nm附近吸光度最大。耐盐性、耐还原性、耐微生物性均好，在中性或偏碱性条件下，栀子黄耐光性、耐热性均较好，而在低pH时耐热性、耐光性较差，易褐变。对蛋白质和淀粉染着效果较好，即对亲水性食品有良好的着色力，在水溶液中则不够稳定。在酸性时比在碱性时褪色显著。对金属离子(如铝、钙、铅、铜、锡等)相当稳定，铁离子有使栀子黄变黑的倾向。仅限禽肉熟制品中应用，最大用量为1.5 g/kg。

6. 辣椒红

辣椒红是一种存在于成熟红辣椒果实中的四萜类橙红色色素，属类胡萝卜素类色素。其中极性较大的红色组分为辣椒红素和辣椒玉红素，另一类是极性较小的黄色组分，主要成分为胡萝卜素和玉米黄质，它们具有维生素A的活性。

辣椒红为深红色黏稠状液体、膏状或粉末，不溶于水，溶于油脂和乙醇，乳化分散性及耐热性、耐酸性均好，耐光性稍差，着色力强。遇铁、铜等金属离子褪色，遇铅离子产生沉淀。此外，本品在国外亦可制成具有一定辣味的品种，对食品进行调色、调味。辣椒红色素不仅色泽鲜艳，色价高，保色效果好，安全性高，具有营养保健作用，还被现代科学证明有抗癌、抗辐射等功能。

（二）人工合成色素

1. 诱惑红

诱惑红，别名艳红、阿洛拉红。诱惑红为深红色均匀粉末，无臭。溶于水，可溶于甘油和丙二醇，微溶于乙醇，不溶于油脂。溶于水呈微带黄色的红色溶液。耐光、耐热性强，耐碱及耐氧化还原性差，对含二氧化硫或氢离子（pH≥3）的水溶液耐受性佳，着色牢度强。西式火腿类最大使用量为 0.025 g/kg。肉灌肠类最大使用量为 0.015 g/kg。

2. 赤藓红

赤藓红是人工合成色素中的一种，赤藓红为红褐色颗粒或粉末状物质、无臭，易溶于水，水溶液为红色，对氧、热、氧化还原剂的耐受性好，染着力强，但耐酸及耐光性差，吸湿性差，在 pH＜4.5 的条件下，形成不溶性的黄棕色沉淀，碱性时产生红色沉淀。在消化道中不易吸收，即使吸收也不参与代谢，故被认为是安全性较高的合成色素。肉灌肠类最大使用量为 0.015 g/kg。肉罐头类最大使用量为 0.015 g/kg。

六、水分保持剂

水分保持剂指在食品加工过程中，加入后可以提高产品的稳定性，保持食品内部持水性，改善食品的形态、风味、色泽等的一类物质。为有助于保持食品中的水分而加入的物质，多指用于肉类和水产品加工、增强其水分的稳定性和具有较高持水性的磷酸盐类、乳酸盐类。

（一）磷酸盐的种类

磷酸盐类包括正磷酸盐、焦磷酸盐、聚磷酸盐和偏磷酸盐。正磷酸盐有磷酸三钠、磷酸二氢钠、磷酸氢二钠、磷酸氢二钾、磷酸二氢钾、磷酸钙、磷酸二氢钙；焦磷酸盐有焦磷酸钠、焦磷酸二氢二钠；聚磷酸盐有三聚磷酸钠；偏磷酸盐有六偏磷酸钠。

正磷酸又称磷酸（H_3PO_4），其所构成的盐称为正磷酸盐；焦磷酸盐又称二磷酸盐，为两个磷酸盐经缩合脱水而成。聚磷酸盐是由聚磷酸所形成的盐，包括三聚、四聚和五聚磷酸盐；偏磷酸盐的分子式（MPO_3）$_n$，其结构为环状，食品添加剂中的六偏磷酸钠实际上是以链状聚磷酸钠为主，及含有少量环状偏磷酸钠的混合物，分子式（$NaPO_3$）$_6$。

（二）磷酸盐在肉食品中的作用

1. 对金属离子的封闭作用

聚磷酸盐能与溶液中的金属离子 Ca^{2+}、Mg^{2+}、Cu^{2+}、Fe^{2+} 等螯合，生成可溶性螯合物，从而降低硬度，防止 Cu^{2+}、Fe^{2+} 等金属离子起催化作用，抑制肉类、禽类、鱼类褪色、变色、腐败，以延长食品储存期限。同时磷酸盐还能阻止罐头中漂白剂过氧化氢的分解，从而提高漂白效果，并能除去金属离子中的臭味。聚磷酸盐可防止或延缓不饱和脂肪酸的氧化。抑制微生物生长，因而起防腐抑菌作用。

2. 乳化分散作用

聚磷酸盐具有使水中难溶物质分散成稳定悬浮体的作用，以防止悬浮液的附着、凝聚，如脂肪及蛋白质的乳化作用等。由于聚磷酸盐能使蛋白质的水溶胶质在脂肪球上呈现一种胶膜，从而使脂肪更有效地分散在水中，因此广泛用于淀粉的磷酸化处理，色素的分散以及用作香肠、肉末的分散稳定剂。

3. 缓冲作用

无论正磷酸盐、聚磷酸盐或偏磷酸盐，均为强缓冲剂，可有效地将介质中的液相稳定在一定pH范围内，在规定的pH范围内起强的缓冲作用，以控制和保持稳定的pH变化范围，可使食品味道更鲜美。

4. 与蛋白作用

磷酸盐对蛋白质、肌球蛋白具有增强作用，因此可增加肉制品的水合性和保水性，提高水的浸透性，促进食品的软化和改善食品的质量，保持食品的优良风味。

(三)提高肉的持水性机理

水分保持剂主要是磷酸盐类，磷酸盐类在肉类制品中可保持肉的持水性，增强结着力，保持肉的营养成分及柔嫩性。

(1)提高肉的pH，加入磷酸盐后，可提高肉的pH，使肉偏离等电点，提高肉的持水性。

(2)螯合金属离子，磷酸盐中有多价阴离子，能与肌肉结构蛋白质结合的二价金属离子(如Mg^{2+}和Ca^{2+})形成络合物，使蛋白质中的极性基游离，极性基之间的斥力增大，蛋白质网状结构膨胀，网眼增大，因而持水性提高。

(3)解离肌动球蛋白，磷酸盐具有解离肌肉蛋白质中的肌动球蛋白的作用，它将肌动球蛋白解离为肌动蛋白和肌球蛋白，而肌球蛋白具有较强的持水性，故能提高肉的持水性。

(4)增加离子强度，磷酸盐具有高离子强度的多价阴离子，当加入肉中后，使肉的离子强度增高，肉的肌球蛋白的溶解性增大而成为溶胶状态，持水能力增大，使肉的持水性提高。

(四)磷酸盐的使用

各种磷酸盐的保水机制并不完全一样，实验证明，各种磷酸盐混合使用比单独使用效果好，但混合的比例不同，效果也不同。作为肉制品中常用的水分保持剂，在效果上以焦磷酸钠、三聚磷酸钠和六偏磷酸钠为最好。焦磷酸盐可增加与水的结着能力和产品的弹性，具有改善食品口味和抗氧化作用；三聚磷酸钠对多种金属离子具有较强的螯合作用，对pH有一定的缓冲能力，并能防止酸败，比焦磷酸钠效果更好；六偏磷酸钠能促进蛋白质凝固。肉制品中总磷酸盐最大使用量不得超过5 g/kg。

七、增稠剂

食品增稠剂通常指能溶解于水中，并在一定条件下充分水化形成黏稠、滑腻溶液的大分子物质，又称食品胶。肉制品中常用的增稠剂有明胶、酪蛋白酸钠、阿拉伯胶、罗望子多糖胶、田菁胶、琼脂、海藻酸钠(褐藻酸钠、藻胶)、卡拉胶、果胶、黄原胶、亚麻籽胶、β-环状糊精、羧甲基纤维素钠(CMC-Na)、淀粉磷酸酯钠(磷酸淀粉钠)、羧甲基淀粉钠、羟丙基淀粉和藻酸丙二醇酯(PGA)。增稠剂是改善食品的物理性质或组织状态，使食品黏滑适口的食品添加剂。增稠剂也可起乳化、稳定作用。

1. 食用明胶

食用明胶是动物的皮、骨、韧带等含的胶原蛋白，经部分水解后得到的高分子多肽的高聚物。明胶的化学组成中，蛋白质占82%以上。

性状与性能：明胶为白色或淡黄色、半透明、微带光泽的薄片或细粒，有特殊的臭味。不溶于冷水。明胶的凝固力较弱，形成较结实的凝胶，浓度一般掌握在15%左右，能吸收冷水的重量是自身的5～10倍，易溶于温水，冷却形成凝胶，胶熔点在24～28 ℃。在肉制品生产中主要用于猪皮冻、猪肉罐头及高温包装酱猪手、酱鸡手等的添秤。

2.阿拉伯胶

又称阿拉伯树胶、金合欢胶，由金合欢树的渗出液制得，是一种由多种糖类组成的高分子聚合物。无定形琥珀色干粉，无臭，无味，溶于水。其主要特点如下：

(1)溶解性好 阿拉伯胶能够在常温下缓慢溶解，随着温度的升高，溶解速度加快，最后完全溶解。当冷却至室温时，仍保持稳定状态，不凝胶、无沉淀。阿拉伯胶具有高度的水中溶解性及较低的溶液黏度，能很容易地溶于冷/热水，可配制成50%浓度的水溶液而仍具有流动性，这是其他亲水胶体所不具备的特点之一。但不溶于乙醇等有机溶剂。

(2)稳定性好 具有很好的酸稳定性、乳化稳定性和热稳定性。

(3)黏度适宜 在pH 2.5～10时，黏度增加。

(4)乳化性 阿拉伯胶是有效的乳化剂，其乳化作用主要在于它形成界面膜的内聚力很大并具有弹性之故，能防止脂肪和水分的流离。

(5)保持香气的能力 阿拉伯胶作为驻香剂使用时，在香料颗料的周围形成保护薄膜，可以防止香料氧化和蒸发，同时也防止了香料从空气中吸湿。

3.琼脂

又名琼胶、冻粉或洋菜，由海藻提取制得。

性状与性能：有条状、片状、粒状和粉状等，不溶于冷水，吸水率可高达20倍。凝胶能力很强，即使浓度低于0.5%也能形成凝胶。1.5%的琼脂溶胶在32～39 ℃可以形成坚实而有弹性的凝胶，并在85 ℃以下不融化为溶胶。当pH小于4或大于10时其凝胶强度大大下降。琼脂凝胶坚挺、硬度高、弹性小；但发脆，组织粗糙，表面易收缩起皱。与卡拉胶复配使用时，可以得到柔软、有弹性的制品。与糊精、蔗糖复配使用，凝胶强度升高。与海藻酸钠和淀粉并用，凝胶强度下降。

4.海藻酸钠

又称褐藻酸钠、海藻胶或藻朊酸钠，是由海带中提取的天然多糖。

性状与性能：白色或淡黄色粉末、颗粒，溶于水成黏稠状胶体溶液。海藻酸易与金属离子结合。pH降至4.5以下时黏度明显增加，当pH达到3时，产生不溶于水的海藻酸沉淀析出。易与蛋白质、淀粉、明胶、阿拉伯胶、CMC、甘油、山梨醇等共溶。可作为增稠剂、乳化剂、稳定剂使用。

5.卡拉胶

又名鹿角藻胶、角叉胶，由某些红海藻(麒麟菜、沙菜、角叉菜)等原料中提取。

卡拉胶是三大海藻胶(海藻胶、琼胶、卡拉胶)中最年轻的一个，其主要成分都是*D*-半乳糖和*L*-半乳糖。

性状与性能：卡拉胶为白色或淡黄色粉末，味淡，在冷水中可溶胀成胶块状，不溶于有机溶剂。水溶液具有高度黏性和胶凝特点，其凝胶具有热可逆性。尤其是与蛋白质类物质作用，形成稳定胶体的性质，这是卡拉胶作为增稠剂最突出的特点。

卡拉胶在肉制品中的应用主要有三大特点：一是蛋白反应性，能和蛋白质的极性基团反应，在肉制品中能和肉盐溶性蛋白结合，形成网络结构，保水赋型；二是凝胶性，卡拉胶在魔芋胶和氯化钾的作用下，有极强的凝胶性能，因此在肉制品中能和盐溶蛋白结合增强蛋白的凝胶性能，赋予肉制品良好的口感形态；三是增稠性，卡拉胶的增稠性相对较弱，这反而适合于注射型肉制品要求的低黏度特点，而在斩拌型肉制品中则由魔芋胶产生需要的高黏度。

6. 黄原胶

又称汉生胶，是一种由假黄单胞菌属发酵产生的单胞多糖。白色或浅黄至棕色粉末，易溶于水。黄原胶是目前国际上集增稠、悬浮、乳化、稳定于一体，性能最优越的生物胶。黄原胶是一种安全无毒、无味的新型食品添加剂。

不同条件下表现不同的特性，具悬浮性和乳化性，有良好的水溶性、增稠性、假塑性，对热的稳定性，对酸碱的稳定性，对盐的稳定性，对酶解反应的稳定性。

7. 瓜尔豆胶

主要成分是半乳甘露聚糖，即由半乳糖和甘露糖(1∶2)组成的高分子量水解胶体多糖类。白色至淡黄褐色粉末。能分散在热或冷水中形成黏稠液，为天然胶中黏度最高者。添加少量四硼酸钠则转变成凝胶。水溶液为中性，黏度随 pH 的变化而变化，pH 6～8 黏度最高，pH 10 以上则迅速降低，pH 3.5～6 内随 pH 降低。pH 3.5 以下黏度又增大。

在肉类制品中应用，罐装肉制品中应用，降低肉及其他辅料在烹煮过程中的暴沸；控制液相黏度；开罐后内容物易倾倒；在香肠及其他填馅类肉制品中应用，制肉馅时可迅速结合游离水分，改善馅料的充填性，消除蒸煮、烟熏和贮藏期间脂肪和游离水的分离与移动，改善冷却后产品的坚实度。

8. 刺槐豆胶

别名角豆胶、槐豆胶，由产于地中海一带的刺槐树种子加工而成的植物胶，是一种以半乳糖和甘露糖残基为结构单元的多糖化合物。为白色或微黄色粉末，无臭或稍带臭味。在食品工业中主要作增稠剂、乳化剂和稳定剂。分散于冷水中仅部分溶解，80 ℃完全溶解，成黏稠状溶液。在 pH 为 3.5～9.0 时，黏度几乎无影响，在此 pH 以外时，黏度降低。酸(尤其是无机酸)、氧化剂会使其盐析，降低黏度。用于肉制品、西式香肠等加工中改善持水性能以及改进肉食的组织结构和冻熔稳定性。

9. β-环状糊精(β-CD)

是淀粉经酸解环化生成的产物，其为环状结构，其中间的空洞内可以包入多种物质，形成包接物。本品的环状空洞内具有疏水性，而外侧呈亲水性，因此它还具有界面活性剂的作用和抗氧化作用。

食品中主要起增稠、稳定作用，提高和改善食品的组织结构，消除和掩盖食品的特异臭和苦味，提高食品的风味。常用于包接天然色素，提高色素的稳定性；包接易挥发香料，使其不易挥发；掩蔽不良气味，如消除某些产品的异味异臭。熟肉制品中最大使用量 1 g/kg。

10. 结冷胶

别名 S-60 多糖、凯可胶，是一种微生物食用胶，主要成分由葡萄糖、葡萄糖醛酸和鼠李糖按 2∶1∶1 的比例，4 种单糖为重复结构单元所组成的线形多聚糖。干粉呈米黄色，无特殊的滋味和气味，约 150 ℃不经溶化而分解。耐热、耐酸性能良好，对酶的稳定性亦高。不溶于非极性有机溶剂而溶于水。在一价或多价离子存在时经加热和冷却形成凝胶。

结冷胶的特点：

(1)用量低，往往是 k-卡拉胶的 1/3～1/2，琼脂的 1/5。

(2)极好的凝胶能力，同样的浓度下，结冷胶比别的水溶胶产生更大的硬度。

(3)形成的凝胶质构更多样，从而满足不同的要求。它既可形成柔软的凝胶，也可形成脆性的凝胶；既可模仿其他胶凝剂所成凝胶的质构，也可独创出自身特有的凝胶质构；它可以形成不透明或澄清透明的凝胶；可以单独使用或与别的食品胶复配使用。

11. 亚麻籽胶

亚麻籽胶又名富兰克胶、胡麻胶。亚麻籽胶是以亚麻的种子或籽皮为原料，经提取、浓缩精制及干燥等加工工艺制成的粉状制品。亚麻籽胶是一种新型的食品添加剂，亚麻籽胶由酸性多糖和中性多糖组成，广泛应用于食品工业，在食品工业中它可以替代果胶、琼脂、阿拉伯胶、海藻胶等，用作增稠剂、黏合剂、稳定剂、乳化剂及发泡剂。

亚麻籽胶为黄色颗粒状晶体，或白色至米黄色粉末，干粉有淡淡甜香味。亚麻籽胶具有较好的溶解性能，能够缓慢地吸水形成一种具有较低黏度的分散体系，溶解度高于瓜尔胶和刺槐豆胶，但不及阿拉伯胶。亚麻籽胶添加到肉制品中，能减少蒸煮过程中脂肪和肉类风味的损失，提高肉蛋白、肌原纤维蛋白和盐溶肉蛋白的热稳定性，增强盐溶肉蛋白的凝胶强度，适用于肉制品的加工。在肉制品加工后期加入亚麻籽胶，能够增强肉制品弹性，增强复水性，消除淀粉感，增加咀嚼感。熟肉制品中最大使用量 5 g/kg。

12. 酪蛋白酸钠

又称酪朊酸钠、干酪素钠，由牛乳分离制得，为乳酪蛋白的钠盐。

性状与性能：白色至淡黄色的微粒或粉末，无臭，无味，有特异香气，可溶于水。水溶液加酸产生酪蛋白沉淀。结构中有亲水基团和疏水基团，有一定的乳化性，其稳定性要比乳清蛋白、大豆蛋白等更好，但易受 pH 的影响。酪蛋白含人体所需全部必需氨基酸，也用于蛋白质的增补。在肉制品中促进脂肪乳化，增强肉的黏结性。增加肉的弹性和持水性，提高肉的利用率。

13. 淀粉

淀粉在肉制品加工中是使用较多的食品辅料，淀粉的应用是基于淀粉糊化后的增稠、胶凝、黏合和成膜特性。在肉制品生产中，加入淀粉后，对于制品的持水性、组织形态均有良好的效果。这是由于在加热过程中，淀粉颗粒吸水、膨胀、糊化的结果。淀粉颗粒的糊化温度较肉蛋白质变性温度高，当淀粉糊化时，肌肉蛋白质的变性作用已经基本完成，并形成了网状结构，此时淀粉颗粒夺取存在于网状结构中结合不够紧密的水分，这部分水分被淀粉颗粒固定，因而持水性变好，同时淀粉颗粒因吸水而变得膨润而有弹性，并起着黏着剂的作用，可使肉馅黏合，填塞孔洞，使成品富有弹性，切面平整美观，具有良好的组织形态。在加热蒸煮时，淀粉颗粒可吸收溶化成液态的脂肪，减少脂肪流失，提高成品率。

肉制品中常用的淀粉有玉米淀粉、马铃薯淀粉、木薯淀粉和绿豆淀粉等，各种淀粉的应用依据其淀粉糊的特性，添加量符合产品企业标准要求(表 2-4)。

表 2-4　淀粉糊的特性

淀粉	糊化温度/℃	黏度	稳定性	凝胶强度	透明度
玉米	62～72	中	较稳定	强	不透明
马铃薯	56～66	很高	不稳定	很弱	很透明
木薯	59～69	高	不稳定	很弱	透明
小麦	58～64	低	较稳定	强	不透明

14. 大豆分离蛋白

大豆分离蛋白也是食品辅料，因其优良的乳化性、增稠性得以广泛应用，是以低温脱溶大豆粕为原料生产的一种全价蛋白类食品添加剂。大豆分离蛋白中蛋白质含量在90%以上，氨基酸种类有近20种，并含有人体必需氨基酸。其营养丰富，不含胆固醇，是植物蛋白中为数不多的可替代动物蛋白的品种之一。大豆蛋白质经高速离心后，按照离心沉降指数分为2S、7S、11S、15S共4级，其中7S和11S为主要成分，约占总蛋白的70%，它们对大豆分离蛋白的功能特性起着十分重要的主导作用。在肉制品中加入大豆分离蛋白，不但改善肉制品的质构，而且提高了蛋白质含量。由于其功能性较强，用量在2%～5%就可以起到保水、保脂、防止肉汁离析、提高品质、改善口感的作用。

八、抗氧化剂

肉制品在加工及贮藏过程中容易发生氧化酸败，除了采用低温、避光、隔绝空气以及充氮密封包装等物理方法外，还可以使用一些安全性强、效果好的食品抗氧化剂。肉制品中常用的抗氧化剂如表2-5。

表2-5　肉制品中常用的抗氧化剂

抗氧化剂	使用范围	最大使用量/(g/kg)
茶多酚	腌腊肉制品类(咸肉、腌肉、板鸭、中式火腿、腊肠)	0.4
	酱卤肉制品(白煮品类、酱卤肉类、糟肉类)	0.3
	熏、烧、烤肉类	
	油炸肉类	
	西式火腿(熏烤、烟熏、蒸煮火腿)类	
	肉灌肠类	
	发酵肉制品类	
丁基羟基茴香醚	腌腊肉制品类(咸肉、腌肉、板鸭、中式火腿、腊肠)	0.2
二丁基羟基甲苯	腌腊肉制品类(咸肉、腌肉、板鸭、中式火腿、腊肠)	0.2
甘草抗氧化物	腌腊肉制品类(咸肉、腌肉、板鸭、中式火腿、腊肠)	0.2
	酱卤肉制品(白煮品类、酱卤肉类、糟肉类)	
	熏、烧、烤肉类	
	油炸肉类	
	西式火腿(熏烤、烟熏、蒸煮火腿)类	
	肉灌肠类	
	发酵肉制品类	
没食子酸丙酯	腌腊肉制品类(咸肉、腌肉、板鸭、中式火腿、腊肠)	0.1

续表 2-5

抗氧化剂	使用范围	最大使用量/(g/kg)
迷迭香提取物	预制肉制品	0.3
	酱卤肉制品(白煮品类、酱卤肉类、糟肉类)	
	熏、烧、烤肉类	
	油炸肉类	
	西式火腿(熏烤、烟熏、蒸煮火腿)类	
	肉灌肠类	
	发酵肉制品类	
特丁基对苯二酚	腌腊肉制品类(咸肉、腌肉、板鸭、中式火腿、腊肠)	0.2
植酸/植酸钠	腌腊肉制品类(咸肉、腌肉、板鸭、中式火腿、腊肠)	0.2
	酱卤肉制品(白煮品类、酱卤肉类、糟肉类)	
	熏、烧、烤肉类	
	油炸肉类	
	西式火腿(熏烤、烟熏、蒸煮火腿)类	
	肉灌肠类	
	发酵肉制品类	
竹叶抗氧化物	腌腊肉制品类(咸肉、腌肉、板鸭、中式火腿、腊肠)	0.5
	酱卤肉制品(白煮品类、酱卤肉类、糟肉类)	
	熏、烧、烤肉类	
	油炸肉类	
	西式火腿(熏烤、烟熏、蒸煮火腿)类	
	肉灌肠类	
	发酵肉制品类	
乳酸钠	所有肉制品	按需添加
异维生素 C 及钠盐		

1. 茶多酚

茶多酚又名抗氧灵、维多酚、防哈灵，是茶叶中多羟基酚类化合物的复合物，由 30 种以上的酚类物质组成，其主体成分是儿茶素及其衍生物，是茶叶中具有保健功能的主要化学成分。茶多酚具有抗氧化、防辐射、抗衰老、降血脂、降血糖、抑菌抑酶等多种生理活性作用。纯净的茶多酚为白色无定形的结晶状物质，提取过程中由于少量茶多酚氧化聚合而呈现淡黄色至褐色，略带茶香，有涩味；易溶于乙醇、甲醇、乙酸乙酯、丙酮等，微溶于油脂，不溶于苯及氯仿等有机溶剂；耐热性较好，具有吸湿性，在 pH 2～7 稳定，在光照或 pH 大于 8 的条件下易于氧化聚合。可与铁离子生成绿黑色化合物。

2. 甘草抗氧化物

亦称甘草抗氧灵，又称绝氧灵。其主要抗氧化成分为黄酮和类黄酮类物质的混合物。它是从提取甘草浸膏或甘草酸之后的甘草渣中提取的一组脂溶性混合物，为棕色或棕褐色粉末，略有甘草的特殊气味。不溶于水，可溶于乙酸乙酯，在乙醇中的溶解度为11.7%。

甘草抗氧化物主要成分为黄酮类和类黄酮类物质的混合物，呈棕色或棕褐色粉末，略有甘草的特殊气味。耐光、耐氧、耐热，与维生素C、维生素E混合使用有相乘效果。不溶于水，可溶于乙酸乙酯。

3. 迷迭香提取物

迷迭香提取物的主要成分为迷迭香酚、鼠尾草酚和鼠尾草酸。迷迭香提取物中的几种主要成分都具有较强的抗氧化活性。在防止油脂氧化、保持肉类风味等方面具有明显效果。迷迭香提取物具有高效、安全等特性，有水溶性提取物和脂溶性提取物。

4. 植酸

肌醇六磷酸，是从植物种籽中提取的一种有机磷酸类化合物。植酸是一种强酸，具有很强的螯合能力，其6个带负电的磷酸根基团，除与金属阳离子结合外，还可与蛋白质分子进行有效的配合，从而降低动物对蛋白质的消化率。植酸普遍存在于植物源食品中，是影响矿质元素吸收的主要抗营养成分。

5. 丁基羟基茴香醚(BHA)

BHA又称叔丁基对羟基茴香醚，易溶于乙醇、丙二醇和油脂，不溶于水。BHA对热稳定，在弱碱条件下不易被破坏，与金属离子作用不着色，是一种很好的抗氧化剂，在有效浓度时没有毒性。BHA作为脂溶性抗氧化剂，适宜油脂食品和富脂食品。

BHA除了抗氧化作用之外，还具有相当的抗菌作用。有报道用0.015%的BHA可抑制金黄色葡萄球菌；用0.028%的BHA可阻止寄生曲霉孢子的生长，并能阻碍黄曲霉毒素的生成。

6. 二丁基羟基甲苯(BHT)

BHT也称2,6-二丁基对甲酚，不溶于水、苛性碱及甘油，可溶于各种有机溶剂和油脂。能使脂肪在自然氧化过程中的连锁反应中断，从而阻止脂肪的氧化。对热相当稳定，且与金属离子作用不着色，无异味，价格低廉，是应用于肉制品的一种比较理想的抗氧化剂。

使用时，可将BHT与盐和其他辅料搅拌均匀，一起掺入原料肉中进行腌制。试验表明，BHT与柠檬酸、抗坏血酸、葡萄糖或其他还原剂并用，其抗氧化效果显著。BHT的毒性比BHA稍大，但无致癌性。BHT与BHA混合使用，其效果更好。BHT和BHA主要应用于腌腊肉制品中。

7. 没食子酸丙酯(PG)

PG难溶于水，微溶于棉籽油、花生油、猪脂。0.25%水溶液的pH为5.5左右。PG比较稳定，遇铜、铁等金属离子发生呈色反应，变为紫色或暗绿色，有吸湿性，对光不稳定，发生分解，耐高温性差。

九、防腐剂

防腐剂是防止食品腐败变质、延长食品储存期的物质。是一类具有抑制微生物增殖(抑菌剂)或杀死微生物(杀菌剂)的化合物。

(一)防腐剂的防腐原理

1. 作用于微生物细胞壁

细胞壁是位于细胞膜外的一层较厚、较坚韧并略具弹性的结构,可以维持细胞形状,起保护作用。有些防腐剂损害微生物的细胞壁,使之受到破坏而缺损,原生质从缺损处渗漏而发生溶菌作用。

2. 作用于微生物细胞膜

细胞膜主要是由磷脂构成的富有弹性的半透性膜,其主要功能是选择性地交换物质,吸收营养物质,排出代谢废物,分泌与运输蛋白质。细胞膜功能遭破坏,可使微生物新陈代谢紊乱而死亡。

3. 作用于微生物的细胞原生质

原生质的主要成分是糖类、蛋白质、核酸、脂质等。原生质是构成细胞的生命物质。通过对部分遗传机制的作用,干扰细菌和真菌等微生物的正常生长,甚至令其失活,从而使细胞凋亡。

4. 作用于微生物的酶或功能蛋白

酶是由活细胞产生的、对其底物具有高度特异性和高度催化效能的蛋白质或 RNA。酶的主要作用是催化、细胞修复、消炎排毒、新陈代谢、提高免疫力。通常防腐剂作用于微生物的呼吸酶系,破坏多种含硫的蛋白酶活性,干扰微生物的新陈代谢,从而影响其生长和繁殖。

(二)食品防腐剂特性

(1)本身应该经过充分的毒理学鉴定,证明在使用限量范围内对人体无害。

(2)抑菌谱广,能在较广的 pH 范围内对大多数微生物发挥抑菌效果。

(3)抑菌力强,在低浓度时仍有抑菌作用。

(4)溶解度高,性质稳定,不与食品成分发生不良反应。

(5)不防碍胃肠道酶类的作用,不影响有益的肠道正常菌的活动。

(6)添加于食品后能被分析鉴定出来。

(三)肉制品中常用防腐剂(表 2-6)

表 2-6　肉制品中常用的防腐剂

名称	抑菌谱	最大使用量/(g/kg)
单辛酸甘油酯	广谱抑菌剂,对细菌、霉菌、酵母均有抑制作用	0.5
ε-聚赖氨酸	pH<7,抑制酵母菌、细菌	0.25
乳酸链球菌素	最适 pH 为 3,有效抑制革兰氏阳性细菌(芽孢)	0.5
山梨酸钾	在 pH 5～6 以下范围内使用	熟肉制品 0.075
		肉灌肠类 1.5
脱氢醋酸钠	广谱抑菌剂,对细菌、霉菌、酵母均有抑制作用	0.5
那他霉素	pH 3～9,抑制酵母菌、霉菌	0.3

十、肠衣

肠衣是香肠的包装材料,对维持肉制品的品质、延长货架期具有重要作用。随着肠衣需求量的增加，天然肠衣市场供不应求，为人造肠衣的出现和发展提供了机会。其中人造肠衣包括塑料肠衣、纤维素肠衣和胶原蛋白肠衣。每种肠衣都有各自的特点。

（一）天然肠衣

天然肠衣也称动物肠衣，是由猪小肠、羊小肠、牛盲肠、羊盲肠、猪膀胱等加工制成的，它具有良好的韧性和坚实度，能够承受生产加工过程中的重力和加热处理的压力，并且有和灌容物同样收缩和膨胀的性能。天然肠衣质量要求颜色为白色或浅黄白色，无漏洞，无沙眼，坚韧有弹性。肠衣是通过刮去黏膜、浆膜和肌肉等油脂杂物以后的半透明坚韧薄膜。在整理脏器时，立即除去肠内粪便，用清水冲洗干净，保持清洁，然后送刮肠加工车间进行刮制。肠衣加工过程为浸漂、刮壁、分路、量码、捆把、腌制。肠衣捆把每 100 码约 91.5 m 合为一把，每把不超过 16 节，每节不短于 2 m。肠衣粗细衡量以路为单位，一路猪肠衣直径为 24～26 mm，每增加一路肠衣直径增加 2 mm；一路羊肠衣直径为 22 mm 以上，每增加一路肠衣直径减少 2 mm。盐渍天然肠衣保质期为 360 d。

天然肠衣的优点是具有良好的韧性和坚实度，能够承受加工中的张力及热处理，而且具有收缩和膨胀的性能，可烟熏。缺点是粗细不匀，成本高，不适合大规模自动化生产。

（二）人造肠衣

人造肠衣可实现生产规模化，易于充填，加工使用方便。这对熏煮加工成型、保持风味、延长成品保存、减少蒸发干耗等，具有明显的优势。目前，在世界范围内已大量使用人造肠衣。我国除部分人造肠衣进口外，已能开始批量生产人造胶质肠衣及塑料肠衣。

人造肠衣一般分为 4 类：纤维素肠衣、胶质肠衣、塑料肠衣和玻璃纸肠衣，其中胶质肠衣又分为可食用和不可食用两种。

1. 纤维素肠衣

纤维素肠衣是一种可生物降解的纸质的纤维素衍生物。透气透水，可烟熏，机械强度好，适合于高速自动化生产。此种肠衣不可食。该肠衣在使用前不需要进行处理，可直接灌装。具有韧性、收缩性和着色性，规格统一，卫生、透气，可以烟熏，表面可以印刷。一般大小规格相同，能经受高温快速加工，充填方便，抗裂性强，在湿润情况下也能进行熏烤。

2. 胶质肠衣

一种用动物肉皮提炼出的胶质制成的肠衣，肠衣透烟性、透气性、机械强度都较好，规格统一，品种多样，在可食性、收缩性、黏着性等性能方面与天然肠衣相似，在资源稳定性和食品安全性等方面优于天然肠衣，烟熏时上色均匀，且适合机械化生产。在使用前应在温水中浸泡约 10 min，使其复水后再进行灌装。灌装时应填充结实，可适用任何形式的烟熏和蒸煮过程，蒸煮后可用喷淋或水浴冷却。

3. 塑料肠衣

主要包括 PVDC 肠衣和 PA（尼龙）肠衣

（1）PVDC（聚偏二氯乙烯）肠衣　具有光泽性和透明度高、透气透湿率低、耐油、耐化学药品的优点，富于热收缩性，可加热蒸煮杀菌，杀菌包装可长期于常温下保存而不变质。由于 PVDC 肠衣膜的拉伸强度属于中等，且具有热收缩性，灌装时应留有余地，不能 100% 灌满，以防止高温蒸煮杀菌时内容物膨胀而破袋，杀菌条件可耐受 121 ℃。PVDC 肠衣适用于高温肉肠，如高频热封灌装生产的火腿、香肠（如火腿肠、鱼肉肠等）。

(2)PA(聚酰胺)肠衣 有普通尼龙肠衣膜、收缩尼龙肠衣膜、复合型尼龙肠衣膜三种。收缩型尼龙肠衣膜适宜于低温肉肠,低温肉肠衣保持了肉类的原汁原味和较多的营养成分,因此为人们所喜欢。普通的尼龙肠衣膜,包装肉类后易发生皱纹,表面不够光滑平整。而收缩型PA肠衣膜,由于受到拉伸,强度较高,收缩后表面光滑平整,阻隔性也因拉伸而大大提高。复合型尼龙肠衣膜结构为PA/PE、PE/PA/PE、PE/PA/易热封性树脂等二层、三层、五层或七层的共挤复合肠衣膜。

4.玻璃纸肠衣

玻璃纸又称透明纸,是一种再生胶质薄膜,有无色和有色两种,纸质柔软而有弹性,由于它的纤维素为晶体且呈纵向平行排列,故纵向强度大,横向强度小。玻璃纸因塑化处理而含有甘油,因而吸水性强(浸水时的吸水量可达本身重量的100%)。在潮湿时要发生皱纹,甚至互相黏结,遇热时,因水分蒸发而使纸质变脆。特别是这种纸具有不透过油脂、干燥时阻气性好、在潮湿状态下水蒸气透过量高、强度高等特点。

十一、外包装材料

包装的目的在于防止细菌对产品的污染,从而保证产品质量。包装还能起广告作用,吸引消费者的注意力。在制造、流通、销售和消费的各阶段里,即从工厂到消费者手中的过程中,产品总得接触人手,故污染随时可能发生,所以我们要通过包装来防止细菌污染。

(一)包装材料的性能

肉制品的包装,必须满足一定的要求。肉制品所使用的包装材料大部分是塑料。塑料具有比纸和金属等包装材料更广泛的包装性能,一种包装材料可同时具有几种性能。而且塑料薄膜的层压粘贴或涂层技术还可以补充单张薄膜的不足性能,利用层压/涂层技术可开发出多种用途的薄膜。

1.阻气性

就是隔绝氧气的透过性。不仅是氧气,其他气体也一样,透过塑料薄膜的量与气体的分子大小是没有关系的。通常它是通过两个步骤进行的,最初是气体溶解在薄膜的分子里,然后再通过扩散渗透进去。薄膜的阻氧性对除生肉以外的所有肉制品的包装都适用。特别是在真空包装、充气包装的时候更重要。由于氧的作用,把血色素变成了高铁血红素,引起产品褪色、促进脂肪氧化和好氧性微生物的增殖。所以阻止产品与氧的接触,对于保持产品质量、提高保存性都是极为重要的。

2.阻水性

就是阻挡水蒸气透过的性质。薄膜分子中不含亲水性的羟基、羧基时,就认为其防湿性好。防湿性随温度发生较大的变化。薄膜的防湿性适用于所有的肉制品包装。若产品水分以水蒸气形式从包装薄膜内侧透过来,或产品吸收从外侧透进来的水蒸气,则产品的风味、组织、内容量也会发生变化。特别是对含水分很少的干香肠类的包装,防止定量制品的自然损耗是极其重要的。

3.遮光性

特别是对紫外线中有光学作用的320～380 nm波长的光具有遮挡性。此性质对真空包装的切片产品和着色产品、烟熏制品是很重要的。透明的薄膜没有遮挡紫外线的功效。高密度聚乙烯虽有些遮光性,但是薄膜是不透明的。防止紫外线透射的方法很多,其中有一种方法就是往包装材料中加紫外线吸收剂。但是近年来食品包装材料已禁止使用紫外线吸收剂。因此,又研究出一种利用光的性质遮光的方法。此方法是利用印刷油墨吸收光或者反射光,或者是利用缎纹加工滚筒,机械地在薄膜面上挤出凹凸花纹,对光产生反射作用。使用印刷油墨时,黑色和白色具有吸收光线或反射光线的作用。除此以外的其他油墨,即便是有深浅色差,也达不到预期的效果。除黑色外,所有浅颜色几乎都没有吸收光的作用,深颜色按黑、蓝、绿、黄色,其遮光性依次变差,红色和紫色没有作用。一般印刷时,有遮光作用的薄膜都是不透明的,缺点是看不见包装袋中的产品。为了弥补不透明薄膜的缺陷,最近研制出一种将油墨超微粒化的方法,在薄膜内部利用波长比较短的紫外线的散射遮光,既让波长较长的可见光通过,又可以看见包装袋中的产品的印刷薄膜。

4. 耐冲击性

此性质适用于所有包装。特别是对重的东西,肠衣和产品之间没有空隙的紧缩包装更为重要。包装材料的耐冲击性,可以通过材料的拉伸强度、拉伸延伸度和冲击强度三者的平衡来保证。这种薄膜有聚乙烯醇、聚氯乙烯、聚偏二氯乙烯、拉伸尼龙等。

5. 耐寒性

即便在低温情况下,薄膜也不变脆,仍能保持其强度和耐冲击性的性质。一般在－10～0 ℃保存肉制品是没有问题的,但是若在－15 ℃条件下保存冷冻肉制品,就必须考虑。

(二)肉制品包装材料分类

若按产品的种类分,可把肉品包装材料分为保鲜包装材料、低温贮藏肉品包装材料、常温保存肉品包装材料和冷冻肉品包装材料。

1. 适合于保鲜包装的材料

(1)保鲜膜　一般是用单层聚偏二氯乙烯制成的一种超薄透明膜,此膜具有较高的阻氧性和阻湿性,耐热温度较高,包装时薄膜容易切断,同时,膜本身还具有较高的附着性,使用方便。现在超市冷柜中所零售的传统肉制品、生鲜肉类、半成品以及干酪、蔬菜、水果等一般多用此膜进行包装。

(2)冷却肉用膜　此膜是用特殊技术所生产的高收缩率多层复合薄膜。薄膜中心是以聚偏二氯乙烯(PVDC)作为阻隔材料,其两侧是以聚烯烃作为外层。此种薄膜具有低温高收缩性,有优良的透明度和光泽;氧气、水蒸气和其他气体的透过率非常小,使被包装物能长期在稳定状态下保存;具有优良的热水收缩性,能将肉紧密地贴住,使肉汁不易渗出,且让包装工序的作业比较容易;打卡式和热合式的包装设备都适合使用。这种膜既可用来包装分割冷却肉(如冷藏牛肉、冷藏猪肉、冷藏羊肉、火鸡肉、鸡肉等),又可用来包装熟肉制品(如叉烧肉、培根、肉馅饼、腊肠、大型火腿、香肠),还可用来包装干酪、鲜鱼及水产品。

2. 低温贮藏肉品包装材料

低温肉制品是指那些在熟制过程中,中心温度达到 69 ℃,保持 30 min 的熟肉类产品,虽然其中的致病菌已被杀死,但还存在一些耐高温的芽孢菌,因此,必须处于低温下进行保存。适合这种产品的包装材料很多。除天然肠衣和人造肠衣外,还有各类塑料薄膜等。

(1)收缩袋　采用多层复合材料,阻氧、阻水性能比较高,具有热封性、收缩性、印刷性能,采用真空包装的形式,可以提高产品的货架期。用于低温肉制品的二次包装。

(2)拉伸膜　拉伸膜包装材料具有以下特点:拉伸强度高、纵横延伸率高、抗戳穿、防撕裂性能好、紧固性强,同时拉伸膜机械化强度高,特别适合肉制品的二次包装。包装后的产品美观大方，流通中安全卫生，已在西方国家广泛使用，近几年在我国较大的肉制品企业也得到广泛使用。

3. 常温保存肉品包装材料

常温保存的肉制品是指那些用非透性材料包装，并经过了 121 ℃以上灭菌，可以在常温下流通，保存期在 6 个月以上的产品。适用于这种包装的材料必须是非通透性的，可耐高温灭菌。肉制品包装常用的材料有铁听、铝箔、复合袋、玻璃罐以及聚偏二氯乙烯薄膜等。

(1)铁听　使用马口铁制成。主要用于肉罐头的包装，如午餐肉罐头、鱼肉罐头等，这类包装的产品一般在常温下可保质 1 年以上。

(2)铝箔袋　用铝箔冲压成形而成。主要用于肉类罐头。

(3)复合袋　是以尼龙(PA)和聚丙烯(PP)为基础，采用耐高温的黏和性树脂通过共挤出工艺制得的蒸煮用复合薄膜，或是采用铝箔复合而制成的可以耐受 121 ℃灭菌，同时又能很好地防止外界氧气进入袋中，从而能够有效地防止袋内物质变质，可使肉制品在室温下保存 6 个月的复合袋。主要用于常温保存的烧鸡、牛肉等的包装。

【强化练习】

一、选择题

1. 哪种肉不建议直接用于产品加工，经过腌制后用于生产效果比较理想？(　　)

A. 热鲜肉　　B. 冷冻肉　　C. 冷鲜肉　　D. PSE 肉

2. 哪种状态的香辛料通常应用在酱卤肉制品中？(　　)

A. 颗粒状　　B. 液体　　C. 气体　　D. 粉状

3. 哪种状态的香辛料通常应用在馅料类肉灌制品中？(　　)

A. 固体　　B. 液体　　C. 气体　　D. 粉状

4. 哪种状态香辛料属于颗粒状香辛料提取产品，风味与颗粒状香辛料略有差异，主要用于现代工艺肉制品，传统特色肉制品不建议使用？(　　)

A. 颗粒状　　B. 液体　　C. 气体　　D. 粉状

5. 用于肉制品制作的原料肉应选用哪个时期的肉，应避免或少量使用 PSE 肉、DFD 肉？(　　)

A. 尸僵期　　B. 自容期　　C. 成熟期　　D. 变质期

二、判断题

6. 增稠剂的优点是降低产品的水分活度，为肉制品带来了良好的口感与质地。(　　)

7. 种公母猪、晚阉猪应当具备种公母猪专用的检验印章和检验证明。(　　)

8. 猪肉产品出厂时需要官方兽医出具《动物产品检疫合格证明》和屠宰企业出具《畜禽肉品品质检验合格证明》，这两个纸质证明需随货同行。(　　)

9. 食盐在肉制品(咸肉类产品除外)中应用应采用优级精制盐。(　　)

10. 具有苦、涩味的香辛料用量不宜过大，应控制在 1%以下。(　　)

项目三

肉制品生产与质量控制

【知识目标】

①熟悉肉制品生产与质量控制基本内容。②了解肉制品生产机械设备的工作原理。

【技能目标】

①掌握肉制品生产技术操作中的技术参数。②熟练操作各工序所用到的机械设备。③掌握各种技术方法实施过程中的注意事项。

【项目描述】

本项目包含2个任务,即肉制品生处理与质量控制,肉制品熟处理与质量控制。在肉制品肉制品生产与质量控制学习过程中,主要通过原理探究,控制各种技术方法参数,掌握所用到设备的操作程序。

【思维导图】

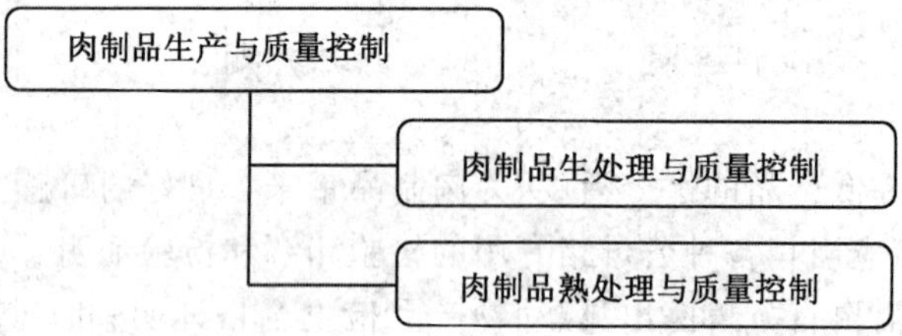

【案例导入】

肉制品生产设备从“中国制造”走向“中国创造”

“工欲善其事,必先利其器”,为了改变我国机械化的肉制品生产设备生产线为零的状况,20世纪80年代我国引入了欧式低温肉制品生产设备,将我国的肉制品生产和消费推向了高潮。目前我国已能生产绝大部分肉制品加工设备,基本满足肉类加工厂的生产工艺要求。肉类冷加工等成套技术与装备实现了重大跨越,有些设备还进入了肉类机械最先进的德国市场。虽然我国部分肉制品生产设备在中高端技术上还存在差距,但相信在不远的将来,我国的肉制品机械设备必将实现智能化，赶超国外先进水平，从“中国制造”走向“中国创造”。

【课前思考】

①肉制品生处理基本技术方法有哪些？肉制品熟处理基本技术方法有哪些？②肉制品经过真空包装保质期一定会延长吗？

【任务设计】

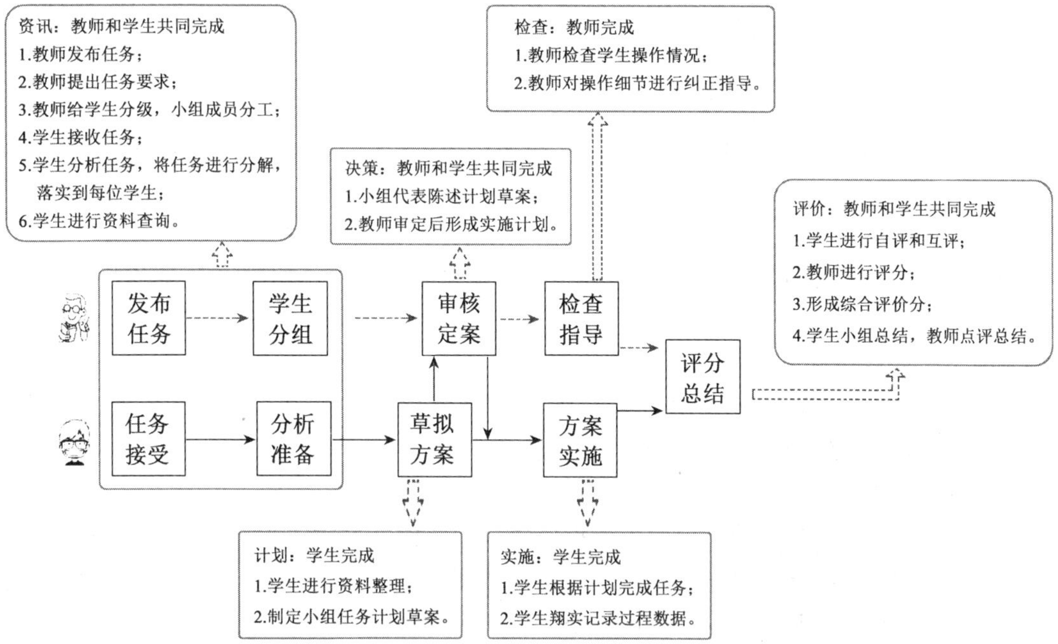

肉制品生产工艺由一道道工序组成，在每道工序中都有一定的技术方法，技术方法的先进性和执行程度决定了所制作产品的产品质量，可以说技术方法是控制肉制品生产的关键性因素。肉制品生产技术方法主要包括冷藏、缓化、分切、配料、腌制、绞肉、斩拌、搅拌、注射、嫩化、滚揉、灌制、干燥、蒸煮、烟熏、油炸、包装、杀菌等。其中干燥、蒸煮、烟熏、油炸、包装、杀菌等技术方法属于肉制品熟处理基本技术方法，其他的技术方法属于肉制品生处理基本技术方法。

任务1　肉制品生处理与质量控制

一、冷藏

冷藏技术适用于原料肉用于产品加工前的贮存，包括肉的冷却贮藏和肉的冷冻贮藏两种方式。

(一)肉的冷却贮藏

肉的冷却贮藏是制作高档肉制品必不可少的流程,肉的冷却贮藏在冷却间完成。

1.肉的冷却贮藏

屠宰后的猪肉在0～4 ℃冷却排酸库内经过24 h冷却排酸,猪后腿部位中心点温度降低到0～1 ℃左右,然后在0 ℃左右贮藏。此种方法不能使肉中的水分冻结(肉的冰点为－1.2～－0.8 ℃)。由于这种温度下仍有一些嗜低温细菌可以生长,因此,贮藏期较短,一般猪肉可以贮藏1周左右。经冷却处理后,肉的颜色、风味、柔软度都变好,这也是肉的"成熟"过程。

冷却肉这种先进的加工工艺,使肉得以充分地解僵成熟,在成熟过程中将机体内富集的乳酸分解成二氧化碳和水,同时细胞内的大分子三磷酸腺苷在酶的作用下分解为鲜味物质肌苷酸钠(IMP),因而使肉变得柔软和细嫩,烹调后气味芳香,味道鲜美,柔软多汁,从而最大程度地保持了肉的营养。

肉在冷却到0 ℃左右进行贮藏,能有效地抑制微生物的生长和繁殖。冷却肉的加工在全封闭的低温无菌车间进行,同时"冷藏工艺"贯穿整个生产、加工、贮藏、运输、配送和销售环节,从而确保了肉原料的卫生状况。

另外,生肉冷却过程中在相对湿度达到85%的环境中,很快会在表面形成一层水分含量低的干燥层,可有效防止细菌的繁殖及水分的散发。

2.冷却肉的加工方法

冷却肉的加工是发达国家针对畜类的屠宰提出的强制性的加工方法,它通过严格的质量控制(如卫生整修技术、大肠杆菌检验管理、HACCP的实施以及同步检疫),确保了肉的安全、营养、卫生,可使加工前原料的微生物污染处于较低水平,而质量品质达到较高水准。19世纪末此技术引入我国。

肉的冷却方法实际操作中各不相同,但都遵循着同一原则,即通过合理降温来抑制或消灭微生物,降低酶的生物活性,延缓肉内部的物理化学和生物化学变化,以达到延长保鲜期的目的。

以猪肉冷却肉为例:猪只在屠宰线下来后,通过速冷隧道,使猪胴体进入－2 ℃的冷却间,胴体进库后库温维持在0 ℃左右,胴体间的距离为3～5 cm,还需采用一定的冷风机吹风保持库内干燥,防止霉菌滋长,通常冷却时间为1 d。胴体肉的温度在达到3～4 ℃分割效果最好。此时已完成了排酸冷却过程,此时的肉就可称为冷却肉了,如果立即加工可以得到品质很好的肉制品。

(二)肉的冷冻贮藏

1.冷冻肉的方法

冷冻保存被认为是保存肉品的最好方法。由于冷冻保存的温度较低,微生物的生长和肉品自身的化学变化受到抑制,肉的品质和感官特性变化较小。只有少部分水溶性营养素在解冻滴水中流失,冻结并不破坏肉中的营养成分,且具有一定的稳定市场价格的作用,因此得到广泛的应用。肉的冷冻方法很多,这里只介绍常用的两种。

(1)冷冻分割肉　一般是经过冷却后分割,再进入－33 ℃的快速冷冻库中(进速冻库前还需适当地再冷却),24 h后移入－20 ℃以下的冷冻库。保质期可达12个月。

(2)冷冻白条肉 一般是经过 4 h 晾肉，使肉内的余热略有散发，并沥去表面水分，再将肉放进冻结间，吊挂在−23 ℃下冻结 24 h 即成。保质期也可达 12 个月。

2. 冻肉出现的变化

(1)汁液流失 由于肉在冻结时，肌肉组织内的水体积约增大 9%左右，因此当肉被冻结以后，在肉中形成的冰结晶必然要对组织产生一定的机械压力。如系快速冻结，由于生成的冰结晶较小，相对地由此所产生的单位面积压力不大，并且由于肌肉具有一定的弹性，因此尚不致引起肌肉组织破坏。但如系缓慢冻结，所形成的冰结晶体积大，且分布不均匀，因而由冰结晶所产生的单位面积上的压力很大，引起组织结构的损伤和破坏，同时，压迫纤维使之集结，这种由于冰结晶所引起的组织破坏是机械性的，因而是不可逆的。所以在解冻时会造成大量的肉汁流失，快速冻结好于慢速冻结。

(2)盐析作用 由于肉类在冻结过程中，先发生冻结的是纯水，然后是稀溶液，因此当大部分水转变成为冰后，残存在未冻结部分的溶质浓度逐渐增高，因而使一部分蛋白质自溶液中析出。

(3)水的冻结 在冻结过程中，自由水先发生冻结，随着温度的继续下降，冻结的水量亦逐渐增加，当冻结水量超过一定范围时，结合水就开始冻结，并使结合水与蛋白质相离析，这些蛋白质易于凝集沉淀，成为脱水型蛋白质，这种变化是不可逆的。

(三)贮藏中出现的异常现象及其处理方法

1. 发黏

发黏现象多见于冷却肉，其产生原因是由于肉的表面有大量毛霉菌等霉菌、枯草菌等细菌及酵母等微生物生长，可认为已进入初期腐败了。如较早发现，可用流动水洗净，立即加工或经修割后洗净加工。

2. 干缩

冷冻肉中还有一种常见的现象是干缩。干缩现象使肉质变为海绵状体，带来肉质和脂肪的严重氧化，这是因为在冻结冷藏时干缩与冰的升华相似，在这个过程中，没有水分的移动，因此，冻结肉表层水分蒸发后就会形成一层脱水的海绵状层。

3. 异味

异味是腐败以外污染的气味，如脏器味等，如果异味较轻，修割后经煮沸试验无异味者，可用于加工。

4. 肉哈味

肉哈味多见于冷冻肉，表层呈黄色，且常随干缩之后发生，主要是由于脂肪在空气、高温、光照、微生物等作用下，发生水解、氧化而成。

5. 干枯

冻肉存放过久，特别是多次反复解冻，肉中水分丧失，干缩严重形如木渣，营养价值低，不宜做肉制品原料。

6. 发光

在冷库中常见肉上有磷光，这是由一些发光杆菌引起的。肉上有发光现象时一般没有腐败菌生长，一旦有腐败菌生长磷光便消失，这种肉可以食用。

7. 深层腐败

深层腐败常见于股骨部肌肉，大多数是由厌氧芽孢菌引起的，有时也发现其他细菌，一般认为这些细菌是由肠道侵入的或放血时污染的，随血液转移至骨骼附近。由于骨膜结构疏松，为细菌特别是厌氧菌的繁殖扩散提供了条件。加上腿部肌肉丰厚，散热较慢，而使细菌得以繁殖形成腐败。为减少这种现象必须注意屠宰后要进行迅速冷却，然后才能进行冷冻。

（四）冷藏设备

冷藏设备主要有冷藏柜和冷库，冷藏柜主要用于小批量原料贮存，适合实训室、饭店等场所，而肉制品厂多采用冷库贮藏原料肉（图 3-1，图 3-2）。

图 3-1 冷柜

图 3-2 冷库

冷库是用于食品冷冻和冷藏，并保持一定低温的特殊建筑物，地坪、墙壁和屋顶都敷设有一定厚度的防潮气层和隔热层，以减少外界热量的传入，同时，为了减少吸收太阳的辐射热，冷库的外墙表面一般都涂成白色或浅色。

冷库使用注意事项：

1. 冷库门要封闭严密

①对冷库门进行有效地维护，定期检查密封条性能，保持冷库门的严密性。②尽量减少开门次数和开门时间，做到进、出随手关门。③在房门内侧加挂棉门帘或 PVC 软门帘。④在库门外侧设高效空气幕，并保证安装正确，运转正常。

2. 库房照明控制

库房照明应按前、中、后分组控制，工作人员进库后应尽量减少开灯数量和时间，并做到人走灯灭。

3. 尽量减少进库人员数量和在库时间

工作人员在库内会不断地释放热量，使热负荷增加，因此，应尽量减少库内操作人员及操作时间，能不在库内操作的尽量不在库内操作。

4. 合理减少或增加轴流风机开启台数和时间

库内冷风机上的轴流风机运转，会产生热量，从节能的角度来考虑，应尽量减少开机时间和开机台数，在实际贮藏中既经济又保证产品质量的操作方法是：刚入库时为保证快速降温，轴流风机全部开启，库温稳定后减少开启台数。

5. 合理堆码，提高库房利用率

库房利用率高低直接影响冷库的经济效益，利用率低，相对单位重量货物耗冷量增加，并且干耗增大，成本提高，所以应采用坚固包装、货架等，尽量码高，提高库房利用率。

6. 库内货位堆垛要求

距冻结物冷藏间顶棚 0.2 m，距冷却物冷藏间顶棚 0.3 m，距顶排管下侧 0.3 m，距顶排管横侧 0.2 m，距无排管的墙 0.2 m，距墙排管外侧 0.4 m，距冷风机周围 1.5 m，距风道底面 0.2 m。

7. 库房要留有合理的通道

库房通道要便于库内操作、车辆通过、设备检修，保证安全。

二、缓化

(一)缓化的目的和影响因素

缓化又称解冻，是原料肉冻结的逆过程，在缓化间内将冷冻肉通过热交换转变成非冻结状态的肉的过程。

食品缓化目的是使食品温度回升到必要的范围，并保证最完善地恢复其原有的性质，肉的缓化也就是冻肉中的冰晶融化再吸收热的过程。

缓化过程中，由于食品温度的回升使物理化学和生物化学反应的速度加快，同时汁液的渗出又创造了微生物活动的有利环境，因此缓化的操作必须谨慎仔细，缓化后应立即加工，以免引起不必要的损失。

缓化影响因素较多，主要有缓化方法、缓化间风速、缓化间温度、缓化间卫生、缓化间湿度、缓化时间等。缓化间风速越大、缓化间温度越高、缓化间湿度越低，缓化越快，时间越短。但是风速越大、湿度越低，缓化原料干耗越大；温度越高，缓化时间越长，微生物繁殖越快，对原材料缓化质量影响较大。所以对缓化影响因素要严格控制。

缓化原则：①尽可能恢复新鲜肉的状态；②尽可能减少汁液流失；③尽可能减少污染；④适合于工厂化生产(时间短、解冻量大)。

(二)缓化的方法

缓化方法有空气缓化法、低温微风缓化法、水缓化法、真空缓化法和微波缓化法。后两种方法目前还没有普及用于工厂化生产。

1. 空气缓化法(自然解冻法)

将肉悬挂在肉架上，在缓化间内通过自然空气来提高肉温，达到解冻目的。此法优点是肉汁流失少，有利于保持肉的质量；缺点是解冻时间长、占地多、色泽差、受气候影响大。

2. 低温微风缓化法

是将 1～1.5 m/s 的低风速加湿空气送入 0～5 ℃的缓化间，相对湿度 80%～90%，使冻结肉在 14～24 h 中尽可能均匀地解冻。可以使冻结肉表面和中心温度长时间保持在 −1～5 ℃，内外部的温度差极小，18～19 h 可达到半解冻状态，这也是加工中适宜的温度。这种解冻方法，可以控制解冻时间，解冻后，在环境条件不变的情况下，可较长时间保持肉的质量。

3. 水缓化法

水缓化法是我们常用的解冻方法。因为水比空气传热性好，所以解冻时间短。

水缓化法分为静水缓化和动水缓化。

水缓化标准和要求：①水质要符合卫生标准；②缓化池要定期消毒、清刷；③有塑料膜包装的原料肉不要去掉内包装；④根据季节、水温，灵活掌握缓化时间；⑤缓化至中心温度为－2～0 ℃即可（即肉块中心为似冻非冻状态）；⑥缓化池内不要一次码肉太多、过挤或露出水面。

水缓化的优点：设备简单，解冻快，成本低。

缺点：肉中可溶性物质有所流失，而且容易被细菌污染，肉的色泽和质量有一定影响。

（三）缓化注意事项

①缓化后的原料中心肉温度为 0 ℃；②码放的肉不能过多；③要注意用具的卫生，每日使用完毕要彻底洗刷消毒；④环境温度不能过高；⑤缓化完的肉要立即加工，不得来回重复冻结与解冻；⑥防止交叉污染，严格控制原料缓化过程中缓化血水的收纳。

（四）缓化设备（图 3-3，图 3-4）

图 3-3 低温微风缓化间

图 3-4 微波隧道缓化设备

三、分切

分切细分为分割和切碎两道工序，在分切间内进行操作。

（一）分割

分割指操作工人在分割间内，在分割操作台上用分割刀处理原料肉的技术。原料肉通过分割技术剔除碎骨、血管、淋巴、污血肉块等杂物，按照产品工艺标准手工切成符合要求的大小和形状的肉块。

分割注意事项：①分割刀一定要锋利，根据分割数量不定期磨刀；②分割操作过程中注意用刀安全，刀工要熟练；③分割操作台选用尼龙或塑料做台面；④沿着原料肉纤维方向从筋膜处下刀分割；⑤分割过程中防止肉块或肉末掉落地面。

（二）切碎

切碎指通过机械将鲜肉、冻肉或脂肪切割成符合要求的大小和形状，便于再进一步深加工。切碎设备包括冻肉切块机、切丁机、切片机。

1. 冻肉切块机性能

(1)整机采用 304 不锈钢材质。

(2)每块 2.5～25 kg、−18～−4 ℃的冻肉,可直接切成块状或片状。

(3)使用该机可避免在缓化过程造成污染和营养成分流失,既保证肉的鲜度,又可省去加冰制冷工序,降低用户的制冷费用。

(4)设有自动保护装置。

(5)具有原料肉操作平台,方便省力。滑道外置,不会出现污染原料的情况。

(6)采用整体焊接结构,防震、噪声低、机器稳定、性能佳。

2. 切丁机性能

(1)整机采用 304 全不锈钢材质,由刀具、步进推进系统等构成。

(2)采用 PLC 程序控制设计,可调整刀速和自动预压缩系统保证肉块 6 个面的精确性。

(3)鲜肉无需提前冷冻,保证产品高质量,可满足多种状态原料肉的切割均匀。

(4)在切割前最大程度压缩产品,切割速度为 50～120 次/min。

(5)压缩性机器结构节省了空间,机器部件可轻松拆除,便于清洁机器缝隙中的残渣。

(6)步进或产品的传送和切刀同步,行走系统和切刀转速可以无级调速。

3. 切片机性能

(1)可对生肉类、火腿、香肠、培根等产品切片,切片速度 50～250 次/min。

(2)推进器采用自动返回定位,推进采用滚珠丝杠传动,使切片的厚度更准确,耐用。

(3)操作面板由 PLC 和电脑显示屏组成,操作方便且自动化程度高。

(4)切割最大截面(mm^2):230×360,切割厚度(mm):2～30,进料长度(mm):600。

(三)分切设备(图 3-5、图 3-6、图 3-7)

图 3-5　冻肉切块机

图 3-6　切丁机

图 3-7　切片机

四、配料

肉制品生产配料是配料人员以产品配方为依据,按照生产计划,采用称量器具配制原辅材料的过程。

原料配制主要指原料肉和生产用水的配制,通常由投料工人在生产车间内完成。

辅料配制主要指除原料外,产品配方中规定的辅助材料,由配料员在配料室内称量完成。配料顺序:一配盐、二配磷酸盐,再配其他辅料。

配料员素质要求：

(1)养成诚信品质，树立职业道德，严守企业秘密；

(2)严格遵守食品安全规章制度，对特殊有毒添加剂应慎之又慎；

(3)一丝不苟的工作态度，锱铢必较，尤其微量添加剂称量要特别注意；

(4)熟练操作电子秤、天平等称量器具，锻炼称重手感，熟能生巧，提高配料速度；

(5)了解肉制品各种辅料性能特点，具有氧化性的添加剂隔绝金属器皿接触。

五、腌制

自古以来，腌制就是肉的一种防腐贮藏方法，公元前 3 000 多年，人们就开始用食盐保藏肉类和鱼类，至今肉类腌制仍普遍使用，但今天的腌制目的已从单纯的防腐保藏，发展到主要为了改善风味和颜色，以提高肉的品质。

用食盐或以食盐为主，并添加硝酸钠(或硝酸钾)、蔗糖和香辛料等腌制材料处理原料肉的过程为腌制。肉的腌制过程实质是渗透过程，通过腌制使食盐或食糖渗入肉品组织中，降低它们的水分活度，提高它们的渗透压，借以有选择地控制微生物的活动，抑制腐败菌的生长，从而防止肉品腐败变质。

(一)腌制方法

腌制方法可分为干腌法、湿腌法、混合腌制法 3 种。

1. 干腌法

干腌法是将食盐或混合盐，涂擦在肉表面，然后层堆在腌制架上或层装在腌制容器内，依靠外渗汁液形成盐液进行腌制的方法。在食盐的渗透压和吸湿性的作用下，使肉的组织液渗出水分并溶解于其中，形成食盐溶液，但盐水形成缓慢，盐分向肉内部渗透较慢，腌制时间较长，因而这是一种缓慢的腌制方法。但腌制品有独特的风味和质地。干腌方法的优点是简单易行，耐贮藏。缺点是咸度不均匀，时间较长。

2. 湿腌法

湿腌法将肉浸泡在预先配制好的食盐溶液中，通过扩散和水分转移，让腌制剂渗入肉内部，并获得比较均匀的分布，常用于腌制分割肉、肋部肉等。湿腌时盐的浓度很高，肉类腌制时，首先是食盐向肉内渗入而水分则向外扩散，扩散速度决定于盐液的温度和浓度。高浓度热盐液的扩散率大于低浓度冷盐液。硝酸盐也向肉内扩散，但速度比食盐要慢。瘦肉中可溶性物质则逐渐向盐液中扩散，这些物质包括可溶性蛋白质和各种无机盐类。为减少营养物质及风味的损失，一般采用老卤腌制，腌制肉的蛋白质和其他物质损耗量要比用新盐液时的损耗少得多。湿腌的缺点就是其制品的色泽和风味不及干腌制品，腌制时间长，蛋白质流失(0.8%～0.9%)，含水分多不易保藏。

3. 混合腌制

混合腌制将干腌法和湿腌法相互结合的一种腌制方法。肉类腌制时可先行干腌而后入容器内用盐水腌制。干腌和湿腌相结合可以避免湿腌法因食品水分外渗而降低腌制液浓度，同时腌制时不像干腌那样促进食品表面发生脱水现象，另外，内部发酵或腐败也能被有效阻止。

(二)腌制操作

腌制操作分为红肉腌制和肥膘腌制,红肉腌制和肥膘腌制单独进行操作。

红肉腌制指利用食盐、发色剂浸渍哺乳动物瘦肉部分,提高肉的黏结性,发色,产生特有的腌制风味的过程。肥膘腌制是利用食盐浸渍猪肥膘,降低水分含量,提高硬脂酸甘油酯含量的过程。

腌肉配方如表 3-1 所示。

表 3-1　腌肉配方

腌肉配方			
名称	数量/kg	名称	数量/kg
红肉	100	食盐	2.2
		亚硝酸钠	0.008
		异维生素 C 钠(异抗坏血酸钠)	0.05
		饮用水	0.5
肥膘	100	食盐	2.2

具体操作:

红肉腌制时,先将亚硝酸钠用 0.5 kg 饮用水溶解,然后与盐、异维生素 C 钠混合均匀,将预先分割好的菱形红肉块倒入拌馅机混料斗中,加入混合均匀的腌制盐,启动拌馅机搅拌按钮,搅拌 1 min 左右拌匀后,卸料入腌制容器内,容器口做隔绝空气处理。腌制温度控制在 6～8 ℃腌制 36 h。

肥膘腌制时,采用擦盐码垛腌制,用食盐涂擦在肥膘表面,然后放在腌制容器内,容器口做隔绝空气处理。温度控制在 6～8 ℃,腌制 72 h。

红肉、肥膘腌制成熟标准:切开红肉、肥膘肉块观察横断面,横断面腌制色泽均匀一致;脂肪无腐败气味、异味,手按紧实无松软感;猪肉、牛肉色泽为鲜艳的玫瑰红色,全部变红或 80% 以上变红,气味正常,无氨臭及硫化氢气味(反硝味),黏着力充足,富有弹性。

特别提示:如果原料肉腌制成熟后不能立即生产加工,采用冷冻处理后冷库存放。

(三)腌制注意事项

(1)腌制间干净卫生,空气中的相对湿度 90%左右,温度 6～8 ℃。

(2)腌制间墙壁要保温,防止外界温度的影响。

(3)腌制间内要有冷暖上水、排水等设备,以便随时调节室温和卫生处理。

(4)腌制容器内尽量排除空气,隔氧避光。

(5)盐腌容器选用非金属材质,提倡使用搪瓷或食品级塑料材质。

(6)腌制肉块重量要大致相同。

(7)严格控制腌制时间,当腌制肉块横切面颜色均匀一致时结束腌制。

(四)影响腌肉制品色泽的因素

1. 亚硝酸盐的使用量

肉制品的色泽与亚硝酸盐的使用量有关,用量不足时,颜色淡而不均,在空气中氧气的作用下会迅速变色,造成贮藏后色泽的恶劣变化。用量过大时,过量的亚硝酸根的存在又能使血红素物质中的卟啉环硝基化,生成绿色的衍生物。

2. 肉的 pH

肉的 pH 对亚硝酸盐的发色作用也有一定的影响。亚硝酸钠只有在酸性介质中才能还原成 NO,一般发色的最适宜的 pH 范围为 5.6~6.0。

3. 温度

腌制温度影响发色效果,温度高发色快,但微生物易大量繁殖,所以理想的腌制温度为 6~8 ℃。

4. 其他因素

例如添加抗坏血酸(维生素 C),在腌制时可起助呈色作用,在贮藏时可起护色作用;蔗糖和葡萄糖由于其还原作用,可影响肉色强度和稳定性;烟酸、烟酰胺也可形成比较稳定的红色。另外,有些香辛料如丁香对亚硝酸盐还有消色作用。

(五)腌肉制品的风味

腌肉产品加热后产生的风味和未经腌制的肉的风味不同,这主要是由于使用腌制成分和经过一定时间的成熟作用形成的。腌肉中形成的风味物质主要为羰基化合物、挥发性脂肪酸、游离氨基酸、含硫化合物等物质,当腌肉加热时就会释放出来,形成特有风味,腌肉制品在成熟过程中由于蛋白质水解,会使游离氨基酸含量增加。许多试验证明游离氨基酸是肉中风味的前体物质,并证明腌肉成熟过程中游离氨基酸的含量不断增加,这是由肌肉中自身所存在的组织蛋白酶的作用。

腌制品风味的产生也是腌肉的成熟过程,从而使腌制品形成特有的色泽、风味和质地。在一定时间内,腌制品经历的成熟时间愈长,质量愈佳。例如金华火腿就要经过一定时间发酵成熟后才会出现浓郁的芳香味。腌肉制品的成熟过程不仅是蛋白质和脂肪分解而形成特有的风味过程,而且在成熟过程中仍然在肉内进一步进行着腌制剂如食盐、硝酸盐、亚硝酸盐、异构抗坏血酸盐以及糖分等均匀扩散过程,并和肉内成分进一步进行着反应的过程。

许多研究已证明,硝酸盐和亚硝酸盐对腌肉风味有极大的影响,如果没有它们,那么腌制品仅带咸味而已。它们的还原性还有助于肉处于还原状态,并导致相应的化学和生物化学变化,防止脂肪氧化。

有人认为长期腌制过程中形成的挥发性醛类也是腌肉风味源之一。现认为腌肉的特殊风味是含有组氨酸、谷氨酸、丙氨酸、丝氨酸、蛋氨酸等氨基酸的浸出液,脂肪、糖和其他挥发性羧基化合物等少量挥发性物质,以及在一些微生物作用下糖类的分解物等组合而成。腌制品的成熟过程和温度、盐分以及腌制品成分有很大关系。温度愈高,腌制品成熟的也愈快。成熟过程中的化学和生物化学变化,主要是微生物和肌肉组织内本身酶的活动所引起。腌制过程中肌肉内一些可溶性物质外渗到盐水组织中,如肌球蛋白、肌动球蛋白、肌浆蛋白等都会外渗到盐水中去,它们的分解产物就会成为腌制品风味的来源。例如南京板鸭用老卤腌制就是一例。

六、绞肉

绞肉系指用大块的原料肉通过绞肉机挤压、研磨、切割作用破碎为细小的颗粒状态的过程。分割完成的肉块再经过绞肉机绞出来可消除原料肉种类不同、软硬不同、肌纤维粗细不同等缺陷，使香肠原料均匀，是保证其制品质量的重要措施。绞肉机分冻肉绞肉机和鲜肉绞肉机两种，主要是绞肉螺杆不同，有的绞肉机具有剔出筋腱功能。

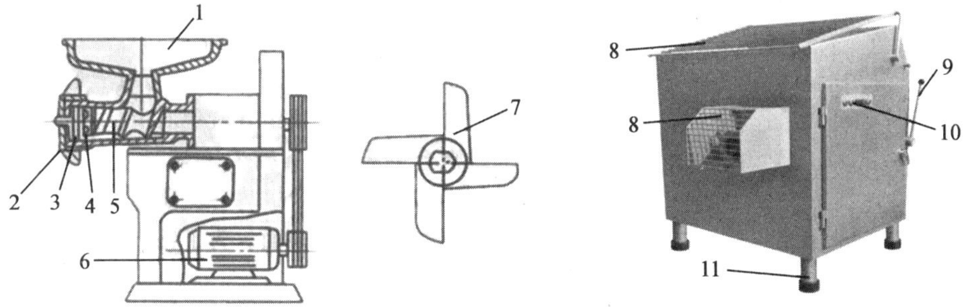

图 3-8　绞肉机结构

1. 料斗　2. 紧固螺帽　3. 孔板　4. 铰刀　5. 送料螺旋　6. 电动机　7. 铰刀　8. 安全护栏　9. 膝碰开关　10. 按钮开关　11. 地脚螺丝

(一)绞肉机结构(图 3-8)

绞肉机由送肉部分和肉的切断部分组成。绞肉机工作时，主要靠旋转的送料螺旋将料斗中的原料肉推挤到铰刀与孔板交接处，利用转动的铰刀刃和孔眼刃形成的剪切作用，将肉切碎，并在螺杆挤压力的作用下，将肉粒不断排出孔板外。绞肉机的绞肉形式分为一段式和三段式。一段式系指在紧固螺帽和送料螺旋之间装一把铰刀和和一个孔板。三段式系指在紧固螺帽和送料螺旋之间装 2 把铰刀和和 3 个孔板，构成一个铰刀组。根据筛孔的大小选择绞肉形式，一般细孔孔板需要用三段式的绞肉方式。原料肉绞碎的程度取决于孔板出料网眼的直径，网眼直径越小，绞肉颗粒越细。绞肉机常用孔板的选择，先确定孔板的外圆直径，型号一般是按照出料的粗细来划分，主要包括 φ3 mm、φ5 mm、φ6 mm、φ8 mm、φ10 mm、φ12 mm、φ16 mm、φ25 mm 等。

(二)绞肉机操作及注意事项

1. 原料要求

在用绞肉机绞碎之前，要先将原料肉和脂肪切碎，再分别将肉和脂肪冷却到 3～5℃，绞肉效果最佳。绞肉时每次的投料量要适宜，需特别注意脂肪绞制同瘦肉绞制相比，绞肉机负荷更大，绞肉机一旦绞不动，脂肪就会融化，变成油脂。

2. 冲洗

每次使用绞肉机前，先用热水冲洗，再用冷水冲洗降温至 6℃以下。通常情况下绞肉机在上次用完后都是及时清洗过的，使用前的冲洗，主要是冲掉机器内外的浮尘等。另一个好处是，使用前的冲洗会使绞肉比较变得轻松流畅，也会利于工作结束后的清洗。

3. 绞肉机的调整与安装

先插入螺杆，装上绞肉刀和金属孔板，紧固螺帽松紧适宜。

(1)在插入螺杆时,要使电机输出轴端和螺杆正确连接。

(2)在安装刀片时,注意不要把刀片装反,刀的刃口要朝向孔板。

(3)安装孔板时,注意要使孔板圆周上的定位半圆孔和机座上的定位销对齐。

(4)固定帽紧固时,刀片固定的松紧程度直接影响刀刃部和孔板的吻合程度,固定过紧,会妨碍刀具的旋转,同时还会使刀刃部和孔板产生摩擦升温。固定过松,在刀刃部和孔板之间就会产生缝隙,筋膜和结缔组织就会缠在刀上,从而影响肉的绞碎。绞肉机不允许空转。

(5)三段式绞肉机孔板与铰刀安装顺序为孔板—铰刀—孔板—铰刀—孔板,孔板由里向外安装,孔眼由大到小,注意铰刀方向不能装反,否则不能绞肉(图 3-9)。

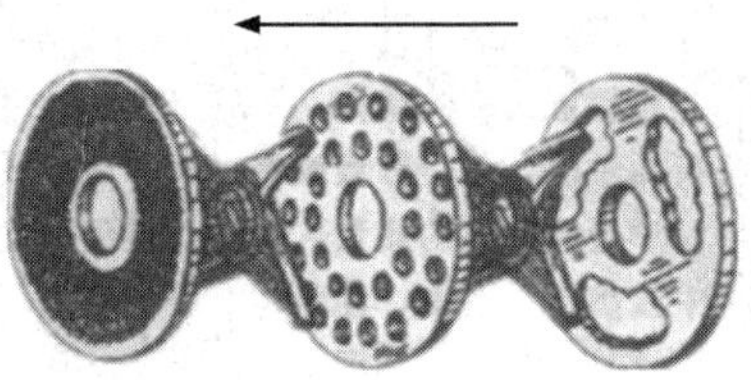

图 3-9 三段绞肉机孔板与铰刀安装顺序

4. 绞肉方法

组装调整结束后,就可以开始绞肉了。注意不要使肉的温度上升。因此应特别注意在绞肉之前将肉适当地切碎块,肉温应不高于 7℃,如果是冻肉,先使用冻肉切割机将其切成小块。肉适当切成碎块,可以促使肉较快地从孔板孔中流出。

5. 清洗

每天绞肉结束后,可进行葱、姜、蒜绞制,顶出绞肉机内残存肉粒,送入冷冻库保存,下次生产使用。然后切断电源,将绞肉机绞肉部件拆卸下来,用温水将绞肉机及零部件清洗干净,再用自来水冲洗两遍,零部件盛装在露眼食品箱中,放到阴凉通风的地方控干水分。

6. 绞肉机操作注意事项

(1)使用小孔径筛板绞制大块肉、刀刃不锋利、超量填肉等对机械施加过大负荷的做法,都会导致绞制过程中肉温升高,肉馅保水力下降,都不利于最终产品的质量,要予以避免。

(2)绞肉机铰刀有筋膜缠绕情况,孔板面上有筋膜堵塞情况,需要中断绞肉,卸下孔板,清除堵塞的筋膜,调整刀刃部和孔板的吻合度。

(3)向料斗中投肉的过程中,注意一定要使用填料棒,严禁用手,否则可能出现绞掉手指甚至手臂的严重事故。目前国外先进的绞肉机,大都有自动填料装置。

(4)绞肉机长期使用,会由于磨损,使刀刃部和金属孔板的吻合度变差,因而绞肉机的绞肉部件要定期研磨。研磨时,不仅要磨刀刃,同时还要磨金属孔板的表面。

七、斩拌

斩拌是通过斩拌机的运转将物料斩碎、拌匀,使原料肉释放出更多的肉蛋白,以达到最佳的黏结性,形成均一稳定的乳状物的过程。原料肉斩拌的好坏,直接决定制品质量,斩拌是生产肉糜类产品必备的工序,斩拌对肉糜类产品质量有非常重要的影响。斩拌机有半封闭斩拌机和全封闭斩拌机两种。

斩拌目的：

(1)肌肉蛋白质的活化作用，增加肉馅的保水性和出品率，减少油腻感，提高嫩度。

(2)提高馅料乳化效果，使瘦肉和肥肉充分结合，提高制品的弹性，烘烤时不易出油。

(3)破坏结缔组织薄膜，使肌肉中蛋白质分子膨胀，使原料肉馅产生黏着性和持水性提高。

(一)斩拌机结构(图 3-10)

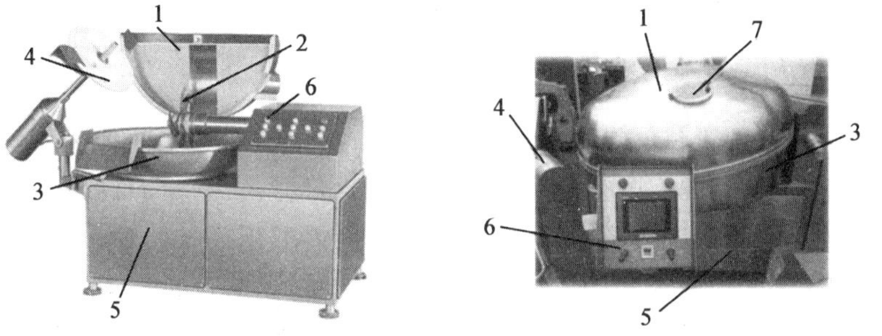

图 3-10　斩拌机结构图

1. 机盖　2. 斩拌刀　3. 转锅　4. 卸料器　5. 动力系统　6. 控制器　7. 投料口

1. 机盖

由不锈钢材质制成，主要作用有隔音降噪、防止物料飞溅、安全防护。

2. 斩拌刀

(1)斩拌刀由九铬硅材质制成。

(2)斩拌刀刀片必须被固定在同一个轴上。

(3)刀头应经过平衡(动、静)，保证高速转动而不产生振动。

(4)切刀垂直置于转盘槽的横截面中心，在刀轴带动下高速旋转，刀轴转速为 1 000～4 000 r/min，一般为 3 000 r/min。

(5)为保证安全有防护罩。

(6)对于多把刀片的刀组，刀片数量分 3 片、6 片、9 片不等，各刀片长短不一样，内外刀片不能装错。

3. 盛料转锅

(1)材质由不锈钢构成，有防溢锅沿。

(2)形状如中间凸起的碗，物料盛装在转锅中。

(3)转锅转速介于 7～16 r/min，分为单速、双速、三速 3 种类型。

(4)转锅容积有 10 L、40 L、80 L、125 L 及 250 L 等型号。

(5)转锅工作机理为转盘的中心凸起部位与转盘四周正好构成了斩拌刀的运动空间，斩拌刀的“动”和斩肉盘相对的“静”，形成了剪切力。

4. 卸料器

由驱动电机、挡板、出料转盘、出料槽构成，当斩拌结束后，借助卸料器将馅料从斩肉盘中取出，极大地节约了人力。

5. 动力系统

由两台调速电机组成，一台电机控制斩拌刀的转速，一台电机控制转锅的转速。

6. 控制器

利用按钮盒或悬挂式操纵盒控制，有的装有温度表和电子转锅转数器。

(二)斩拌原理

整个肌肉细胞被包在一层结缔组织膜(即细胞壁)之中，这层膜完整，肌动蛋白和肌球蛋白只能保持组织内部的水分，不能保持外来水分，因此，在斩切的过程中必须把细胞壁打开，使细胞质能游离出来，结构蛋白质释放，吸收水分，并通过吸水膨胀后形成网状的蛋白质胶体。这种蛋白质胶体还能吸收脂肪粒，并且在加热时，能防止脂肪粒之间的结合，为稳定的结构提供了保障。

因此，在加水和冰以前进行必要的干斩切是非常有效的。在较干的情况下肌肉纤维的斩切较容易，斩拌效果较好。如果能将所有的细胞斩开，再把游离出来的结构细胞再斩碎，那么效果将更好，但斩拌是会引起肉温的急速升高，因此干斩是有限度的，只有对冰冻肉才可以在加水前进行强力斩拌。一般肉馅含 20%～35%的脂肪可以在通过斩拌形成的蛋白质网络中构成稳定的蛋白质、水、脂肪混合物，脂肪含量太高时，所需要的蛋白质网络要更强，这种稳定的混合物就难以形成。所以做产品时必须充分考虑蛋白质、水和脂肪的合理含量比。

(三)斩拌操作方法

将瘦肉放入斩拌机内，注意肉不要集中于一处，要全面铺开，然后启动斩拌机。继而加入食盐、磷酸盐和发色剂及冰水。冰水添加时应分批次陆续投入，不能一次性全部投入，原因是避免肉失去黏性，变成分散的细粒子状，延长斩拌时间，馅料温度升高，影响斩拌效果。添加冰屑还有一个作用，就是保持操作中的低温状态。斩至馅料无肉眼可见颗粒时添加脂肪，在添加脂肪时，尽量使脂肪均匀分布。脂肪需提前绞细，若大块添加，则很难混合均匀，时间花费也较多，在这期间，肉的温度会上升，可部分加入剩余的冰控制馅料温度升高。肉和脂肪斩拌均匀后，添加香辛料和其他辅助材料。所有馅料低速斩拌均匀，出料，馅料温度应控制在 10℃以下。

(四)影响斩拌效果因素

(1)刀片转速　转速应控制在 3 000～4 000 r/min，转速过低达不到乳化目的；转速过高，易造成馅料升温，导致破乳。

(2)刀片的锋利程度　刀片不够锋利，会延长斩拌时间，导致馅料升温。

(3)刀片与斩盘之间的距离大小　距离应控制在 0.3～1 mm，过大影响斩拌效果，过小易造成安全隐患。

(4)装料多少　装料量应控制在斩拌锅容积的 60%～80%。

(5)原辅料质量及配比　必须符合产品质量要求及配方标准。

(6)斩拌温度　应尽可能保持低温(最适温度为 4～8 ℃，利于盐溶性蛋白溶出)。

(7)斩拌时间　以达到最佳乳化效果时间为准(过长、过短都会影响乳化效果)。

八、搅拌

搅拌是肉制品混料使用最广泛的技术，通过拌馅机完成。在火腿或香肠制作时，通过搅拌可以让肉粒之间产生磨擦，通过盐水作用提取精瘦肉中的蛋白质，使原辅材料混合均匀，形成富有弹性的混合物。拌馅机无切碎功能，还可用于腌制剂、料水等的混和，可以弥补绞肉机和斩拌机的不足。

(一)拌馅机结构(图 3-11)

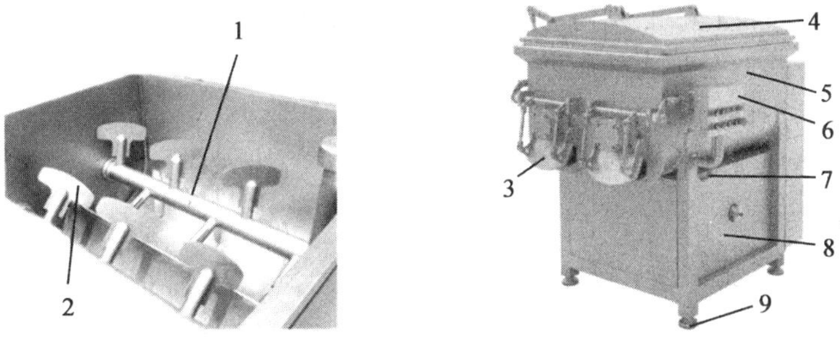

图 3-11　拌馅机结构图

1.搅拌轴　2.搅拌桨叶　3.卸料开关　4.真空盖　5.搅拌箱　6.控制器　7.真空管　8.动力系统　9.地脚螺栓

(1)搅拌机整机采用优质食品级 304 不锈钢材料制作,符合食品卫生要求,结构紧凑,坚固耐用,可采用水流直接冲洗,易于清洗、保养。

(2)可设定真空度,真空效果好,无气泡,可使物料在真空状态下,馅料搅拌均匀,充分膨胀,弹性好,色泽鲜艳并较大限度地提高蛋白质。

(3)设计合理、操作灵活简便。采用电脑编程自动化控制,可贮存配方,设定搅拌总时间、间歇时间及搅拌程序。

(4)采用减速机链条传动/减速机直连传动,机器运动平稳可靠、噪声低,适合各种工艺要求。

(二)拌馅机的原理及分类

拌馅机主要结构是在底部近似圆形的搅拌箱中、下部装有两根平行的搅拌轴,搅拌轴上固定有桨状叶片。通过搅拌轴顺时针、逆时针运动,即相同方向、相反方向的运动,使得肉馅被桨叶分散、混合,直至非常均匀。

根据拌馅机是否带抽真空功能,可以把拌馅机分为非真空拌馅机和真空拌馅机两种,真空拌馅机可以提高肉馅的密度,改善组织状态。根据拌馅机叶片形状不同,可分为桨状叶片拌馅机和带状叶片拌馅机等。

(三)操作要领

一般先投入精瘦肉,精瘦肉均匀散布在拌馅机混料槽底部,接着添加食盐、磷酸盐、调味料和香辛料等混匀辅料,添加时要分散到精瘦肉的中央部位,靠叶片从里侧向外侧的旋转作用,使肉馅与辅料分布均匀。脂肪与淀粉应在拌馅后期添加,脂肪的添加最好放到淀粉浆添加之前或同时添加。搅拌时间依据搅拌机的旋转速度和容量、原料肉颗粒大小、原辅材料性能和添加量等不尽相同。一般来说,搅拌 5～10 min 是比较适当的,经搅拌均匀,肉馅产生强有力的结着性后,将馅料卸入料斗车中。

(四)影响拌馅质量因素

(1)搅拌轴转速　转速应控制在 40～50 r/min,转速过低,肉颗粒中盐溶性蛋白质提取不充分,同时搅拌时间过长,会导致微生物滋生繁殖;转速过高,会因过度摩擦产生温度上升,导致产品质量下降。

(2)装料多少　装料量应控制在斩拌锅容积的60%～80%。

(3)原辅料质量及配比　必须符合产品质量要求及配方标准。

(4)水分添加方式　分批次陆续添加。

(5)拌馅时间　应以达到馅料最佳黏稠度为准。

(6)拌馅温度　理想温度应控制在6～8 ℃。

(五)拌馅机清洗

拌馅操作前向搅拌箱中倒入热水没过搅拌桨,启动搅拌程序进行烫洗,然后放掉热水,用冷水冲洗拌馅机两遍。拌馅操作结束及时清洗拌馅机,先往搅拌箱中倒入温水没过搅拌桨,启动搅拌程序进行清洗,然后将清洗温水放入料车中,放凉后送入低温间,次日生产时使用。温水放净后用冷水冲洗拌馅机两遍。

九、注射

注射即盐水注射,是通过盐水注射机向大块原料肉中注入低温料水的过程。盐水注射技术通常和嫩化技术、滚揉技术结合使用,注射技术也可以单独用于原料肉的腌制,提高腌制效率。注射由盐水注射机完成。

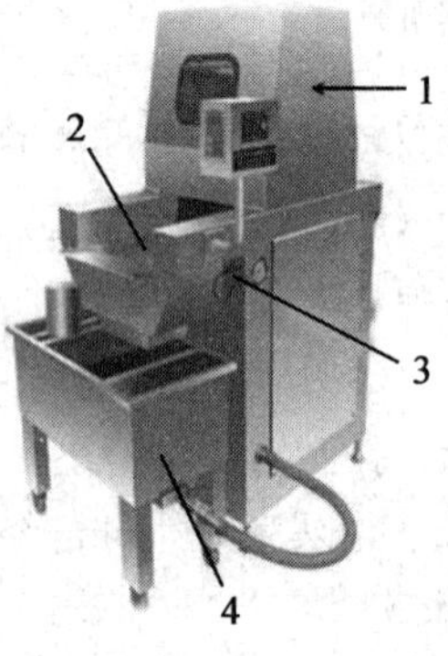

图 3-12　盐水注射机结构图

1.机壳　2.步进送料器

3.压力调节阀　4.盐水箱

(一)盐水注射机结构(图 3-12)

(1)整机包括盐水泵采用304不锈钢材质。

(2)注射针可方便调节安装,注射针设计独特、排列合理,料水可均匀分布在肉块中,注射率可调。

(3)输送带可方便地拉出清洗,输送带设计合理,可满足对小肉块和大肉块的注射。

(4)电器箱为分体安装,可有效地避免电器受潮。

(5)设有料水过滤器,使料水循环过程不会堵塞盐水泵。设有稳压蓄能装置,保证注射压力稳定。

(二)盐水配制

1.注射液中各种成份含量的计算

注射液的主要成分:水、食盐、硝酸盐、磷酸盐、抗坏血酸盐、大豆分离蛋白、淀粉等。计算公式:

$$X = 成品数量 \times Y/P$$

其中:X—该辅料在注射液中的浓度;P—注射液注射量;Y—该辅料在成品中的浓度。

先确定,成品中各种辅料的浓度(Y)和注射液注射量(P),计算出各种辅料在注射液中的浓度(X)。

2.盐水配制注意问题

(1)盐水注射量通常20%以上,注射液控制在3～5 ℃,操作在低温间内进行。

(2)各种成分在最终产品中的含量一般为:食盐2.0%左右,白砂糖1.0%～2.0%,磷酸盐

≤0.5%。

(3)计算注入肉块中的注射液含有的各辅料投料量，根据注射量及各成分成品含量百分比计算。

(4)计算多出配制注射量30%的各辅料投料量。

(5)盐水配制量等于注入肉块中的注射液含有各辅料投料量与多配制注射量30%的各辅料投料量的和。

(6)盐水溶解顺序：磷酸盐＋食盐＋亚硝酸钠＋香料＋白砂糖＋异维生素C钠＋卡拉胶＋大豆分离蛋白。

(三)盐水注射

(1)将制备好的盐水倒入注射机盛液槽。

(2)打开电源开关，通过压力调节阀调整注射机压力至0.04 MPa左右。

(3)将注射液注入精肉中，注射两次后，准确称重，如未达到注射量，继续注射达到注射要求为止。

注意：注射操作在低温间内进行，注射液一定要严格称量。

(四)注射机清洗

每次工作完毕，将盐水箱内换入清水，开机清洗针头，并检查针孔是否畅通，冲洗输送链条，以便将机体内的碎肉清除机外，保证机体内部清洁，将料车与水泵内部的水放净，换水再清洗一遍。

十、嫩化

嫩化是利用嫩化机在肉的表面切开许多15 mm左右深的刀痕，破坏筋腱和结缔组织，促进蛋白质溶出，提高肉的嫩度。

嫩化的作用：①破坏肌束，防止蒸煮时因肌纤维收缩而降低出品率。②增加肉块的表面积，促进食品添加剂快速渗透。

(一)嫩化机结构(图3-13)

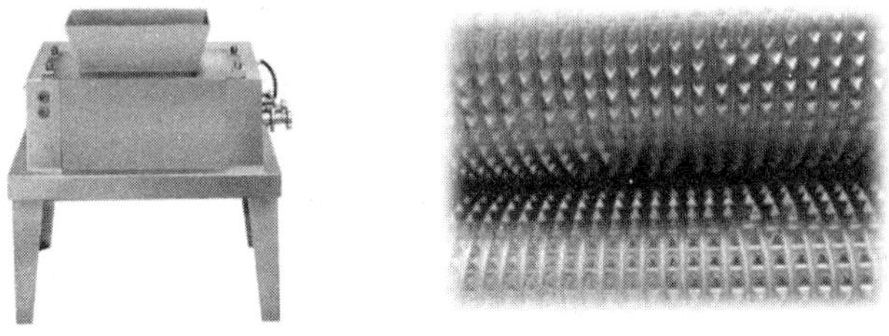

图3-13　嫩化机结构

嫩化机结构很简单，主要由机体、料斗、动力传动部分、切割部分及电器控制部分组成。整机由不锈钢材质制作。

(二)嫩化机的原理

嫩化机工作是依靠一对尖锐的齿片刀、针、锥或带有尖刺的转辊与定辊作相对运动,使原料肉受到很大的剪切力、摩擦力、离心力和高频振力,对注射盐水后的大肉块,进行穿刺、切割、挤压,对肌肉组织进行一定程度的破坏,打开肌肉束腱,从而加速盐水的扩散和渗透。

(三)嫩化机的清洗

嫩化机使用前:启动嫩化机,用热水冲洗一遍,用冷水冲洗两遍。

嫩化机使用后:先用温水清洗后,关闭电源,拆卸轴辊,用温水再清洗一遍,用冷水冲洗两遍后将轴辊安装到嫩化机上。

十一、滚揉

滚揉操作是现代肉制品制作工艺技术,特别是制作经过注射盐水、嫩化后的较大肉块火腿类产品时,滚揉已经成为一道不可缺少的工序,滚揉在滚揉机内完成。

滚揉是通过滚揉机在真空状态下,让物料在滚筒内上下翻动,进而促进物料充分混合的过程。

滚揉目的一是加速注射液的渗透与原料肉发色;二是快速提取原料肉中盐溶性蛋白质。

(一)滚揉机结构(图 3-14)

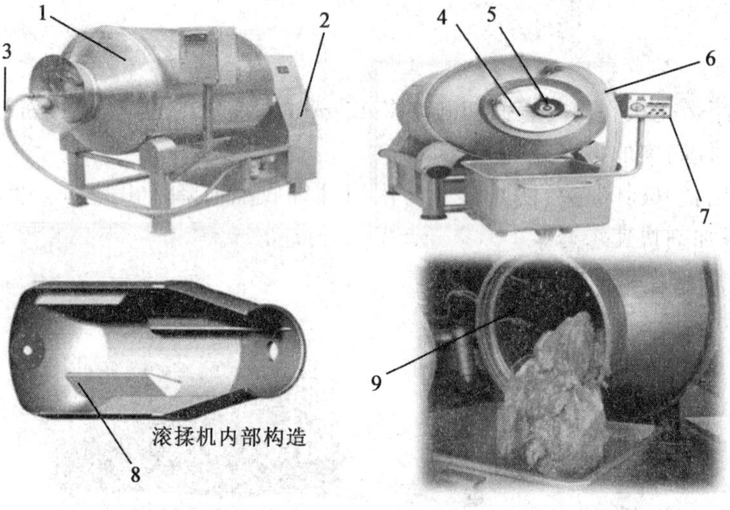

图 3-14 滚揉机结构

1.滚筒 2.动力系统 3.真空管 4.机盖 5.真空管接口
6.吸料管 7.控制器 8.桨叶 9.出料口

(1)材质采用 304 不锈钢材料,滚筒壁厚 6 mm 以上,滚揉筒内部精细抛光,无卫生死角。

(2)桨叶呈"V 型"和"单片型"。

(3)滚筒转速为 10~12 r/min。

(4)滚筒壁可耐受 0.09 MPa 负压真空。

(5)滚筒倾角为上倾角17.5°,下倾角25°。

(6)电脑控制滚揉机正转、反转、间歇、充气、转速、抽真空,并自由组合。

(二)滚揉机工作机理

在真空状态下,滚揉机利用物理性冲击的原理,让物料在滚筒内上下翻动,相互撞击摩擦,产生大面积按摩和腌渍作用,有利于盐溶性蛋白质以较快的速度溶出,从而增加产品的持水性。

(三)滚揉标准和要求

(1)用手指按压肉块中心部位与外表柔软度一致,捏住肉的一部分将其竖起,上半部分即倒垂下来,毫无硬度感觉。

(2)肉块表面被凝胶物质均匀包裹,但肉的块状和颜色仍清晰可辨。若将表面凝胶物质抹去,则修割时留下的刀痕和棱角全部磨去,纤维结构被破坏,明显有"糊"的感觉。但糊而不烂,整个肉块仍基本完整。

(3)肉块表面黏手,有光泽,无料水析出为佳。

(4)切开任何一块肉,内外色泽一致,均呈淡红色。

(四)影响滚揉效果的因素

(1)滚揉机性能优劣。

(2)滚揉间温度,滚揉机的运转过程应在温度较低的条件下进行,环境温度不超过4 ℃。

(3)原辅料质量及配比,必须符合产品质量要求及配方标准。

(4)装料多少,装料量应控制在滚揉筒容积的60%左右。

(五)滚揉过程

肉在滚揉机里翻滚,部分肉由机肚里的挡板带至高处,然后自由下落,与底部的肉互相冲击。由于旋转是连续的,所以每块肉都有自身翻滚、相互摩擦和撞击的机会。作用是使原来僵硬的肉块软化,肌肉组织松弛,让盐水容易渗透和扩散,同时起到拌和的作用。

十二、灌制

灌制亦称为充填、灌装,就是将混合充分的香肠或火腿馅料装入肠衣或容器内,通过扭结、打卡或压模,造型成特定形状的肉灌制品的过程。灌装方式主要有手工灌制和机械灌制两类,机械灌装又分为真空灌装和非真空灌装两种形式。手工灌制操作简便,适于简单实验和少量产品制作,容易产生气泡,影响产品质量;机械灌制适于工厂化批量生产,特别是真空机械灌制很好地去除了馅料中混入的空气,使产品组织结构更加致密。

灌制多为塑料肠衣灌制和天然动物肠衣灌制,塑料肠衣灌制过程中,同时进行自动打卡或结扎、剪节,如盐水火腿类筒状肠衣膜打卡、剪节,高温火腿肠片状肠衣膜结扎、剪节;天然动物肠衣灌制过程中,同时进行扭结或系绳、穿杆。所以灌肠机与打卡机,灌肠机与扭结机、挂肠机可以组合使用,也可以单独使用。灌肠机单独使用时通常配备不锈钢灌肠操作台。

(一)灌肠机结构(图 3-15,图 3-16)

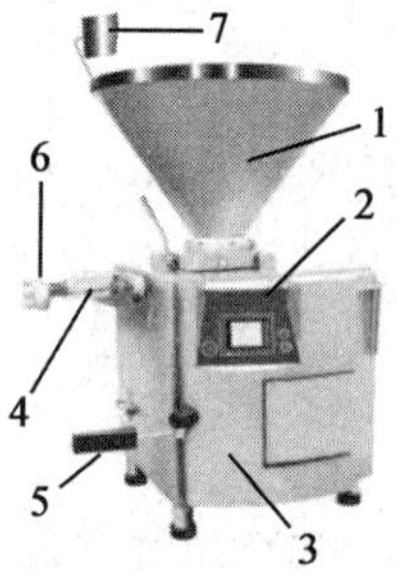

图 3-15 真空灌肠机结构图

1. 料斗 2. 控制盘 3. 机箱 4. 灌肠管
5. 膝碰开关 6. 扭结器 7. 物料镜

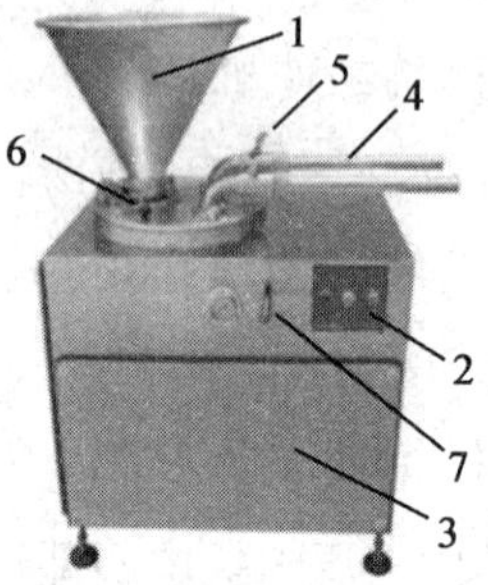

图 3-16 液压灌肠机结构图

1. 料斗 2. 控制盘 3. 机箱 4. 灌肠管
5. 灌肠开关 6. 料斗开关 7. 料缸开关

(1)整机采用 304 不锈钢材质,外观设计和处理合理。

(2)零部件制造精度高,光洁度高,耐磨性好,便于清洗。

(二)灌制影响因素

(1)肠衣选择　影响产品质量,包括肠衣类型、粗细、长度、质量等。

(2)灌肠松紧程度　属于灌制工序关键点,馅料充填过少、肠体较松,浪费肠衣,影响产品外观形状;馅料充填过多,肠体较紧,煮制时亦导致肠体爆裂,产生次品。

(3)灌制气泡的影响　气泡产生主要源于馅料干稠度、操作工的技术熟练度和设备先进程度,特别手工充填过程要尽量排除气泡,气泡较多不但影响产品质量,在产品蒸煮时也易产生“爆肠”现象。

(4)扭结长短控制一致　影响产品整齐度、美观度,手动扭结时,整齐度主要由操作者熟练程度决定。

(5)挂肠杆形状　挂肠杆与肠体接触面大小直接影响产品保质期长短,在产品干燥和烟熏时,挂肠杆与肠体接触部位不能够充分干燥、烟熏,接触面容易腐败变质。现在比较常用的是横断面为三角形的铝合金挂肠杆。另外,挂肠杆在挂肠车上摆放做到杆和杆之间的肠体不产生贴靠为准。

(6)肠体穿杆数量　灌肠穿杆时以肠体不发生贴靠前提下,尽量多穿为准,不同产品穿杆数量是不同的。工厂生产过程中为了保证生产效能和产品质量,应该严格控制穿杆数量。

注意:天然肠衣非真空手工灌制,馅料较稠,如发现气泡,应及时针刺放气。

任务 2　肉制品熟处理与质量控制

一、干燥

肉类食品的干燥脱水既是一种有效的加工方法,又是一种贮藏手段,指从肉类物料中除去水分的各种操作。新鲜肉类食品水分含量一般都在60%以上，很容易引起腐败变质。经过干燥脱水，其水分含量可降低到20%以下。各种微生物的生命活动，是以渗透的方式摄取营养物质，必须有一定的水分存在。如蛋白质类食品适于细菌生殖发育最低限度的含水量为25%～30%，霉菌为15%，因此肉类食品脱水之后使微生物失去获取营养物质的能力，抑制了微生物的生长，可以达到保藏的目的。

(一)食品干燥贮藏原理

1. 降低食品的水分活性

微生物经细胞膜从外界摄取营养物质并向外界排出代谢物时，都需要水作为溶剂或媒介质，故而水为微生物生长活动必需的物质。水分对微生物生长活动的影响，起决定因素的并不是食品的水分总含量，而是它的有效水分。食品所含的水分有结合水和游离水，但只有游离水才能被细菌、酶和化学反应所触及，此即为有效水分，可用水分活度进行估量。两种食品的绝对水分可以相同，水分与食品结合的程度或它的游离程度并不一定相同，Aw 也就不同。显然 Aw 并不是食品的绝对水分，常用于衡量微生物忍受干燥程度的能力。微生物只有在水溶液存在的液态或固态介质中才能生长。对食品中有关微生物需要的 Aw 进行研究表明，一般来说，细菌为 $Aw>0.9$，酵母为 $Aw>0.87$，霉菌为 $Aw>0.8$，一些耐渗透压微生物除外。

2. 降低酶的活力

酶为食品所固有，它同样需要水分才具有活力。水分减少时，酶的活性也就降低，在低水分制品中，特别在它吸湿后，酶仍会慢慢地活动，从而有引起食品品质恶化或变质的可能。只有干制品水分降低到1%以下时，酶的活性才会完全消失。

(二)影响食品干燥的因素

1. 肉制品表面积

干肉制品加工过程中，为了加速其湿热交换，通常把经过预煮后的物料切分成小的片状、条状、粒状，再进行脱水干制。物料切成薄片或小颗粒后，缩短了热量向肉块中心传递和水分从肉块中心外移的距离，增加了肉制品和加热质相互接触的表面积，缩短了肉制品内部水分外逸的距离，从而加速了水分蒸发和肉制品脱水干制。因此，肉制品的表面积越大，其干燥速度越快。

2. 温度

干制过程中，干燥介质和肉制品间温差愈大，热量向肉制品传递的速度也愈快，水分外逸速度亦加快。在有一定水蒸气含量的空气中，温度越高，达到饱和所需的水蒸气越多，肉制品干燥速度也越快；相反，温度降低，达到饱和所需要的水蒸气减少，干燥速度降低。但温度不能过高，否则会使肉制品焦化，降低商品价值。

3. 湿度

湿度对肉制品干制速度的影响在于温度不变，干燥介质湿度越低，空气湿度饱和差越大，肉品脱水速度越快。提高温度，通风排湿，降低空气湿度，可加快脱水速度，使干燥后肉制品含水量降到国标规定的范围。

4. 空气循环流动速度

加速空气循环流动速度，不仅因热空气所能容纳的水蒸气量将高于冷空气而吸收较多的蒸发水分，还能及时将聚积在肉制品表面附近的饱和湿空气带走，以免阻止肉制品中所含水分的进一步蒸发，同时还因和肉制品表面接触的空气量增加，从而显著加速了肉制品中水分的蒸发。但空气的循环流动速度不能过快，防止热能利用不充分，增加燃料的消耗。

5.大气压力和真空度

水的沸点会随着大气气压下降而降低，气压愈低，沸点愈低，因此肉品在干制过程中所处环境的大气压力越低、真空度越高时，干制过程就可以在较低的温度下进行，干燥速度越快。

6.装载量

在一定的单位体积内，所装原料量的不同，干燥速度也不同。原料的装载量通常与其厚度密切相关，装载量越大，厚度越大，越不利于空气的流通，从而影响水分蒸发，因此干制过程中必须根据干燥设备的规格确定最佳的原料装载量。

（三）干燥方法

干燥方法很多，而干燥方法的选择，应根据食品的种类、食品的品质及干燥成本等加以考虑。总的来说，干燥方法可以区分为自然干燥和人工干燥两种方法。人工干燥就是在常压或减压环境中以传导、对流和辐射传热方式或在高频电场内加热的人工控制工艺条件下干燥食品的方法。人工干燥方法有炒干法、烘烤法、低湿升华干燥法、真空干燥法、微波干燥法等。这里主要介绍应用比较广泛的烘烤法(以烤香肠为例)。

1.烘烤

烘烤也叫对流热风干燥，是直接以高温的热空气为热源，借对流传热将热量传给物料，故又称为直接加热干燥。热空气既是热载体又是湿载体，一般对流干燥多在常压下进行。对流干燥室中的气温调节比较方便，物料不会过热，但热空气离开干燥室时带走相当大的热能，因此对流干燥热能的利用率较低。

2.烘烤目的

(1)使灌肠表面干燥，促进亚硝酸盐与肌红蛋白进一步作用，使肠体表面变红，色泽美观。

(2)通过干燥排除部分水分，有利于蒸煮工艺，防止香肠煮制时爆裂。

(3)使平滑肌纤维与横纹肌纤维结合，增加肠衣的坚固性，防止香肠煮制时爆裂。

(4)用木材烘烤可提高制品的风味。

3.烘烤方法

烘烤设备有连续自动烤炉、吊式轨道滑行烤炉和简易小烤炉等。传统的烘烤方法是选用木材作为热源，在烘烤炉内进行，直接对肉品烘烤。现代的方法是多采用集烘烤、蒸煮、烟熏于一体的自动烟熏炉完成烘烤操作，用电或蒸汽为热源进行烘烤。

木材烘烤要求选用干燥的阔叶树木材，针叶树木材含树脂量大，燃烧时弥漫大量含树脂的黑色烟雾，使灌制品表面变黑，会降低制品的质量，所以不可用针叶树木柈为燃料。木柈燃烧时，产生的烟雾中含有酚类、醛类、酮类、酸类和醇类等化学物质，这些物质能提高制品的风味并具有杀菌能力。

4.技术要求

(1)烘烤温度 80～90 ℃，烘烤时间要依据制品的粗细而定，一般在 20～50 min。

(2)肠体表面干燥，以手摸触无黏湿感觉。

(3)肠衣呈半透明状，部分或全部透出肉馅的色泽。

(4)烘烤均匀一致或近似，肠衣表面或下垂的一头无溶解的油脂流出。

二、蒸煮

蒸煮就是以水或水蒸气为传热介质，对肉及其制品进行加热熟制的处理过程。

（一）蒸煮目的

使肉蛋白质凝固、淀粉糊化，产生与生肉不同的硬度、口感、弹性等物理变化，易于人体消化吸收；使制品产生特有的香味；促进一氧化氮肌红蛋白的形成，改善肉色；杀死微生物和寄生虫，破坏酶的活性，延长制品贮存期。

（二）蒸煮方法

根据加热介质不同，分为水煮法和气蒸法，水煮法中包含焯水操作，气蒸法中包含高压杀菌操作。

1. 水煮法

是酱卤肉制品及小型试验室通常采用的方法，在热源方面有蒸汽加热和火力加热两种。火力加热设备简单，但水温不易调正，破碎率高，不适于大生产；蒸汽加热水温易于掌握，温度稳定，操作方便，适于大生产。

（1）水煮方式　分为清煮和红烧两种，清煮指在肉汤中不加任何调味料，只是清水煮制；红烧指加入各种调味料后进行煮制。

水煮用汤分为宽汤和窄汤，宽汤和窄汤对产品的风味质量有很大的影响，取决于汤与肉的比例和煮制中汤量的变化。宽汤是将汤添加到液面与肉面相平或淹没肉面，适于块大、肉厚的产品，如卤猪头等。窄汤是添加汤的量使液面处于肉面的 1/3～1/2 处，适于色深、味浓的产品，如酱汁肉等。

水煮火候根据加热火力的大小可分为大火、文火、小火。大火也称旺火、武火、急火，火焰高而稳定，多用在开始加热、投料时，使锅内汤面剧烈沸腾。文火也称温火，火焰低而摇晃，用于较长时间加热，锅内汤面微沸，可使产品酥润可口、风味浓郁。小火也称微火，保持火焰不灭，火力很小，锅内汤面平静，时有小泡，长时煮制，产品香烂、酥软。火候控制原则是煮制时以大火求韧、小火求烂、先大后小求味美。

肉在水煮过程中发生的变化有风味变化、颜色变化、蛋白质变化、脂肪变化、维生素变化、无机盐变化、外形及重量变化。

（2）焯水　是一种辅助性技术，是酱卤肉制品预处理的常用方法，目的是排除原料肉上的污物、杂质、血水和腥膻等异味。所谓焯水就是先向焯水锅中注入饮用水，大火加热至沸腾，在沸腾状态下向锅中投入准备焯水的原料肉，继续大火加热至沸腾，根据原料块型大小，保持沸腾状态 1～3 min。焯水技术影响产品出品率。

焯水注意事项：①焯水锅容积要大，保证锅内焯水用水数量足够多。②焯水过程始终保持大火状态，快速促成肉块表面蛋白质变性形成保护层。③焯水时间不要过长，控制在 5 min 以内较理想，否则营养成分流失较多。

2. 气蒸法

在坚固而密闭的熟制室或金属熟制器中进行，操作方便，劳动强度低，效率高，适于大生产的需要。

（三）蒸煮参数

蒸煮参数包括温度和时间，具体参数设定要依据制品的种类和肠体的粗细而定，如果肠体细，煮沸时间要短，肠体粗，则煮沸时间要长些。

蒸煮时间经验公式：

$$T=C\div\pi\times 11$$

式中：T—蒸煮时间，单位 min；C—周长，单位 cm；π—圆周率；11—蒸煮常数。

(四)灌制品熟制的鉴别法

(1)将温度计感温探头插入肉制品中心，温度达到 69 ℃时即证实已达到中式熟制要求。

(2)用手触摸时感到硬挺，弹力充足，切开色泽一致，无黏软现象，证实已达到中式熟制要求。

(五)蒸煮常用设备(图 3-17，图 3-18)

图 3-17 蒸汽夹层锅

1.压力表 2.安全阀 3.手轮 4.疏水阀 5.锅架 6.限位器 7.锅体 8.支撑板 9.搅拌电机

图 3-18 电热夹层锅

1.手轮 2.锅架 3.锅体 4.电热接头 5.控制器

三、烟熏

烟熏也称熏制，是利用木屑、茶叶、白糖等材料的不完全燃烧产生的熏烟及热量来改善肉制品的风味和色泽的工序过程。

(一)烟熏目的

1.创造产品的独特风味

烟熏风味产生主要源于木材熏烟中的酚类物质和羰基化合物，如愈疮木酚，邻位、间位、对位甲基酚或甲氧基取代物等。一些短链的醛酮化合物在气相内，有非常典型的烟熏风味和芳香味。

2.使产品外观产生特有的烟熏颜色

羰基化合物与肉中的蛋白质发生美拉德反应，产生烟熏色泽。

3.杀菌、防腐、脱水提高制品的保存性

木材熏烟中的酚类物质和有机酸具有一定的防腐、杀菌作用，有机酸能促进肉烟熏时表面蛋白质凝固，使肠衣易剥除。

4.醇的作用

醇是物质挥发的载体，主要起到一种为其他有机物挥发创造条件的作用。

(二)烟熏方法

1.冷熏法

在 30 ℃以下进行烟熏的方法。此法一般只作为带骨火腿、培根、干燥香肠、三文鱼等的烟熏,用于制造不进行加热工序的制品。缺点是烟熏时间长,重量减少大。优点是由于进行了干燥和熟成,提高了保存性,增加了风味。

2.温熏法

在 30～50 ℃范围内进行烟熏的方法,此温度范围超过了脂肪熔点,所以脂肪很容易流出来,而且部分蛋白质开始凝固,因此肉质变得稍硬。这种方法用于熏制脱骨火腿和通脊火腿,烟熏后再进行蒸煮。也有用这种方法熏制培根的。缺点是烟熏时间过长,有时会引起制品腐败。

3.热熏法

在 50～80 ℃范围内进行烟熏的方法,在实际工作中烟熏温度大多在 60 ℃左右,在此温度范围内,蛋白质几乎全部凝固。表面硬化度较高,而内部仍含有较多水分,富有弹力。可用此法快速干燥、烟熏,烟熏时间不必太长。

(三)烟熏注意事项

(1)烟熏室产品承载量要合理,进入烟熏室烟熏的产品数量与烟熏室容积相适应,产品单体之间不能贴靠挤压。烟熏室装入产品过多,制品之间或制品与室壁之间就会相碰,使烟无法通过。烟熏色泽不均匀,影响外观,易造成产品腐败。烟熏室装入产品过少,就会加快室内温度、湿度变化,浪费能源,影响质量。

(2)科学设置烟熏炉内熏烟的循环,使烟熏室内产品熏烟效果一致。

(3)控制烟熏室空气流量,流量过大易产生明火,流量过小会导致不能产生熏烟。

(4)加强烟熏炉附近防火措施,避免发生火灾。

(5)烟熏材料应该树脂含量少、香味好并可产生较多防腐性的物质。符合这些条件的烟熏材料有硬木中的樱木、橡木、核桃木等。桦木和松木含树脂多,易产生油烟,所以容易使制品受到污染,各种树脂特有的气味在制品上附着,使人产生厌恶感。树脂含量多的烟熏材料易产生黑烟,使制品发黑,而且由于含有很多萜烯类成分,熏味也不好。柿子树、桑树等树脂含量虽不太多,但会产生异味。另外,软木之所以不受欢迎,是因为在其燃烧发烟后,可产生比硬木更多的致癌性物质。烟熏材料绝不是一定要使用木材,像稻壳和玉米秆也是很好的烟熏材料。

(四)烟熏危害

(1)对烟熏制品造成污染,熏烟中的颗粒物质附着于产品表面造成污染。

(2)存在食品安全风险,主要指产生的多苯环烃类,其中至少有两类二苯并蒽和苯并芘,已被证实是致癌物质。

(3)传统烟熏方法易造成危害,一是对操作人员的健康的危害,二是产生空气污染。

(五)烟熏设备(图 3-19)

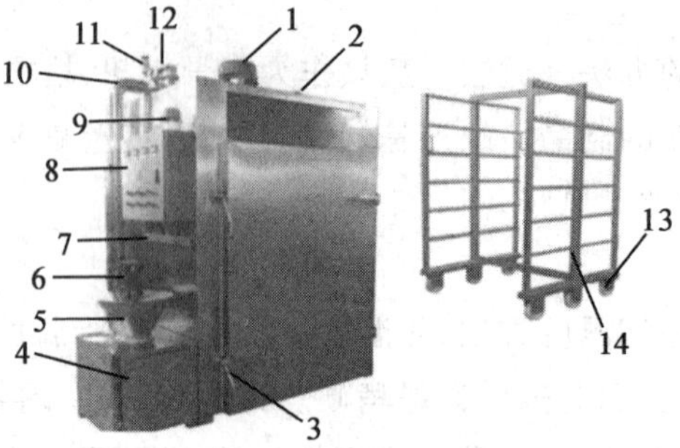

图 3-19 自动烟熏炉结构图

1.高/低速电机 2.烟/气出口 3.门把手 4.发烟箱 5.漏斗 6.下料电机 7.线槽 8.控制器 9.报警灯 10.进烟管 11.气动阀 12.进气开关 13.尼龙轮 14.架车

烟熏炉具有蒸煮、干燥、烟熏、清洗等功能。

(1)整机材质采用 304 不锈钢板。保温层采用聚氨酯保温材料,耐高温一次成型,保温性能极佳。

(2)电脑自动化控制,大屏幕人机界面,在一个画面上同时显示各种参数,以便监控运行状态;可实现远程控制;打印配方、温度、湿度曲线;可储存上百个工艺配方。

(3)风循环系统,有效保证产品在烘烤、蒸煮、干燥、烟熏等过程中的温度、湿度的一致性,从而保证了产品的着色均匀,色泽美观。

(4)发烟系统,外置式木粒、木屑发烟系统,不仅使产品产生果木香气,而且可以使产品熏成由浅入深的金黄色。分体式糖炉发烟系统,可熏制传统的中式产品,产生特有的糖熏味道,并且颜色可以控制,最深可以成为枣红色。

四、油炸

油炸主要指以食用油为加热介质,使肉类食品上色或熟制的操作过程。肉类原料通过食用油炸制而达到熟制的肉制品称为油炸肉制品。

(一)油炸肉制品

油炸肉制品指经过加工调味(或挂糊后)的肉(包括生原料、半成品、成品)或经过干制的生原料,以食用油为加热介质,在较高温度下进行热加工的熟肉类制品。我们先来解析下这个概念,制作油炸肉食品的原料一定是肉,加工调味指分割、绞肉、拌馅、腌制等制作方法,这些方法根据产品需要可单独运用也可组合使用,而挂糊方法根据产品要求灵活使用,如炸鸡柳产品。括号当中的生原料主要指调味的肉或肉馅;半成品指经过了熟制工序可以食用,但还需进行油炸的产品,如台湾烤肠、肉糕、肉酥类产品;成品指对已经制作完成上市销售的成品进行油炸,如火腿肠、油煎肠等;经过干制的生原料主要指肉干类产品。以食用油为加热介质说明加热介质不是水,不是水蒸气,只能是油。

油炸肉制品特点,一是独特的风味,增强食物的消化性,这应该是油炸肉食品吸引消费者的主要因素;二是良好的口感,大部分油炸肉食品外焦里嫩,少量油炸肉食品则酥脆爽口;三是诱人的色泽，有的产品呈金黄色，有的产品呈红黄色；四是延长了食品的保质期，保质期延长是相对于原料肉来比较的，油炸肉食品的保质期主要影响指标是食物的水分活度。

(二)油炸用油

油炸肉制品产品质量影响因素除了所用原辅材料外，另一个影响因素就是食用油。油炸肉制品常用植物油为脱腥大豆油、菜籽油和葵花籽油。油炸肉制品用油第一个要求无异味，第二个要求过氧化值低。参照食用油国家标准规定，油炸食用油主要参考酸值和过氧化值两个指标。食用油酸值表示中和 1 g 植物油所需的氢氧化钾(KOH)的毫克数。食用油过氧化值表示 1 kg 植物油中的活性氧含量，以过氧化物的毫摩尔数表示。大豆油酸值(mgKOH/g)≤3.0，过氧化值(mmol/kg)≤6.0；菜籽油酸值(mgKOH/g)≤3.0，过氧化值(mmol/kg)≤6.0；葵花籽油酸值(mgKOH/g)≤3.0，过氧化值(mmol/kg)≤7.5。油炸食用油符合上述指标要求能够用于油炸肉食品。

油炸时间长短决定因素包括以下四个方面：一是成品的质量要求，二是原料的性质，三是物料块型的大小，四是油炸时下锅物料的多少。

油炸肉食品投料油温一般控制在 160～180 ℃，块型较大产品采用两段式油炸，一段温度控制在 170～180 ℃至表面浅黄色，二段温度控制在 160～170 ℃至表面金黄色，一段温度高于二段温度，避免产品因温度低吸入食用油，造成不良口感和浪费食用油。块型较小的产品采用 170 ℃油炸温度单段油炸至表面金黄色即可。

油炸过程中油温控制在 160～180 ℃，原因分析如下：

首先，肉在不同油温下的变化情况如表 3-2 所示。

表 3-2　肉在不同油温下的变化情况

油温/℃	变化情况
100	表面水分蒸发强烈，蛋白质凝结，食品体积缩小
105～130	表面形成硬膜层，脂质、蛋白质降解形成芳香物质及发生美拉德反应，产生油炸香味
135～145	表面呈深金黄色，有轻微烟雾形成
150～160	有大量烟雾产生，游离脂肪酸增加
180 以上	游离脂肪酸超过 1.0%，食品表面开始碳化

其次，食用油在不同温度下的变化情况如表 3-3 所示。

表 3-3　食用油在不同温度下的变化情况

类型	油温/℃	油面情况
温油	70～100	油面较平静，无青烟、无响声
热油	100～180	油面微有青烟，四周向中间翻动
旺油	180～220	油面冒青烟，仍较平静，搅动时有爆裂响声
沸油	≥220	有大量烟雾产生，食品质量指标劣化，游离脂肪酸增加，产生丙烯醛，有不良气味

最后，油炸熟制原理。油炸制品加工时，油可以快速而均匀地传导热能，食品表面温度迅速升高，水分汽化，表面出现一层干燥层，形成硬壳。然后，水分汽化层便向食品内部迁移，内

部温度因热传导也逐渐升高而达到熟制目的。同时食品表面发生焦糖化反应,部分物质分解,产生油炸食品特有的色泽和香味。

油炸技术可以作为独立的熟制工序制作油炸肉食品,如炸肉丸、炸鸡柳等。也可以作为辅助技术,满足产品上色、固型需要,结合煮制等熟制工序制作肉食品,如道口烧鸡、德州扒鸡等。

油炸对肉食品的影响主要有:

1. 形成油炸肉食品特有的色泽和风味

产生金黄色或棕黄色油炸颜色,主要生色原因是食物表面发生焦糖化反应即美拉德反应;油炸风味产生原因主要是蛋白质、脂类等大分子受热降解及食用油加热生香。

2. 固定油炸肉食品的外形

油炸技术使肉食品表面产生 1 mm 厚度壳膜层,阻隔肉食品内部水分挥发向表面迁移,保证油炸肉食品的出品率及产品嫩度、口感。同时阻隔油炸肉食品内部营养成分流失和植物油进入油炸肉食品内部,造成“浸油”现象。

3. 油炸易导致油炸肉食品品质下降

一是油炸用油长期反复使用导致产品品质下降;二是持续高温油炸(180 ℃以上),易产生挥发性的化合物,会带来不良风味,甚至出现焦煳味;三是油炸温度过低(160 ℃以下),产品表面没有产生理想的壳膜层,产品浸入大量的食用油,导致品质下降。

4. 肉制品在油炸过程中,维生素的损失较大

食物中的脂溶性维生素在油中的氧化会导致营养价值的降低,甚至丧失;而且视黄醇、类胡萝卜素、生育酚的变化会导致风味和颜色发生变化;水溶性维生素在油炸的过程中也会发生不同程度的损失,例如维生素 B_1 在不同种类的油炸肉制品中,损失率是不相同的。维生素 C 在油炸过程中也很容易被氧化,不过维生素 C 的氧化对油脂起了一定的保护作用。

5. 油炸肉食品存在安全性隐患

在肉品油炸过程中若加热温度高,油脂反复使用,致使油脂在高温下发生热聚,可能形成有害的多环芳烃类物质,如苯并芘、丙烯酰胺、反式脂肪酸等。这些物质会导致人体麻痹,产生肿瘤,引发癌症。

基于上述原因,制作健康营养的油炸肉食品必须注意:一是杜绝长时间循环反复使用油炸用油;二是油炸过程有效油温应控制在 160～180 ℃;三是采用水油混合式油炸机分段式油炸。

(三)油炸方法

依据油炸压力不同,常用油炸方法有常压油炸法、真空油炸法和高压油炸法 3 种。高压油炸通常用于体积超大肉食品油炸,应用范围很小,优点是缩短了油炸时间;真空油炸是很具前景的油炸技术,使产品更加营养健康,现在市场上售卖的真空油炸机就是利用的真空油炸原理,产品不会发生“浸油”现象;常压油炸是现代比较普遍的油炸技术,分为纯油油炸和水油分离式油炸两种方式,纯油油炸主要适用于家庭和饭店等油炸食品制作,水油分离式油炸技术是在纯油油炸技术基础上,随着水油分离式油炸机的出现而创新型油炸技术,为广大肉食品加工厂普遍采用。

水油分离式油炸技术的先进性是相比较纯油油炸技术而言的,纯油油炸技术主要存在以下缺点:①纯油油炸在加热过程中常常造成局部油温过热,加速油脂氧化,造成油炸食品不愉快的风味和颜色;②纯油油炸过程油脂挥发、产生大量烟雾,严重污染环境;③纯油油炸过程中产生的大量食品残渣沉入油锅底部,使其反复油炸,不但使炸油变得污浊,缩短了炸油使用寿

命，污染油炸食品，还会生成一些致癌物质，严重影响消费者的健康。水油分离式油炸技术解决了纯油油炸技术弊端，使油炸食品更加营养、健康、环保。

水油分离式油炸技术的原理如图 3-20 所示。

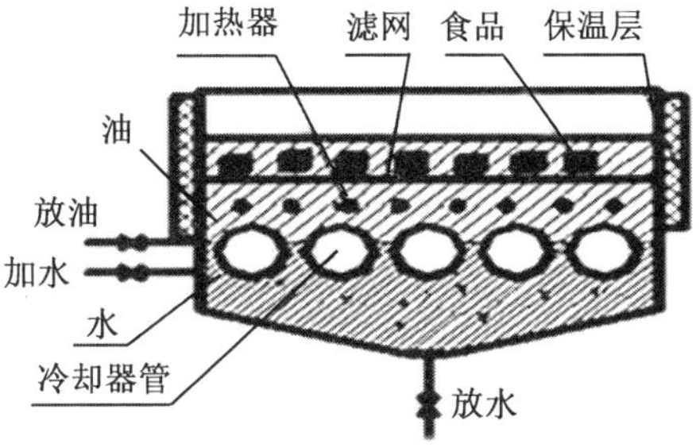

图 3-20　水油混合油炸机原理图

图示直观地说明了水油分离式油炸技术的操作原理，水油分离式油炸技术是在水油分离式油炸机中来完成的。第一步通过进水管向水油分离式油炸机中注入饮用水，注入高度至放油管下壁。第二步从水油分离式油炸机顶部注入食用油，注油量超过过滤网 5 cm。第三步启动加热器电源和冷却器电源（冷却器的作用保持与水接触的油面保持低温水平，防止下面的水气化发生迸溅现象），给炸油加热至工艺要求温度，投入待炸原料，由于待炸原料始终处于过滤网上面，与加热管没有接触，受热始终是均匀的。在油炸过程中，产生的食物残渣会沉入下面的水中，避免多次油炸产生致癌物。油炸结束时取出炸制好的肉食品，关闭电源。然后通过放油口将食用油全部放出，最后通过放水口将水和食物残渣一并放出。

（四）油炸设备（图 3-21，图 3-22）

图 3-21　电热式油炸机

图 3-22　电加热油水分离油炸机

五、包装

（一）包装

包装是指在商品流通过程中，以保护产品、方便贮运、促进销售、延长保质期为目的，采用包装材料处理肉制品等的操作活动。

包装应符合以下要求：

（1）安全性好，包装材料不向食品释放有害物质，不与食品中的成分发生反应，包装作业不能对食品造成污染。

(2)加工性好,包装材料易于加工成型,包装操作简单易行,包装工艺应与食品生产工艺相配套。

(3)包装成本合理,利于产品销售。

(4)包装废弃物易回收,且不污染环境。

(5)符合食品包装标准及法规。

(二)包装技术

肉制品常用的包装技术有真空包装和充气包装。

1.真空包装

包装外形就是制品的实际形状,这种包装真空度好,还可以抑制从产品中析出的汁液,保存效果较好。这种包装有连续式和间歇式两种,适合于包装火腿、培根、香肠等,在对形状不规则的肉制品包装时,更能体现出它的优势。

2.充气包装

这种包装通常是使用非透气性薄膜,并冲入非活性的二氧化碳或者氮气。这种包装的作用是防止包装肉制品氧化和变色,抑制好氧性微生物的繁殖。充气包装适用于表面容易析出脂肪和水的肉制品。根据气体的置换方式可以将充气包装机分为两类:一是在大气中往包装袋中充入气体的灌入式包装机;二是先把包装袋抽成真空后,再充入气体的真空式包装机。

(三)包装过程应注意的问题

(1)肉制品包装应在无菌室或低温条件下进行,操作者应避免皮肤与产品直接接触,包装应在无菌室或低温条件下进行,为防止灰尘和空气污染,多使用空气清洁机或空气过滤器,使室内处于无菌状态,包装人员为了避免皮肤与产品直接接触,手上需戴乳胶手套,进入包装室时要对工作服、长筒靴等进行消毒。包装时使用的包装材料,应按工艺设计要求选定的材料使用,不得随意更换。

(2)严格控制包装质量,包装肉制品要逐根、逐块检查包装的效果,即检查结扎是否结实,或密封是否严密。不要绝对相信包装机,若包的不结实或密封不好漏气、或包装后没有按工艺要求储存等,已包装的产品仍然会腐败变质。

(3)保持包装机械、盛装产品的容器、包装材料的清洁、卫生,操作人员要熟悉包装设备的性能特征,避免发生机械事故,降低次品率,尽可能做到一次包装成功。要认真擦拭机械,要认真检查清理包装机器四周的污染源,要检查润滑系统,防止润滑油混入食品中,要检查用于包装的各种材料用具、标签、操作台等的卫生,防止对其产生污染。

(四)包装设备(图 3-23,图 3-24,图 3-25)

图 3-23 拉伸包装机

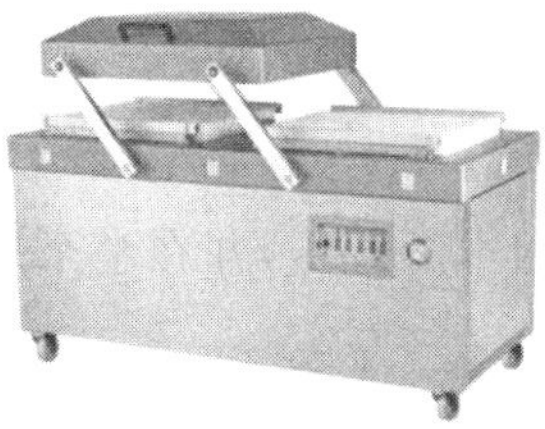

图 3-24　真空包装机

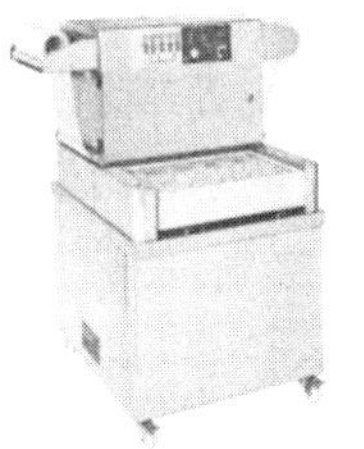

图 3-25　充气包装机

六、杀菌

杀菌实质是蒸煮的一种方式，也是以水或水蒸气为加热介质，杀灭致病菌。肉制品中的杀菌概念是以延长产品的保质期为目的，特指经过包装产品的二次水杀菌和高温产品的高压水杀菌，有别于蒸煮技术。

(一)二次水杀菌

经过真空包装的肉制品，要想获得理想的保质期，必须经过二次杀菌处理。理想的二次杀菌温度控制在 85～90 ℃，杀菌时间控制在 15～20 min，主要是杀灭肉制品表面因包装过程污染的致病菌。杀菌后肉制品快速冷却至 18 ℃以下。水浴杀菌机是二次水杀菌比较理想的设备，水浴杀菌机兼具杀菌、冷却和风干功能(图 3-26)。

图 3-26　水浴杀菌机

(二)高压水杀菌

高压水杀菌是火腿肠和午餐肉等高温肉制品常用的杀菌方式。高压水杀菌能平衡罐内外压力，对于玻璃罐及蒸煮袋而言，可以保持罐盖及封口的稳定，同时能够提高水的沸点，促进传热。凡肉类、鱼类的大直径扁罐、玻璃罐以及蒸煮袋都可采用高压水杀菌。高压由通入的压缩空气来维持，必须注意的是，高压水杀菌时，压力必须大于该杀菌温度下罐内相应的饱和蒸汽压力，否则可能产生玻璃罐的跳盖及蒸煮袋封口爆裂现象。高压水杀菌采用专用设备高压杀菌罐来完成。

高压水杀菌的操作流程：

(1)进物料，关盖/门，将装好肉制品的杀菌篮放入杀菌锅，关闭锅门或盖，保持密闭性。

(2)进热水，关闭排水阀，打开进水阀，向杀菌锅内注水，使水位高出最上层肉制品 15 cm

左右。通常先将水预热至 85 ℃以上，再通入锅内。

(3)进热蒸汽，进水完毕后，关闭所有的进水阀和溢水阀，打开排气阀，进蒸汽，加热升温，使水温升到规定的杀菌温度，待有热蒸汽排出关闭排气阀。

(4)进压缩空气，使罐内压升至杀菌温度相应的饱和水蒸气压，并在整个杀菌过程中维持这个压力。

(5)恒温恒压杀菌，当锅内水温达到规定的压力、温度时，开始恒温杀菌，按工艺规程维持规定的杀菌条件。

(6)恒压冷却，杀菌结束，关闭进气阀，打开压缩空气阀，同时打开进水阀进行冷却。冷却时，锅内压力由压缩空气来调节，必须保持压力的稳定。当冷却水灌满后，打开排水阀，并保持进水量与出水量的平衡，使锅内水温逐渐降低。当水温降至室温以下，即可关闭进水阀、压缩空气阀，继续排出冷却水。

(7)冷却完毕，打开锅门取出肉制品。

高压杀菌罐如图 3-27 所示。

图 3-27　高压杀菌罐

【强化练习】

一、选择题

1. 肉制品处理过程中配料顺序为(　　)。

A. 先配盐，再配磷酸盐，后配其他辅料　　B. 先配磷酸盐，再配盐，后配其他辅料

C. 先配其他辅料，再配磷酸盐，后配盐　　D. 三者同时配

2. 肉制品车间设计要与生产能力相适应，一般情况下，生产车间内加工人员的人均拥有面积，除设备外，应不少于(　　)m^2，车间的顶面高度不应低于 3 m。

A. 1　　B. 1.5　　C. 2　　D. 2.5

3. 热熏法是在(　　)温度范围内进行烟熏的方法。

A. 80～100 ℃　　B. 50～80 ℃　　C. 30～50 ℃　　D. 30 ℃以下

4. 在用绞肉机绞碎前，先将原料肉和肥膘切碎冷却到(　　)左右，绞肉效果最佳。

A. 0 ℃　　B. 10 ℃　　C. 18 ℃　　D. 4 ℃

二、判断题

5. 对于未使用完的物料、半成品物料，盛装入特定容器，做好名称、时间标注，密封隔绝空气，送入低温储藏间(0～3 ℃)保存，下一生产日优先处理使用。(　　)

6. 解冻方法主要有空气解冻法、液体解冻法、蒸汽解冻法、微波解冻法、真空解冻法。(　　)

7. 影响解冻的因素只有温度、风速。(　　)

8. 腌制方法可分为干腌法、湿腌法、混合腌制法三种。(　　)

9. 滚揉的作用和目的:加速腌制液的渗透与发色;快速提取盐溶性蛋白质。(　　)

10. 微波解冻法，就是自然解冻，速度慢，时间长，但操作方便。(　　)

项目四

酱卤肉制品生产与质量控制

【知识目标】

①酱卤肉制品的含义及分类。②酱卤肉制品的国家标准。③酱卤肉制品风味产生机理。

【技能目标】

①能够独立完成各种酱卤肉制品的加工制作，精确控制产品工序参数。②能够认知鉴别酱卤肉制品原料、各种辅料质量好坏。③掌握酱卤肉制品加工设备运行、维护程序，并能够独立操控使用。

【项目描述】

本项目包含6个任务，即酱牛肉制作、酱猪手制作、道口烧鸡制作、德州扒鸡制作、沟帮子熏鸡制作和酱鸡手制作，让学习者对酱卤肉制品从品种、文化、加工工艺到产品质量鉴别有全面系统的学习，为步入酱卤肉制品相关产业工作奠定坚实的基础。

【思维导图】

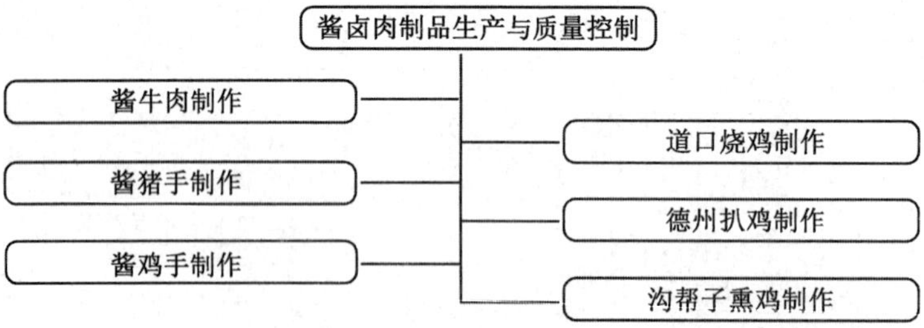

【案例导入】

百年老汤——熟食圈的弥天谎言

无论是老字号还是新字号，熟食店往往标榜自家熟食采用百年老汤秘制。“百年老汤”真的存在吗？老汤富含多种营养成分，食盐含量约4%，很容易产酸败坏。保存老汤的方法有两种，一是每天煮沸杀菌，二是冷冻保藏。一百年前我国基本没有冷冻设备，冷冻保藏老汤不能实现，一百年来坚持每天给老汤煮沸杀菌更加不现实。因此目前没有真正的百年老汤，商家喊出“百年老汤”口号只是一种营销手段、一个噱头，彰显其产品风味优美、底蕴厚重罢了，纯属于“善意的谎言”。

【课前思考】

①酱卤肉制品含义是什么？哪些产品是酱卤肉制品？②各种酱卤肉制品制作工艺一样吗？有什么区别？

【任务设计】

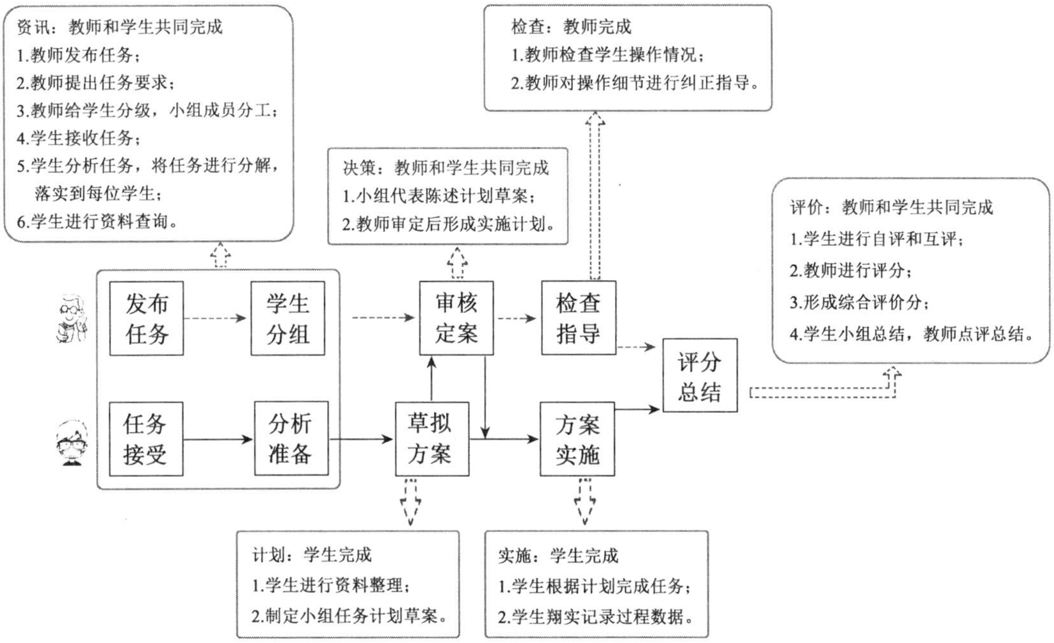

酱卤肉制品是以鲜(冻)畜禽肉和可食副产品放在加有食盐、酱油(或不加)、香辛料的水中，经预煮、浸泡、烧煮、酱制(卤制)等工艺加工而成的酱卤系列肉制品。

“熟食香不香，关键看老汤”，老汤的重要性毋庸置疑，老汤可以说是优质酱卤肉制品的“传家宝”。“老汤”指使用多年的煮制禽、肉的汤汁，老汤保存的时间越长，芳香物质越丰富，香味越浓，鲜味越大，酱卤的肉食品风味越美。一锅经年老汤是通过长期反复熬煮所得，第一锅卤汤制作配料和方法是共通的，经过一周以上的反复熬煮成为初级老汤，初级老汤能够用于制作酱卤产品，在产品制作过程中因品种不同调配不同的香辛料。

老汤配方如表 4-1 所示。

表 4-1　老汤配方

名称	数量/kg	名称	数量/kg
鸡骨架	2	牛(猪)骨棒	2
食盐	1.75	白糖	0.4
味精	0.35	酱油	0.2
料酒	0.2	饮用水	50

熬制老汤所用原材料主要选用鸡骨架和大骨棒，大骨棒可以选用猪大骨棒或牛大骨棒，如制作清真酱卤肉制品应选用牛大骨棒。老汤中食盐浓度应控制在3.5%左右，根据地域不同可适当调整。味精添加量为食盐添加量的15%。

老汤工艺流程如图4-1所示。

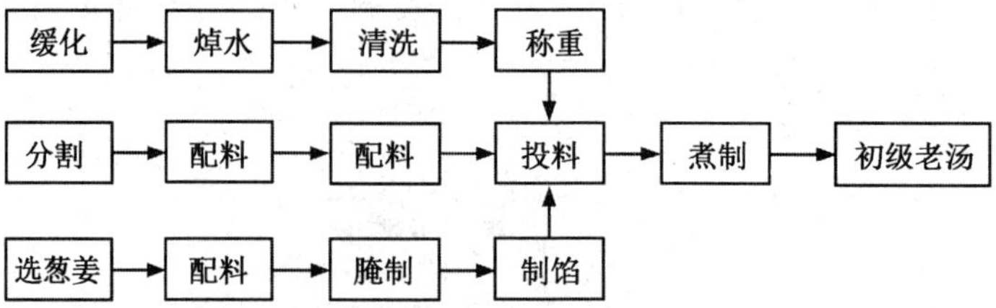

图4-1 老汤工艺流程

操作要点：

1.鸡骨架、大骨棒处理要点

(1)缓化　将鸡骨架、大骨棒用食品箱盛装放入缓化间缓化(家庭制作可以采用自然缓化方式)，缓化时间以鸡骨架缓透为止，时间约3 h。

(2)焯水　在夹层锅内进行，先将水加热至沸腾，将鸡骨架、大骨棒投入沸水中，待水重新沸腾后，计时2 min后捞出。

(3)清洗　将焯水后的鸡骨架、大骨棒放入容器内，置于水龙头下流水冲洗干净。然后将大骨棒用砍刀从中间砍断。

(4)称重　将清洗后的鸡骨架、大骨棒准确称重，记录数据，备用。

2.葱姜处理要点

(1)葱的选用　选用葱白长度占整个大葱的1/2以上，根须比较短的东北大葱或山东大葱。去除葱皮、去除葱叶、去除葱根须，用清水洗净，切成1～2 cm葱段备用。

(2)姜的选用　可以是老姜，也可以是鲜姜，从调味效果考虑应选用老姜，如选用鲜姜应加大使用量。无论是老姜还是鲜姜，都应选择个头较大、表皮完整、没有出芽的姜。姜清洗干净后在案板上切成碎末备用。

3.配料

(1)投料　先将称重准确的水注入夹层锅内，然后将所有处理备用的材料全部投入夹层锅内，搅拌均匀。

(2)煮制　第一天，先将投料后的夹层锅“大火”煮至沸腾，调至“小火”慢煮60 min，关闭热源放置。第二天重复第一天的夹层锅操作流程，重复上述操作一周后，将鸡骨架、大骨棒捞出，夹层锅中剩余汤汁即为“初级老汤”。

注意：老汤保存时每天“大火”加热至沸腾一次，为保证夹层锅内老汤数量，不定期向锅中补充清水。补水技巧，凉汤加凉水，热汤加热水。老汤如长时间不使用时，分装入容器内，冷冻保存。

生产制作鸡、猪、牛等不同种类酱卤肉制品时，原则上老汤单独分锅、各从其类，根据不同的原料特点有针对性地调配香辛料。

任务1　酱牛肉制作

一、酱牛肉的由来

“小二，来一壶酒，二斤牛肉！”曾几何时，酱牛肉成了小说家笔下武林侠客的标准配菜，彰显着侠客们身份的尊贵。酱牛肉属于清真食品，老少皆宜，历史久远，距今至少200年以上。关于酱牛肉的故事莫过于武松打虎了。武松赤手空拳，打死猛虎，一方面是其豪放勇武、机敏智慧的体现，同时也离不开酱牛肉的功劳。今天的酱牛肉已经不仅仅是一道菜，而是发展成为配方、工艺、技术完备的标准化酱卤肉制品。

二、产品配方（表4-2）

表4-2　酱牛肉及老汤配方　　kg

酱牛肉配方					
名称	数量	名称	数量	名称	数量
食盐	0.1	白糖	0.1	味精	0.05
黄酱	0.5	酱油	0.3	料酒	0.2
花椒	0.2	大料	0.2	肉桂	0.2
小茴香	0.1	黑胡椒	0.06	高良姜	0.06
香叶	0.06	草蔻	0.06	荜菝	0.04
丁香	0.03	甘草	0.03	陈皮	0.03
大葱	2	鲜姜	1	牛肉	50
老汤配方					
食盐	1.75	白糖	0.4	味精	0.35
酱油	0.2	料酒	0.2	饮用水	50

三、工艺流程（图4-2）

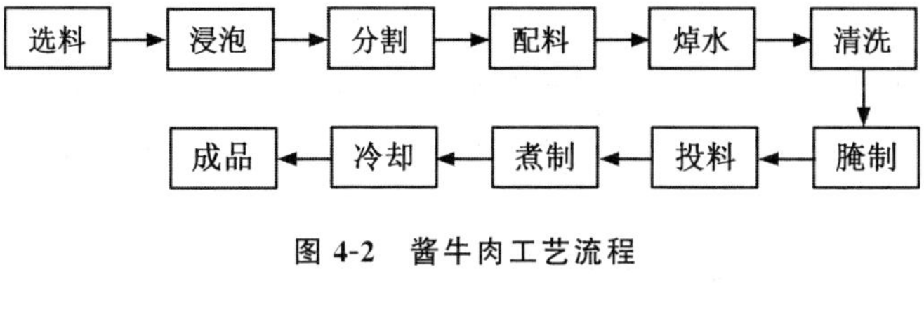

图4-2　酱牛肉工艺流程

四、器具设备

(1)器具　分割刀、磨刀棒、剪刀、白线绳、料包袋、分割操作台、食品箱(塑料)、不锈钢盆、电子秤、天平。

(2)设备　夹层锅。

五、操作要点

(一)选料

根据生产计划、产品配方、工艺损失计算原辅材料需求数量,填写领料单,领料出库。

主要包括原料选择和辅助材料选择。

(1)原料选择　指牛肉选择,制作酱牛肉所用牛肉很有讲究,并不是所有部位的牛肉都适合制作酱牛肉,理想原料是前腿牛腱子肉,前腿牛腱子肉筋多肉嫩,由一条条独立的小腱子肉组成。选料要求动物检疫合格,肉色深红、肉质有弹性、手指压陷部分立刻复原,切面有光泽及微湿润,具有浓郁的牛肉气味,脂肪白色或乳白色,用手触摸脂肪时有蜡样手感。

(2)辅助材料选择　要求质量必须符合 GB 2760—2014 食品添加剂使用标准之规定或使用单位供货要求。制作酱牛肉,大葱和鲜姜的选择很重要。大葱选择葱白较粗,葱白与葱叶比例 1∶1 的东北大葱或山东大葱。姜宜选用本色淡黄的,用手捏肉质坚挺、不酥软的姜,不要选择特别光鲜亮丽的姜。

(二)浸泡

如果选用冷冻牛肉,将装有牛肉的包装袋拆开,取出牛肉,放入缓化间缓化池内,用清水浸泡缓化;如果选用热鲜牛肉,将牛腱子肉放入 0～4 ℃低温间内排酸 24 h 后,放入盛装清水的容器中,浸泡 60 min,使血水充分浸入清水中。

注意:无论浸泡还是缓化,都要保证容器足够大,清水量要足够多。

(三)分割

用分割刀剔除牛腱子肉表面的牛油,然后将牛肉切成 1 kg 左右的肉块。

(四)配料

酱牛肉配料包括原料配料和辅料配料。

(1)原料配料　通常在生产车间内由浸泡工人完成,准确称重牛肉重量,数据传递给配料员。

(2)辅料配料　由配料员在配料室内完成,食盐、白糖、味精称重后混匀盛装,葱、姜单独称重盛装,酱油、料酒单独称重盛装,香辛料称重后混匀装入料包袋。称重配制好的辅料转入下一道工序要求进行复检,办理交接手续。

(五)焯水

工厂通常在夹层锅内进行,焯水过程火候控制始终保持大火状态。先将夹层锅内水加热至沸腾,再将牛肉投入沸水锅中,待水重新沸腾后,计时 3 min 后捞出。

注意:焯水过程保证夹层锅内足够多的沸水量,如果沸水量过少,焯水原料过多,会导致原料投入夹层锅内至沸腾时间过长,原料营养成分流失过多,影响成品质量。

(六)清洗

清洗工序包括牛肉清洗和葱、姜清洗。

(1)牛肉清洗　将经过焯水的牛肉迅速用冷水清洗(最好用流水清洗),洗去牛肉表面黏着的污物和杂质。

(2)葱、姜清洗　将大葱去皮、去根、去叶后用冷水清洗干净,鲜姜从丫杈处分开后用冷水清洗干净。大葱切成2～3 cm的葱段,姜切成2～3 mm的姜片。

(七)腌制

先将制作酱牛肉用的辅助材料及老汤熬煮3 h,放凉至10 ℃以下,制成腌制料液,将清洗后的牛肉块投入腌制液中,放入8～10 ℃腌制间中腌制24 h。

注意:香辛料应粉碎呈颗粒,用料包袋装好,禁止香辛料颗粒直接投放熬煮,否则黏到牛肉表面影响感官指标。

(八)投料

从腌制料液中捞出腌制结束的牛肉,将腌制料液倒入夹层锅中,大火(蒸汽控制阀满开)加热至沸腾,将前面捞出的腌制牛肉投入沸腾汤锅中。

注意:保证夹层锅内煮制汤汁没过牛肉3 cm以上。

(九)煮制

将投料结束的夹层锅大火(蒸汽控制阀满开)煮至沸腾30 min,变为小火(蒸汽控制阀开至1/3)煮制60 min,关火(关闭蒸汽阀)焖煮60 min。家庭制作牛肉可以采用高压锅,大火煮制牛肉15 min后,关火焖煮90 min即可。

注意:如牛肉块型较大应增加焖煮时间。

(十)冷却

将煮制结束的酱牛肉平铺在冷却间食品箱内,冷却至室温。

(十一)成品

(1)成品入库　将经过冷却的酱牛肉验质检斤后送入成品库。

(2)成品鉴别　主要从以下5点鉴别。

①外观形态:外形规则整齐、无异物;

②色泽:表面酱红色或深红色,有光泽,且均匀一致;

③组织状态:组织紧密,有韧性,可咀嚼,无汁液,切片筋肉相间;

④滋气味:咸淡适中,滋味鲜美,有酱牛肉特有的香味,无异味;

⑤杂质:无肉眼可见外来杂质。

任务2　酱猪手制作

一、酱猪手的由来

酱猪手历史悠久,始创时间无从考究。相传古代书生进京科考通常会吃猪蹄,寓意"朱笔题名,金榜高中"。比较有名的猪蹄典故当属"万三蹄"。洪武皇帝朱元璋建立明朝后,猪(朱)字成了国家避讳。朱元璋对富可敌国的沈万三很是嫉妒,一日到沈万三家坐客,沈万三以猪蹄膀招待朱元璋。朱元璋刁难沈万三,问其菜名,沈万三急中生智,指着自己的下肢说,这是"万三蹄",于是"万三蹄"由此得名。酱猪手是传统名菜,因其咸香、酥软、色艳遍及大江南北。猪蹄富含胶原蛋白，是气血双补、美容养颜佳品。

二、产品配方(表 4-3)

表 4-3　酱猪手和老汤配方　kg

酱猪手配方					
名称	数量	名称	数量	名称	数量
食盐	0.25	白糖	0.1	味精	0.05
酱油	0.3	料酒	0.2	花椒	0.2
大料	0.2	肉桂	0.1	砂仁	0.05
肉蔻	0.05	高良姜	0.05	山萘	0.05
香叶	0.05	白芷	0.03	草果	0.03
甘草	0.03	罗汉果	0.03	大葱	2
鲜姜	1	猪手	50		
老 汤 配 方					
食盐	1.75	白糖	0.4	味精	0.35
酱油	0.2	料酒	0.2	饮用水	50

三、工艺流程(图 4-3)

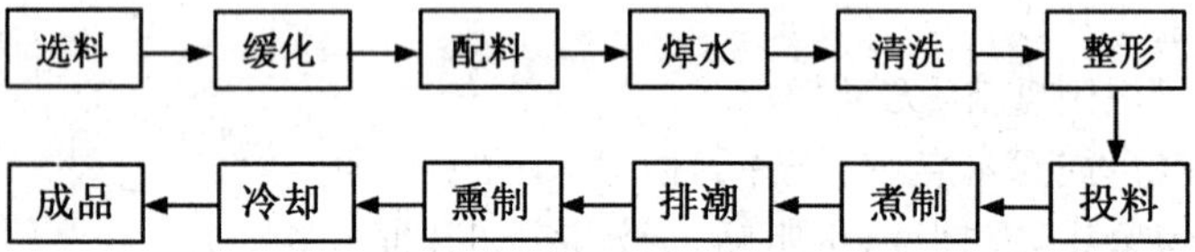

图 4-3　酱猪手工艺流程

四、器具设备

(1)器具　解冻货架、分割刀、磨刀棒、剪刀、白线绳、料包袋、分割操作台、食品箱(塑料)、不锈钢盆、电子秤、天平。

(2)设备　火焰喷枪、夹层锅、糖熏炉。

五、操作要点

(一)选料

根据生产计划、产品配方、工艺损失计算原辅材料需求数量，填写领料单，领料出库。主要包括原料选择和辅助材料选择。

(1)原料选择 指猪蹄选择,选取大小适中、动物检疫合格的健康猪蹄,工厂选材应索取检验合格证。健康猪蹄感官特征:猪皮色泽淡黄白色,无污血点,有光泽,能闻到猪蹄本身的腥味,无药味。最好选用猪前蹄,前蹄俗称为猪手,后蹄俗称为猪脚。前蹄的肉要厚一些,筋也要多一些。一般来说,前蹄的关节比较小,后蹄的关节比较粗,前蹄的个头比较小,后蹄的个头比较大,前蹄内侧有三道褶,后蹄没有,前蹄断面能看到明显的蹄筋,后蹄没有(图 4-4)。

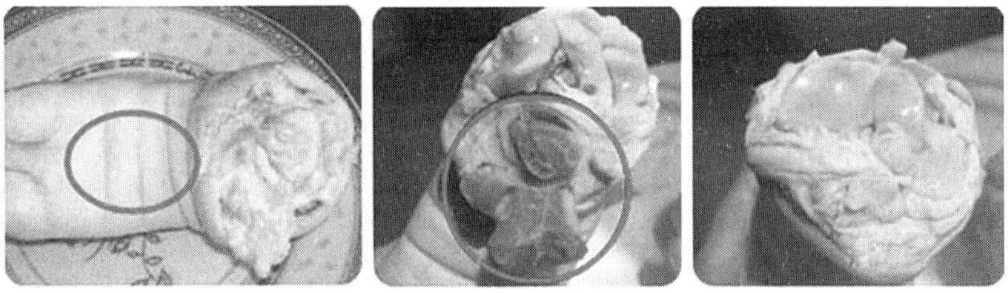

前蹄的内侧有三道褶　　前蹄的断面能看到明显的蹄筋，而后蹄则没有。

图 4-4 区分猪前后蹄

(2)辅助材料选择 要求质量必须符合 GB 2760—2014 食品添加剂使用标准之规定或使用单位供货要求。制作酱猪蹄大葱和鲜姜的选择很重要。大葱选择葱白较粗,葱白与葱叶比例 1∶1 的东北大葱或山东大葱。姜宜选用本色淡黄的,用手捏肉质坚挺、不酥软的姜,不要选择特别光鲜亮丽的姜。

(二)缓化

将装有猪蹄的纸箱拆开,取出猪蹄,分散摆放在缓化间解冻货架上。

缓化条件:温度 8 ℃、相对湿度 80%~90%、风速 1 m/s。

缓化结束标准:以猪蹄中心点温度达到 0 ℃为准。

(三)配料

酱猪手配料包括原料配料和辅料配料。

(1)原料配料 通常在生产车间内由缓化工人完成,准确称重经过缓化的猪蹄重量,数据传递给配料员。

(2)辅料配料 由配料员在配料室内完成,食盐、白糖、味精称重后混匀盛装,葱、姜单独称重盛装,酱油、料酒单独称重盛装,香辛料称重后混匀装入料包袋。称重配制好的辅料转入下一道工序要求进行复检,办理交接手续。

(四)焯水

工厂通常在夹层锅内进行,焯水过程火候控制始终保持大火状态。先将水加热至沸腾,将猪蹄投入沸水中,待水重新沸腾后,计时 3 min 后捞出。

注意:焯水过程保证夹层锅内足够多的沸水量,如果沸水量过少,焯水原料过多,会导致原料投入夹层锅内至沸腾时间过长,原料营养成分流失过多,影响成品质量。

(五)清洗

清洗工序包括猪蹄清洗和葱、姜清洗。

猪蹄清洗:将经过焯水的猪蹄迅速用冷水清洗(最好用流水清洗),洗去猪蹄表面黏着污物和杂质。

葱、姜清洗：将大葱去皮、去根、去叶后用冷水清洗干净，鲜姜从丫杈处分开后用冷水清洗干净。大葱切成2～3 cm的葱段，姜切成2～3 mm的姜片。

（六）整形

用尖刀在猪蹄内侧1/2处开口，深度以割到骨头为止。切口目的是在猪蹄受热弹性蛋白收缩时，猪蹄背弯处裂口较小，形状好看，增加顾客感官认可度。

（七）投料

将按配方要求称重好的香辛料颗粒料包袋投入老汤锅中，同时将补充的食盐、白糖、味精、料酒、酱油、葱段、姜片等辅料投入老汤锅内，搅拌均匀，大火煮至沸腾后再投入清洗干净的猪蹄。

注意：保证夹层锅内煮制汤汁没过猪蹄3 cm以上。

（八）煮制

将投料结束的夹层锅大火（蒸汽控制阀满开）加热至沸腾，保持沸腾状态10 min，调整为小火（蒸汽控制阀开至1/3）加热50 min，关火（关闭蒸汽阀）焖煮60 min。注意如猪蹄较大应增加焖煮时间。

家庭制作猪蹄可以采用高压锅，大火煮制猪蹄15 min后，关火焖煮90 min即可。

（九）排潮

就是排潮气，此项工作在排潮车间完成。猪蹄出锅后均匀摊晾在不锈钢网帘上，挥散潮气2～3 min。

（十）熏制

熏制能够使猪蹄产生特有的熏制风味和诱人的感官色泽，熏制工作主要在糖熏炉（或铁锅）内通过白糖焦糖化熏制完成。

①将排潮结束、摆放猪蹄的熏制帘推入糖熏炉中；

②关闭炉门，启动热源，大火加热至95 ℃以上；

③在糖熏炉发烟器中加入白糖，加热发烟后，向糖熏炉内送烟；

④熏制时间约3 min，至猪蹄表面颜色呈现浅棕黄颜色时关闭热源，出炉。

注意：熏制程度控制不能达到金黄色，否则产品售卖时颜色会变深变黑。

（十一）冷却

将熏制结束的酱猪蹄平铺在冷却间冷却架上，冷却至室温。

（十二）成品

（1）成品入库　将经过冷却的酱猪手验质检斤后送入成品库。

（2）成品鉴别　主要从以下5点鉴别。

①外观形态：外形规则整齐、无异物、无烟熏痕迹；

②色泽：表面酱红色或红黄色，有光泽，且均匀一致；

③组织状态：组织紧密，有韧性，可咀嚼，无汁液；

④滋气味：咸淡适中，滋味鲜美，有酱猪手特有的香味，无异味；

⑤杂质：无肉眼可见外来杂质。

任务 3　道口烧鸡制作

一、道口烧鸡的由来

道口烧鸡是出产于河南省滑县道口镇的特产肉食制品，其历史可追溯至清朝顺治十八年(1661 年)，距今已有 300 多年历史。1787 年张炳建立“义兴张”烧鸡铺，后又经过多代技师不断地摸索和改进，使道口烧鸡声名远扬。现代的道口烧鸡造型独特，色泽鲜艳，味道纯香，软烂离骨，食而不厌。

二、产品配方(表 4-4)

表 4-4　道口烧鸡配方　kg

道口烧鸡配方					
名称	数量	名称	数量	名称	数量
食盐	0.25	白糖	0.1	味精	0.05
酱油	0.3	料酒	0.2	肉桂	0.2
良姜	0.2	白芷	0.2	砂仁	0.1
香砂	0.1	荜菝	0.1	草果	0.05
陈皮	0.03	白蔻	0.03	丁香	0.03
大葱	2	鲜姜	1	白条鸡	50
老 汤 配 方					
食盐	1.75	白糖	0.4	味精	0.35
酱油	0.2	料酒	0.2	饮用水	50

三、工艺流程(图 4-5)

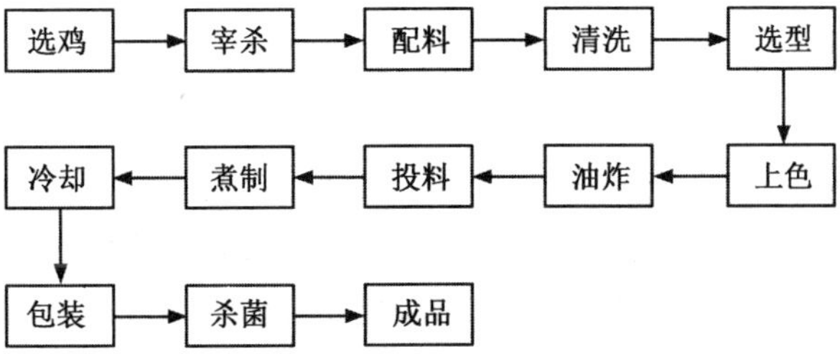

图 4-5　道口烧鸡工艺流程

四、器具设备

(1)器具　刀具、磨刀棒、剪刀、白线绳、纱布、操作台、案板、食品箱、不锈钢盆、电子秤、天平。

(2)设备　鸡屠宰设备、夹层锅。

五、操作要点

(一)选鸡

选用活鸡作原料,活鸡是产品风味和质量的载体,所以要严格把好选鸡关。通常选用鸡龄半年以上两年以内的活鸡(理想鸡龄应该是 1 年左右),体重 1～1.25 kg 左右优质健康鸡。健康鸡体貌特征:活动敏捷、喜欢进食;活鸡鸡冠子鲜红、挺直;活鸡眼睛明亮有神;活鸡两翅自然紧贴鸡体,羽毛披覆整齐;活鸡肛门周围绒毛洁净无粪便。

(二)宰杀

鸡宰杀前断食 10 h,可以少量饮水。晕鸡,可以采用水晕法也可采用电晕法。宰杀,用刀割破鸡颈部血管,沥血时间 100 s 左右,至血放尽,60 ℃热水烫毛 30 s,去毛、洗净,在鸡肩颈背侧开 3～4 cm 小口,取出嗉囊,腹下开膛,口要小,取内脏,以利于造形。

(三)配料

道口烧鸡配料包括原料配料和辅料配料。

(1)原料配料　通常在生产车间内由清洗工人完成,准确称白条鸡重量,数据传递给配料员。

(2)辅料配料　由配料员在配料室内完成,食盐、白糖、味精称重后混匀盛装,葱、姜单独称重盛装,酱油、料酒单独称重盛装,香辛料称重后混匀装入料包袋。称重配制好的辅料转入下一道工序要求进行复检,办理交接手续。

(四)清洗

将去除内脏的鸡用清水冲洗干净,将鸡投入浸泡池水中浸泡 2～3 h,直至鸡体表干净洁白为止。

同时将大葱去皮、去根、去叶后用清水冲洗干净,鲜姜从丫杈处分开后用清水冲洗干净。大葱切成 2～3 cm 的葱段,姜切成 2～3 mm 的姜片。

(五)造型

造型是对鸡腿、鸡翅、鸡头、鸡身整体形状进行塑造,以形成特色鲜明的独特外形,便于售卖和区分。道口烧鸡造型呈元宝状。

道口烧鸡造型:用尖刀沿腿关节处割掉鸡爪,用利刃将鸡肋骨、椎骨中间处切断,选一段长约 15 cm 竹棍,放鸡腹内,撑开鸡身,将鸡腿交叉插入腹腔内(鸡爪已经去掉);把两翅在颈后交叉,使头颈向脊背折抑,翅尖绕至颈腹侧放血刀口处,将两翅从刀口向口腔交叉穿出,使整鸡成两头尖的半圆形,洗净后悬挂,晾干表皮水分(图 4-6)。

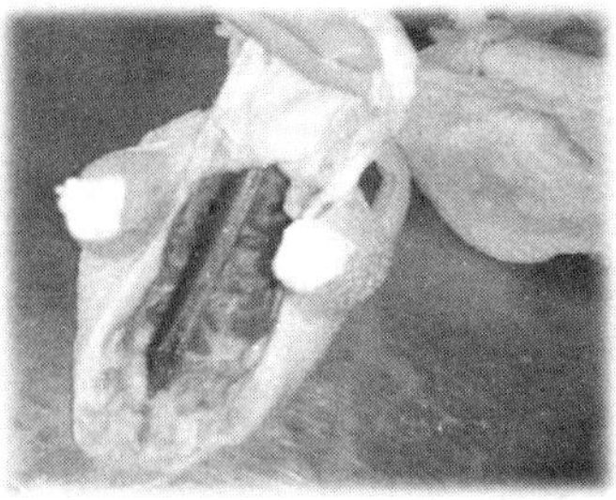
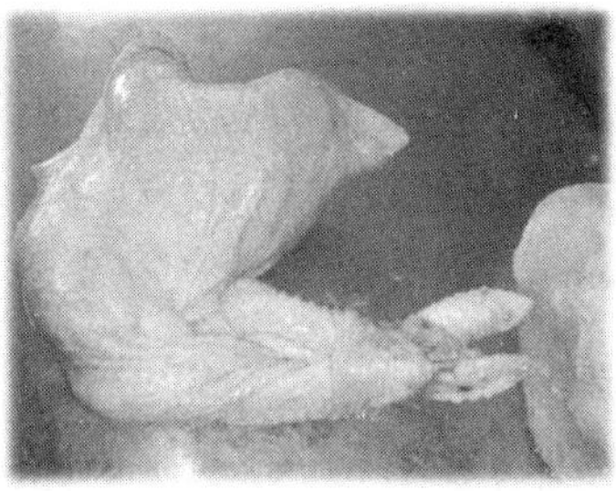

图 4-6　道口烧鸡造型

(六)上色

将经过造型的鸡浸入上色料液中，取出，将鸡摆放在阴凉处，沥干水分。上色料液可以采用蜂蜜水或饴糖水，配制比例蜂蜜(饴糖)：水＝1：100。

(七)油炸

将经过上色的鸡投入油炸机中油炸。油炸温度 170 ℃，时间 1～2 min，至鸡身表面金黄色捞出。

(八)投料

将经过油炸的鸡体整齐码入夹层锅中，加入老汤、适量清水及香料袋。同时将补充的食盐、白糖、味精、料酒、酱油、葱段、姜片等辅料投入老汤锅内，上面用网帘压好。

注意：保证夹层锅内煮制汤汁没过鸡体 3 cm 以上。

(九)煮制

将投料结束的夹层锅大火(蒸汽控制阀满开)煮至沸腾，撇去浮沫，15 min 后变为小火(蒸汽控制阀开至 1/3)煮制 120 min，关火(关闭蒸汽阀)焖煮 90 min，以肉烂脱骨为止，出锅。

(十)冷却

将煮制好的烧鸡平铺摆放在冷却架上，鸡体之间留有空隙，不能贴靠，在冷却间内冷却鸡体内部中心点温度至室温以下。

(十一)包装

冷却后的烧鸡装入包装袋内(可以采用铝箔袋，也可采用透明袋)，进行真空包装，有的包装产品经杀菌后还要进行彩袋二次包装。

(十二)杀菌

将包装后的产品推入高压杀菌罐杀菌，通常杀菌温度为 115 ℃，时间 5 min。

注意事项：

(1)包装前 1 min 打开电源预热，调整热合时间按钮至袋口热合效果最优为准，调整真空时间按钮至真空度达到 1 kPa 为准。

(2)真空袋质量，选择阻气阻水性能良好、透明度好、柔韧性好的食品级真空袋。

(3)包装日期以当天日期为准。

(4)高压杀菌罐操作要严格遵循操作流程，特别是高压杀菌罐内冷却时要保证压力稳定。

(十三)成品

(1)成品入库　将经过冷却的道口烧鸡验质检斤后送入成品库。

(2)成品鉴别　主要从以下 5 点鉴别。

①外观形态:外形形似元宝、规格整齐、无异物;

②色泽:表面黄红色或黄褐色,有光泽,且均匀一致;

③组织状态:软烂离骨,无汁液;

④滋气味:咸淡适中,滋味鲜美,有道口烧鸡特有的香味,无异味;

⑤杂质:无肉眼可见外来杂质。

任务 4　德州扒鸡制作

一、德州扒鸡的由来

德州扒鸡是山东德州特产,据传康熙三十一年(公元 1692 年),有一位烧鸡艺人贾建才在德州城经营着一间烧鸡铺。有一天,贾建才有事外出,让店里伙计照看灶火,没成想伙计睡着了,一锅鸡熬过了头。贾建才本想低价卖掉,却闻到了异乎寻常的香味,人们闻香而来,顷刻间这种烧鸡就卖光了。而且,人们发现这种做过了头的烧鸡肉骨分离,连骨头都可以嚼烂,又酥又香。事后贾建才潜心研究,改进技艺,就创立了扒鸡的原始做法,即大火煮,小火焖。贾建才请马老秀才给烧鸡起名。马秀才尝了尝鸡肉,问了问做法,即兴赋诗:"热中一抖骨肉分,异香扑鼻竞袭人;惹得老夫伸五指,入口齿馨长留津",于是他给烧鸡起名为"五香脱骨扒鸡",德州扒鸡因此而诞生。

二、产品配方(表 4-5)

表 4-5　德州扒鸡及老汤配方　　kg

德州扒鸡配方					
名称	数量	名称	数量	名称	数量
食盐	0.25	白糖	0.1	味精	0.05
酱油	0.3	料酒	0.2	良姜	0.15
白芷	0.15	肉桂	0.15	花椒	0.1
大料	0.1	小茴香	0.1	陈皮	0.05
草果	0.03	肉蔻	0.03	甘草	0.03
草蔻	0.02	香叶	0.02	砂仁	0.02
丁香	0.02	大葱	2	鲜姜	1
白条鸡	50				
老汤配方					
食盐	1.75	白糖	0.4	味精	0.35
酱油	0.2	料酒	0.2	饮用水	50

三、工艺流程(图 4-7)

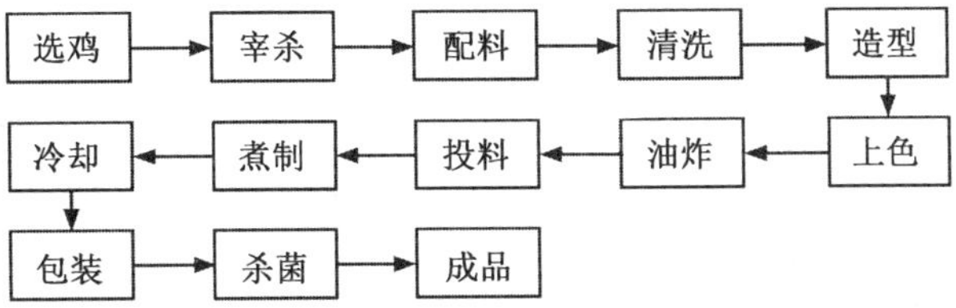

图 4-7 德州扒鸡工艺流程

四、器具设备

(1)器具 刀具、磨刀棒、剪刀、白线绳、纱布、操作台、案板、食品箱、不锈钢盆、电子秤、天平。

(2)设备 夹层锅、油炸机、鸡屠宰设备。

五、操作要点

(一)选鸡

选用活鸡作原料,活鸡是产品风味和质量的载体,所以要严格把好选鸡关。通常选用鸡龄半年以上两年以内的活鸡(理想鸡龄应该是 1 年左右),体重 1～1.25 kg 左右优质健康鸡。健康鸡体貌特征:活动敏捷、喜欢进食;活鸡鸡冠子鲜红、挺直;活鸡眼睛明亮有神;活鸡两翅自然紧贴鸡体,羽毛披覆整齐;活鸡肛门周围绒毛洁净无粪便。

(二)宰杀

鸡宰杀前断食 10 h,可以少量饮水。晕鸡,可以采用水晕法也可采用电晕法。宰杀,用刀割破鸡颈部血管,沥血时间 100 s 左右,至血放尽,60 ℃热水烫毛 30 s,去毛、洗净,在鸡肩颈背侧开 3～4 cm 小口,取出嗉囊,腹下开膛,口要小,取内脏,以利于造形。

(三)配料

德州扒鸡配料包括原料配料和辅料配料。

(1)原料配料 通常在生产车间内由清洗工人完成,准确称白条鸡重量,数据传递给配料员。

(2)辅料配料 由配料员在配料室内完成,食盐、白糖、味精称重后混匀盛装,葱、姜单独称重盛装,酱油、料酒单独称重盛装,香辛料称重后混匀装入料包袋。称重配制好的辅料转入下一道工序要求进行复检,办理交接手续。

(四)清洗

将去除内脏的鸡用清水冲洗干净,将鸡投入浸泡池水中浸泡 2～3 h,直至鸡体表干净洁白为止。

同时将大葱去皮、去根、去叶后用清水冲洗干净,鲜姜从丫杈处分开后用清水冲洗干净。

大葱切成 2～3 cm 的葱段，姜切成 2～3 mm 的姜片。

（五）造型

也称盘鸡，采用“口衔羽翎、鸭浮水面”的盘鸡手法。

第一步，鸡爪填进腹。用剪刀从尾部泄殖腔深入剪断鸡胸骨（不能剪坏鸡皮），将鸡腿交叉从尾部泄殖腔插入腹腔内。先填左鸡爪，左手拇指插入右翅下方，食指扣住右翅与脖子之间，其余三指放在左翅下面；右手食指按住鸡掌心，手心顶住鸡腿拐。填制时用巧劲，不能使蛮力，手指掌握方向，手心用力，将鸡爪往腹腔内一推。再填右鸡爪，换大拇指按住鸡掌心，食指扣住往腹腔里填。填进去后，两鸡爪肘部相扣，非常牢固，熟后不容易掉爪。

第二步，鸡翅嘴穿出。先填左翅，左手抓住鸡头，大拇指自刀口伸入从鸡嘴伸出检查是否有积食，右手将左翅由喉咙处刀口穿进鸡嘴再穿出，穿出后左手三个手指抓牢左翅。再填右翅，使鸡头朝前，右手掌心顶住翅膀弯处，由外向内翻转鸡翅（这样填制鸡翅不易脱落），将右翅从鸡嘴中穿出。穿完后，双翅翅尖朝向相反方向（图 4-8）。

图 4-8　德州扒鸡造型

（六）上色

将经过造型的鸡浸入上色料液中，取出将鸡挂在风干房中，沥干水分。上色料液可以采用蜂蜜水或饴糖水，配制比例蜂蜜（饴糖）∶水＝1∶10。

（七）油炸

将经过上色风干的鸡投入油炸机中油炸。油炸温度 175 ℃，时间 2 min，至鸡身表面金黄色捞出。

（八）投料

将经过油炸的鸡体整齐码入夹层锅中，加入老汤、适量清水及香料袋。同时将补充的食盐、白糖、味精、料酒、酱油、葱段、姜片等辅料投入老汤锅内，上面用网帘压好。

注意：保证夹层锅内煮制汤汁没过鸡体 3 cm 以上。

（九）煮制

将投料结束的夹层锅大火（蒸汽控制阀满开）煮至沸腾，撇去浮沫，15 min 后变为小火（蒸汽控制阀开至 1/3）煮制 120 min，关火（关闭蒸汽阀）焖煮 120 min，以肉烂脱骨为止，出锅。

(十)冷却

将煮制好的扒鸡平铺摆放在冷却架上,在冷却间内冷却鸡体内部中心点温度至室温以下。

(十一)包装

冷却后的扒鸡装入包装袋内(可以采用铝箔袋,也可采用透明袋),进行真空包装,有的包装产品经杀菌后还要进行彩袋二次包装。

(十二)杀菌

将包装后的产品推入高压杀菌罐杀菌,通常杀菌温度为 115 ℃,时间 5 min。

注意事项:

(1)包装前 1 min 打开电源预热,调整热合时间按钮至袋口热合效果最优为准,调整真空时间按钮至真空度达到 1 kPa 为准。

(2)真空袋质量,选择阻气阻水性能良好、透明度好、柔韧性好的食品级真空袋。

(3)包装日期以当天日期为准。

(4)高压杀菌罐操作要严格遵循操作流程,特别是高压杀菌罐内冷却时要保证压力稳定。

(十三)成品

(1)成品入库　将经过冷却的德州扒鸡验质检斤后送入成品库。

(2)成品鉴别　主要从以下 5 点鉴别。

①外观:全鸡完整,造型美观;

②色泽:全身金黄,黄中透红;

③肉质:鲜嫩松软,熟烂适度;

④味道:五香透骨,香而不腻;

⑤熟度:热中一抖,骨肉分离。

任务 5　沟帮子熏鸡制作

一、沟帮子熏鸡的由来

沟帮子熏鸡已有近百年历史,是辽宁省北镇市沟帮子特产,历史悠久,制作独特,味道鲜美。沟帮子熏鸡始创于公元 1899 年(光绪二十五年)。当年安徽颖州府熏鸡艺人刘世忠,闯关东来到沟帮子,他重操旧业,制作熏鸡。由于熏鸡不符合东北人的口味,生意清淡。刘世忠经过反复研究改进,效果都不理想,最后在当地一位老中医的指点下,在煮鸡的老汤中,添加了能够开胃健脾、帮助消化的肉桂、白芷、陈皮、砂仁等中草药,这回熏出来的鸡既保持了祖传的特点,又增加了浓郁的香味。从此刘世忠的熏鸡逐渐名声大震,人们称他为“熏鸡刘”,沟帮子熏鸡也因此而诞生。

二、产品配方(表 4-6)

表 4-6 沟帮子熏鸡及老汤配方 kg

沟帮子熏鸡配方					
名称	数量	名称	数量	名称	数量
食盐	0.25	白糖	0.1	味精	0.05
酱油	0.3	料酒	0.2	肉桂	0.15
陈皮	0.15	大料	0.15	黑胡椒	0.1
干辣椒	0.1	白芷	0.1	肉蔻	0.05
丁香	0.03	砂仁	0.03	白条鸡	50
大葱	2	鲜姜	1		
老汤配方					
食盐	1.75	白糖	0.4	味精	0.35
酱油	0.2	料酒	0.2	饮用水	50

三、工艺流程(图 4-9)

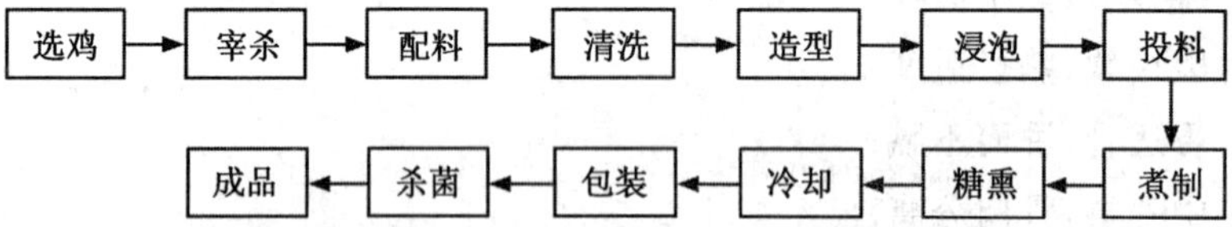

图 4-9 沟帮子熏鸡工艺流程

四、器具设备

(1)器具 刀具、磨刀棒、剪刀、白线绳、纱布、操作台、案板、食品箱、不锈钢盆、电子秤、天平。

(2)设备 夹层锅、糖熏炉、鸡屠宰设备。

五、操作要点

(一)选鸡

选用活鸡作原料,活鸡是产品风味和质量的载体,所以要严把选鸡关。通常选用鸡龄半年以上两年以内的活鸡(理想鸡龄应该是 1 年左右),体重 1～1.25 kg 左右优质健康鸡。健康鸡体貌特征:活动敏捷、喜欢进食;活鸡鸡冠子鲜红、挺直;活鸡眼睛明亮有神;活鸡两翅自然紧贴鸡体,羽毛披覆整齐;活鸡肛门周围绒毛洁净无粪便。

(二)宰杀

鸡宰杀前断食 10 h,可以少量饮水。晕鸡,可以采用水晕法也可采用电晕法。宰杀,用刀割破鸡颈部血管,沥血时间 100 s 左右至血放尽,60 ℃热水烫毛 30 s,去毛、洗净,在肩颈背侧开 3～4 cm 小口,取出嗉囊,腹下开膛,口要小,取内脏,以利于造形。用喷火枪喷烧鸡体上的绒毛,要不断移动喷火枪,以免停留过久烧坏鸡皮,并且不断翻动鸡身,确保鸡身上绒毛全部烧掉。

(三)配料

沟帮子熏鸡配料包括原料配料和辅料配料。

(1)原料配料　通常在生产车间内由清洗工人完成,准确称白条鸡重量,数据传递给配料员。

(2)辅料配料　由配料员在配料室内完成,食盐、白糖、味精称重后混匀盛装,葱、姜单独称重盛装,酱油、料酒单独称重盛装,香辛料称重后混匀装入料包袋。称重配制好的辅料转入下一道工序要求进行复检,办理交接手续。

(四)清洗

将去除内脏的鸡用清水冲洗干净,直至鸡体表干净洁白为止。

同时将大葱去皮、去根、去叶后用清水冲洗干净,鲜姜从丫杈处分开后用清水冲洗干净。大葱切成 2～3 cm 的葱段,姜切成 2～3 mm 的姜片。

(五)造型

也称盘鸡,采用“天鹅凫水、回头望月”盘鸡手法。

第一步,敲断大腿骨。用钝的铁器在鸡大腿根部敲断鸡大腿骨,利于鸡腿盘入鸡腹腔。

第二步,单翅嘴穿出。将一只鸡翅膀从鸡脖放血口穿入,从鸡嘴穿过,将鸡翅充分拉出,塞入鸡脖与翅膀间隙中,使鸡冠朝上,鸡头与鸡脖呈卷曲状,环抱着鸡身。

第三步,小腿入腹腔。用剪刀从泄殖腔插入剪断鸡胸骨(不要弄破鸡皮),用尖刀在鸡小腿关节上方 2 cm 处后部切一刀,防止盘形式在其他部位折断鸡腿,用泡好的马蔺(俗称马莲)叶条将两只小鸡腿捆绑。在鸡腹部放一条马蔺叶,将鸡腹部软组织翻起,将鸡腿塞入鸡腹腔内,最后用马蔺叶把鸡胸骨、小腿和尾椎部分绑在一起,使鸡的腹腔基本闭合。

(六)浸泡

经过整形的鸡送入浸泡池用清水浸泡 2～3 h,以除去血渍、污液。

(七)投料

将经过浸泡的鸡体整齐码入夹层锅中,加入老汤、适量清水及香料袋。同时将补充的食盐、白糖、味精、料酒、酱油、葱段、姜片等辅料投入老汤锅内,上面用网帘压好。

注意:保证夹层锅内煮制汤汁没过鸡体 3 cm 以上。

(八)煮制

将投料结束的夹层锅大火(蒸汽控制阀满开)煮至沸腾,撇去浮沫,30 min 后变为小火(蒸汽控制阀开至 1/3)煮制 90 min,关火(关闭蒸汽阀)焖煮 90 min。

(九)熏制

熏制能够使鸡产生特有的熏制风味和诱人的感官色泽，熏制工作主要在糖熏炉(或铁锅)内通过白糖焦糖化熏制完成。

(1)将排潮结束、摆放鸡体的熏制帘推入糖熏炉中；

(2)关闭炉门，启动热源，大火加热至 95 ℃以上；

(3)在糖熏炉发烟器中加入白糖，加热发烟后，向糖熏炉内送烟；

(4)熏制时间约 2 min，至鸡体表面颜色呈现浅棕黄颜色时关闭热源，出炉。

注意：熏制程度控制不能达到金黄色，否则产品售卖时颜色会变深变黑。

(十)冷却

将熏制结束的鸡平铺在冷却间冷却架上，冷却至室温。

(十一)包装

冷却后的熏鸡装入包装袋内(可以采用铝箔袋，也可采用透明袋)，进行真空包装，有的包装产品经杀菌后还要进行彩袋二次包装。

(十二)杀菌

将包装后的产品推入高压杀菌罐杀菌，通常杀菌温度为 115 ℃，时间 5 min。

注意事项：

(1)包装前 1 min 打开电源预热，调整热合时间按钮至袋口热合效果最优为准，调整真空时间按钮至真空度达到 1 kPa 为准。

(2)真空袋质量，选择阻气阻水性能良好、透明度好、柔韧性好的食品级真空袋。

(3)包装日期以当天日期为准。

(4)高压杀菌罐操作要严格遵循操作流程，特别是高压杀菌罐内冷却时要保证压力稳定。

(十三)成品

(1)成品入库　将经过冷却的沟帮子熏鸡验质检斤后送入成品库。

(2)成品鉴别　主要从以下 5 点鉴别。

①外观：全鸡下完整，造型美观；

②色泽：全身枣红，红中透亮；

③肉质：肉质细嫩，烂而连丝；

④味道：熏香浓郁，咸淡适宜。

任务 6　酱鸡手制作

一、酱鸡手的由来

鸡手即鸡爪，又名鸡掌、凤爪，是鸡的脚爪，共 4 个指头属于鸡副产品。酱鸡手历史非常悠久，但具体时间无从考究。中国人爱吃鸡爪，最早的记载应是在《吕氏春秋》当中："齐王之食鸡也，必食其跖，数千而后足。"在中国传统里，鸡和"吉"谐音，有吉祥、喜庆、辟邪之意。所以在中国的餐桌上，一些比较重要的宴会上，都能看到鸡的身影。

二、产品配方（表 4-7）

表 4-7 酱鸡手及老汤配方 kg

酱鸡手配方					
名称	数量	名称	数量	名称	数量
食盐	0.25	白糖	0.1	味精	0.05
酱油	0.3	料酒	0.2	花椒	0.2
大料	0.2	肉桂	0.1	白芷	0.05
香叶	0.05	高良姜	0.05	白蔻	0.05
草蔻	0.05	小茴香	0.03	草果	0.03
甘草	0.03	陈皮	0.03	鸡爪	50
大葱	2	鲜姜	1		
老 汤 配 方					
食盐	1.75	白糖	0.4	味精	0.35
酱油	0.2	料酒	0.2	饮用水	50

三、工艺流程（图 4-10）

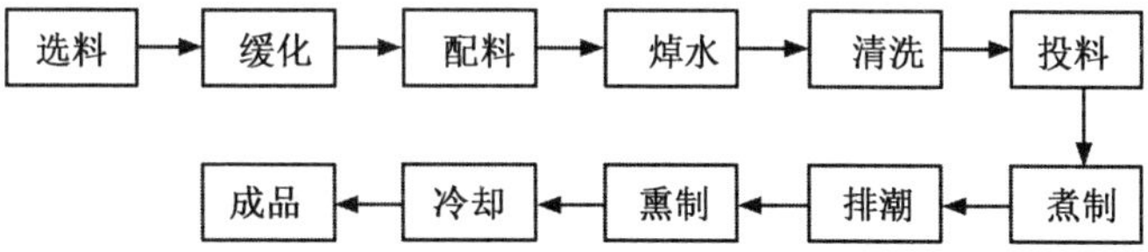

图 4-10 酱鸡手工艺流程

四、器具设备

（1）器具 解冻货架、分割刀、磨刀棒、剪刀、白线绳、料包袋、分割操作台、食品箱（塑料）、不锈钢盆、电子秤、天平。

（2）设备 火焰喷枪、夹层锅、糖熏炉。

五、操作要点

(一)选料

根据生产计划、产品配方、工艺损失计算原辅材料需求数量,填写领料单,领料出库。主要包括原料选择和辅助材料选择。

(1)原料选择　指鸡爪选择,选取大小适中动物检疫合格的健康鸡爪,工厂选材应索取检验合格证。健康鸡爪感官特征:新鲜鸡爪的肉皮色泽白亮且富有光泽,无残留黄色硬皮;好的鸡爪质地紧密,脚掌富有弹性,表面微干或略显湿润且不黏手;如果鸡爪色泽暗淡无光,表面发黏,则表明鸡爪存放时间过久,不宜选购。

(2)辅助材料选择　要求质量必须符合 GB 2760—2014 食品添加剂使用标准之规定或使用单位供货要求。制作酱鸡手大葱和鲜姜的选择很重要。大葱选择葱白较粗,葱白与葱叶比例 1∶1 的东北大葱或山东大葱。姜宜选用本色淡黄的,用手捏肉质坚挺、不酥软的姜。

(二)缓化

将装有鸡爪的纸箱拆开,取出鸡爪,分散摆放在缓化间解冻货架上。

缓化条件:温度 8 ℃、相对湿度 80%～90%、风速 1 m/s。

缓化结束标准:以鸡爪中心点温度达到 0 ℃为准。

(三)配料

酱卤鸡手配料包括原料配料和辅料配料。

(1)原料配料　通常在生产车间内由缓化工人完成,准确称重经过缓化鸡爪重量,数据传递给配料员。

(2)辅料配料　由配料员在配料室内完成,食盐、白糖、味精称重后混匀盛装,葱、姜单独称重盛装,酱油、料酒单独称重盛装,香辛料称重后混匀装入料包袋。称重配制好的辅料转入下一道工序要求进行复检,办理交接手续。

(四)焯水

工厂通常在夹层锅内进行,焯水过程火候控制始终保持大火状态。先将水加热至沸腾,将鸡爪投入沸水中,待水重新沸腾后,计时 2 min 后捞出。

注意:焯水过程保证夹层锅内足够多的沸水量,如果沸水量过少,焯水原料过多,会导致原料投入夹层锅内至沸腾时间过长,原料营养成分流失过多,影响成品质量。

(五)清洗

清洗工序包括鸡爪清洗和葱、姜清洗。

(1)鸡爪清洗　将经过焯水的鸡爪迅速用冷水清洗(最好用流水清洗),洗去鸡爪表面黏着污物和杂质。

(2)葱、姜清洗　将大葱去皮、去根、去叶后用冷水清洗干净,鲜姜从丫杈处分开后用冷水清洗干净。大葱切成 2～3 cm 的葱段,姜切成 2～3 mm 的姜片。

(六)投料

按配方要求将称重好的香辛料颗粒料包袋投入老汤锅中，同时将补充的食盐、白糖、味精、料酒、酱油、葱段、姜片等辅料投入老汤锅内，搅拌均匀，大火(蒸汽控制阀满开)煮至沸腾后再投入清洗干净的鸡爪。

注意：保证夹层锅内煮制汤汁没过鸡爪 3 cm 以上。

(七)煮制

将投料结束的夹层锅大火(蒸汽控制阀满开)加热至沸腾，保持沸腾 5 min，变为小火(蒸汽控制阀开至 1/3)煮制 10 min，关火(关闭蒸汽阀)焖煮 20 min。

家庭制作鸡爪可以采用高压锅，大火煮制鸡爪 5 min 后，关火焖煮 30 min 即可。

(八)排潮

指排潮气，此项工作在排潮车间完成。鸡爪出锅后均匀摊晾在不锈钢网帘上，挥散潮气 2～3 min。

(九)熏制

熏制能够使鸡爪产生特有的熏制风味和诱人的感官色泽，熏制工作主要在糖熏炉(或铁锅)内通过白糖焦糖化熏制完成。

(1)将排潮结束、摆放鸡爪的熏制帘推入糖熏炉中；

(2)关闭炉门，启动热源，大火加热至 95 ℃以上；

(3)在糖熏炉发烟器中加入白糖，加热发烟后，向糖熏炉内送烟；

(4)熏制时间约 2 min，至鸡爪表面颜色呈现浅棕黄颜色时关闭热源，出炉。

注意：熏制程度控制不能达到金黄色，否则产品售卖时颜色会变深变黑。

(十)冷却

将熏制结束的鸡爪平铺在冷却间冷却架上，冷却至室温。

(十一)成品

(1)成品入库　将经过冷却的酱鸡爪产品验质检斤后送入成品库。

(2)成品鉴别　主要从以下 5 点鉴别。

①外观形态：外形规则整齐、无异物、无烟熏痕迹；

②色泽：表面黄棕色或褐色，有光泽，且均匀一致；

③组织状态：组织紧密，有韧性，可咀嚼；

④滋气味：咸淡适中，滋味鲜美，有酱鸡爪特有的香味，无异味；

⑤杂质：无肉眼可见外来杂质。

【强化练习】

判断题

1. 老汤中食盐浓度应控制在 2%。(　　)

2. 制作酱猪手前蹄和后蹄食用品质一样。(　　)

3. 道口烧鸡制作历史较德州扒鸡更加悠久。(　　)

4.道口烧鸡与德州扒鸡产品配方相同。(　　)

5.制作道口烧鸡活鸡体重约为1～1.25 kg。(　　)

6.活鸡宰杀工艺中烫毛水温约为60 ℃。(　　)

7.鸡手焯水质量和焯水水量无关。(　　)

8.熬煮老汤时,鸡骨架和大骨棒可以不做焯水处理。(　　)

9.制作初级老汤时,通常选用葱叶较长的大葱。(　　)

10.鲜姜和老姜皆可以用于生产酱卤肉制品。(　　)

项目五

熏煮香肠类肉制品生产与质量控制

【知识目标】

①熏煮香肠类肉制品的含义及分类。②熏煮香肠类肉制品的国家标准。③熏煮香肠类产品水分活度控制原理。

【技能目标】

①能够独立完成各种熏煮香肠加工制作，精确控制产品工序参数。②能够认知鉴别原料肉、各种熏煮香肠所用辅料质量好坏。③掌握熏煮香肠类产品加工设备运行、维护程序，并能够独立操控使用。

【项目描述】

本项目包含7个任务，即哈尔滨红肠制作、哈尔滨儿童肠制作、哈尔滨肉粉肠制作、哈尔滨松仁小肚制作、法兰克福香肠制作、茶肠制作和大肉块烤肠制作，让学习者对熏煮香肠类产品从品种、文化、加工工艺及产品质量鉴别有全面系统的学习，为步入熏煮香肠类产品相关产业工作奠定坚实的基础。

【思维导图】

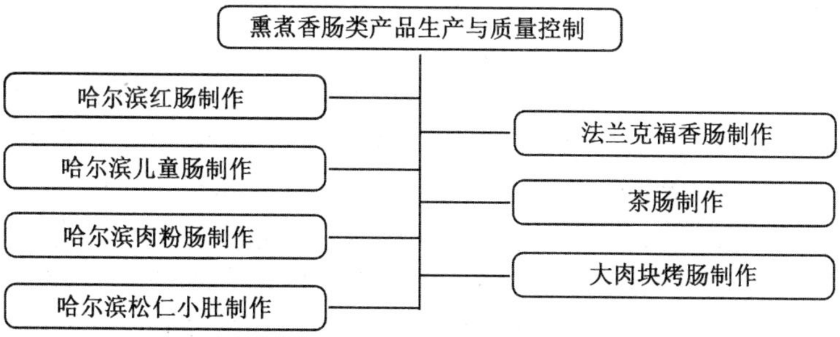

【案例导入】

熏煮香肠之最——117 m哈尔滨红肠亮相哈尔滨街头

为了传承经典、保护经典，2017年9月9日，哈尔滨多家红肠名优企业“并肩作战”，在哈尔滨秋林商圈举办首届哈尔滨红肠文化节，哈尔滨市民手持特制的117 m长的“哈尔滨红肠”绕行步行街一圈，象征着哈尔滨红肠从1900—2017年历经117年的美食文化。用“舌尖”辨别一座城市，哈尔滨红肠是绕不过的冰城饮食名片。哈尔滨红肠就是留在人们记忆中、味蕾上的“那个味儿”，印证着哈尔滨是中国欧式熏煮香肠发源地、红肠的故乡。

【课前思考】

①熏煮香肠含义是什么？哪些产品是熏煮香肠？②各种熏煮香肠制作工艺一样吗？有什么区别？

【任务设计】

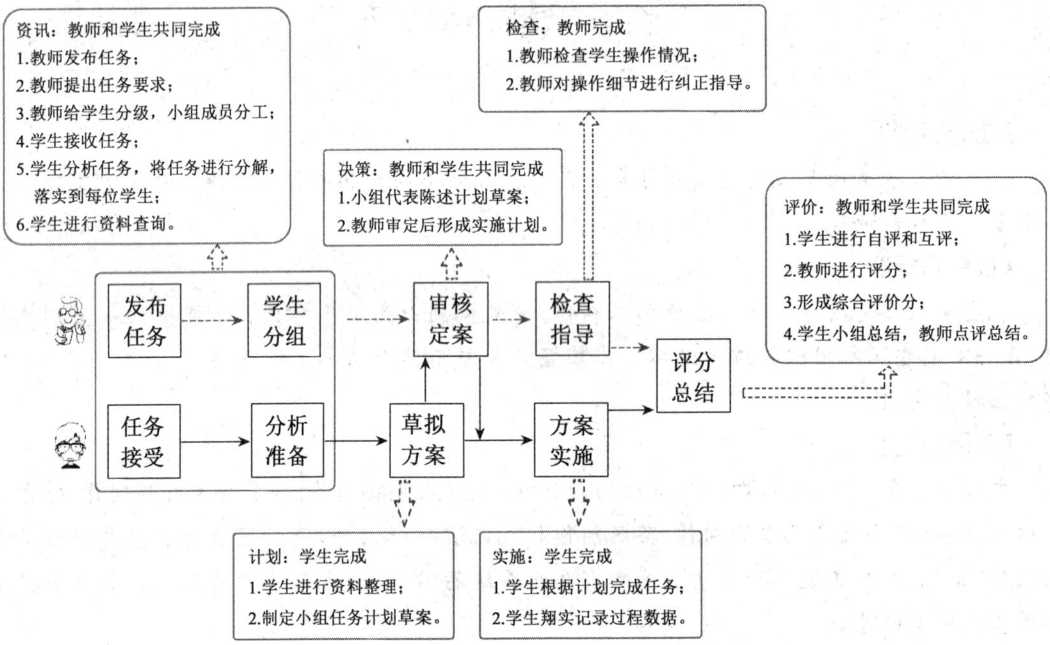

熏煮香肠类肉制品属于肉制品品类中的大类，国内外市场占有率都很高，代表性的产品有红肠、烤肠、熏肠、肉粉肠等，熏煮香肠行业标准是这样定义的：

熏煮香肠(smoked and coked sausage)，以鲜(冻)畜禽产品、水产品为主要原料，经修整、绞制(或斩拌)、腌制(或不腌制)后，配以辅料及食品添加剂，再经搅拌(或滚揉、斩拌、乳化)、充填(或成型)、蒸煮(或不蒸煮)、干燥(或不干燥)、风干(或不风干)、烟熏(或不烟熏)、烤制(或不烤制)、杀菌(或不杀菌)、冷却(或冷冻)等工艺制作的香肠类熟肉制品。

熏煮香肠定义界定了熏煮香肠的原料来源及制作工艺，制作熏煮香肠的原料肉限制在家畜、家禽产品、水产品范围内。其他的肉如野鸡肉、狐狸肉、貉子肉等皆不属于熏煮香肠的原料范畴。

制作工艺中搅拌、斩拌、乳化、滚揉等工序属于馅料制作工序，这几道工序可以单独运行操作，也可以相互组合运行操作。

熏煮香肠根据蛋白质含量分类，SB/T 10279—2017 标准将其分为特级、优级和普通级 3 种（表 5-1）。

表 5-1　熏煮香肠分类

项目	指标			
	特级	优级	普通级	无淀粉级
蛋白质≥/(g/100 g)	16	14	10	14
淀粉≤/(g/100 g)	3	4	10	1
脂肪≤/(g/100 g)	35			
水分≤/(g/100 g)	75			

注：宣称无淀粉级的产品系指产品的配料中未加入任何淀粉类物质。

熏煮香肠根据制馅方式不同，分为搅拌型香肠、斩拌型香肠、滚揉型香肠 3 种。

任务 1　哈尔滨红肠制作

一、哈尔滨红肠的由来

哈尔滨红肠的历史由来反映了当时中国哈尔滨的屈辱现状，1898 年沙皇俄国为攫取中国东北资源修建了中东铁路，以铁路为依托，建商铺促商贸。1903 年俄国商人伊万·雅阔洛维奇·秋林在哈尔滨建立秋林洋行，进口售卖俄式香肠。1913 年英国商人马前氏引进俄籍德国大师爱金宾斯的“红肠”加工技术，投资建厂，生产出中国第一根“红肠”。最初的“红肠”名字叫“里道斯”，是俄文音译，意思是立陶宛的灌肠。使用“红肠”做名字要追溯到 1967 年，在当时与苏联关系紧张的年代，带有俄文音译的名称一律不能使用，但是这种香肠深受广大市民喜爱，食品专家门召开了讨论会，因里道斯是红色的，与当时中国红色文化相适应，并且产地是哈尔滨，便取名“哈尔滨红肠”。

二、产品配方（表 5-2）

表 5-2　哈尔滨红肠配方

名称	数量/kg	名称	数量/kg
腌制猪精肉	62	腌制牛精肉	23
猪肥膘	4	脊膘丁	8
复合磷酸盐	0.4	红曲米粉	0.1
味精	0.3	白砂糖	0.5
白胡椒粉	0.2	大蒜	3
马铃薯淀粉	3	冰水	22
八路猪肠衣	约 135 m		

三、工艺流程(图 5-1)

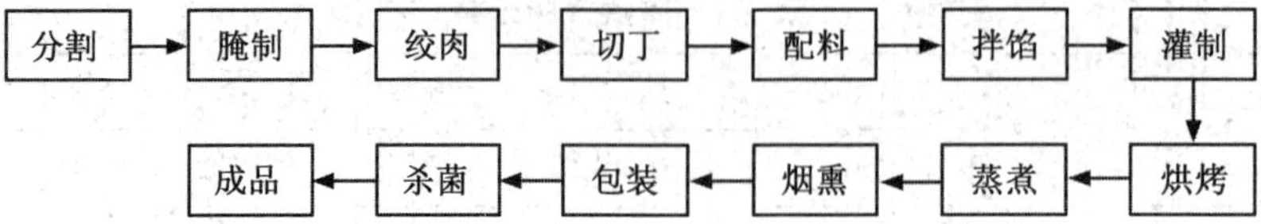

图 5-1 哈尔滨红肠工艺流程

四、器具设备

(1)器具　解冻货架、分割刀、磨刀棒、分割操作台、灌肠操作台、白线绳、排气针板、挂肠杆(三角形)、挂肠车(不锈钢)、食品箱(塑料)、不锈钢盆、电子秤、天平。

(2)设备　绞肉机、拌馅机、切丁机、灌肠机、烟熏炉、真空包装机、水浴杀菌机。

五、操作要点

(一)生产前准备工作

主要包括原辅材料准备、器具设备准备、肠衣准备、冰片准备工作。

(1)原辅材料准备工作　包括选购、出库、缓化三道工作。

原辅材料选购:①非疫区健康猪肉、牛肉;②猪龄 1～2 年的Ⅱ号或Ⅳ号猪精肉,牛龄 2 年左右的牛精肉;③原始菌落数低的肉;④冷冻肉必须是贮存时间较短的肉;⑤各种辅助材料质量要求必须符合 GB 2760—2014 食品添加剂使用标准之规定或使用单位供货要求。

原辅材料出库:根据生产计划、产品配方、工艺损失计算原辅材料需求数量,填写领料单,领料出库。

缓化:将出库后的猪精肉、猪肥膘、牛精肉送入缓化间缓化货架上解冻。缓化适宜条件为温度 8 ℃、相对湿度 80%～90%、风速 1 m/s。缓化结束标准以体积最大肉块中心点温度达到 0 ℃。

(2)器具设备准备　准备在哈尔滨红肠制作过程中所用到的器具设备,保证器具设备达到哈尔滨红肠制作工艺要求。

①预检:生产前对设备的安全状况进行调试预检,保证设备运行良好。

②消毒:选用食品设备杀菌剂对设备进行消毒。

③清洗:先用 90 ℃以上热水对设备进行清洗,然后用冷水对设备进行降温,降至 10 ℃以下。

(3)肠衣准备　灌制哈红肠所用的肠衣是盐渍八路猪肠衣,即盐渍八路猪小肠。八路猪肠衣直径是 38～40 mm,盐渍肠衣灌肠前要经过清洗处理。

第一步:冲水,盐渍肠衣先用自来水冲洗 3 遍,洗去肠衣表面的浮盐、污物。

第二步:浸泡,用 40 ℃左右温水在清洗肠衣两次后,浸泡 30 min。

第三步:串水,肠衣在浸泡过程中做串水处理,即用清水清洗肠衣内壁,同时挑出沙眼较大的肠衣。

(4)冰片准备　哈红肠拌馅操作前制备足量的冰片或冰屑，打开制冰机进水阀门，启动工作开关，进行冰片制备。

(二)分割

将经过充分缓化的原料肉，在分割操作台上用分割刀去除碎骨、血管、淋巴、筋膜、污血肉等杂物。猪精肉、牛肉切成150～200 g菱形块备用。

(三)腌制

哈红肠原料肉腌制包括红肉腌制和肥膘腌制两种。

红肉腌制时，盐、亚硝酸钠(用1 kg水溶解)、异维生素C钠与肉块拌和均匀，放在腌制容器(理想材质陶瓷、塑料)内，压实、排气、密封处理。腌制室温度控制在6～8 ℃，时间36 h。

猪背脊膘进行擦盐码垛，放在密闭容器(理想材质陶瓷、塑料)内，腌制室温度控制在6～8 ℃，时间72 h。

红肉、肥膘腌制成熟标准：切开红肉、肥膘肉块观察横断面，横断面腌制色泽均匀一致。

(四)绞肉(切丁)

将腌制完成的猪精肉、腌制完成的牛精肉、大蒜、猪肥膘分别用装配5 mm网眼孔板绞肉机绞制(注：牛精肉绞制2次或采用斩拌机斩切成3 mm左右肉粒)。

将腌制完成的猪背部脊膘用切丁机(或手工)切成1 cm方丁，肉丁经90 ℃以上热水浸烫两次后，用冷水降温至10 ℃以下。

(五)配料

哈尔滨红肠配料包括原料配料和辅料配料。

(1)原料配料　通常在生产车间内由生产工人完成，包括原料肉(猪肉粒、牛肉粒、肥膘颗粒、脊膘丁)和冰水根据制作要求分别单独称重。特别提示原料肉的称重一定要在绞肉结束后进行。

(2)辅料配料　由配料员在配料室内完成，马铃薯淀粉单独配制盛装，大蒜泥单独配制盛装，配方表中其他辅料配制在一起混匀。称重配制好的辅料转入下一道工序要求进行复检，办理交接手续。

(六)拌馅

拌馅操作过程以BJ-200型拌馅机拌制100 kg红肠馅料为例加以说明。

步骤一：先将产品配方中规定的绞制好的猪精肉、牛精肉投入拌馅机，启动拌馅机搅拌30 s，馅温8～10 ℃，关闭拌馅机。

步骤二：加入混合均匀的辅料，一次加入6 kg冰水，启动拌馅机搅拌2 min后，二次加入6 kg冰水，搅拌2 min，三次加入6 kg冰水，搅拌2 min，馅温8～10 ℃，关闭拌馅机。

步骤三：最后加入淀粉浆(3 kg马铃薯淀粉用4 kg水稀释)、大蒜、肥膘颗粒、脊膘丁启动拌馅机搅拌1 min，混合均匀后关闭拌馅机，馅料温度控制在12 ℃以下。

步骤四：出料，启动拌馅机反向出料按钮，将拌和好的馅料出到物料车，运到灌制工序。

(七)灌制

第一步:将肉馅投入灌肠机料斗中。

第二步:将清洗干净的八路猪肠衣套入灌肠机灌制筒上。

第三步:启动灌肠机灌制程序进行灌制,灌肠肠衣两端采用白线绳扎紧。灌制时要保持灌肠松紧度适中,对灌肠工人熟练度要求较高,每节肠衣灌制完要进行扭结操作,哈尔滨红肠扭结操作通常由工人师傅手工完成,扭结长度控制在 20～22 cm 之间。用排气针排气、穿杆、挂架,挂肠车灌满架车后用冷水喷淋,洗去肠体表面粘连的馅料。

注意事项:灌制松紧度要适中;红肠肠体表面无肉眼可见气泡;红肠扭结长度保持一致;红肠挂肠杆现在多采用截面三角形铝合金杆;保证每根挂肠杆上挂满红肠,并且每根红肠肠体之间不能发生贴靠。

(八)烘烤

烘烤方式主要有自动烟熏炉烘烤和土炉烘烤两种。

采用自动烟熏炉烘烤,将挂肠车推入烤炉,控制温度在 78 ℃左右,烘烤约 40 min,至红肠肠体呈现浅红色,肠衣表面干燥即可。

采用土炉烘烤,火候大小控制很关键,并且有一定技巧。一是选用比较干燥的硬杂木柈子,并且木柈子块型大小要符合要求;二是火堆上木柈子摆放的松紧度和块型大小要适中;三是调节烤炉炉门开合程度,控制炉内氧气进入数量。

(九)蒸煮

在蒸煮炉内完成,以水或水蒸气为加热介质,完成红肠熟制的过程。

将烘烤后的香肠车推入蒸煮炉,关闭炉门,设定参数,启动程序。

参数控制:温度 81 ℃,时间 40 min。

蒸煮结束,先排潮气,再打开炉门。

(十)烟熏

在烟熏炉或土炉内完成。控制熏炉内温度和空气流速的变化,利用硬杂木锯末生烟,使哈尔滨红肠表面产生均匀褶皱,肠体表面颜色枣红色或红褐色。

烟熏炉烟熏过程:将蒸煮好的红肠推入烟熏炉,采用二段式烟熏,一段烟熏,烟熏温度 70 ℃,时间 60 min;排潮 2 min;二段烟熏,烟熏温度 60 ℃,时间 60 min。设定完熏制程序,启动烟熏程序。如发烟量较小,手动启动点火一次。

土炉烟熏过程:将蒸煮好的红肠推入烟熏土炉进行熏制,先选用硬杂木明火烘烤,肠体表面温度仍然控制在 78 ℃左右,烘烤约 60 min,待肠体表面发亮,用手触摸,生理反应烫手不舒服,要立即松手时压实锯末(硬杂木锯末),关闭炉门,熏制 8 h,出炉。

(十一)包装

采用拉伸包装机或真空包装机进行包装,严格控制净重、真空度及封边质量。

(十二)杀菌

采用水浴杀菌机对产品进行杀菌,杀菌温度 90 ℃,杀菌时间 20 min,梯度降温至 20 ℃以下,吹干包装袋表面水分,装入食品箱内。

(十三)成品

(1)成品入库　将经过冷却的红肠检斤称重后送入成品库。

(2)成品鉴别　主要从以下 6 点鉴别。

①外观:肠体干爽、粗细均匀、规格整齐、弯曲如香蕉状,表面有褶皱、无裂纹、无烟熏痕迹;

②色泽:表面枣红色或红褐色,内部浅肉色,有光泽,且均匀一致;

③组织状态:组织致密,有弹性,切片性能好,切片中不应有大的气孔,有可见肥肉丁,无汁液,用手折断时,折断面凸凹有序,可见旋状纹理;

④滋气味:咸淡适中,滋味鲜美,有哈尔滨红肠特有的烟熏味和蒜香味,无异味;

⑤杂质:无肉眼可见外来杂质;

⑥货架期较长红肠:外观无光泽,扭结处结节松散,挂肠印处肠衣与肉馅分离。

任务 2　哈尔滨儿童肠制作

一、哈尔滨儿童肠的由来

哈尔滨儿童肠研制初衷是满足儿童口味的需求,创产于 20 世纪 70 年代末期,可以说是哈尔滨红肠的姊妹肠。制作哈尔滨红肠的厂家,也都生产哈尔滨儿童肠。哈尔滨儿童肠是在哈尔滨红肠工艺、配方基础上由中国肉制品大师自主创新研发的产品。20 世纪 70 年代末某一年的"六一"儿童节,红肠大师于高瑞先生到市场调研时发现,没有适合儿童口味的肉灌肠食品。于先生触动很大,决心为祖国的花朵研制一款肉灌肠制品。于先生返回工厂,带领研发团队加班加点、夜以继日地努力,经过上千次的调制试验,终于开发出了适合儿童口味、营养均衡的哈尔滨儿童肠。

二、产品配方(表 5-3)

表 5-3　儿童肠配方

名称	数量/kg	名称	数量/kg
腌制猪精肉	64	腌制牛精肉	23
猪肥膘	10	马铃薯淀粉	3
复合磷酸盐	0.4	红曲米粉	0.1
味精	0.3	白砂糖	1.5
白胡椒粉	0.15	肉桂粉	0.1
松仁	0.5	香油	0.5
大蒜	1	冰水	22
七路猪肠衣	约 140 m		

三、工艺流程(图 5-2)

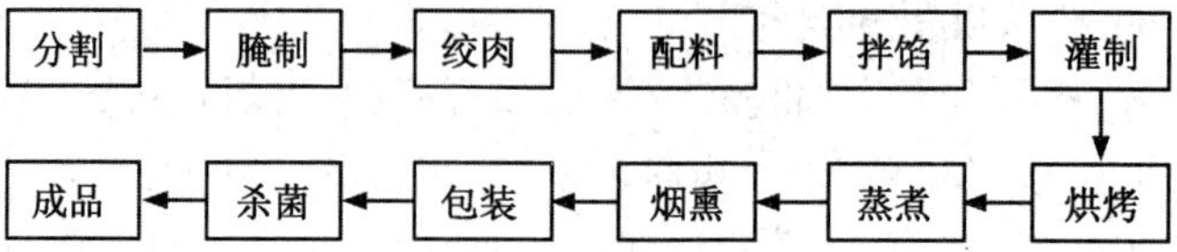

图 5-2 儿童肠工艺流程

四、器具设备

(1)器具　解冻货架、分割刀、磨刀棒、分割操作台、灌肠操作台、白线绳、排气针板、挂肠杆(三角形)、挂肠车(不锈钢)、食品箱(塑料)、不锈钢盆、电子秤、天平。

(2)设备　绞肉机、拌馅机、灌肠机、烟熏炉、真空包装机、水浴杀菌机。

五、操作要点

(一)生产前准备工作

主要包括原辅材料准备、器具设备准备、肠衣准备、冰片准备工作。

(1)原辅材料准备工作　包括选购、出库、缓化三道工作。

原辅材料选购要求:①非疫区健康猪肉、牛肉;②猪龄 1～2 年的Ⅱ号或Ⅳ号猪精肉,牛龄 2 年左右的牛精肉;③原始菌落数低的肉;④冷冻肉必须是贮存时间较短的肉;⑤各种辅助材料质量要求必须符合 GB 2760—2014 食品添加剂使用标准之规定或使用单位供货要求。

原辅材料出库:根据生产计划、产品配方、工艺损失计算原辅材料需求数量,填写领料单,领料出库。

缓化:将出库后的猪精肉、猪肥膘、牛精肉送入缓化间缓化货架上解冻。缓化适宜条件为温度 8 ℃、相对湿度 80%～90%、风速 1 m/s 。缓化结束标准以体积最大肉块中心点温度达到 0 ℃ 。

(2)器具设备准备工作　准备哈尔滨儿童肠制作过程中所用到的器具设备,保证器具设备达到哈尔滨儿童肠制作工艺要求。

①预检:生产前对设备的安全状况进行调试预检,保证设备运行良好。

②消毒:选用食品设备杀菌剂对设备进行消毒。

③清洗:先用 90 ℃以上热水对设备进行清洗,然后用冷水对设备进行降温,降至 10 ℃以下。

(3)肠衣准备　灌制儿童肠所用的肠衣是盐渍七路猪肠衣,即盐渍七路猪小肠。七路猪肠衣直径是 36～38 mm。盐渍肠衣灌肠前要经过清洗处理。

第一步:冲水,盐渍肠衣先用自来水冲洗 3 遍,洗去肠衣表面的浮盐、污物。

第二步:浸泡,用 40 ℃左右温水在清洗肠衣两次后,浸泡 30 min。

第三步:串水,肠衣在浸泡过程中做串水处理,即将肠衣内壁用清水进行清洗,挑出沙眼较大的肠衣。

(4)冰片准备　儿童肠拌馅操作前制备足量的冰片或冰屑，打开制冰机进水阀门，启动工作开关，进行冰片制备。

(二)分割

将经过充分缓化的原料肉，在操作台上用分割刀去除碎骨、血管、淋巴、筋膜、污血肉等杂物。猪精肉、牛肉切成150～200 g菱形块备用。

(三)腌制

仅红肉腌制。盐、亚硝酸钠(用1 kg水溶解)、异维生素C钠与肉块拌和均匀，放在腌制容器(理想材质陶瓷、塑料)内，压实、排气、密封处理。腌制室温度控制在6～8 ℃，时间36 h。

(四)绞肉

将腌制完成的猪精肉、腌制完成的牛精肉、大蒜、猪肥膘分别用装配5 mm网眼孔板绞肉机绞制(注：牛肉绞制2次或采用斩拌机斩切成3 mm左右肉粒)。

(五)配料

儿童肠配料包括原料配料和辅料配料。

(1)原料配料　通常在生产车间内由生产工人完成，包括原料肉(猪肉粒、牛肉粒、肥膘颗粒)和冰水根据制作要求分别单独称重。特别提示原料肉的称重一定要在绞肉结束后进行。

(2)辅料配料　由配料员在配料室内完成，马铃薯淀粉单独配制盛装，大蒜泥单独配制盛装，香油单独配制盛装，松仁单独配制盛装，配方表中其他辅料配制在一起混匀。称重配制好的辅料转入下一道工序要求进行复检，办理交接手续。

儿童肠中所用松仁需要经过油炒熟制，松仁通常选用颗粒较小的，将松仁倒入炒锅中，加入色拉油，开启小火炒制，至有松仁香味即可出锅放凉备用。

(六)拌馅

拌馅操作：以BJ-200型拌馅机拌制100 kg儿童肠馅料为例加以演示。

步骤一：先将产品配方中规定的绞制好的猪精肉、牛精肉投入拌馅机，启动拌馅机搅拌30 s，馅温8～10 ℃，关闭拌馅机。

步骤二：加入混合均匀的辅料(易挥发的香辛料除外)，加入6 kg冰水，启动拌馅机，计时3 min后，加入6 kg冰水，计时2 min，再加入6 kg冰水，计时2 min，馅温8～10 ℃，关闭拌馅机。

步骤三：最后加入淀粉浆(3 kg马铃薯淀粉用4 kg水稀释)、大蒜、肥膘颗粒、松仁、香油，启动拌馅机搅拌1 min，混合均匀后关闭拌馅机，馅料温度控制在12 ℃以下。

步骤四：出料，启动拌馅机反向出料按钮，将拌和好的馅料出到物料车，运到灌制工序。

(七)灌制

儿童肠灌制技术与哈红肠灌制技术基本一致，将肠衣套在灌肠嘴上进行灌制。不同之处有三点：一是灌制所用肠衣是七路猪肠衣；二是扭结长度10～12 cm；三是七路猪肠衣较八路猪肠衣细2 cm，扭结长度变短，灌制松紧度要求更高。

(八)烘烤

将挂肠车推入烤炉，控制温度78 ℃左右，烘烤约35 min，至肠体呈现浅红色，肠衣表面干燥即可。

(九)蒸煮

将烘烤后的香肠车推入蒸煮炉,关闭炉门,设定参数,启动程序。

参数控制:温度 81 ℃,时间 35 min。

蒸煮结束,先排潮气,再打开炉门。

(十)烟熏

在烟熏炉或土炉内完成。控制熏炉内温度和空气流速的变化,利用硬杂木锯末生烟,使哈尔滨红肠表面产生均匀褶皱,肠体表面颜色枣红色或红褐色。

烟熏炉烟熏过程:将蒸煮好的红肠推入烟熏炉,采用二段式烟熏,一段烟熏,烟熏温度 70 ℃,时间 60 min,排潮 2 min;二段烟熏,烟熏温度 60 ℃,时间 60 min。设定完熏制程序,启动烟熏程序。如发烟量较小,手动启动点火一次。

土炉烟熏过程:将蒸煮好的红肠推入烟熏土炉进行熏制,先选用硬杂木明火烘烤,肠体表面温度仍然控制在 78 ℃左右,烘烤约 60 min,待肠体表面发亮,用手触摸,生理反应烫手不舒服,要立即松手时压实锯末(硬杂木锯末),关闭炉门,熏制 8 h,出炉。

(十一)包装

采用拉伸包装机或真空包装机进行包装,严格控制净重、真空度及封边质量。

(十二)杀菌

采用水浴杀菌机对产品进行杀菌,杀菌温度 90 ℃,杀菌时间 20 min,梯度降温至 20 ℃以下,吹干包装袋表面水分,装入食品箱内。

(十三)成品

(1)成品入库　将经过冷却的儿童肠检斤称重后送入成品库。

(2)成品鉴别　主要从以下 6 点鉴别。

①外观:肠体干爽、粗细均匀、规格整齐、弯曲如短香蕉状,表面有褶皱、无裂纹、无烟熏痕迹;

②色泽:表面枣红色或红褐色,内部浅肉色,有光泽,且均匀一致;

③组织状态:组织致密,有弹性,切片性能好,切片中不应有大的气孔,能够看到松仁分布,无汁液,用手折断时,折断面凸凹有序,可见旋状纹理;

④滋气味:咸淡适中,滋味鲜美,有哈尔滨儿童肠特有的香味,无异味;

⑤杂质:无肉眼可见外来杂质。

⑥货架期较长儿童肠:外观无光泽,扭结处结节松散,挂肠印处肠衣与肉馅分离。

任务 3　哈尔滨肉粉肠制作

一、哈尔滨肉粉肠的由来

肉粉肠约有 100 年发展历史,产品研制初期是为了处理生产高档肉制品剩余下脚料(主要是猪脂肪)，以猪肥膘为主要原料生产的肉制品，即粉肠。而随着人们生活水平的提高及肉制品加工技术的改进，20 世纪 80 年代中期，粉肠渐渐退出了历史舞台，开始现代肉粉肠研制生产，即增加精瘦肉含量，减少猪肥膘用量，加入绿豆淀粉生产的肉制品。肉粉肠营养丰富，可供消夏解暑，是哈尔滨人喜爱的佐酒佳肴。

二、产品配方(表 5-4)

表 5-4　肉粉肠配方

名称	数量/kg	名称	数量/kg
猪精肉	60	猪肥膘	16
食盐	2.9	复合磷酸盐	0.25
味精	0.5	白砂糖	1
亚硝酸钠	0.001	异维生素 C 钠	0.02
花椒粉	0.2	大葱	4
鲜姜	2	香油	1
湿绿豆淀粉	24		
饮用水	50		
八路猪肠衣	约 180 m		

三、工艺流程(图 5-3)

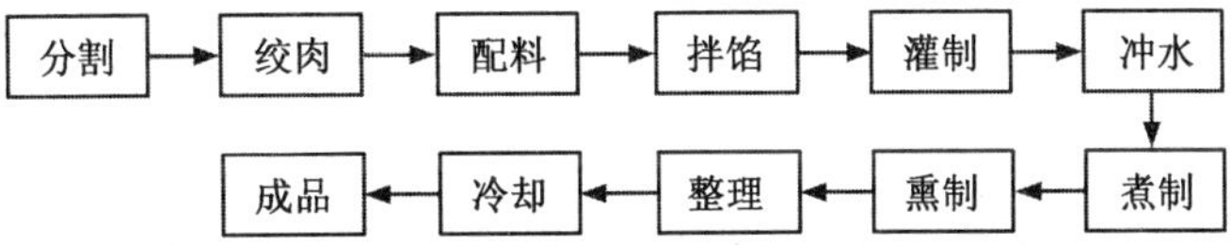

图 5-3　肉粉肠工艺流程

四、器具设备

(1)器具　解冻货架、分割刀、磨刀棒、分割操作台、灌肠操作台、白线绳、排气针、食品箱(塑料)、不锈钢盆、电子秤、天平。

(2)设备　绞肉机、拌馅机、灌肠机、糖熏炉。

五、操作要点

(一)生产前准备工作

主要包括原辅材料准备、器具设备准备、肠衣准备、葱姜准备工作。

(1)原辅材料准备工作　包括选购、出库、缓化三道工作。

原辅材料选购：①非疫区健康猪肉；②猪龄 1～2 年的Ⅱ号或Ⅳ号猪精肉、猪后鞧肥膘；③原始菌落数低的肉；④冷冻肉必须是贮存时间较短的肉；⑤各种辅助材料质量要求必须符合

GB 2760—2014 食品添加剂使用标准之规定或使用单位供货要求。

原辅材料出库：根据生产计划、产品配方、工艺损失计算原辅材料需求数量，填写领料单，领料出库。缓化：将出库后的猪精肉、猪肥膘送入缓化间缓化货架上缓化。冻坨状态湿绿豆淀粉，要进行缓化。缓化条件为温度 8 ℃、相对湿度为 80%～90%、风速 1 m/s。缓化结束标准以体积最大肉块中心点温度达到 0 ℃。

(2)器具设备准备　准备在哈尔滨肉粉肠制作过程中所用到的器具设备，保证器具设备达到哈尔滨肉粉肠制作工艺要求。

①预检：生产前对设备的安全状况进行调试预检，保证设备运行良好。

②消毒：选用食品设备杀菌剂对设备进行消毒。

③清洗：先用 90 ℃以上热水对设备进行清洗，然后用冷水对设备进行降温，降至 10 ℃以下。

(3)肠衣准备　灌制哈尔滨肉粉肠所用的肠衣是盐渍八路猪肠衣，即盐渍八路猪小肠。八路猪肠衣直径是 38～40 mm，盐渍猪肠衣使用前要经过清洗处理。

第一步：冲水，盐渍肠衣先用自来水冲洗三遍，洗去肠衣表面的浮盐、污物。

第二步：浸泡，用 40 ℃左右温水在清洗肠衣两次后，浸泡 30 min。

第三步：串水，肠衣在浸泡过程中做串水处理，即将肠衣内壁用清水进行清洗，同时挑出有沙眼肠衣、花肠衣、不结实肠衣。

(4)葱、姜准备　选用葱白长度占整个大葱的 1/2 以上，根须比较短的东北大葱或山东大葱。去除葱皮、去除葱叶、去除葱根须，用清水清洗干净。

姜的选用可以是老姜，也可以是鲜姜，从调味效果考虑应选用老姜，如选用鲜姜应加大使用量。无论老姜还是鲜姜，都应选择个头较大、表皮完整、没有出芽的姜，用清水清洗干净。

将大葱、鲜姜按照 2∶1 的比例投入斩拌机斩成 3～4 mm 葱姜混合碎末，也可以分别斩成 3～4 mm 碎末。

(二)分割

将经过缓化的原料肉，在操作台上用分割刀去除碎骨、血管、淋巴、筋膜、污血肉等杂物。猪精肉切成 150～200 g 肉块，猪肥膘切成细长条备用。

(三)绞肉

先将制作肉粉肠所用到猪肥膘投入装配 5 mm 孔板绞肉机绞制，单独盛装。然后再将猪精肉投入装配 5 mm 孔板绞肉机绞制，单独盛装。

(四)配料

哈尔滨肉粉肠配料包括原料配料和辅料配料。

(1)原料配料　通常在生产车间内由绞肉工人完成，包括原料肉(猪精肉粒、肥膘颗粒)和水根据制作要求分别单独称重。特别提示原料肉的称重一定要在绞肉结束后进行。

(2)辅料配料　由配料员在配料室内完成，湿绿豆淀粉单独配制盛装，葱、姜碎末单独配制盛装，香油单独配制盛装，异维生素 C 钠单独配制密封避光盛装，配方表中其他辅料配制在一起混匀。称重配制好的辅料转入下一道工序要求进行复检，办理交接手续。

(五)拌馅

操作过程以 BJ-200 型拌馅机拌制 100 kg 肉粉肠馅料为例进行说明。

步骤一：将绞制好准确称重的猪精肉肉粒倒入拌馅机，开动拌馅机，使肉馅均匀分散于拌馅机中。

步骤二：停机加入盐、糖、磷酸盐、味精等混匀辅料，配方用水一次性加入，开动拌馅机搅拌 3 min，猪精肉搅拌结束。

参数控制：温度控制 8～10 ℃，拌和时间 3～4 min。

步骤三：加入绞制好准确称重的猪肥膘、湿绿豆淀粉、葱、姜、香油拌和均匀即可。

参数控制：出料温度控制在 12 ℃以下。

步骤四：出料，启动拌馅机反向出料按钮，将拌和好的馅料出到物料车，运到灌制工序。

（六）灌制

拌和好的肉粉肠馅料要立即灌制，可以手工灌制（即采用漏斗小批量灌制），亦可用灌肠机灌制。

第一步：将肉粉肠馅料投入灌肠机料斗中。

第二步：将清洗干净的八路猪肠衣套入灌肠机灌制筒上。

第三步：启动灌肠机灌制程序进行灌制，灌制量控制在肠衣容量的 80%为宜。

第四步：系扣结环，将灌制后的肉粉肠按照长度 80 cm 或重量 300～350 g 用 2 mm 直径白线绳系扣结环，绳扣要紧固。

注意事项：①灌制松紧度要适中；②肉粉肠系扣时要排除空气，保证肠体表面无肉眼可见气泡；③肉粉肠肠环大小保持一致；④如拌馅和灌制工序不能够快速衔接，其间馅料放置了一段时间，灌制前要进行搅拌。

（七）冲水

将系扣结环的肉粉肠放入容器（食品箱）内，用清水洗去肠体表面粘着的肉馅。同时要适度揉搓翻动肉粉肠，以防止淀粉沉淀，肠体熟制后切面馅料分布不均匀。

（八）煮制

煮制设备工厂采用夹层锅，家庭自制粉肠可采用焖锅。

夹层锅煮制容易控制温度，夹层锅底部有疏水器，温度较均匀，根据夹层锅上的温度表控制阀门大小。

锅内盛水量为夹层锅容积的 3/4 量，待水沸腾后粉肠下锅，粉肠下锅时注意防止锅内热水飞溅。入锅粉肠立即漂起的，说明灌制过程中混入了空气，用排气针点扎粉肠肠衣排出气体，同时用搅拌桨轻轻搅动锅内粉肠，粉肠煮制前期搅动频繁，后期可减少搅动频率，防止粉肠肠体贴壁，保证粉肠受热均匀。搅动时注意搅拌桨从锅壁慢慢伸入，避免划破肠体。待锅内 80%粉肠漂起，小火加热，计时约 30 min。煮制结束关闭热源，用挑肠杆将粉肠挑入镂空食品箱内，每个食品箱只能单层叠压盛装粉肠，否则将会导致粉肠重压变形。

（九）糖熏

①将食品箱内的粉肠均匀摆放在熏制帘上排潮；②将排潮结束、摆放粉肠的熏制帘推入糖熏炉中；③关闭炉门，启动热源，大火加热至 95 ℃以上；④在糖熏炉发烟器中加入白糖，加热发烟后，向糖熏炉内送烟；⑤熏制时间 2～3 min，至粉肠表面变为浅棕黄颜色时关闭热源，出炉。

(十)剪绳擦油

将熏制后的肉粉肠用剪刀剪去多余的绳头及肠衣头,然后用无异味的可直接食用的植物油(色拉油)轻轻涂擦肉粉肠,使色拉油均匀涂布于肠体表面。

(十一)冷却

将经过剪绳擦油的肉粉肠平铺在冷却间冷却架上,冷却至室温。

(十二)成品

(1)成品入库　将经过冷却的肉粉肠验质检斤后送入成品库。

(2)成品鉴别　主要从以下 5 点鉴别。

①外观:肠体干爽、粗细均匀、规格整齐、呈环状、无裂纹、无烟熏痕迹;

②色泽:表面棕黄色或黄红色,内部浅肉色,有光泽,且均匀一致;

③组织状态:组织致密,有弹性,切片性能好,切片中不应有大的气孔,无汁液;

④滋气味:咸淡适中,滋味鲜美,有哈尔滨肉粉肠特有的香味,无异味;

⑤杂质:无肉眼可见外来杂质。

任务 4　哈尔滨松仁小肚制作

一、哈尔滨松仁小肚的由来

哈尔滨松仁小肚属于中式肉灌制品,生产历史悠久,约有百年,据传原产于哈尔滨正阳楼食品厂。正阳楼肉制品技师博采众方,精益求精,采用优质猪精肉,调配以黑龙江原始森林特产松仁、特级的芝麻香油、纯绿豆淀粉等优质材料,灌入猪膀胱皮中,精工细作糖熏而成哈尔滨松仁小肚。松仁小肚外观棕褐色,切开断面有光泽,切片不松散,富有弹性。松仁小肚味道鲜美、久食不腻,营养丰富,消夏解暑,是人们出差旅游、馈赠亲友的美味食品。

二、产品配方(表 5-5)

表 5-5　松仁小肚配方

名称	数量/kg	名称	数量/kg
猪精肉	76	松仁	0.5
食盐	2.8	复合磷酸盐	0.25
味精	0.5	白砂糖	1
亚硝酸钠	0.001	异维生素 C 钠	0.02
花椒粉	0.2	大葱	4
鲜姜	2	香油	1
湿绿豆淀粉	24		
饮用水	50		
猪膀胱皮	约 200 只		

三、工艺流程（图 5-4）

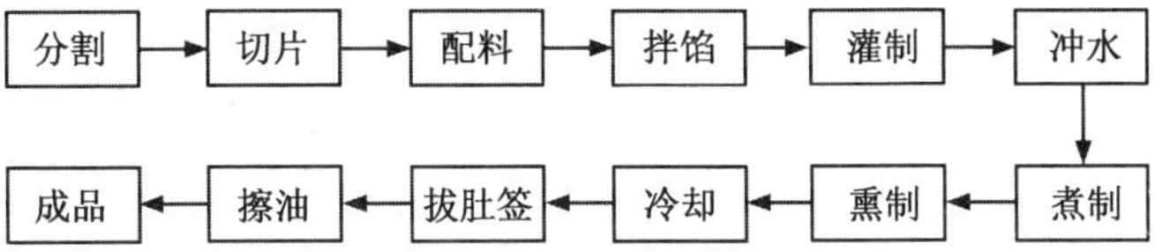

图 5-4　松仁小肚工艺流程

四、器具设备

（1）器具　解冻货架、分割刀、磨刀棒、分割操作台、灌肠操作台、白线绳、排气针、食品箱（塑料）、不锈钢盆、电子秤、天平。

（2）设备　切片机、拌馅机、灌肠机、糖熏炉。

五、操作要点

（一）生产前准备工作

主要包括原辅材料准备、器具设备准备、肚皮准备、葱姜准备、炒松仁准备工作。

（1）原辅材料准备工作　包括选购、出库、缓化三道工作。

原辅材料选购：①非疫区健康猪肉；②猪龄 1～2 年的Ⅳ号猪精肉；③原始菌落数低的肉；④冷冻肉必须是贮存时间较短的肉；⑤各种辅助材料质量要求必须符合 GB 2760—2014 食品添加剂使用标准之规定或使用单位供货要求。

原辅材料出库：根据生产计划、产品配方、工艺损失计算原辅材料需求数量，填写领料单，领料出库。

缓化：将出库后的猪精肉送入缓化间缓化货架上缓化。湿绿豆淀粉通常为冻坨状态，要进行缓化。缓化条件为温度 8 ℃、相对湿度：80%～90%、风速 1 m/s。缓化结束标准以体积最大肉块中心点温度达到 0 ℃。

（2）器具设备准备　准备哈尔滨松仁小肚制作过程中所用到的器具设备，保证达到哈尔滨松仁小肚制作工艺要求。

①预检：生产前对设备的安全状况进行调试预检，保证设备运行良好。

②消毒：选用食品设备杀菌剂对设备进行消毒。

③清洗：先用 90 ℃以上热水对设备进行清洗，然后用冷水对设备进行降温，降至 10 ℃以下。

（3）肚皮准备　灌制松仁小肚采用盐渍猪小肚皮，即盐渍猪膀胱皮，盐渍猪小肚皮使用前进行清洗处理。

第一步：冲水，盐渍猪肚皮先用自来水冲洗三遍，洗去肚皮表面的浮盐、污物。

第二步：浸泡，用 40 ℃左右温水在清洗肚皮两次后，浸泡 120 min。

第三步：串水，肚皮在浸泡过程中做串水处理，即将肚皮内壁用清水进行清洗，挑出破损、过小肚皮。

第四步：吹肚皮，用气压泵喷头将猪肚皮吹大吹薄，然后用分割刀切掉肚头。

（4）葱、姜准备　选用葱白长度占整个大葱的 1/2 以上，根须比较短的东北大葱或山东大葱。去除葱皮、去除葱叶、去除葱根须，用清水清洗干净。

姜的选用可以是老姜，也可以是鲜姜，从调味效果考虑应选用老姜，如选用鲜姜应加大使用量。无论老姜还是鲜姜，都应选择个头较大、表皮完整、没有出芽的姜，用清水清洗干净。

将大葱、鲜姜按照 2∶1 的比例投入斩拌机斩成 3～4 mm 葱姜混合碎末，也可以分别斩成 3～4 mm 碎末。

（5）炒松仁准备　选用颗粒较小的优质松仁，经过配料员称重后，用食用油炒熟炒香后备用。

（二）分割

将经过缓化的原料肉，在操作台上用分割刀去除碎骨、血管、淋巴、筋膜、污血肉等杂物。猪精肉切成 150～200 g 肉块备用。

（三）切片

将分割好的猪精肉顺纤维投入切片机（或手工）切成长 6～8 cm，宽 1.5～2.5 cm，厚 2～3 mm 肉片。

（四）配料

哈尔滨松仁小肚配料包括原料配料和辅料配料。

（1）原料配料　通常在生产车间内由切片工人完成，包括原料肉片和水根据制作要求分别单独称重。特别提示原料肉片的称重一定要在切片后进行。

（2）辅料配料　由配料员在配料室内完成，湿绿豆淀粉单独配制盛装，葱、姜碎末单独配制盛装，香油单独配制盛装，异维生素 C 钠单独配制密封避光盛装，配方表中其他辅料配制在一起混匀。称重配制好的辅料转入下一道工序要求进行复检，办理交接手续。

（五）拌馅

操作过程以 BJ-200 型拌馅机拌制 100 kg 松仁小肚馅料为例进行说明。

步骤一：将绞制好准确称重的猪精肉肉片倒入拌馅机，开动拌馅机，使肉片均匀分散于拌馅机中。

步骤二：停机加入盐、糖、磷酸盐、味精等混匀辅料，配方用水一次性加入，开动拌馅机搅拌 4 min，猪肉片搅拌结束。

参数控制：温度控制 8～10 ℃，拌和时间为 3～4 min。

步骤三：加入准确称重的湿绿豆淀粉、葱、姜、香油及经过炒制的松仁拌和均匀即可。

参数控制：出料温度控制在 12 ℃以下。

步骤四：出料，启动拌馅机反向出料按钮，将拌和好的馅料出到物料车，运到灌制工序。

（六）灌制

拌和好的小肚馅料要立即灌制，可以手工灌制（手工灌制即采用漏斗小批量灌制），亦可用灌肠机灌制。

第一步：将松仁小肚馅料投入灌肠机料斗中。

第二步：将清洗干净的小肚皮套入灌肠机灌制筒上。

第三步：启动灌肠机灌制程序进行灌制，灌制量控制在每个小肚 350～400 g。

第四步：松仁小肚肚口可以用线绳缝制，亦可用竹钎编花穿制。

注意事项：松仁小肚肚口封闭前通过挤压排除空气；松仁小肚灌制大小要尽量一致；如拌馅和灌制工序不能够快速衔接，其间馅料放置了一段时间，灌制前要进行搅拌。

(七)冲水

将灌制完成的小肚放入容器(食品箱)内，用清水洗去小肚表面粘着的肉馅。同时要揉搓小肚，以防止淀粉沉淀，小肚熟制后切面粉和肉不均匀。

(八)煮制

煮制设备工厂采用夹层锅，家庭自制松仁小肚可采用焖锅。

夹层锅煮制容易控制温度，夹层锅底部有疏水器，温度较均匀，根据夹层锅上的温度表控制阀门大小。

锅内盛水量为夹层锅容积的 3/4 量，待水沸腾后松仁小肚下锅，小肚下锅时注意防止锅内热水飞溅。入锅小肚立即漂起的，说明灌制过程中混入了空气，用排气针点扎小肚皮排出气体，同时用搅拌桨轻轻搅动锅内小肚，小肚煮制前期搅动比较频繁，后期搅动频率逐渐减小，防止小肚贴靠锅壁，保证小肚受热均匀。搅动时注意搅拌桨从锅壁慢慢伸入，避免划破小肚。待锅内 80%小肚漂起，调整为小火加热，计时约 90 min。煮制结束关闭热源，用笊篱或漏勺将小肚移入镂空食品箱内，每个食品箱只能单层盛装小肚，否则将会导致小肚重压变形。

(九)糖熏

(1)将食品箱内的小肚均匀摆放在熏制帘上排潮。

(2)将排潮结束、摆放小肚的熏制帘推入糖熏炉中。

(3)关闭炉门，启动热源，大火加热至 95 ℃以上。

(4)在糖熏炉发烟器中加入白糖，加热发烟后，向糖熏炉内送烟。

(5)熏制时间为 3～4 min，至粉肠表面变为浅棕黄颜色时关闭热源，出炉。

(十)冷却

将经过剪绳擦油的肉粉肠平铺在冷却间冷却架上，冷却至室温。

(十一)拔肚签、擦油

将经过冷却的松仁小肚肚签用手拔掉，拔肚签时一只手捏住肚花，另一只手轻轻转动肚签，将肚签从小肚花处拔出。

用无异味的可直接食用的植物油(色拉油)轻轻涂擦松仁小肚，使色拉油均匀涂布于松仁小肚表面。

(十二)成品

(1)成品入库　将经过冷却的松仁小肚验质检斤后送入成品库。

(2)成品鉴别　主要从以下6点进行鉴别。

①外观:小肚表面干爽、大小均匀、规格整齐、呈球状、无裂纹、无烟熏痕迹;

②色泽:表面黄褐色或黄红色,内部浅肉色,有光泽,且均匀一致;

③组织状态:组织致密,有弹性,切片性能好,肉眼可见明显的瘦肉片、松仁,切片中不应有大的气孔,无汁液;

④滋气味:咸淡适中,滋味鲜美,有哈尔滨松仁小肚特有的香味,无异味;

⑤杂质:无肉眼可见外来杂质;

⑥货架期较长松仁小肚:外观无光泽,发暗发黑,小肚肚花松散,表面发黏,能闻到微酸气味。

任务5　法兰克福香肠制作

一、法兰克福香肠的由来

法兰克福香肠在十三四世纪起源于法兰克福,是乳化香肠的典型代表,最初以猪肉为原料。其制作方法后被一位屠夫带到了维也纳,深受当地人喜爱,因此也被称为维也纳香肠。法肠和维肠并没有本质区别,不过人们习惯把小一些的法兰克福香肠称为维也纳小肠。超市里常能看到浸在玻璃瓶中的法肠,保质期比新鲜的法肠久一些。后来这种产自法兰克福的香肠传入美国,因为味美价廉立刻全民疯抢,美国人甚至为了它发明出一种小型长面包,包裹起来一起享用,这就是今天的热狗。

二、产品配方(表5-6)

表5-6　法兰克福香肠配方

名称	数量/kg	名称	数量/kg
猪精肉	80	猪肥膘	20
食盐	1.8	复合磷酸盐	0.4
味精	0.5	白砂糖	1.2
亚硝酸钠	0.006	异维生素C钠	0.02
白胡椒粉	0.15	芫荽粉	0.1
肉蔻粉	0.025	洋葱粉	0.05
红辣椒粉	0.15		
冰水	24		
一路羊肠衣	约300 m		

三、工艺流程(图 5-5)

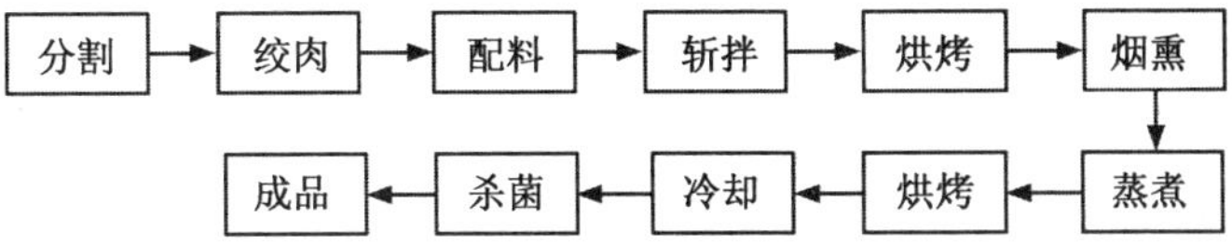

图 5-5　法兰克福香肠工艺流程

四、器具设备

(1)器具　解冻货架、分割刀、磨刀棒、分割操作台、灌肠操作台、白线绳、排气针、食品箱(塑料)、不锈钢盆、电子秤、天平。

(2)设备　绞肉机、斩拌机、制冰机、灌肠机、烟熏炉、包装机、杀菌机。

五、操作要点

(一)生产前准备工作

主要包括原辅材料准备、器具设备准备、肠衣准备工作。

(1)原辅材料准备工作　包括选购、出库、缓化三道工作。

原辅材料选购:①非疫区健康猪肉;②猪龄 1～2 年的Ⅱ号或Ⅳ号猪精肉;③原始菌落数低的肉;④冷冻肉必须是贮存时间较短的肉;⑤各种辅助材料质量要求必须符合 GB 2760—2014 食品添加剂使用标准之规定或使用单位供货要求。

原辅材料出库:根据生产计划、产品配方、工艺损失计算原辅材料需求数量,填写领料单,领料出库。

缓化:将出库后的猪精肉、猪肥膘送入缓化间缓化货架上缓化。缓化条件为温度 8 ℃、相对湿度 80%～90%、风速 1 m/s。

缓化结束标准以体积最大肉块中心点温度达到 0 ℃。

(2)器具设备准备　主要准备在法兰克福肠制作过程中所用到的器具设备,保证器具设备达到法兰克福肠制作工艺要求。

①预检:生产前对设备的安全状况进行调试预检,保证设备运行良好。

②消毒:选用食品设备杀菌剂对设备进行消毒。

③清洗:先用 90 ℃以上热水对设备进行清洗,然后用冷水对设备进行降温,降至 10 ℃以下。

(3)肠衣准备　灌制法兰克福香肠采用盐渍一路羊肠衣,盐渍羊肠衣使用前进行清洗处理。

第一步:冲水,盐渍肠衣先用自来水冲洗 3 遍,洗去肠衣表面的浮盐、污物。

第二步:浸泡,用 40 ℃左右温水在清洗肠衣两次后,浸泡 60 min。

第三步:串水,羊肠衣在浸泡过程中做串水处理,即将肠衣内壁用清水进行清洗。

(二)分割

将经过缓化的原料肉，在操作台上用分割刀去除碎骨、血管、淋巴、筋膜、污血肉等杂物。猪精肉切成150～200 g肉块备用。

(三)绞肉

先将制作法兰克福香肠所用到猪肥膘投入装配5 mm孔板绞肉机绞制，单独盛装。然后再将猪精肉投入装配5 mm孔板绞肉机绞制，单独盛装。

(四)配料

法兰克福香肠配料包括原料配料和辅料配料。

(1)原料配料　通常在生产车间内由绞肉工人完成，包括原料肉(猪精肉粒、肥膘颗粒)和水根据制作要求分别单独称重。特别提示原料肉的称重一定要在绞肉结束后进行。

(2)辅料配料　由配料员在配料室内完成，异维生素C钠单独配制密封避光盛装，配方表中其他辅料配制在一起混匀。称重配制好的辅料转入下一道工序要求进行复检，办理交接手续。

(五)斩拌

斩拌过程以BJ-125型斩拌机斩拌50 kg法兰克福香肠馅料为例加以说明。

(1)先将猪肥膘颗粒投入斩拌锅中，关闭锅盖，启动斩拌刀高速按钮，斩成1 mm左右颗粒，关闭高速按钮，启动低速按钮。

(2)加入猪精肉粒、盐等混匀辅料，一次加入1/3冰水，高速斩拌约2 min至肉眼无可见水分时，关闭高速按钮，启动低速按钮。二次加入1/3冰水，高速斩拌约2 min至肉眼无可见水分时，关闭高速按钮，启动低速按钮。三次加入1/3冰水，高速斩拌约2 min至馅料更加细腻黏稠、有弹性时，关闭高速按钮。

(3)出料，启动拌馅机反向出料按钮，将拌和好的馅料出到物料车，运到灌制工序。

(六)灌制

第一步：上料，将肉馅投入灌肠机料斗中。

第二步：套肠衣，将清洗干净的羊肠衣套入灌肠机灌制筒上。

第三步：灌肠，启动灌肠机灌制程序进行灌制。

第四步：扭结，控制扭结长度20 cm。

第五步：穿杆挂架，将扭结后的香肠穿绕挂肠杆，摆放到挂肠架车上。

注意：①灌肠松紧度要适中；②采用真空灌肠机灌制保证肠体无气泡；③控制每根挂肠杆上法兰克福香肠穿杆数量，保证肠体之间不发生贴靠。

(七)烘烤

在烟熏炉内完成。

将挂肠车推入烟熏炉，控制温度78 ℃，烘烤时间20 min，至法兰克福香肠肠体呈现浅红色，肠衣表面干燥即可。

(八)烟熏

启动烟熏炉烟熏程序,烟熏温度 70 ℃,时间 5 min。

(九)蒸煮

启动烟熏炉蒸煮程序。

参数控制:温度 81 ℃,时间 15 min。

蒸煮结束,排潮 3 min。

(十)烘烤

启动烟熏炉烘烤程序,控制温度 78 ℃,烘烤时间 5 min,至法兰克福香肠肠衣表面干燥即可。

(十一)冷却

将经过二次干燥法兰克福香肠推入冷却间冷却至 20 ℃以下,剪节装入食品箱。

(十二)包装

将剪节后的法兰克福香肠按照产品包装要求填入拉伸包装机模具盒中,进行包装。

(十三)杀菌

采用水浴杀菌机对包装后的产品进行水浴杀菌,水温控制 90 ℃,杀菌时间 20 min,立即用冷水冷却至 18 ℃以下,利用吹风机吹干包装袋表面水分。

(十四)成品

(1)成品入库　将经过冷却的法兰克福香肠验质检斤后送入成品库。

(2)成品鉴别　主要从以下 6 点鉴别。

①外观:塑料包装洁净完整、粗细均匀、规格整齐、无裂纹、无烟熏痕迹;

②色泽:肠体表面呈黄红色,内部浅肉色,有光泽,且均匀一致;

③组织状态:组织致密,有弹性,切片性能好,切片中不应有大的气孔,无汁液;

④滋气味:咸淡适中,滋味鲜美,有法兰克福香肠特有的香味,无异味;

⑤杂质:无肉眼可见外来杂质;

⑥货架期较长法兰克福香肠:塑料包装胀气,肠衣表面发黏,嗅闻有酸味。

任务 6　茶肠制作

一、茶肠的由来

茶肠俄文音译为茶依那,是俄国人喝茶时佐餐的食品,俄国人在喝茶时通常吃面包和这种灌肠,属于高档肉灌制品。

二、产品配方(表 5-7)

表 5-7 茶肠配方

名称	数量/kg	名称	数量/kg
腌制猪精肉	76	猪肥膘	12
猪脊膘丁	8		
复合磷酸盐	0.4	白砂糖	1.2
味精	0.3	异维生素 C 钠	0.02
白胡椒粉	0.2	肉蔻粉	0.1
青豆	5	大蒜	0.4
马铃薯淀粉	4		
冰水	22		
羊拐头	约 15 根		

三、工艺流程(图 5-6)

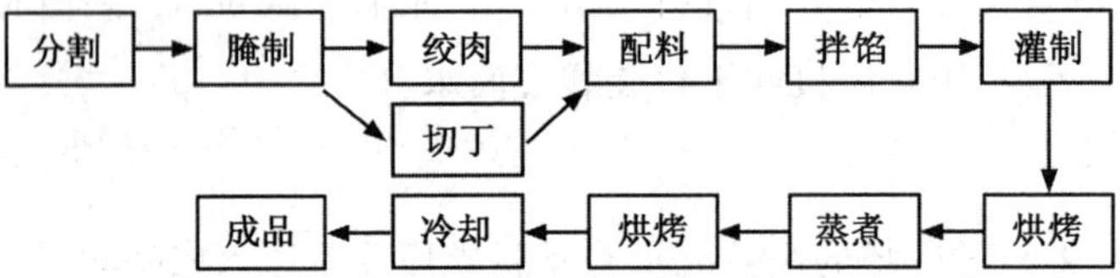

图 5-6 茶肠工艺流程

四、器具设备

(1)器具 解冻货架、分割刀、磨刀棒、分割操作台、灌肠操作台、白线绳、排气针、食品箱(塑料)、不锈钢盆、电子秤、天平。

(2)设备 绞肉机、斩拌机、制冰机、灌肠机、烟熏炉。

五、操作要点

(一)生产前准备工作

主要包括原辅材料准备、器具设备准备、肠衣准备、青豆焯水、冰片准备工作。

(1)原辅材料准备工作 包括选购、出库、缓化三道工作。

原辅材料选购:①非疫区健康猪肉;②猪龄 1~2 年的Ⅱ号或Ⅳ号猪精肉;③原始菌落数低的肉;④冷冻肉必须是贮存时间较短的肉;⑤各种辅助材料质量要求必须符合 GB 2760—2014 食品添加剂使用标准之规定或使用单位供货要求。

原辅材料出库:根据生产计划、产品配方、工艺损失计算原辅材料需求数量,填写领料单,领料出库。

缓化：将出库后的猪精肉、猪肥膘送入缓化间缓化货架上缓化。缓化条件为温度 8 ℃、相对湿度为 80%～90%、风速 1 m/s。缓化结束标准以体积最大肉块中心点温度达到 0 ℃。

(2)器具设备准备　准备在茶肠制作过程中所用到的器具设备，保证器具设备达到茶肠制作工艺要求。

①预检：生产前对设备的安全状况进行调试预检，保证设备运行良好。

②消毒：选用食品设备杀菌剂对设备进行消毒。

③清洗：先用 90 ℃以上热水对设备进行清洗，然后用冷水对设备进行降温，降至 10 ℃以下。

(3)肠衣准备　灌制茶肠采用盐渍羊拐头，盐渍羊拐头使用前进行清洗处理。

第一步：冲水，盐渍羊拐头先用自来水冲洗三遍，洗去羊拐头表面的浮盐、污物。

第二步：浸泡，用 40 ℃左右温水清洗羊拐头两次后，浸泡 120 min。

第三步：串水，羊拐头在浸泡过程中做串水处理，即将羊拐头内壁用清水进行清洗。

(4)青豆焯水准备　青豆焯水可在夹层锅内进行，在夹层锅内注入适量清水，大火加热至沸腾，将制作茶肠所用青豆倒入沸水中，持续沸腾 2 min，将青豆捞出放入冷水中冷却后，沥干水分备用。

(5)冰片准备　茶肠斩拌操作前制备足量的冰片或冰屑，打开制冰机进水阀门，启动工作开关，进行冰片制备。

(二)分割

将经过充分缓化的原料肉，在分割操作台上用分割刀去除碎骨、血管、淋巴、筋膜、污血肉等杂物。猪精肉切成 150～200 g 菱形块备用。

(三)腌制

茶肠原料肉腌制包括红肉腌制和肥膘腌制两种。

红肉腌制时，盐、亚硝酸钠(用 1 kg 水溶解)、异维生素 C 钠与肉块拌和均匀，放在腌制容器(理想材质陶瓷、塑料)内，压实、排气、密封处理。腌制室温度控制在 6～8 ℃，时间 36 h。

猪背脊膘进行擦盐码垛，放在密闭容器(理想材质陶瓷、塑料)内，腌制室温度控制在 6～8 ℃，时间 72 h。

(四)绞肉

将腌制完成的猪精肉、大蒜、猪肥膘分别用装配 5 mm 网眼孔板绞肉机绞制。

切丁时将腌制完成的猪背部脊膘用切丁机(或手工)切成 0.7 cm 方丁，肉丁经 90 ℃以上热水浸烫两次后，用冷水降温至 10 ℃以下。

(五)配料

茶肠配料包括原料配料和辅料配料。

(1)原料配料　通常在生产车间内由生产工人完成，包括原料肉(猪肉粒、肥膘颗粒、脊膘丁)和冰水根据制作要求分别单独称重。特别提示原料肉的称重一定要在绞肉结束后进行。

(2)辅料配料　由配料员在配料室内完成，马铃薯淀粉单独配制盛装，大蒜泥单独配制盛装，青豆单独盛装，配方表中其他辅料配制在一起混匀。称重配制好的辅料转入下一道工序要求进行复检，办理交接手续。

(六)斩拌

斩拌过程以 BJ-125 型斩拌机斩拌 50 kg 茶肠馅料为例加以说明。

(1)先将经过绞制的猪精肉投入斩拌锅中，关闭锅盖，启动斩拌刀高速按钮，斩拌 0.5 min 后关闭高速按钮，启动低速按钮。

(2)加入磷酸盐、白糖等混匀辅料、一次加入 1/3 冰水，启动斩拌刀高速按钮，斩拌约 2 min 无肉眼可见水分时，关闭高速按钮，启动低速按钮。

(3)加入经过绞制的经过绞制的猪后鞧膘、二次加入 1/3 冰水，高速斩拌约 3 min，至馅料细腻黏稠、有弹性时，关闭高速按钮，启动低速按钮。

(4)加入淀粉、大蒜、三次加入 1/3 冰水，高速斩拌约 1 min。

(5)加入猪脊膘丁、青豆，启动斩拌机低速开关，低速拌匀，出馅温度控制在 10～12 ℃。

(6)出料，启动拌馅机反向出料按钮，将拌和好的馅料出到物料车，运到灌制工序。

(七)灌制

第一步：上料，将肉馅投入灌肠机料斗中。

第二步：套肠衣，将清洗干净的羊拐头套入灌肠机灌制筒上。

第三步：灌肠，启动灌肠机灌制程序进行灌制。

第四步：绑绳，每根长度不得超过 35 cm，在敞口一端用线绳扎牢，两绳合拢打结，灌装后扎口的肠体要在下端 1/5 处搭系绳扣，顺其自然弯曲部的弓弦处吊绑，防止肠体坠断。

第五步：穿杆挂架，肠体内如有空气可用排气针点扎排气，然后每杆穿 5～6 根茶肠挂架。

(八)烘烤

在烟熏炉内完成。将挂肠车推入烟熏炉，控制温度 78 ℃，烘烤时间 40 min，至茶肠肠体呈现浅红色，肠衣表面干燥。

(九)蒸煮

启动烟熏炉蒸煮程序。

参数控制：温度 81 ℃，时间 60 min。蒸煮结束，排潮 3 min。

(十)烘烤

启动烟熏炉烘烤程序，控制温度 78 ℃，烘烤时间 5 min，至茶肠肠衣表面干燥即可。

(十一)冷却

将经过二次干燥茶肠推入冷却室冷却至 18 ℃以下。

(十二)成品

(1)成品入库　将经过冷却的茶肠验质检斤后送入成品库。

(2)成品鉴别　主要从以下 6 点鉴别。

①外观：肠体干爽、粗细均匀、规格整齐、自然弯曲、无裂纹、无烟熏痕迹。

②色泽：表面呈浅玫瑰红色，内部浅肉色，有光泽，且均匀一致，肉眼可见白色肥肉丁。

③组织状态：组织致密，有弹性，切片性能好，切片中不应有大的气孔，无汁液。

④滋气味：咸淡适中，滋味鲜美，有茶肠特有的香味，无异味。

⑤杂质：无肉眼可见外来杂质。

⑥货架期较长茶肠：外观无光泽，肠衣表面发黏，肠头系绳处最先败坏。

任务 7　大肉块烤肠制作

一、大肉块烤肠的由来

大肉块烤肠诞生于 20 世纪 90 年代中期，是肉制品技师研发的滚揉型高档香肠制品，结合西式火腿和灌肠制作特色，在传统熏煮香肠工艺基础上，发挥滚揉机强力提取精瘦肉块中蛋白质特点，降低食盐用量，采用白胡椒粉、肉蔻粉调味，调制而成的甜香适口、肉感突出、熏香浓郁的灌肠制品。

二、产品配方(表 5-8)

表 5-8　大肉块烤肠配方

名称	数量/kg	名称	数量/kg
腌制Ⅳ号猪精肉	92	冰水	30
复合磷酸盐	0.4	白砂糖	3.2
味精	0.3	红曲米粉	0.1
白胡椒粉	0.2	肉蔻粉	0.1
大蒜	1	马铃薯淀粉	8
九路猪肠衣	约 135 m		

三、工艺流程(图 5-7)

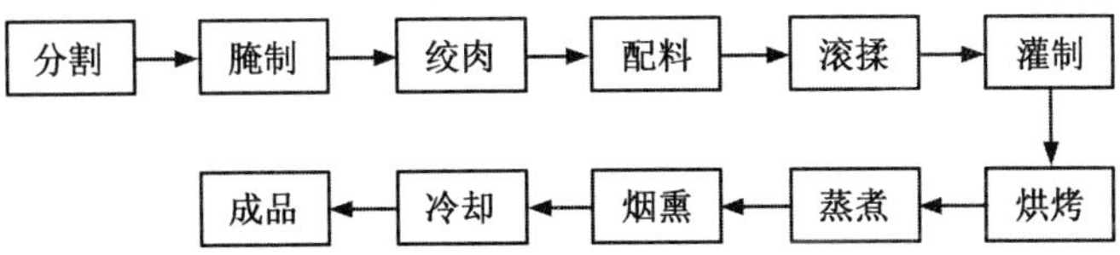

图 5-7　大肉块烤肠工艺流程

四、器具设备

(1)器具　解冻货架、分割刀、磨刀棒、分割操作台、灌肠操作台、白线绳、排气针、食品箱(塑料)、不锈钢盆、电子秤、天平。

(2)设备　绞肉机、滚揉机、制冰机、灌肠机、烟熏炉。

五、操作要点

(一)生产前准备工作

主要包括原辅材料准备、器具设备准备、肠衣准备、冰片准备工作。

(1)原辅材料准备工作　包括选购、出库、缓化三道工作。

原辅材料选购:①非疫区健康猪肉;②猪龄 1～2 年的Ⅳ号猪精肉;③原始菌落数低的肉;④冷冻肉必须是贮存时间较短的肉;⑤各种辅助材料质量要求必须符合 GB 2760—2014 食品添加剂使用标准之规定或使用单位供货要求。

原辅材料出库:根据生产计划、产品配方、工艺损失计算原辅材料需求数量,填写领料单,领料出库。

缓化:将出库后的猪精肉、送入缓化间缓化货架上缓化。

缓化条件:温度 8 ℃、相对湿度:80%～90%、风速 1 m/s。

缓化结束标准:以体积最大肉块中心点温度达到 0 ℃。

(2)器具设备准备　主要准备在大肉块烤肠制作过程中所用到的器具设备,保证器具设备达到大肉块烤肠制作工艺要求。

①预检:生产前对设备的安全状况进行调试预检,保证设备运行良好。

②消毒:选用食品设备杀菌剂对设备进行消毒。

③清洗:先用 90 ℃以上热水对设备进行清洗,然后用冷水对设备进行降温,降至 10 ℃以下。

(3)肠衣准备　灌制大肉块烤肠制采用盐渍猪肠衣,盐渍猪肠衣使用前进行清洗处理。

第一步:冲水,盐渍猪肠衣先用自来水冲洗三遍,洗去猪肠衣表面的浮盐、污物。

第二步:浸泡,用 40 ℃左右温水在清洗猪肠衣两次后,浸泡 30 min。

第三步:串水,猪肠衣在浸泡过程中做串水处理,即将猪肠衣内壁用清水进行清洗。

(4)冰片准备　大肉块烤肠斩拌操作前制备足量的冰片或冰屑,打开制冰机进水阀门,启动工作开关,进行冰片制备。

(二)分割

将经过充分缓化的原料肉,在分割操作台上用分割刀去除碎骨、血管、淋巴、筋膜、污血肉等杂物。猪精肉切成 150～200 g 菱形块备用。

(三)腌制

大肉块烤肠原料肉只腌制红肉。

盐、亚硝酸钠(用 1 kg 水溶解)、异维生素 C 钠与肉块拌和均匀,放在腌制容器(理想材质陶瓷、塑料)内,压实、排气、密封处理。腌制室温度控制在 6～8 ℃,时间 36 h。

红肉腌制成熟标准:切开红肉肉块观察横断面,横断面腌制色泽均匀一致。

(四)绞肉

将腌制完成的猪精肉装配 22 mm 网眼孔板绞肉机绞制，大蒜用装配 5 mm 网眼孔板绞肉机绞制。

(五)配料

大肉块烤肠配料包括原料配料和辅料配料。

(1)原料配料　通常在生产车间内由生产工人完成，包括原料肉和冰水根据制作要求分别单独称重。特别提示原料肉的称重一定要在绞肉结束后进行。

(2)辅料配料　由配料员在配料室内完成，马铃薯淀粉单独配制盛装，大蒜泥单独配制盛装，配方表中其他辅料配制在一起混匀。称重配制好的辅料转入下一道工序要求进行复检，办理交接手续。

(六)滚揉

滚揉操作过程以 GRJ-200 型滚揉机滚揉 100 kg 烤肠馅料为例加以说明。

(1)将绞肉完成的猪肉粒、混匀辅料及 20 kg 冰水投入滚揉机。

(2)关闭滚揉机机盖，启动真空泵，抽真空至 0.07 MPa。

(3)采用间歇滚揉，参数设置：总时间 2 h，运行 20 min，停止 10 min。

(4)滚揉结束后卸掉真空，加入淀粉浆(8 kg 淀粉用 10 kg 水稀释)及大蒜末，关闭滚揉机机盖，0.07 MPa 真空连续滚揉 0.5 h。

(5)出料，先通过进气阀门将真空卸掉，开启滚揉机机盖，启动滚揉机反向出料按钮，将滚揉好的馅料出到物料车，运到灌制工序。

(七)灌制

第一步：上料，将肉馅投入灌肠机料斗中。

第二步：套肠衣，将清洗干净的九路猪肠衣套入灌肠机灌制筒上。

第三步：灌肠，启动灌肠机灌制程序进行灌制，灌制时灌肠工人要控制灌制饱和度。

第四步：扭结，每节肠衣灌制完要进行扭结操作，烤肠扭结操作通常由工人师傅手工完成，扭结长度控制在 28～30 cm 之间。

第五步，穿杆挂架，肠体内如有空气可用排气针点扎排气，将扭结后的大肉块烤肠穿绕挂肠杆，摆放到挂肠架车上。

(八)烘烤

在烟熏炉内完成。将挂肠车推入烟熏炉，控制温度 78 ℃，烘烤时间 40 min，至大肉块烤肠肠体呈现浅红色，肠衣表面干燥即可。

(九)蒸煮

启动烟熏炉蒸煮程序。

参数控制：温度 81 ℃，时间 45 min。蒸煮结束，排潮 3 min。

(十)烟熏

在烟熏炉内进行，采用二段式烟熏，一段烟熏，烟熏温度 60 ℃，时间 60 min；二段烟熏，烟熏温度 70 ℃，时间 30 min。设定完熏制程序，启动烟熏程序。如发烟量较小，手动启动点火一次。烟熏结束排烟 2 min 后，打开烟熏炉，推出挂肠车。

(十一)冷却

将经过烟熏大肉块烤肠挂肠车推入冷却室冷却至 18 ℃以下。

(十二)成品

(1)成品入库　将经过冷却的大肉块烤肠验质检斤后送入成品库。

(2)成品鉴别　主要从以下 6 点鉴别。

①外观:肠体干爽、粗细均匀、规格整齐、表面有凸凹显肉、无裂纹、无烟熏痕迹。

②色泽:表面枣红色或红褐色,内部浅肉色,有光泽,且均匀一致。

③组织状态:组织致密,有弹性,肉感突出,切片中不应有大的气孔,无汁液。

④滋气味:甜香适中,滋味鲜美,有淡淡的烟熏味和蒜香味,无异味。

⑤杂质:无肉眼可见外来杂质。

⑥货架期较长烤肠:外观无光泽,扭结处结节松散,挂肠印处肠衣与肉馅分离。

【强化练习】

判断题

1. 哈尔滨红肠中的肥膘丁不需要用热水浸烫。(　　)
2. 哈尔滨红肠中的香辛料只有胡椒粉。(　　)
3. 哈尔滨儿童肠工序中牛肉只绞制 1 次。(　　)
4. 哈尔滨肉粉肠所用淀粉为绿豆淀粉。(　　)
5. 松仁小肚馅料灌入猪膀胱皮中。(　　)
6. 松仁小肚所用松仁拌馅时要提前炒熟。(　　)
7. 茶肠蒸煮结束后经过烟熏工艺处理。(　　)
8. 玉米肠历史悠久,属于传统肉制品。(　　)
9. 甜玉米粒在玉米热狗肠馅料斩拌中期加入。(　　)
10. 烤肠滚揉后期,淀粉是以干淀粉状态加入滚揉罐中的。(　　)

项目六

熏煮火腿类肉制品生产与质量控制

【知识目标】

①熏煮火腿类肉制品的含义及分类。②熏煮火腿类肉制品的国家标准。③熏煮火腿类肉制品熟制机理。

【技能目标】

①能够独立完成各种熏煮火腿类肉制品加工制作，精确控制产品工序参数。②能够认知鉴别熏煮火腿类肉制品所用原料肉及辅助材料质量好坏。③掌握熏煮火腿类肉制品加工设备运行、维护程序，并能够独立操控使用。

【项目描述】

本项目包含3个任务，即三文治火腿制作、西式烤肉制作和面包火腿制作，让学习者对熏煮火腿类肉制品从品种、文化、加工工艺及产品质量鉴别有全面系统的学习，为步入熏煮火腿类肉制品相关产业工作奠定坚实的基础。

【思维导图】

- 熏煮火腿类肉制品生产与质量控制
  - 三文治火腿制作
  - 西式烤肉制作
  - 面包火腿制作

【案例导入】

熏煮火腿选购技巧

一是选购时注意食品包装与标签。在商场和超市购买火腿时，应选购包装完好、冷藏贮存的熏煮火腿；重点关注产品是否在保质期内，贮存环境是否处于0～4 ℃的冷藏条件。避免购买胀袋或有汁液渗出的熏煮火腿。

二是关注质量等级，注意“无淀粉”不等于纯肉。国家标准《熏煮火腿》分为特级、优级和普通级3种质量等级，其蛋白质含量依次为≥18%、≥15%、≥12%，淀粉含量为≤2%、≤4%、≤6%，质量等级在产品标签中有明确标注。从营养角度考虑，建议选择质量等级较高的熏煮火腿。特别提示，“无淀粉”熏煮火腿并非纯肉火腿，大豆分离蛋白等非肉类蛋白质的加入会降低肉类蛋白占比。

【课前思考】

①熏煮火腿类肉制品含义是什么？哪些产品是熏煮火腿类肉制品？②各种熏煮火腿类肉制品制作工艺一样吗？有什么区别？

【任务设计】

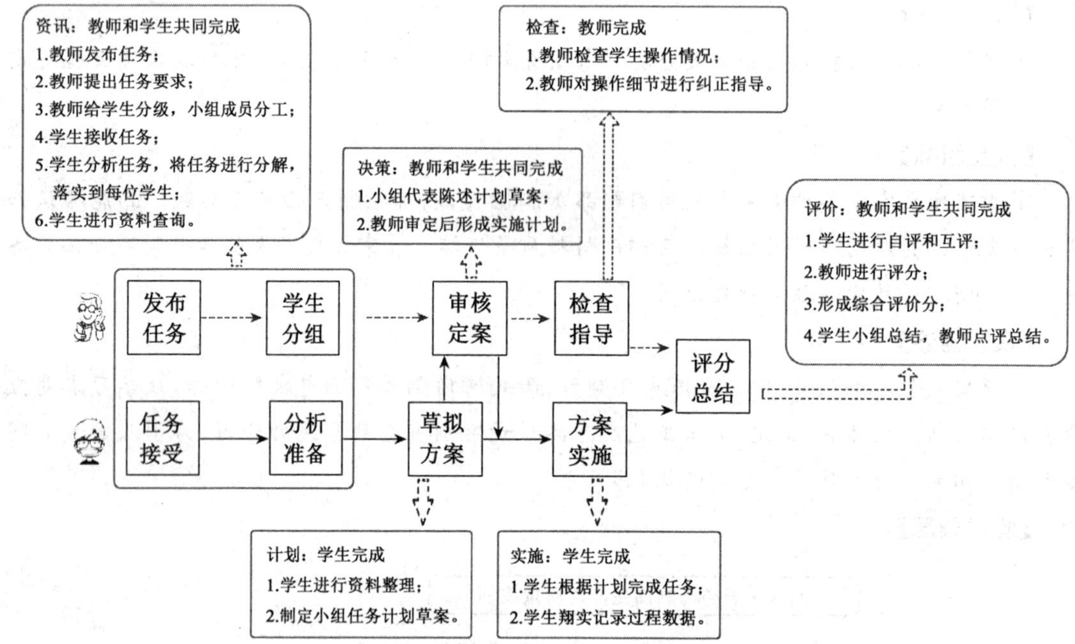

熏煮火腿类肉制品属于低温肉制品，起源于欧洲，在西方国家广为流行，鸦片战争期间传入中国，20世纪80—90年代在中国迅速发展，因其肉嫩味美而深受消费者喜爱。同火腿肠相比，产品营养更加丰富，携带方便、食用简单。

熏煮火腿(cooked cured ham)是以畜、禽肉为主要原料，经精选、切块、盐水注射(或盐水浸渍)腌制后，加入辅料，再经混合(斩拌或滚揉)、充填(或不充填)、蒸煮、烟熏(或不烟熏)、冷却、包装等工艺制作的火腿类熟肉制品。

熏煮火腿色泽鲜艳、肉质细嫩、口味鲜美、出品率稳定；适于机械化生产，产品制造完全标准化。代表性产品有三文治火腿、西式烤肉、面包火腿等。

任务 1 三文治火腿制作

一、三文治火腿的由来

三文治火腿是西式火腿的典型代表，属于低温肉制品。20 世纪 80 年代初期，随着注射机、滚揉机等肉制品加工设备由德国引进，三文治火腿制作技术在中国得到推广应用，开始西式火腿工业化生产。三文治火腿以其脆嫩鲜美的口感，丰富均衡的营养，卫生便捷的包装深受中国百姓的喜爱，在未来的消费市场中将是潜力巨大的肉食产品。三文治火腿以鲜、冻畜禽肉为原料，经绞肉、滚揉、灌制、装模、蒸煮等工艺加工成，通常采用冷链售卖。

二、产品配方（表 6-1）

表 6-1 三文治火腿配方

名称	数量/kg	名称	数量/kg
猪精肉	52	猪肥膘	6
食盐	2	磷酸盐	0.25
味精	0.3	白砂糖	1
亚硝酸钠	0.004	异维生素 C 钠	0.03
白胡椒粉	0.18	肉蔻粉	0.05
桂皮粉	0.03	猪肉香精	0.2
圆葱精油	0.15	红曲红色素	0.003
防腐剂	适量	玉米淀粉	6
大豆分离蛋白	2	卡拉胶	0.2
饮用水	30		
PVDC 筒状肠衣膜	130 m		

三、工艺流程（图 6-1）

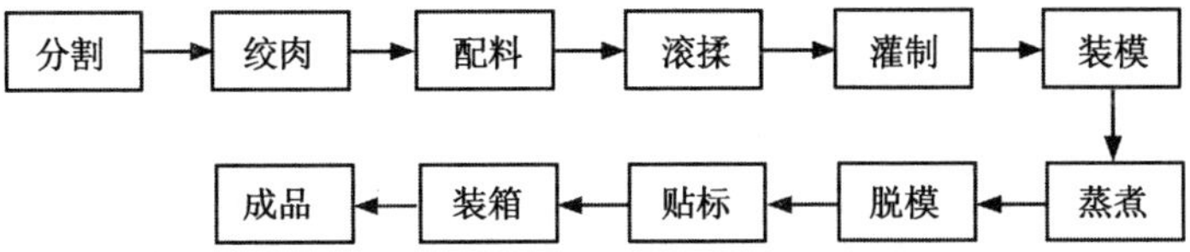

图 6-1 三文治火腿工艺流程

四、器具设备

(1)器具　刀具、刀辊、分割操作台、灌制操作台、卡扣或卡丝、食品箱、不锈钢盆、电子秤、天平、三文治模具。

(2)设备　绞肉机、滚揉机、真空灌肠机、长城卡打卡机、烟熏炉、冷却池。

五、操作要点

(一)生产前准备工作

主要包括原辅材料准备、器具设备准备、肠衣准备工作。

(1)原辅材料准备工作　包括选购、出库、缓化三道工作。

原辅材料选购:①非疫区健康猪肉;②猪龄 1～2 年的Ⅱ号或Ⅳ号猪精肉、猪后鞧肥膘;③原始菌落数低的肉;④冷冻肉必须是贮存时间较短的肉;⑤各种辅助材料质量要求必须符合 GB 2760—2014 食品添加剂使用标准之规定或使用单位供货要求。

原辅材料出库:根据生产计划、产品配方、工艺损失计算原辅材料需求数量,填写领料单,领料出库。

缓化:将出库后的猪精肉、猪肥膘送入缓化间缓化货架上缓化。缓化条件为温度 6～8 ℃、相对湿度 80%～90%、风速 1～1.5 m/s。

缓化结束标准以体积最大肉块中心点温度达到 0 ℃。

(2)器具设备准备　主要准备在三文治火腿制作过程中所用到的器具设备,保证器具设备达到三文治火腿制作工艺要求。三文治火腿模具主要是不锈钢模具,形状有长方体、圆柱体、六棱柱状体,要求有紧固压盖。

①预检:生产前对设备的安全状况进行调试预检,保证设备运行良好。

②消毒:选用食品设备杀菌剂对设备进行消毒。

③清洗:先用 90 ℃以上热水对设备进行清洗,然后用冷水对设备进行降温,降至 10 ℃以下。

(3)肠衣准备　灌制三文治火腿所用肠衣是筒状 PVDC 肠衣膜,肠衣颜色多种多样,肠衣尺寸大小以肠衣折径进行衡量,具体型号与火腿模具大小相适应。

(二)分割

将经过缓化的原料肉,在操作台上用分割刀去除碎骨、血管、淋巴、筋膜、污血肉等杂物。猪精肉切成 200～300 g 肉块,猪肥膘切成细长条备用。

(三)绞肉

先将制作三文治火腿所用到猪精肉投入装配 8 mm 孔板绞肉机绞制,单独盛装。然后再将猪肥膘投入装配 5 mm 孔板绞肉机绞制,单独盛装。

(四)配料

三文治火腿配料包括原料配料和辅料配料。

(1)原料配料　通常在生产车间内由绞肉工人完成,包括原料肉(猪精肉粒、肥膘颗粒)和水根据制作要求分别单独称重。特别提示原料肉的称重一定要在绞肉结束后进行。

(2)辅料配料　由配料员在配料室内完成,玉米淀粉单独配制盛装,大豆分离蛋白、卡拉胶单独配制混合盛装，香精、葱油单独配制混合盛装，防腐剂单独配制盛装，异维生素C钠单独配制密封避光盛装，配方表中其他辅料配制在一起混匀。称重配制好的辅料转入下一道工序要求进行复检，办理交接手续。

（五）滚揉

操作过程以GRJ-200型滚揉机滚揉100 kg三文治火腿馅料为例加以说明。

（1）将经过绞制猪精肉、盐、糖、味精等混匀辅料（玉米淀粉、防腐剂、大豆分离蛋白、卡拉胶除外）、60%冰水投入滚揉机。

（2）关闭上盖，启动真空泵，抽真空至0.07 MPa。

（3）采用间歇滚揉，参数设置：总时间3 h，运行10 min，停止20 min。

（4）初次滚揉结束后，卸掉真空，加入绞好的肥膘、大豆分离蛋白、卡拉胶、40%冰水投入滚揉机。

（5）关闭上盖，启动真空泵，抽真空至0.07 MPa。

（6）采用连续滚揉，参数设置为总时间3 h，运行10 min，停止10 min。启动滚揉按钮滚揉3 h。

（7）出料，滚揉结束，卸掉真空，启动反向卸料按钮，将肉馅卸入料斗车内。

（六）灌制

制作三文治灌制工序和打卡工序是连续衔接的，即真空灌肠机与长城打卡机配合在一起进行。通过灌肠机上数显控制器设定灌制数量（如400 g），套上肠衣膜进行自动灌制打卡。开始灌装前几个火腿要进行称量，校验调整灌装量符合制作要求。

（七）装模

也称压模，将灌装完成的火腿经过冷水冲洗后，放入不锈钢模具中，压紧模具盖。装模具时保证火腿两端卡口位置水平或垂直，不能偏斜。模具盖也要保持水平，不能压偏。

（八）蒸煮

将装模完成的火腿模具送入烟熏炉，关闭炉门，设定参数，启动程序。

参数控制：温度81 ℃，时间60 min（根据模具大小调整蒸煮时间）。

蒸煮结束，先排潮气，再打开炉门。

（九）脱模

将蒸煮完成的火腿送入冰水冷却池中，冷却至20 ℃以下，打开模具盖，用气压泵从模具盒底部孔眼处将火腿从模具内吹出，将火腿膜表面水分吹干。

（十）贴标

即贴商标，三文治商标多为不干胶纸质覆膜商标，贴标前先在商标上用打码机或喷码机印制生产日期，将商标规范贴到火腿上。

（十一）装箱

将贴标后的三文治火腿装入纸箱内、加入合格证，用不干胶封严纸箱口（纸箱应预先喷码生产日期）。

（十二）成品

（1）成品入库　将经过装箱的三文治火腿验质检斤后送入成品库。

(2)成品鉴别　主要从以下 3 点鉴别。

①色泽:切片呈自然粉红色或玫瑰红色,有光泽;

②质地:组织致密,有弹性,切片完整,切面无密集气孔且没有直径大于 3 mm 的气孔,无汁液渗出,无异物;

③风味:咸淡适中,滋味鲜美,具固有风味,无异味。

任务 2　西式烤肉制作

一、西式烤肉的由来

西式烤肉是一种高档低温肉制品,20 世纪 80 年代随着西方先进火腿生产设备工艺引进,在传统烤肉基础上进行技术革新,以较大块形精瘦肉为原料,经过休割整型、注射、嫩化、滚揉、烘烤、蒸煮、包装(不包装)等工艺制成。西式烤肉保持了传统烤肉的风味,口感更加柔嫩细腻,是旅游佐酒之佳品,深受大众喜爱。

二、产品配方(表 6-2)

表 6-2　西式烤肉配方

名称	数量/kg	名称	数量/kg
猪精肉	100	饮用水	33
食盐	2.2	磷酸盐	0.45
味精	0.4	白砂糖	1.5
亚硝酸钠	0.008	异维生素 C 钠	0.05
白胡椒粉	0.2	大料粉	0.1
肉蔻粉	0.05	猪肉香精	0.25
圆葱精油	0.15	红曲红色素	0.01
防腐剂	适量	马铃薯淀粉	8
大豆分离蛋白	1	卡拉胶	0.1

三、工艺流程(图 6-2)

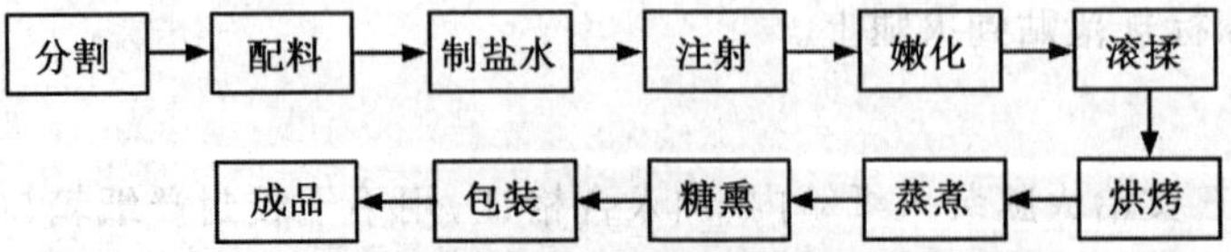

图 6-2　西式烤肉工艺流程

四、器具设备

(1)器具　刀具、刀辊、分割操作台、白线绳、食品箱、不锈钢盆、电子秤、天平。

(2)设备　盐水制备器、盐水注射机、嫩化机、滚揉机、烟熏炉、真空包装机、杀菌机。

五、操作要点

(一)生产前准备工作

主要包括原辅材料准备、器具设备准备工作。

(1)原辅材料准备工作　包括选购、出库、缓化三道工作。

原辅材料选购:①非疫区健康猪肉;②Ⅲ号或Ⅳ号猪精肉;③原始菌落数低的肉;④冷冻肉必须是贮存时间较短的肉;⑤各种辅助材料质量要求必须符合 GB 2760—2014 食品添加剂使用标准之规定或使用单位供货要求。

原辅材料出库:根据生产计划、产品配方、工艺损失计算原辅材料需求数量,填写领料单,领料出库。

缓化:将出库后的猪精肉送入缓化间缓化货架上缓化。缓化条件为温度 6～8 ℃、相对湿度 80%～90%、风速 1～1.5 m/s。缓化结束标准以体积最大肉块中心点温度达到 0 ℃。

(2)器具设备准备　主要准备在西式烤肉制作过程中所用到的器具设备,保证器具设备达到西式烤肉制作工艺要求。

①预检:生产前对设备的安全状况进行调试预检,保证设备运行良好。

②消毒:选用食品设备杀菌剂对设备进行消毒。

③清洗:先用 90 ℃以上热水对设备进行清洗,然后用冷水对设备进行降温,降至 10 ℃以下。

(二)分割

将经过缓化的原料肉,在操作台上用分割刀,去除碎骨、血管、淋巴、筋膜、污血肉等杂物,尽可能保持原料肉大的块型。

(三)配料

西式烤肉配料包括原料配料和辅料配料。

(1)原料配料　通常在生产车间内由分割工人完成,包括猪精肉和水根据制作要求分别单独称重。特别提示原料肉的称重一定要在分割结束后进行。

(2)辅料配料　由配料员在配料室内完成,玉米淀粉单独配制盛装,大豆分离蛋白、卡拉胶单独配制混合盛装,香精、葱油单独配制混合盛装,防腐剂单独配制盛装,磷酸盐单独配制盛装,配方表中其他辅料配制在一起混匀。称重配制好的辅料转入下一道工序要求进行复检,办理交接手续。

(四)制盐水

也称盐水制备,采用盐水制备器制备,先将磷酸盐溶解,再将剩余辅料混均(淀粉除外),用水溶解后移入低温间冷却备用(温度控制在 0～3 ℃)。

(五)注射

盐水注射由盐水注射机完成。

(1)将制备好的盐水倒入注射机盛液槽。

(2)调整注射机压力 0.04 MPa 左右。

(3)将注射液注入精肉中,注射两次后,准确称重,如未达到注射量,继续注射达到注射要求为止。

(六)嫩化

将肉块投入嫩化机,利用嫩化机在肉的表面切开许多 15 mm 左右深的刀痕,破坏筋腱和结缔组织,促进蛋白质溶出,提高肉的嫩度。

嫩化的作用:①破坏肌束,防止蒸煮时因肌纤维收缩而降低出品率。②增加肉块的表面积,促进食品添加剂快速渗透。

(七)滚揉

(1)将注射完备的肉块投入滚揉机。

(2)关闭上盖,启动真空泵,抽真空至 0.07 MPa。

(3)采用间歇滚揉,参数设置:总时间 12 h,运行 10 min,停止 20 min。

(4)滚揉结束后卸料切块,切成 250 g 左右肉块。

(5)再将切割好的肉块投入滚揉机,加入浓稠淀粉浆,0.07 MPa 真空连续滚揉 2 h。

(八)烘烤

将滚揉好的肉块穿绳挂架,尽量控制肉块大小和形状。挂肉车推入烟熏炉,挂肉车底部平铺塑料布,温度控制在 78 ℃左右,烘烤约 50 min,至肉块表面变性形成干燥层。

(九)蒸煮

在烟熏炉内完成。蒸煮通过烟熏炉设备完成,温度设定在 84 ℃,时间设定依据肉块大小具体设定。蒸煮结束,先排潮气 2 min,然后干燥 3 min。

(十)糖熏

温度控制在 95 ℃,用绵白糖熏制 5 min,至烤肉表面金黄色。

(十一)包装

采用拉伸包装机真空包装,然后用水浴杀菌机杀菌,参数控制 90 ℃水杀菌 20 min,梯度降温冷却至 20 ℃以下,吹干烤肉包装袋表面水分。

(十二)成品

(1)成品入库　将经过冷却的烤肉验质检斤后送入成品库。

(2)成品鉴别　主要从以下 3 点鉴别。

①色泽:切片呈自然粉红色或玫瑰红色,有光泽;

②质地:组织致密,有弹性,切片完整,切面无密集气孔且没有直径大于 3 mm 的气孔,无汁液渗出,无异物;

③风味:咸淡适中,滋味鲜美,具固有风味,无异味。

任务 3　面包火腿制作

一、面包火腿的由来

面包火腿是以鲜、冻畜禽肉为原料，经分割、斩拌、装模、烘焙等工艺加工成的肉制品，因其形似面包而得名。

二、产品配方（表 6-3）

表 6-3　面包火腿配方

名称	数量/kg	名称	数量/kg
猪精肉	86	猪肥膘	11
食盐	1.6	磷酸盐	0.4
味精	0.3	白砂糖	2
亚硝酸钠	0.006	异维生素 C 钠	0.05
肉桂粉	0.15	大料粉	0.1
肉蔻粉	0.08	姜粉	0.1
圆葱精油	0.1	防腐剂	适量
大豆分离蛋白	1	马铃薯淀粉	4
冰水	26		

三、工艺流程（图 6-3）

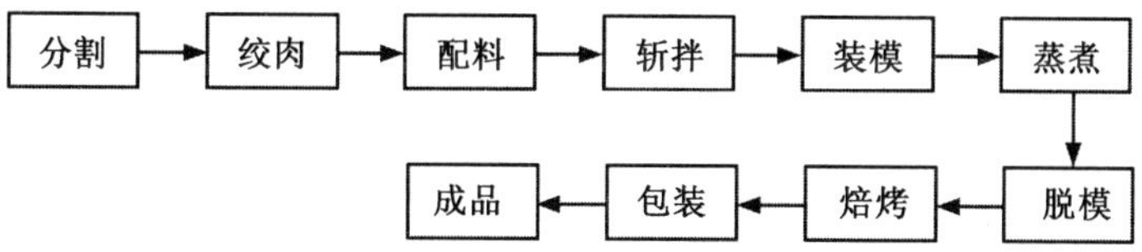

图 6-3　面包火腿工艺流程

四、器具设备

（1）器具　刀具、刀辊、分割操作台、食品箱、不锈钢盆、电子秤、天平、模具。

（2）设备　制冰机、绞肉机、斩拌机、真空灌肠机、烟熏炉、充氮包装机。

五、操作要点

(一)生产前准备工作

主要包括原辅材料准备、器具设备准备、冰片准备工作。

(1)原辅材料准备工作　包括选购、出库、缓化三道工作。

原辅材料选购:①非疫区健康猪肉;②Ⅱ号或Ⅳ号猪精肉;③原始菌落数低的肉;④冷冻肉必须是贮存时间较短的肉;⑤各种辅助材料质量要求必须符合 GB 2760—2014 食品添加剂使用标准之规定或使用单位供货要求。

原辅材料出库:根据生产计划、产品配方、工艺损失计算原辅材料需求数量,填写领料单,领料出库。

缓化:将出库后的猪精肉、猪肥膘送入缓化间缓化货架上缓化。缓化条件为温度 6～8 ℃、相对湿度 80%～90%、风速 1～1.5 m/s。缓化结束标准以体积最大肉块中心点温度达到 0 ℃。

(2)器具设备准备　主要准备在面包火腿制作过程中所用到的器具设备,保证器具设备达到面包火腿制作工艺要求。面包火腿模具主要由不锈钢或塑料材质构成,呈长方形或圆形饭盒状,配有模具盖。

①预检:生产前对设备的安全状况进行调试预检,保证设备运行良好。

②消毒:选用食品设备杀菌剂对设备进行消毒。

③清洗:先用 90 ℃以上热水对设备进行清洗,然后用冷水对设备进行降温,降至 10 ℃以下。

(3)冰片准备　斩拌操作前制备足量的冰片或冰屑,打开制冰机进水阀门,启动工作开关,进行冰片制备。

(二)分割

将经过缓化的原料肉,在操作台上用分割刀去除碎骨、血管、淋巴、筋膜、污血肉等杂物。猪精肉切成 200～300 g 肉块,猪肥膘切成细长条备用。

(三)绞肉

将分割完成的猪精肉、猪肥膘分别用装配 5 mm 网眼孔板绞肉机绞制。

(四)配料

面包火腿配料包括原料配料和辅料配料。

(1)原料配料　通常在生产车间内由分割工人完成,包括猪精肉和水根据制作要求分别单独称重。特别提示原料肉的称重一定要在分割结束后进行。

(2)辅料配料　由配料员在配料室内完成,马铃薯淀粉单独配制盛装,大豆分离蛋白单独配制盛装,圆葱葱油单独配制盛装,防腐剂单独配制盛装,配方表中其他辅料配制在一起混匀盛装。称重配制好的辅料转入下一道工序要求进行复检,办理交接手续。

(五)斩拌

斩拌操作过程以 BJ-125 型斩拌机斩拌 50 kg 面包火腿馅料为例进行说明。

(1)先将经过绞制的猪精肉投入斩拌锅中,关闭锅盖,启动斩拌刀高速按钮,斩拌 0.5 min 后关闭高速按钮,启动低速按钮。

(2)加入食盐、白糖等混匀辅料、1/3 冰水,启动斩拌刀高速按钮,斩至馅料细腻有弹性时,关闭高速按钮,启动低速按钮。

(3)加入经过绞制的经过绞制的猪肥膘、1/3 冰水,高速斩拌约 3 min,馅料更加细腻黏稠、有弹性时,关闭高速按钮,启动低速按钮。

(4)加入淀粉及 1/3 冷水,高速斩拌约 1 min。

(5)低速拌匀,出馅温度控制在 10~12 ℃。

(6)出料,启动拌馅机反向出料按钮,将拌和好的馅料卸入物料车内,运到灌制工序。

(六)装模

第一步,将经过斩拌的肉馅投入灌肠机料斗中;第二步,真空灌肠机装配口径较粗的灌装筒;第三步,将模具盒内壁刷上食用油;第四步,启动灌肠机灌制程序向模具盒中灌入火腿馅。灌制数量为火腿模具容量的 2/3~3/4,模具内馅料不能灌满,必须留有空隙,用刮板刮平模具内的火腿馅,盖上模具盖。

(七)蒸煮

将装模完成的火腿模具送入蒸煮炉,关闭炉门,设定参数,启动程序。

参数控制:温度 81 ℃,时间 60 min(根据模具大小调整蒸煮时间)。

蒸煮结束,先排潮气,再打开炉门。

(八)脱模

将经过冷却的面包火腿倒模在不锈钢帘上,火腿摆放严禁贴靠,留有 1 cm 左右缝隙。

(九)焙烤

焙烤是将脱模的半成品火腿送入烤箱,烤箱温度设定为 200 ℃,烘烤时间 3~5 min,至表面浅褐色为准。

(十)包装

面包火腿冷却至室温后,采用充氮包装机进行充氮包装。

(十一)成品

(1)成品入库 将经过包装的面包火腿验质检斤后送入成品库。

(2)成品鉴别 主要从以下 3 点鉴别。

①色泽:切片呈自然粉红色,有光泽;

②质地:组织致密,有弹性,切片完整,切面无密集气孔且没有直径大于 3 mm 的气孔,无汁液渗出,无异物;

③风味:咸淡适中,滋味鲜美,具固有风味,无异味。

【强化练习】

判断题

1.面包火腿馅灌入模具时应满模具灌制。(　　)

2.面包火腿蒸煮后直接进行烘烤烟熏。(　　)

3.三文治火腿理想销售环境是室温销售。(　　)

4.滚揉机工作时滚筒转速越快滚揉效果越好。(　　)

5.制作烤肉的原材料通常是Ⅱ或Ⅳ猪精肉。(　　)

6.盐水制备时先溶解磷酸盐,后溶解其他辅料。(　　)

7.三文治西式火腿冷却脱模温度应控制在40 ℃以下。(　　)

8.盐水注射时注射压力通常控制在0.4 MPa左右。(　　)

9.西式烤肉制作时烘烤工序可有可无。(　　)

10.三文治火腿属于高温肉制品系列。(　　)

项目七

腌腊肉制品生产与质量控制

【知识目标】

①腌腊肉制品的含义及分类。②腌腊肉制品的国家标准。③腌腊肉制品制作原理。

【技能目标】

②能够独立完成各种腌腊肉制品加工制作，精确控制产品工序参数。②能够认知鉴别腌腊肉制品所用原料肉及辅助材料质量好坏。③掌握腌腊肉制品加工设备运行、维护程序，并能够独立操控使用。

【项目描述】

本项目包含7个任务，即哈尔滨风干肠制作、广式腊肠制作、萨拉米制作、金华火腿制作、湖南腊肉制作、南京板鸭制作和培根制作，让学习者对腌腊肉制品从品种、文化、加工工艺及产品质量鉴别有全面系统的学习，为步入腌腊肉制品相关产业工作奠定坚实的基础。

【思维导图】

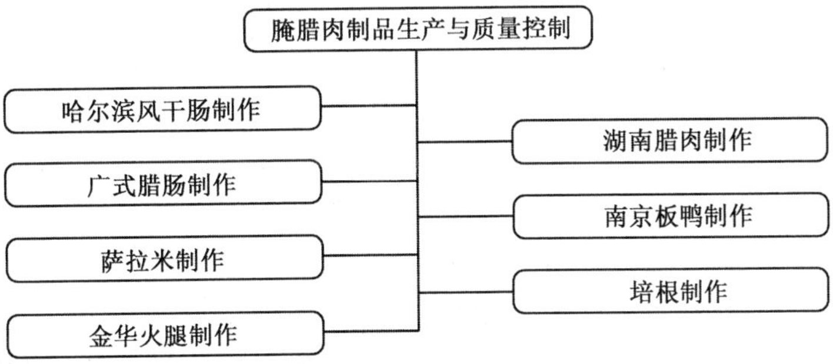

【案例导入】

不可抗拒的舌尖美食——世界十大顶级火腿

十大顶级火腿指的是腌制或熏制的猪腿，火腿色泽鲜艳，红白分明，瘦肉香咸带甜，肥肉香而不腻，美味可口，是一种在世界范围内都非常受人欢迎的美食。世界最著名的十大火腿分别为在西班牙被称为“黑蹄”的伊比利亚火腿，意大利沐浴海风的帕尔玛火腿，中国以“两头乌”猪为原料的金华火腿，意大利具有溯源编码的圣丹尼火腿，源自德国最大森林山脉的黑森林火腿，中国云南特产宣威火腿，法国巴斯克区域的巴约拿火腿，中国被称为“北腿”的如皋火腿，美国号称用花生养猪的弗吉尼亚火腿，英国采用橡木烟熏的约克火腿。世界十大名腿，中国独占三席。

【课前思考】

①腌腊肉制品含义是什么？哪些产品是腌腊肉制品？②金华火腿传统工艺和现代工艺有哪些异同点？

【任务设计】

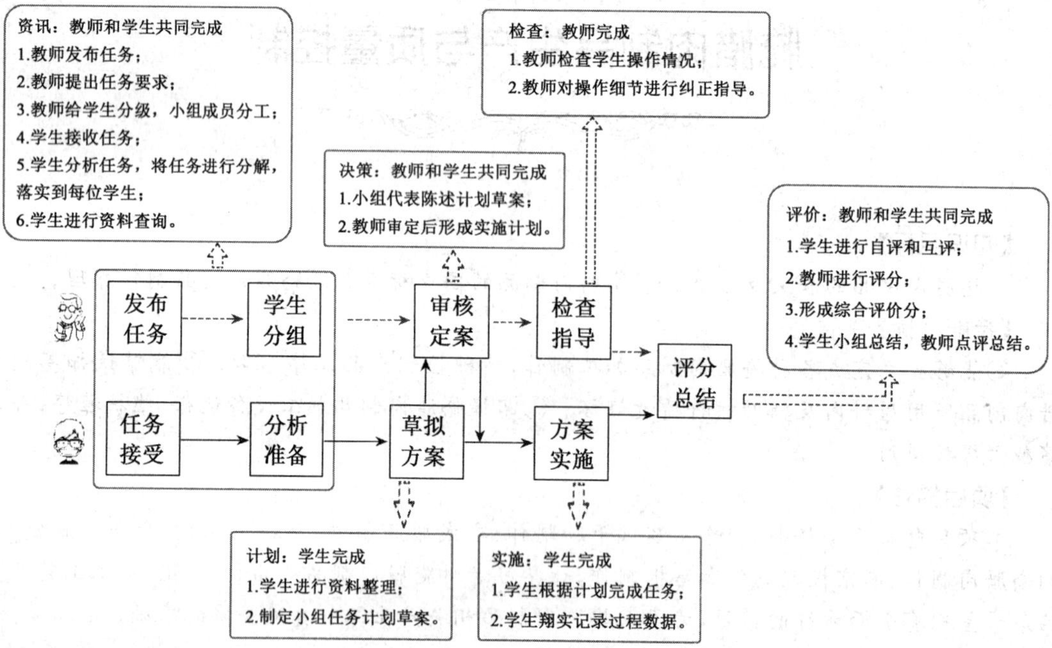

腌腊肉制品，是人类比较古老的肉制品保藏形式，历史非常悠久。这类肉制品因为在冬腊月制作而得名，制作过程中可经过发酵或不经过发酵，用盐量相对较少经过发酵的肉制品称为发酵肉制品，用盐量相对较多不经过发酵的肉制品称其为咸肉制品。发酵肉制品属于肉制品中安全性最高的肉制品，在食品安全问题万众瞩目的今天，发酵肉制品市场潜力巨大。发酵肉制品被界定为营养安全肉制品，是因为作为发酵剂的乳酸菌发挥了重要作用，肉在发酵过程中，大分子营养物质分解成小分子营养物质，利于人体吸收，减轻了消化系统的消化压力，同时乳酸菌还有一个重要作用——可以降低癌症及肿瘤的发病风险。

发酵肉制品是指火腿或香肠在自然或人工控制条件下，利用微生物发酵作用，产生具有特殊风味、色泽和质地，且具有较长保存期的肉制品。

无论是国内还是国外，发酵肉制品都有规模化生产。发酵肉制品按照产品的制作形式分为发酵香肠类、发酵火腿类和其他发酵肉制品。发酵香肠类典型产品有风干肠、腊肠及萨拉米等，发酵火腿类典型产品有金华火腿、如皋火腿、诺邓火腿、帕尔玛火腿、腊肉等。其他发酵肉制品如南京板鸭、南京香肚等。

咸肉制品中代表性产品当属培根，但由于咸肉制品含盐量较高，随着人们营养观念的转变，咸肉制品生产量相对较小。

在腌腊肉制品中，我们主要学习哈尔滨风干肠、广式腊肠、萨拉米、金华火腿、湖南腊肉、南京板鸭、培根等产品加工制作。

任务 1　哈尔滨风干肠制作

一、哈尔滨风干肠的由来

哈尔滨风干肠属于高档中式发酵肉灌制品，与腊肠齐名。据传原产于 1910 年王孝庭、宋焕臣所创建的哈尔滨正阳楼，迄今品牌已有 100 多年历史。山东掖县人王孝庭在北京酱肉铺学徒 12 年，30 岁时闯关东来到哈尔滨找到故友宋焕臣，二人合伙开设了哈尔滨正阳楼，以前店后厂的形式生产售卖风干肠。第一根哈尔滨风干肠就是源于哈尔滨正阳楼。哈尔滨风干肠 1956 年在全国食品展览会上被评为全国推广产品，1979 年被评为商业部优质产品和省优质产品，有咸味风干肠和甜味风干肠之分。

风干肠制作过程中精选质量上乘的猪精肉，辅以优质的砂仁、肉蔻、桂皮等香辛料，配以曲子型白酒，经过分割、切绞、灌制、风干发酵而成。

二、产品配方(表 7-1)

表 7-1　风干肠配方

名称	数量/kg	名称	数量/kg
猪精肉	85	猪肥膘	15
食盐	1.1	346 磷酸盐	0.1
味精	0.2	白砂糖	1
亚硝酸钠	0.006	异维生素 C 钠	0.02
企边桂粉	0.15	花椒粉	0.1
砂仁粉	0.08	肉蔻粉	0.08
丁香粉	0.05	鲜姜	0.5
曲子型白酒	2		
五路猪肠衣	约 200 m		

三、工艺流程(图 7-1)

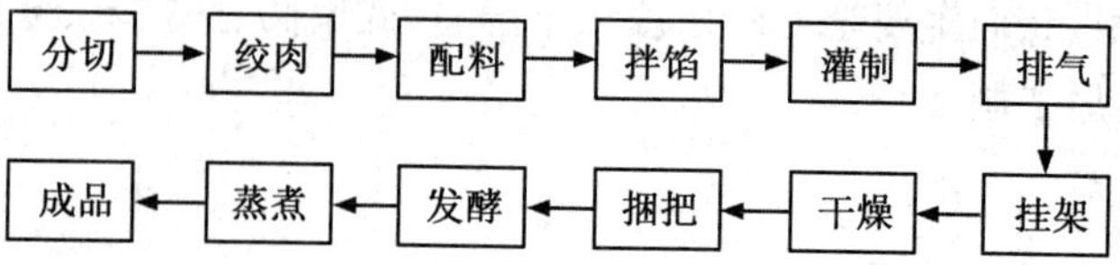

图 7-1 风干肠工艺流程

四、器具设备

(1)器具 分割刀、磨刀棒、白线绳、排气针、缓化货架、分割操作台、灌制操作台、食品箱、不锈钢盆、电子秤、天平。

(2)设备 绞肉机、拌馅机、切丁机、斩拌机、灌肠机、干燥炉。

五、操作要点

(一)生产前准备工作

主要包括原辅材料准备、器具设备准备、肠衣准备、姜准备工作。

(1)原辅材料准备工作 包括选购、出库、缓化三道工作。

原辅材料选购:①非疫区健康猪肉;②理想原料肉应是猪龄 1～2 年的Ⅱ号或Ⅳ号猪精肉、猪后鞧肥膘;③原始菌落数低的肉;④冷冻肉必须是贮存时间较短的肉;⑤各种辅助材料质量要求必须符合 GB 2760—2014 食品添加剂使用标准之规定或使用单位供货要求。

原辅材料出库:根据生产计划、产品配方、工艺损失计算原辅材料需求数量,填写领料单,领料出库。

缓化:将出库后的猪精肉、猪肥膘送入缓化间缓化货架上缓化。缓化条件为温度 6～8 ℃、相对湿度 80%～90%、风速 1～1.5 m/s。缓化结束标准以体积最大肉块中心点温度达到 0 ℃。

(2)器具设备准备 准备在哈尔滨风干肠制作过程中所用到的器具设备,保证器具设备符合风干肠制作工艺要求。

①预检:生产前对设备的安全状况进行调试预检,保证设备运行良好。

②消毒:选用食品设备杀菌剂对设备进行消毒。

③清洗:先用 90 ℃以上热水对设备进行清洗,然后用冷水对设备进行降温至 10 ℃以下。

(3)肠衣准备 灌制哈尔滨风干肠所用的肠衣是盐渍五路猪肠衣,即盐渍五路猪小肠。五路猪肠衣直径是 32～34 mm,盐渍猪肠衣使用前要经过清洗处理。

第一步,冲水,盐渍肠衣先用自来水冲洗三遍,洗去肠衣表面的浮盐、污物;

第二步,浸泡,用 40 ℃左右温水在清洗肠衣两次后,浸泡 30 min;

第三步,串水,肠衣在浸泡过程中做串水处理,即将肠衣内壁用清水进行清洗,同时挑出有沙眼肠衣、花肠衣、不结实肠衣。

(4)姜准备 姜的选用可以是老姜,也可以是鲜姜,老姜风味好于鲜姜,但老姜使用时姜丝要去除。无论老姜还是鲜姜,都应选择个头较大、表皮完整、没有出芽的姜,用清水清洗干净。将清洗干净的姜投入斩拌机斩成 3～4 mm 碎末。

(二)分切

制作风干肠精瘦肉进行分割，猪肥膘用切丁机切丁或人工切丁。

精肉分割，将检验合格的猪精肉置于分割操作台上，用分割刀进行分割，去除碎骨、血管、淋巴、筋膜、污血肉块等杂物。猪精肉切成150～200 g肉块备用。

肥膘切丁，用切丁机(或工人手工)切成5 mm方丁，肉丁经90 ℃热水浸烫两次后，冷水降温至10 ℃以下。

(三)绞肉

风干肠绞肉要求选用18 mm网眼孔板装配绞肉机，将分割好的猪精肉通过提升机倒入绞肉机料斗中，启动绞肉机绞碎运行按钮，进行绞肉。

(四)配料

哈尔滨风干肠配料包括原料配料和辅料配料。

原料配料通常在生产车间内由绞肉工人完成，包括猪精肉粒和肥膘丁，根据制作要求分别单独称重。特别提示原料肉的称重一定要在绞肉结束后进行。

辅料配料由配料员在配料室内完成，曲子型白酒单独配制盛装，姜末单独配制盛装，异维生素C钠单独配制密封避光盛装，配方表中其他辅料配制在一起混匀。称重配制好的辅料转入下一道工序要求进行复检，办理交接手续。

(五)拌馅

先将猪精肉、肥膘丁倒入拌馅机料斗中，然后加入混匀辅料、姜末及溶解了异维生素C钠的白酒，启动拌馅机运行开关，搅拌约2 min至风干肠馅料搅拌均匀即可。

(六)灌制

(1)将拌和均匀的肉馅倒入灌肠机，关闭进料口。

(2)启动灌肠机，打开灌肠手柄，排掉空气，关闭灌肠手柄。

(3)将五路猪肠衣套到灌肠嘴上。

(4)将肉馅灌入肠衣内，注意灌制饱和度。

(5)员工在操作台上将半成品干肠手工调整成粗细一致，直径约2.8 cm，60 cm长度结成环形。

(七)排气

将经过打节系绳的风干肠肠坯平摆在打节操作台上，然后用排气针给风干肠打针排气。

(八)挂架

将经过排气的风干肠用挂肠杆穿起，挂到挂肠车上。每根挂肠杆穿肠数量控制在以肠体之间不能发生贴靠为准，或在不能发生贴靠前提下准确固定计数每根挂肠杆穿肠数量。

(九)干燥

风干肠主要有自然干燥和机械干燥两种形式。

自然干燥在室外露天晾晒，受天气因素影响较大，通常在夏秋两季制作风干肠，不同批次风干肠颜色光泽度差别较大。

机械干燥适合工厂制作风干肠，温度、湿度、风速等影响干燥效果的因素标准可控，所制作的风干肠不同批次间质量一致。

机械干燥风干肠操作流程如下：

第一步，先将挂满湿风干肠的挂肠车推入风干炉，关闭炉门。

第二步，温度设定为 55 ℃，时间 60 min，启动风干炉。

第三步，降温回潮，将经过第二步操作的风干肠推出风干炉，自然降温至室温。

第四步，将降温后的风干肠返回风干炉再次风干，温度设定为 45 ℃，时间 50 min。

第三步和第四步操作重复三次，完成风干肠干燥工作。

注意：干燥过程中要严格控制温度及风干肠风干程度。

(十)捆把

将达到风干要求(即出品率到 70%)的风干肠下架抽杆，每 8 根用白线绳捆成一把。捆把时学会捆把绳扣系绕方法。

(十一)发酵

将捆好把的风干肠，横竖交叉码垛，摆放在阴凉、通风、温度和湿度适宜的发酵间中。温度控制在 15～20 ℃，相对湿度为 75%左右。如果湿度过低，肠体易发生流油、食盐析出等现象；如果湿度过大，易发生肠体吸水，影响产品质量。经过 10～15 d 完成发酵成熟，送入冷冻库中冷冻保藏。

(十二)蒸煮

产品在出售前应进行熟制，熟制既可以采用蒸气蒸制，也可以采用沸水煮制。温度控制 95 ℃，时间 12 min，熟制后摊晾在通风处冷却至室温即可。

(十三)成品

(1)成品入库　将经过冷却的风干肠验质检斤后送入成品库。

(2)成品鉴别　风干肠的特点是红白相间，瘦肉呈红褐色，脂肪呈乳白色，切面可见有少量的棕色调料点，肠体质干略有弹性，有粗皱纹，表面可见肥肉丁，直径 2 cm 左右；具有独特的清香风味，味美适口，越嚼越香，久吃不腻、食后留有余香；易于保管，携带方便。

任务 2　广式腊肠制作

一、广式腊肠的由来

腊肠制作是一种非常古老的肉食生产和保存技术。中国的腊肠有着悠久的历史(1 500 多年)，约创制于南北朝以前，始见载于北魏《齐民要术》的“灌肠法”，其加工方法流传至今。腊肠指将动物的肉绞碎成泥状，再灌入肠衣制成的长圆柱体状食品，熟制后食用，风味鲜美，醇厚浓郁，回味绵长，越嚼越香，是中华传统特色食品之一，享誉海内外。根据生产工艺不同分为广式腊肠、川式腊肠、湘式腊肠。

广式腊肠是将瘦肉经粗绞、肥膘经切丁后，配以白糖、白酒等辅料，灌入天然肠衣或人造肠衣再经发酵、成熟干制成的肉食品。

二、产品配方（表 7-2）

表 7-2　广式腊肠配方

名称	数量/kg	名称	数量/kg
猪精肉	80	猪脊膘	20
食盐	1.2	白砂糖	8
味精	0.2	亚硝酸钠	0.006
亚硝酸钠	0.006	鲜姜	0.5
曲子型白酒	2		
胶原蛋白肠衣	约 200 m		

三、工艺流程（图 7-2）

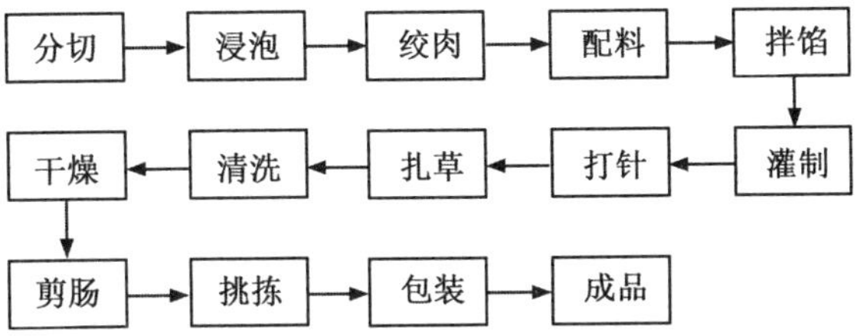

图 7-2　广式腊肠工艺流程

四、器具设备

（1）器具　分割刀、磨刀棒、白线绳、马蔺叶、排气针、缓化货架、分割操作台、灌制操作台、食品箱、不锈钢盆、电子秤、天平。

（2）设备　绞肉机、拌馅机、切丁机、斩拌机、灌肠机、干燥炉。

五、操作要点

（一）生产前准备工作

主要包括原辅材料准备、器具设备准备、肠衣准备、姜准备工作。

（1）原辅材料准备工作　包括选购、出库、缓化三道工作。

原辅材料选购：①非疫区健康猪肉；②理想原料肉应是猪龄 1～2 年的猪精肉、猪脊背肥膘，部位以后腿肉为佳，因其筋膜少，肉质好，利用率较高，其次是前腿肉；③原始菌落数低的肉；④冷冻肉必须是贮存时间较短的肉；⑤各种辅助材料质量要求必须符合 GB 2760—2014 食品添加剂使用标准之规定或使用单位供货要求。

原辅材料出库：根据生产计划、产品配方、工艺损失计算原辅材料需求数量，填写领料单，领料出库。

缓化：将出库后的猪精肉、猪肥膘送入缓化间缓化货架上缓化。缓化条件为温度 6～8 ℃、相对湿度 80%～90%、风速 1～1.5 m/s。缓化结束标准以体积最大肉块中心点温度达到 0 ℃。

（2）器具设备准备　准备在广式腊肠制作过程中所用到的器具设备，保证器具设备符合腊肠制作工艺要求。

①预检:生产前对设备的安全状况进行调试预检,保证设备运行良好。

②消毒:选用食品设备杀菌剂对设备进行消毒。

③清洗:先用 90 ℃以上热水对设备进行清洗,然后用冷水对设备进行降温,降至 10 ℃以下。

(3)肠衣准备　灌制广式腊肠现在所用的肠衣多为胶原蛋白肠衣,通常选用直径 26～28 mm 胶原蛋白肠衣。

(4)姜准备　姜的选用可以是老姜,也可以是鲜姜,老姜风味好于鲜姜,但老姜使用时姜丝要去除。无论老姜还是鲜姜,都应选择个头较大、表皮完整、没有出芽的姜,用清水清洗干净。将清洗干净的姜投入斩拌机斩成 3～4 mm 碎末。

(二)分切

制作风干肠精瘦肉进行分割,猪肥膘用切丁机切丁或人工切丁。

精肉分割,将检验合格的猪精肉置于分割操作台上,用分割刀进行分割,去除碎骨、血管、淋巴、筋膜、污血肉块等杂物。猪精肉切成 150～200 g 肉块备用。

肥膘切丁,用切丁机(或工人手工)切成 5 mm 方丁,肉丁经 90 ℃热水浸烫两次后,冷水降温至 10 ℃以下。

(三)浸泡

将分割完成的猪精肉块投入盛装清水的容器中浸泡,保证浸泡用水量富足。浸泡目的是泡除血水,软化肉质纤维,使得肉质鲜亮。正常情况下,可浸泡 1～2 h。浸泡好的瘦肉,控水后才能进入下道工序。

(四)绞肉

腊肠绞肉要求选用 12 mm 网眼孔板装配绞肉机,将经过浸泡控水的猪精肉通过提升机倒入绞肉机料斗中,启动绞肉机绞碎运行按钮,进行绞肉。

(五)配料

广式腊肠配料包括原料配料和辅料配料。

(1)原料配料　通常在生产车间内由绞肉工人完成,包括猪精肉粒和肥膘丁,根据制作要求分别单独称重。特别提示原料肉的称重一定要在绞肉结束后进行。

(2)辅料配料　由配料员在配料室内完成,曲子型白酒单独配制盛装,姜末单独配制盛装,异维生素 C 钠单独配制密封避光盛装,配方表中其他辅料配制在一起混匀。称重配制好的辅料转入下一道工序要求进行复检,办理交接手续。

(六)拌馅

先将猪精肉倒入拌馅机料斗中,然后加入混匀辅料、姜末及溶解了异维生素 C 钠的白酒,启动拌馅机运行开关,搅拌约 2 min 后加入肥膘丁至馅料搅拌均匀即可。

(七)灌制

(1)将拌和均匀的肉馅倒入灌肠机,关闭进料口。

(2)启动灌肠机,打开灌肠手柄,排掉空气,关闭灌肠手柄。

(3)将胶原蛋白肠衣套到灌肠机灌肠嘴上。

(4)将肉馅灌入肠衣内，注意灌制饱和度。

(5)员工先在操作台上将灌制的半成品腊肠手工调整成粗细一致。

(八)打针

用打针机（或特制的针板）在肠体上均匀打针一次（针距 1 cm），使肠内多余水分及空气排出，有助于肠内水分快干。

(九)扎草

将腊肠按照特定的长度尺寸(20 cm)用马蔺草扎节，切不可缩短和放宽。草结应扎在两根肠中间，保证每根腊肠均匀一致，以便于挂杆和不影响规格。

(十)清洗

将扎草完成腊肠用挂肠杆穿起，挂到挂肠车上(每根挂肠杆穿肠数量控制在以肠体之间不能发生贴靠为准，或在不能发生贴靠前提下准确固定计数每根挂肠杆穿肠数量)。将挂满腊肠的挂肠车推入淋浴间，用 45 ℃左右温水淋浴清洗腊肠，清洗干净肠身表面的黏着物，以防止排气针孔堵塞，影响肠内水分蒸发。

(十一)干燥

现代广式腊肠干燥主要采用机械干燥方式完成。

把经过清洗后的湿肠用挂肠车推进干燥炉，必须注意肠与肠之间的距离（一般要求 5～6 cm），挂肠杆之间距离不要排得过密，否则影响通风和上层腊肠的吸热。烘房温度一般控制在 55 ℃左右，时间 72 h。在烘焙过程中要受热均匀，上下层腊肠须交替吊挂。

注意：干燥过程中要严格控制温度及干燥程度。

(十二)剪肠、挑拣、包装

出炉后的干腊肠，须等肠身放凉之后才能剪肠。经过挑拣保证腊肠粗细长短一致。装袋抽真空须放置平整，以免在运输或市场流通环节发生漏气的现象。

(十三)成品

(1)成品入库　将经过挑拣包装的腊肠验质检斤后送入成品库。

(2)成品鉴别　广式腊肠的特点是外形美观、色泽明亮、瘦肉粒呈自然红色或枣红色；脂肪雪白、条纹均匀、不含杂质；手感干爽、肠衣紧贴、结构紧凑、弯曲有弹性；切面肉质光滑无空洞、无杂质、肥瘦分明。

任务 3　萨拉米制作

一、萨拉米的由来

萨拉米是欧洲尤其是南欧民众喜爱食用的一种腌制肉肠，属于高档肉制品。原料肉一般是单一种肉类，不经过任何烹饪，只经过发酵和风干程序。在过去没有冷藏手段的年代，这种肉肠能在室温下长期保存，所以欧洲民众特别是农民，都喜欢用这种方法保存肉类，以供长期食用。传统上，欧洲很多国家的民众都爱制作这种风干肠，尤以意大利为甚。另外，法国、德国、匈牙利、斯洛文尼亚、捷克、希腊、罗马尼亚等国家也有制作这种风干肠的习惯。

萨拉米香肠由丰富的香料和肉制成，然后经过发酵，得到风味独特的肉肠。意大利萨拉米由纯猪肉制成，而其他地区的萨拉米则由猪肉和牛肉混合制成。

二、产品配方（表 7-3）

表 7-3　意大利萨拉米配方

名称	数量/kg	名称	数量/kg
猪精肉	75	猪脊膘	25
食盐	1.2	346 磷酸盐	0.1
味精	0.2	白砂糖	0.5
葡萄糖	0.5	异维生素 C 钠	0.04
亚硝酸钠	0.006	黑胡椒粉	0.15
肉蔻粉	0.1	小茴香粉	0.05
鼠尾草粉	0.05	姜粉	0.05
发酵剂	0.15	冰片/水	5/2
纤维素肠衣	约 200 只		

三、工艺流程（图 7-3）

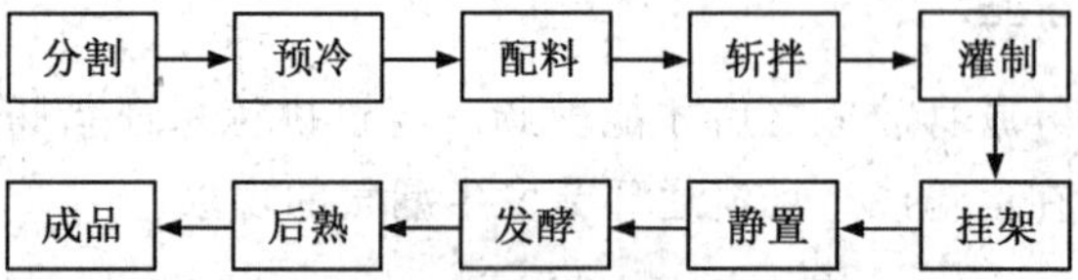

图 7-3　意大利萨拉米工艺流程

四、器具设备

（1）器具　分割刀、磨刀棒、白线绳、排气针、缓化货架、分割操作台、灌制操作台、食品箱、不锈钢盆、电子秤、天平。

（2）设备　制冰机、斩拌机、灌肠机、干燥炉。

五、操作要点

（一）生产前准备工作

主要包括原辅材料准备、器具设备准备、肠衣准备、制冰准备工作。

（1）原辅材料准备工作　包括选购、出库、缓化三道工作。

原辅材料选购：①非疫区健康猪肉；②理想原料肉应是猪龄 1～2 年的猪精肉、猪脊背肥膘，前、后腿肉均可制作萨拉米；③必须是原始菌落数低的肉；④冷冻肉必须是贮存时间较短的肉；⑤各种辅助材料质量要求必须符合 GB 2760—2014 食品添加剂使用标准之规定或使用单位供货要求。

原辅材料出库：根据生产计划、产品配方、工艺损失计算原辅材料需求数量，填写领料单，领料出库。

缓化：将出库后的猪精肉、猪肥膘送入缓化间缓化货架上缓化。缓化条件为温度 6～8 ℃、相对湿度为 80%～90%、风速 1～1.5 m/s。缓化结束标准以体积最大肉块中心点温度达到 0 ℃。

(2)器具设备准备　主要准备在广式腊肠制作过程中所用到的器具设备，保证器具设备符合腊肠制作工艺要求。

①预检：生产前对设备的安全状况进行调试预检，保证设备运行良好。

②消毒：选用食品设备杀菌剂对设备进行消毒。

③清洗：先用 90 ℃以上热水对设备进行清洗，然后用冷水对设备进行降温至 10 ℃以下。

(3)肠衣准备　灌制萨拉米的肠衣我们采用直径为 45 mm 纤维素肠衣，肠衣灌肠前要经过消毒、清洗处理。第一步消毒，将肠衣预先用适宜浓度消毒液浸泡，浸泡时间 30 min；第二步冲洗，先用 35 ℃温水冲洗肠衣三遍；第三步降温，用 0 ℃冷水将肠衣降温至 0 ℃；第四步控水，将肠衣水分沥干。

(4)制冰准备　提前 2 h 启动制冰机进行制取冰片。

(二)分割

制作萨拉米原料肉选用动检合格的Ⅱ号或Ⅳ号冷鲜猪精肉，去除碎骨、血管、淋巴、筋膜等杂物。猪精肉切成 100 g 左右肉块备用，猪脊膘切成 50 g 左右小块备用。

(三)预冷

将分割好的肉块用食品箱盛装送入冷冻库中预冷至－2 ℃，注意食品箱盛装肉的数量不要过多，保证所有的肉块能够均匀预冷。

(四)配料

萨拉米肠配料包括原料配料和辅料配料。

(1)原料配料　通常在生产车间内由分割工人完成，包括猪精肉块和脊膘块，根据制作要求分别单独称重。

(2)辅料配料　由配料员在配料室内完成，发酵剂单独配制盛装，异维生素 C 钠单独配制密封避光盛装，配方表中其他辅料配制在一起混匀。称重配制好的辅料转入下一道工序要求进行复检，办理交接手续。

(五)斩拌

将预冷后的肉块投入斩拌机中，加入冰片，启动斩拌机，将肉高速斩拌至 15 mm 颗粒大小，降至斩拌机低速运转，加入预先准备好的辅料料液，启动斩拌机高速按钮，将肉高速斩拌至 5 mm 颗粒大小，馅料温度控制在 0 ℃左右，出料进入料车中备用。

(六)灌制

(1)将拌和均匀的肉馅倒入真空灌肠机装料斗。

(2)启动灌肠机，打开灌肠手柄，排掉空气，至肉馅从灌肠嘴出馅，关闭灌肠手柄。

(3)将经过处理的纤维素肠衣套到灌肠嘴上。

(4)将肉馅灌入肠衣内,注意饱和度。

(5)员工先在操作台上将灌制的半成品系绳封口,系好绳扣。

(七)挂架

将灌制完成的萨拉米香肠穿到挂肠杆上,每根香肠之间留有空隙,保证肠体之间不能贴靠为原则。穿杆后的香肠挂到挂肠架车上,用排气针扎眼排气,冷水喷淋。

(八)静置

将挂满挂肠车的萨拉米香肠推入室温静置间静置 3 h,以除去肠体表面的水分,同时促使香肠自然升温,为香肠进入发酵间缩小温差。

(九)发酵

将萨拉米香肠送入发酵间发酵。发酵间具备控温、控湿功能,保证发酵间温度和湿度恒定。发酵参数设定,第一步温度 25 ℃,相对湿度 94%,时间 24 h;第二步温度 22 ℃,相对湿度 92%,时间 72 h。

(十)后熟

后熟操作可以在发酵间内完成,参数设定,温度 16 ℃,相对湿度 75%,时间 72 h,至萨拉米香肠出品率达到 75%为止。

存放:后熟结束的萨拉米放在 0～4 ℃保鲜库中保藏。

(十一)成品

(1)成品入库 将经过后熟的萨拉米肠验质检斤后送入成品库。

(2)成品鉴别 萨拉米的特点是瘦肉呈红褐色,脂肪呈乳白色,切面感官可见红白肉相间,肠体质干略有弹性,有粗皱纹,直径 40 mm 左右;具有独特的清香风味,味美适口,越嚼越香,久吃不腻、食后留有余香,尾香微酸;营养保健,携带方便。

任务 4 金华火腿制作

一、金华火腿的由来

金华火腿以色、香、味、形"四绝"闻名于世,相传起源于唐朝,发展于宋代,距今已有 1 000 余年的历史。金华火腿风味独特,营养丰富,易于消化,可以增进食欲,有滋补强身的作用。1915 年在巴拿马国际商品博览会上获得一等奖,1981 年又获得中华人民共和国优质产品金质奖。

金华火腿的品质源于金华地区猪的品种、制作技术及自然条件。第一,金华火腿所用的猪种为金华猪,又叫"两头乌",是我国最名贵的猪种之一。这种猪生长快,脂肪沉积少,皮薄肉嫩,瘦肉多,原料品质上乘。第二,加工工艺精细,技术精湛。在整个加工过程中,技术要求十分严格,如用盐量做到按气温的高低,腿只大小,腿质新鲜程度,恰如其分地掌握用量。第三,金华火腿产区气候和地理条件得天独厚。

二、产品配方(表7-4)

表7-4　金华火腿配方

名称	数量/kg
猪腿	8
食盐	0.8
硝酸钠	0.01

三、工艺流程(图7-4)

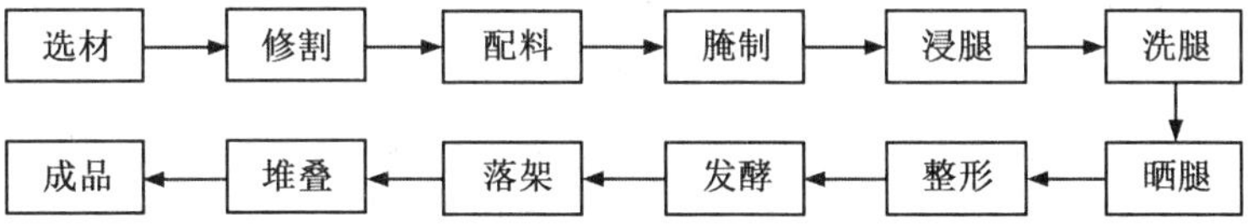

图7-4　金华火腿工艺流程

四、器具设备

分割刀、磨刀棒、白线绳、修割操作台、火腿腌制架、火腿校型器、木槌、火腿晾晒架、食品箱、不锈钢盆、电子秤、天平。

五、操作要点

(一)选材

金华火腿原料选用金华猪鲜后腿或前腿。鲜腿重量、皮质、肥膘新鲜度符合选材规定和要求。

(1)重量　鲜腿重量以5～8 kg为宜,如过大时不易腌透或腌制不均匀;过小肉质太嫩,腌制时失水量大,不易发酵,滋味欠佳。

(2)皮薄　腌制火腿的鲜腿皮愈薄愈好,粗皮大腿、腿心瘪薄、有严重红斑者不宜加工火腿,皮的厚度一般以3 mm以下为宜。皮薄不仅食盐易于渗透,而且肉质可食部分多。

(3)肥膘　肥膘要薄,肥肉过厚,盐分不易渗透,易发生酸败,一般肥膘厚度在2.5 cm左右,颜色要洁白。

(4)腿形　选择细皮小爪,脂肪少,腿心丰满的鲜猪腿。

金华猪前后腿均可用来制作火腿。后腿的切法:先在最后一节腰椎骨节处切断,然后沿大腿内斜向切下。前腿切法,前端沿颈椎第二骨节处将前颈肉切除,后端从前数第六肋骨处切下,最后将胸骨连同肋骨末端的软骨切下成方形。

切下的鲜猪腿在0～4 ℃的冷却间冷却24 h,冷却能够促进肌肉排酸成熟,使肉的pH下降,有利于食盐的渗透。

(二)修割

金华火腿对外形要求很严格。刚验收的鲜腿粗糙,形状不规则,必须进行初步整形,再进入腌制工序。整形除使火腿有完美的外观，而且对腌制后火腿的质量及加速食盐的渗透都有一定的作用。修整时特别注意不要损伤肌肉面，以露出肌肉表面为限。

先用刀刮去皮面的残毛和污物，使皮面光洁，然后用削骨刀削平耻骨，修整坐骨，斩去脊骨，使肌肉外露，再将周围过多的脂肪和附着肌肉表面的碎肉割去，将鲜猪腿修整成“琵琶形”，腿面平整。将血管中的淤血用大拇指挤出，防止腌制时腐败。

(三)配料

金华火腿配料包括原料配料和辅料配料。

(1)原料配料　通常在生产车间内由腌制工人完成，猪腿根据制作要求称重。

(2)辅料配料　由配料员在配料室内完成，食盐单独配制盛装，硝酸钠单独配制密封避光盛装。称重配制好的辅料转入下一道工序要求进行复检，办理交接手续。

(四)腌制

修腿后即可用食盐和硝酸盐进行腌制，腌制是加工火腿的主要工序，是加工火腿的技术关键。

腌制火腿的气温对火腿的质量有直接的影响，根据金华地区的气候，每年 11 月至次年 2 月是加工火腿的最适宜季节。

在一般正常气温条件下，金华火腿腌制过程中敷盐与倒堆要进行 7 次，主要是前三次敷盐，其余四次根据火腿的大小、气温条件及不同部位控制腿上的盐量，每次上盐同时翻倒一次。每次上盐的数量和间隔的时间不同，视当时的气温而定。腌制时间由温度高低、腿的大小、脂肪层的厚薄等决定。如 5～8 kg 的鲜腿，腌制时间 40 d 左右。

(1)第一次上盐(出血水盐)　将腿肉面敷一薄层盐，用盐量约占总用盐量的 15%，敷盐时在肌肉裸露处敷少许硝酸钠。然后以肉面朝上重复依次堆叠，并在每层之间隔以竹条。在一般气温下可堆叠 12～14 层，气温高时少堆叠几层或经 12 h 再敷盐一次。

(2)第二次上盐　第一次上盐后经 24 h 进行第二次上盐，也叫上大盐，盐量最多，约占总用盐量的 50%，而且腿面的不同部位敷盐层的厚度不同。在腰荐骨及耻骨关节处敷盐层厚；其次是大腿上部的肌肉较厚处，因为这 3 个部位不仅肌肉厚而且在肌肉内部包藏有扁圆形大腿骨、耻骨，故必须多加盐量以加速食盐的渗透。第二次敷盐后堆叠方式与第一次敷盐后堆法相同。

这次上盐后肌肉变化比较明显，肌肉组织呈暗红色，特别是经过两天腌制后更为明显。其次肌肉脱水收缩变得坚实，腿呈扁平状，中间肌肉处凹陷，而四周因多脂肪而显得突起而丰满。

注意：严格控制第二次上盐时间，一定要在出血水盐的次日进行，若误期容易导致变质。

(3)第三次上盐　在上大盐后 4～5 d 进行，这次用盐量要根据火腿的大小不同，控制腿面盐层的厚度，用盐量约占总用盐量的 15%。若火腿较大，而脂肪层又较厚，则应增加盐量，对小型火腿则只是修补而已，然后重新倒堆，将原来的上层换到底层。

(4)第四次上盐　第三次上盐后经 5～6 d 后进行第四次，用盐量更少，一般只占总用盐量的 5%左右，主要看不同部位腌透程度，这时火腿有的部位已经腌好，仅是三签区域尚未腌透，将食盐适当收拢到三签处继续腌制。

鉴别火腿是否腌好或不同部分是否腌透，以手指按压肉面，若按压时有充实坚硬的感觉，说明已腌透，否则虽表面发硬而内部空虚发软，表明尚未腌透，肉面应保存盐层。第四次上盐后堆叠的层数应视气温不同而可适当增加，加以大压力增加食盐的渗透。

(5)第五、第六次上盐　这二次上盐间隔时间为 7 d 左右，这次敷盐主要视火腿的大小或厚薄不同，肉面敷盐的面积更为明显地集中在三签部位，露出肌肉面积更大些。火腿已大部分腌透，主要在脊椎骨下部的肌肉尚未完全腌透，仍然很松软，应上少许盐。火腿的颜色转变成较鲜艳的红色。

经过第六次上盐后，腌制时间已近 30 d，小腿已可挂出洗晒，大腿进行第七次腌制。

金华火腿腌制口诀为："头盐上滚盐，大盐雪花盐，三盐靠骨头，四盐守签头，五盐六盐保签头。"用盐间隔天数，除上大盐必须按规定为首次用盐的次日外，其他各次应灵活掌握，而不强求统一。

火腿腌制过程应注意以下几个问题：

①腿腌制应按先后顺序排列堆叠，标明日期、只数，不准乱堆乱放。

②4 kg 以下的小腿应当单独腌制堆叠，避免与大、中火腿混堆，以便控制盐量，保证质量。

③如果温度变化较大，要及时翻堆，更换食盐。

④腌制时要抹盐均匀，腿皮切忌用盐，以防腿皮无光。

⑤翻堆时要轻拿轻放，堆叠整齐，防止脱盐。

(五)洗晒和整形

腌好的火腿要经过浸泡、洗刷、挂晒、印商标、校形等过程。

(1)浸腿　鲜腿经腌制后，腿面上留有黏渍油污物质，可通过清洗除去，便于整形和打皮印，也能使肉中盐分散失一部分，使咸淡适度，有利于酶发生作用。

洗腿前首先应浸泡，将腌好的火腿放入清水池中浸泡一定时间，浸泡的时间视火腿的大小和咸淡而定，如气温在 10 ℃左右，约浸泡 10 h，浸泡时肉面向下，全部浸没。

(2)洗腿　浸泡后即可洗刷，将火腿皮面朝上，肉面朝下放好，然后按顺序，先洗脚爪，依次为皮面、肉面到腿下部，将盐污和油垢洗净，使肌肉表面露出红色。经过初次洗刷的腿，可在水中再浸泡 3 h，再进行第二次洗刷。

(3)晒腿　浸泡洗刷完毕，每两只火腿用绳结在一起，挂在晾腿架上晾晒，约经 4 h，待肉面无水微干后，进行打印商标，再经 3～4 h，腿皮微干但肉面尚软开始整形。

(4)整形　所谓整形就是在晾晒过程中将火腿逐渐校成一定形状。将小腿骨校直，脚爪弯曲，皮面压平，腿心丰满，使火腿外形美观，而且使肌肉经排压后更加紧缩，有利于贮藏时发酵。

整形分三步：在大腿部(即腿身)，用两手从腿的两侧向腿心挤压，使腿心饱满，成橄榄形；在小腿部，先用木槌敲打膝部，再将小腿插入校型器圆孔中，轻轻攀折，使小腿正直，至膝踝部无皱纹为止；在腿爪部，将脚爪加工成镰刀形，整形后继续曝晒，在腿没变硬前接连整形 2～3 次(每天一次)。腿形固定后，腿重约为鲜腿重的 85%～90%，腿皮呈黄色或淡黄色，皮下脂肪洁白，肌肉呈紫红色，腿面各处平整，内外坚实，表面油润，可停止曝晒。

(六)发酵

发酵作用是促进火腿成熟，因为经腌制后还没有达到特有的芳香气味，还必须经过一定时间的发酵，使肉发生变化，才能具有独特芳香气味。

火腿在发酵过程中还要注意进一步整形，这叫修干刀。修干刀一般在清明前后，是火腿上架发酵到一定程度，水分已大量蒸发，肌肉不再有大的收缩，即形状基本稳定后进行。

(七)落架和堆叠

火腿经过 5 个月左右的发酵期,已经达到贮藏的要求,就可以从火腿架上取下来,进行堆叠,堆高不超过 15 层,采用肉面向上,皮面向下逐层堆放,并根据气温不同每隔 10 d 左右倒堆一次。在每次倒堆的同时将流出的油脂涂抹在肉面上,这样不仅可防止火腿过分干燥,而且经常保持肉面油润有光泽。

(八)成品

(1)成品入库　将堆叠成熟的火腿验质检斤后送入成品库。

(2)成品鉴别　如表 7-5 所示。

表 7-5　金华火腿分级标准

等级	香味	肉质	单只重量	外观
特级	三签香	精多肥少 腿心饱满	2.5～5 kg	“竹叶形”,薄皮细脚,皮色黄亮,无毛,无红斑、无破损,无虫蛀鼠咬,油头无裂缝,小蹄至龙眼骨 40 cm 以上,刀工光洁,印证明
一级	二签香 一签好	精多肥少 腿心饱满	2 kg 以上	出口腿无红斑,内销腿为无大红斑,其他要求与特级同
二级	一签香 二签好	腿心稍扁薄 油头部分稍咸	2 kg 以上	“竹叶形”爪弯脚直稍粗、无鼠咬虫蛀,刀口光洁无毛,印证明
三级	三签中有一签,有异味(无臭味)	腿质较咸	2 kg 以上	无鼠咬虫蛀,刀工略粗,印证明

火腿的质量主要从颜色、气味、咸度、肌肉丰满程度、重量、外形等方面来衡量。

从火腿的颜色可以鉴别出加工季节和含量。不同季节加工的火腿品质有很大差异,保藏时间也不同。冬季加工的品质最佳,早冬和春季则次之。

金华火腿色泽鲜艳,红白分明,瘦肉香咸带甜,肥肉香而不腻,美味可口。

气味是鉴别火腿品质的主要指标,通常以竹签插入火腿的 3 个肉厚部位的关节处嗅其香气程度来确定火腿的品级。金华火腿三签部位如图 7-5 所示。打签后随手封闭签孔,以免深部污染,打签时如发现某处腐败,应立即换签,用过的签用碱水煮沸消毒。

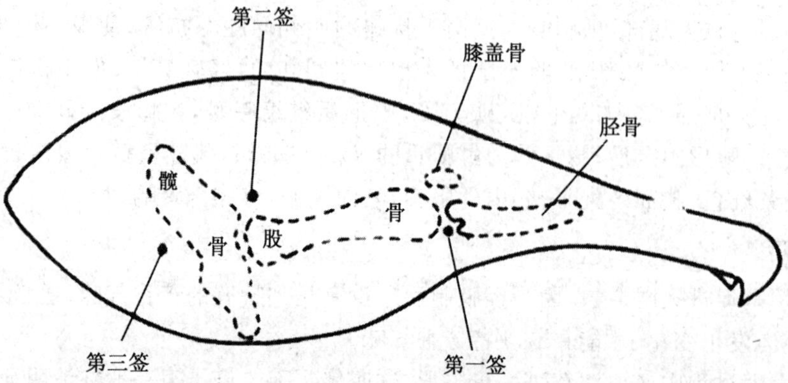

图 7-5　火腿三签部位

任务5　湖南腊肉制作

一、湖南腊肉的由来

腊肉是湖南、四川和广东等地特产，已有2 000年的历史。据记载，东汉末年汉宁王张鲁，兵败南下走巴中，汉中人用上等腊肉招待他。每逢冬腊月，即“小雪”至“立春”前，家家户户杀猪宰羊，除留够过年用的鲜肉外，其余便用食盐，配以一定比例的花椒、大茴、八角、桂皮、丁香等香料，腌入缸中。7～15 d后，用棕叶绳索穿挂起来，滴干水，进行加工制作。选用柏树枝、甘蔗皮、椿树皮或柴草火慢慢熏烤，或挂于烧柴火的灶头顶上，或吊于烧柴火的烤火炉上空，利用烟火慢慢熏干。

湖南腊肉，亦称三湘腊肉，是选用皮薄、肉嫩、体重适宜的宁乡猪为原料，经切条、配制辅料、腌渍、洗盐、晾干和熏制六道工序加工而成，其特点是皮色红黄、脂肪似蜡、肌肉棕红、咸淡适口、熏香浓郁、食之不腻。湖南腊肉分“带骨腊肉”和“去骨腊肉”两种，腊肉容易保藏，可保藏一年左右，比运输鲜肉方便，不需冷藏车辆。

二、产品配方（表7-6）

表7-6　湖南腊肉配方

名称	数量/kg	名称	数量/kg
猪肉	100	白糖	4
食盐	3	亚硝酸钠	0.008
白酒	3	花椒粉	0.3
胡椒粉	0.3	大料粉	0.15
桂皮粉	0.15	生抽	0.5
丁香粉	0.05		

三、工艺流程（图7-6）

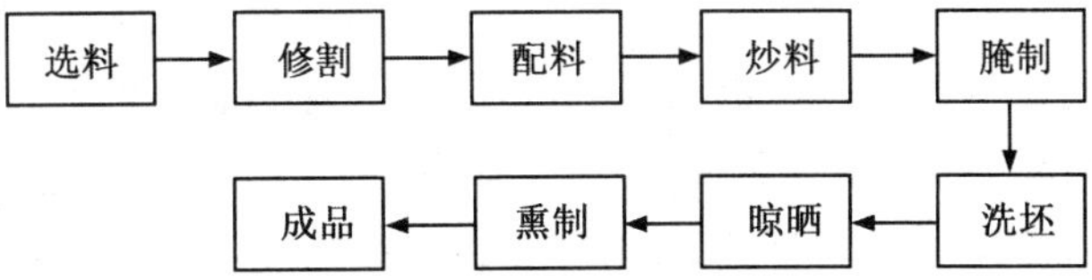

图7-6　湖南腊肉工艺流程

四、器具设备

(1)器具　分割刀、磨刀棒、白线绳、修割操作台、腊肉晾晒架、食品箱、不锈钢盆、电子秤、天平。

(2)设备　炒锅、烟熏炉。

五、操作要点

(一)选料

湖南腊肉原料是猪肉。原料的好坏与腊肉的质量紧密相关,对原材料的质量要求是:选自健康猪,肉质要新鲜且良好,肥瘦要适度,过肥或过瘦的猪肉都不适于加工腊肉。

(二)修割

选择检验合格的原料肉,刮去表皮上的污垢(冻肉在解冻后修刮)及盖在肉上的印章,生产带骨腊肉,割去头、尾和四肢的下端,剔去肩胛骨、管状骨等,按重量 0.8～1 kg,厚 4～5 cm 的标准分割,切成带皮带肋条的肉条。生产无骨腊肉,就应剔除脊椎骨和肋条骨,切成带皮无骨的肉条。无骨腊肉条的标准:长 33～35 cm,厚 3～3.5 cm,宽 5～6 cm,重 500 g 左右,家庭制作的腊肉的肉条,大都超过上述标准,而且多是带骨的。

肉条切好后,用尖刀在肉条上端 3～4 cm 处穿一小孔,便于腌渍后穿绳吊挂。这一过程应在腊肉条切割完迅速进行,以防肉质腐败。

(三)配料

腊肉配料包括原料配料和辅料配料。

(1)原料配料　通常在生产车间内由修割工人完成,猪肉条根据制作要求称重。

(2)辅料配料　由配料员在配料室内完成,食盐单独配制盛装,白酒单独配制盛装,生抽单独配制盛装,亚硝酸钠单独配制盛装,配方表中其他辅料配制在一起混匀。称重配制好的辅料转入下一道工序要求进行复检,办理交接手续。

(四)炒料

也称炒料盐,将食盐在炒锅内翻炒,炒出水分后,加入香辛料混匀炒干即可。

(五)腌制

腊肉腌制时腌制方法中的干腌法、湿腌法和混合腌制法均有使用。

(1)干腌法　取肉条与干腌料在案上涂抹,或将肉条放在盛腌料的盆内搓擦都可以。搓擦时将干腌料在肉条的肉面上反复搓擦,对肉条皮面适当擦,搓擦时不可损伤肌肉和脂肪,擦料要均匀擦遍。擦好后按皮面向下,肉面向上的次序,放入腌肉缸(或池)中,顶上一层则皮面朝上。剩余的干腌料可撒布在肉条的上层。腌制 3 d 左右应翻缸一次,翻缸时,也就是把缸内的肉条从上到下,依次转移到另一个缸(或池)内,翻缸后再腌 3～4 d,共 6～7 d,腌制过程结束,转入下一工序。

(2)湿腌法　腌渍去骨腊肉常用的方法,取切好后的肉条逐条放入配制好的腌渍液里,腌渍时应使肉条完全浸泡到腌液中,腌渍时间为 15～18 h,中间要翻缸两次。

(3)混合腌制法　混合腌制就是干腌后的肉条,再充分利用陈的腌渍液,以节约调料,加快腌制过程，并使肉条腌制更加均匀。混合腌渍时食盐用量不超过6%，使用陈的腌渍液时，要先清除杂质，并在80 ℃以上温度煮30 min，然后过滤，冷凉后备用。家庭采取混合腌制时是先将肉条放在白酒中浸泡片刻，或在肉条上喷洒白酒，然后搓擦干腌料，擦好后放入容器内腌制20 d左右。

所有腊肉腌制方法，都要充分搓擦，仔细翻缸，腌制室温度保持在0～5 ℃，这些是关键环节。

(六)洗坯

也称洗肉坯，腌制好的肉条叫作肉坯，肉坯表面和里层所含的调料量常有差别，往往是表面多于内部，表层过多的调料和附着的杂质，易使制品产生白斑(盐霜)和不协调的外观。所以在肉坯熏制前要进行漂洗，这一过程叫作洗肉坯，是生产带骨腊肉的一个主要工序。去骨腊肉含盐量低，腌渍时间短，调料中有较多的糖和酱油，一般不用漂洗。洗肉坯时是用铁钩把肉坯吊起，在清洁的冷水中摆荡漂洗。

(七)晾晒

也称晾水，肉坯经过洗涤后，表层附有水滴。在熏制前应把水晾干，这个工序叫作晾水。晾水是将漂洗干净的坯用钩或绳挂在晾肉间的晾架上，晾水的时间一般为半天至一天。具体时间多少应看晾肉时的温度和空气流通情况，适当掌握，温度高，空气流通快，晾水时间可短一些，反之则长一些。

肉坯在晾水时如果风速大(5级风以上)，时间太长，其外层易形成干皮，在熏烟时带来不良影响。如果时间太短，表层附着的水分没有蒸发，就会延长熏制时间，影响成品质量。晾水时如遇阴雨，可用干净纱布抹干肉坯表层的水分后，再悬挂起来晾干，以免延长晾水时间或发霉。

(八)熏制

又称熏烤，是腊肉加工最后的一个工序。熏制湖南腊肉常用的熏料有杉木、梨木和不含树脂的阔叶树类的锯末，还可混合柏枝、瓜子壳、花生壳、玉米芯等。

选用熏料时应注意下列各点：熏味芳香、浓厚、无不良气味。熏料应干燥，含水量在20%以下。熏料应是烟浓，火小，能在温度不高时发挥渗透作用，并能从表面渗入到深部。

熏制时把晾干水的肉坯悬挂在熏房内，悬挂的肉块之间应留出一定距离，使烟熏均匀。然后按用量点燃木炭和锯末，紧闭熏房门。通常是熏制100 kg肉块用木炭8～9 kg，锯末12～14 kg。

熏房内的温度在熏制开始时控制在70 ℃，待3～4 h后，熏房温度逐步下降到50～55 ℃，在这样温度保持30 h左右，锯末等熏料拌和均匀，分次添加，使烟浓度均匀。熏房内的腊肉如是多层吊挂的，应把腊肉按上下次序进行调换，使各层腊肉色泽均匀。

(九)成品

(1)成品入库　将冷却后的腊肉验质检斤后送入成品库。

(2)成品鉴别　主要从以下3点鉴别。

①看色泽：质优的精腊肉为鲜红色，肥肉透明；质量差的腊肉精肉呈暗红色，肥肉表面有霉点。

②试弹性：质优的腊肉肉质有弹性，指压后痕迹不明显；质次的腊肉肉身稍软，肉质、弹性较差，指压后痕迹能逐渐自然消除；质劣的腊肉肉质无弹性，指压痕迹明显。

③辨气味：质优的腊肉无异味；质次的腊肉稍有酸味；质劣的腊肉有酸败味、哈喇味或臭味，有的外表湿润、发黏。

任务6 南京板鸭制作

一、南京板鸭的由来

南京板鸭镇江醋，苏绣工艺天下著，素有“江苏三宝”之称的南京板鸭，又称“官礼板鸭”和“贡鸭”，享有“北烤鸭南板鸭”之美誉。南京板鸭可分为腊板鸭和春板鸭两类。腊板鸭是指从大雪到冬至这段时间腌制的板鸭，品质最好。板鸭色、香、味俱全，外形饱满，体肥皮白，肉质细嫩紧密，食之酥、香 回味无穷。南京板鸭外形较干，状如平板，肉质酥烂细腻，香味浓郁，有“干、板、酥、烂、香”之美誉。

相传在南北朝时，侯景叛乱，梁朝的官兵为了守城顾不上吃饭。时值初秋，南京城的老百姓便取白鸭洗净，加盐和佐料煮熟后，把几十只鸭捆成一捆，送到城头时，鸭子已又干又扁。开捆分食后，鸭子香味扑鼻，士兵们高兴地说：“这压板了的鸭子真好吃，干脆就叫板鸭吧”。“板鸭”由此得名。

二、产品配方(表 7-7)

表 7-7 南京板鸭及老卤配方

南京板鸭配方			
名称	数量/kg	名称	数量/kg
光鸭	100		
食盐	6	大料粉	0.1
白芷粉	0.08	草果粉	0.05
老卤配方			
食盐	10	大料粉	0.03
白芷粉	0.01	草果粉	0.005
大葱	0.1	姜	0.06
饮用水	100		

三、工艺流程(图 7-7)

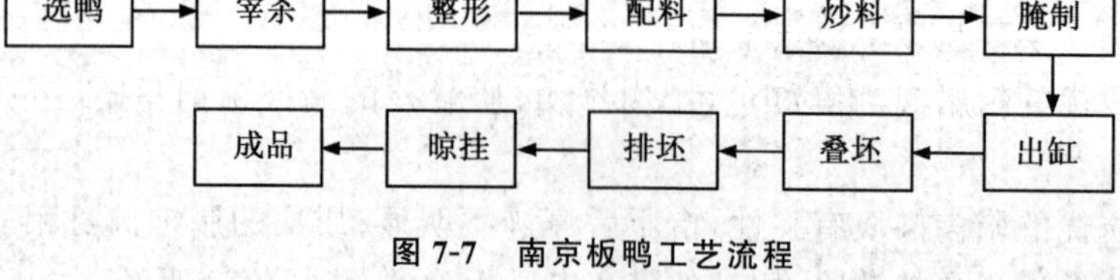

图 7-7 南京板鸭工艺流程

四、器具设备

(1)器具　分割刀、磨刀棒、操作台、盛卤缸、叠坯缸、晾晒架、食品箱、不锈钢盆、电子秤、天平。

(2)设备　炒锅、夹层锅。

五、操作要点

(一)选鸭

制作南京板鸭应选用鸭龄1～2年无病健康鸭。优良品种有白油板鸭、麻鸭。

鸭子选择的基本方法先从外表形态上眼看和手摸,从两侧看,鸭体要深(深指胸部、腹部都要肥壮)而长,偏视时体宽(即背部、腰部都要肥壮)。鸭子的羽毛要平顺光滑,行动活泼,精神饱满。

(二)宰杀

制作板鸭的鸭子,应进行短期催肥。即收购活鸭后,用稻谷饲养数周,使膘肥肉嫩(称稻膘活鸭),再宰杀腌制。在宰杀前一天应停食,不断给水,禁食时间一般为12～24 h。

鸭宰杀后,用62 ℃水浇淋鸭体,5 min内完成烫毛、煺毛过程,如果时间过久,毛孔收缩,尸体发硬,难以烫毛和煺毛,以致造成次品。

在右翅下开一直口(与鸭身平行的),长约5cm,因鸭的食道偏在右面,易于拉出食道。然后用手指伸入鸭体内,拿出心脏,取出食道,再取鸭内脏。

(三)整形

把鸭子放在案桌上,背向下,腹朝上,头向里,尾朝外,用右掌与左掌放在胸骨部,用力向下压,压扁三叉骨,鸭身呈长方形。这样从前面和后面看,鸭体方正、肥大、外形好看,在腌制或入缸贮存时,也可节省地方。

(四)配料

南京板鸭配料包括原料配料和辅料配料。

(1)原料配料　通常在生产车间内由整形工人完成,光鸭根据制作要求称重。

(2)辅料配料　由配料员在配料室内完成,分为腌制料配制和卤汤料配制。腌制料配制时,食盐单独配制盛装,其他腌制料配制在一起混匀;卤汤料配制时,大葱单独配制盛装,大葱单独配制盛装,配制好的辅料转入下一道工序要求进行复检,办理交接手续。

(五)炒料

也称炒料盐,主要炒腌制料盐,将食盐在炒锅内翻炒,炒出水分后,加入香辛料混匀炒干即可。

(六)腌制

(1)擦盐　一般2 kg重的鸭子用料盐130 g。先用100 g放入右翅下开口内,然后把鸭子放在案上,左右转动,使腹腔内布满食盐。再把余下的30 g盐,在鸭双腿下部用力向上涂抹,然后取盐在大腿上再抹两下,使大腿肌肉能充分腌制。在颈部刀口外,也应撒盐,最后把剩余的盐轻轻搓揉在胸部两侧肌肉上。

(2)抠卤　擦盐后的鸭子，逐只叠放入腌制缸中，经过 12 h 后，肌肉中的一部分水分、血液渗入腹腔内。为使这些卤水迅速流出，用右手提起鸭的右翅，再把左手的食指和中指插入肛门，即可放出盐卤。由于盐腌后，肛门收缩，盐卤不易流出，用粗细适宜的竹管导出卤水，这一过程叫"抠卤"。第一次抠卤后，鸭子再叠入缸中，8 h 后再行第二次抠卤，目的是使鸭子腌透，拔出肌肉中剩余血水，使肌肉美观。

(3)复卤　抠卤后进行复卤，这一过程特别重要。

复卤时，右手抓鸭子右翅膀，左手抠鸭子右翅膀下的刀口，放入卤水中，使每只鸭子体腔内灌满盐卤，然后提起使鸭颈部也浸到盐卤中，再把鸭子放进卤缸，逐只平放在卤缸中。为防止鸭身上浮，应用竹帘盖上，放上木条及石块压紧压实。在卤缸内复卤 24 h 即可全腌透。但也要按鸭体大小，气候条件掌握复卤时间，复卤完的鸭子即可出缸。

卤的制备与存放：卤有新老之分，新卤是用去内脏后泡洗鸭体的水加盐制成。煮沸后撇出表面泡沫，澄清后倒入缸中，冷却后加压扁的鲜姜，完整的八角和整棵的葱。新卤腌板鸭不如老卤好，卤越老越好。腌鸭后的新卤煮沸 2～3 次以上即称为老卤。盐卤须保持清洁，但腌一次后，血液渗入卤内，使盐卤逐渐变为淡红色，所以要澄清盐卤，每次腌鸭结束，卤汤在夹层锅中煮沸。

(七)出缸

鸭体出缸时仍要抠卤，使盐卤很快流出，然后悬挂在架上滴出卤水。

(八)叠坯

由于鸭子被卤水浸泡后，三叉骨又凸起，将滴尽卤水的鸭子放在案板上，背向下，头向里，尾向外，用右手掌与左手手掌相互叠起，再次将鸭体压扁，把四肢排开，然后盘入缸中，头向缸中心，鸭身沿缸边，把鸭子逐只盘叠好，这个工作叫"叠坯"。叠在缸中时间为 2～4 d，此后就可出缸排坯。

(九)排坯

把叠在缸中的鸭子取出，用清水洗净鸭身，挂在木档钉上，用手把颈部排开，胸部绷开排平，双腿理开，再用清水冲去表面杂质，然后挂在太阳晒不到的通风处晾干。目的在于使鸭形肥大美观，同时也使鸭子内部通气。

(十)晾挂

把排坯盖印后的鸭子悬挂在仓库内，库内必须四周通风，不受日晒雨淋。晾挂两周后(遇阴雨天，时间要适当延长)，即为板鸭成品。

(十一)成品

成品入库：将制作完成的板鸭验质检斤后送入成品库。

成品鉴别：

(1)南京板鸭的规格标准　成品的质量要求，表皮光白，有香味，全身无毛，无皱皮，人字骨扁平，两腿直立，肌肉发硬，胸肉凸起，整体呈扁圆形。

(2)成品卫生检查　主要从以下 3 点检查。

①视觉检查　眼看鸭体外观、色泽、表面和深部的色调，正常的应是：无黏液、无霉斑、皮白、肌肉切面平而紧密，呈玫瑰红色，颜色一致。

②嗅觉检查　以鼻嗅板鸭的气味。检查板鸭深部时，可用竹签刺入内部，一般多刺于腿肌及胸肌部，拔出后立即进行嗅辨，正常的板鸭具有香味，无任何异味。

③味觉检查　口尝试板鸭味道，一般正常板鸭在 20～45 ℃具有特有的美味。

任务 7　培根制作

一、培根的由来

培根是咸肉制品典型产品，培根是英文 bacon 的译音，即烟熏咸猪肉。因大多是用猪的肋条肉制成，亦称烟熏肋肉。培根经过整形、盐渍，再经熏干而成。加拿大的培根中也有加入胡椒和辣椒的。培根为半成品，相当于我国的咸肉，但多一种烟熏味，咸味较咸肉轻，有皮无骨，食用时须再加工。

培根根据原料部位不同，分为大培根（或称丹麦式培根）、奶培根、排培根、肩肉培根、肘肉培根等。

二、产品配方（表 7-8）

表 7-8　培根配方

名称	数量/kg	名称	数量/kg
猪肉	100	亚硝酸盐	0.005
食盐	4		
盐水			
食盐	5	白糖	3.5
饮用水	50		

三、工艺流程（图 7-8）

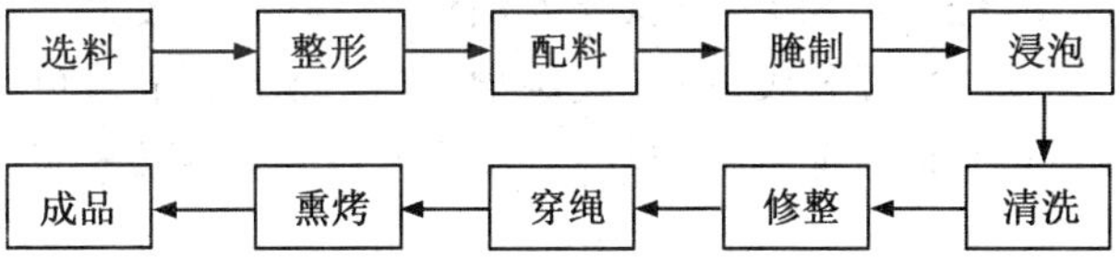

图 7-8　培根工艺流程

四、器具设备

(1)器具　分割刀、磨刀棒、白线绳、整形操作台、盛卤缸、食品箱、不锈钢盆、电子秤、天平。

(2)设备　烟熏炉。

五、操作要点

(一)选料

选用经兽医检验合格猪肉,猪的各部分块形原料肉,基本保持肉的原状。在条件许可的地方,以选择瘦肉型猪种为宜,肥膘厚 1.5 cm 左右的细皮白肉猪身。

(二)整形

原料肉先要进行去骨处理,要求保持肉皮完整,不破坏整块原料,基本保持原形的原则下,做到骨上不带肉,肉中无碎骨遗留。将去骨后的原料,进行修割,使其表面和四周整齐、光滑。整形决定产品的规格和形状,培根成方形,应注意每一边是否成直线。如果有一边不整齐,可用刀修成直线条,修去碎肉、碎油、筋膜、血块等杂物,刮尽皮上残毛,割去过高、过厚肉层。

(三)配料

培根配料包括原料配料和辅料配料。

(1)原料配料　通常在生产车间内由整形工人完成,整形后的原料肉根据制作要求称重。

(2)辅料配料　由配料员在配料室内完成,分为腌制料配制和盐水料配制。腌制料配制时,食盐、亚硝酸钠分别单独配制盛装;卤汤料配制时,食盐、白糖称重后混匀盛装,配制好的辅料转入下一道工序要求进行复检,办理交接手续。

(四)腌制

腌制过程需在低温库中进行,先将盐、亚硝酸钠混合均匀,然后用混合盐揉擦原料肉表面,将擦盐后的原料肉码入腌制容器中,送入 2～4 ℃的冷库中,腌制 12 h,次日再将肉转入盐水槽中浸泡腌制,每隔 5 d 将生坯上下翻动一次,腌制 12 d。

(五)浸泡

腌好的肉出缸后,移入清水池中浸泡 2～3 h,再用清水清洗 1 次。

(六)修整

将经过浸泡的肉条沥干水分,用分割刀刮净皮面上的细毛杂质。修整边缘和肉面的碎肉、碎油。穿绳,即在肉条的一端穿麻绳,便于串杆,每杆挂肉 4～5 块,保持一定间距后熏烤。

(七)熏烤

将串上熏烤杆的肉块,挂到熏烤架车上,推入烟熏炉,采用木炭火,盖上锯末,温度保持在 60～70 ℃,经 10 h,锯末(木屑)可分成 2～3 次添加,待皮面上呈金黄色后取出即为成品。如果是无皮培根,熏烤时则在生坯下面挂一层纱布,以防木屑灰尘污染产品。

(八)成品

(1)成品入库　将制作完成的培根验质检斤后送入成品库。

(2)成品鉴别　培根其风味除带有适口的咸味之外,还具有浓郁的烟熏香味。培根外皮油润呈金黄色,皮质坚硬,用手指弹击有轻度的“卟卟”声;瘦肉呈深棕色,质地干硬,切开后肉色鲜艳。

【强化练习】

判断题

1.金华火腿所用的猪种为香猪。(　　)

2.通常情况下金华火腿敷盐倒堆8次。(　　)

3.鉴别金华火腿腌透标准为手指按压感觉充实坚硬。(　　)

4.金华火腿洗腿前要经过一定时间浸泡。(　　)

5.湖南腊肉只有带骨腊肉,没有去骨腊肉。(　　)

6.熏料质量好坏对湖南腊肉质量影响不大。(　　)

7.带骨腊肉和去骨腊肉肉坯都必须进行漂洗处理。(　　)

8.鸭子宰杀后,5 min内应完成烫毛、煺毛处理。(　　)

9.南京板鸭晾挂时要悬挂在露天两周时间。(　　)

10.制作培根理想原料肉通常为肥膘厚1.5 cm左右的细皮白肉猪身。(　　)

项目八

烧烤肉制品生产与质量控制

【知识目标】

①烧烤肉制品的含义及分类。②烧烤肉制品的国家标准。③烧烤肉制品熟制机理。

【技能目标】

①能够独立完成各种烧烤肉制品加工制作，精确控制产品工序参数。②能够认知鉴别烧烤肉制品所用原料肉及辅助材料质量好坏。③掌握烧烤肉制品加工设备运行、维护程序，并能够独立操控使用。

【项目描述】

本项目包含4个任务，即烤鸡制作、北京烤鸭制作、烤乳猪和叉烧肉制作，让学习者对烧烤肉制品从品种、文化、加工工艺及产品质量鉴别有全面系统的学习，为烧烤肉制品加工制作奠定坚实的基础。

【思维导图】

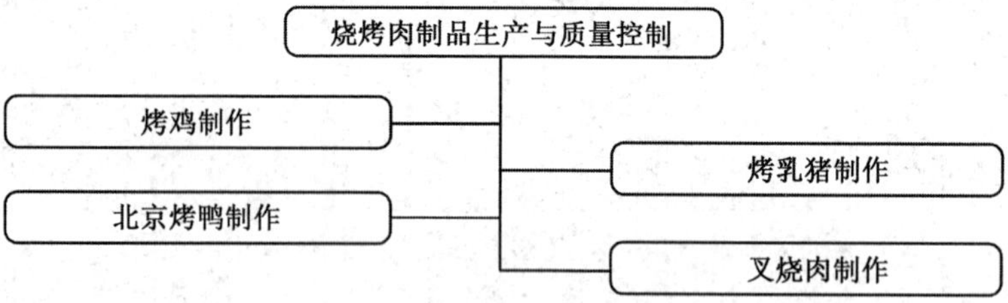

【案例导入】

古老文明的见证——烧烤

说起我国烧烤的起源，传说与中华民族的人文始祖伏羲有关。为了解决人类茹毛饮血而腹痛跑肚的弊病，伏羲取来“天火”烤熟食物，从而发明了“烧烤”。他教人们抓鱼、捕鸟，把鱼、鸟等用火烤熟了吃。人们吃着飘香四溢的烤肉，不再跑肚拉稀，身体素质日益强健，成为了征服自然、改造自然的主体，创建了灿烂辉煌的华夏文明。因此人们尊称伏羲为“庖牺”——第一个用火烧烤的人。

【课前思考】

①烧烤肉制品含义是什么？②烧烤肉制品中包含哪些产品？③各种烧烤肉制品制作工艺一样吗？有什么区别？

【任务设计】

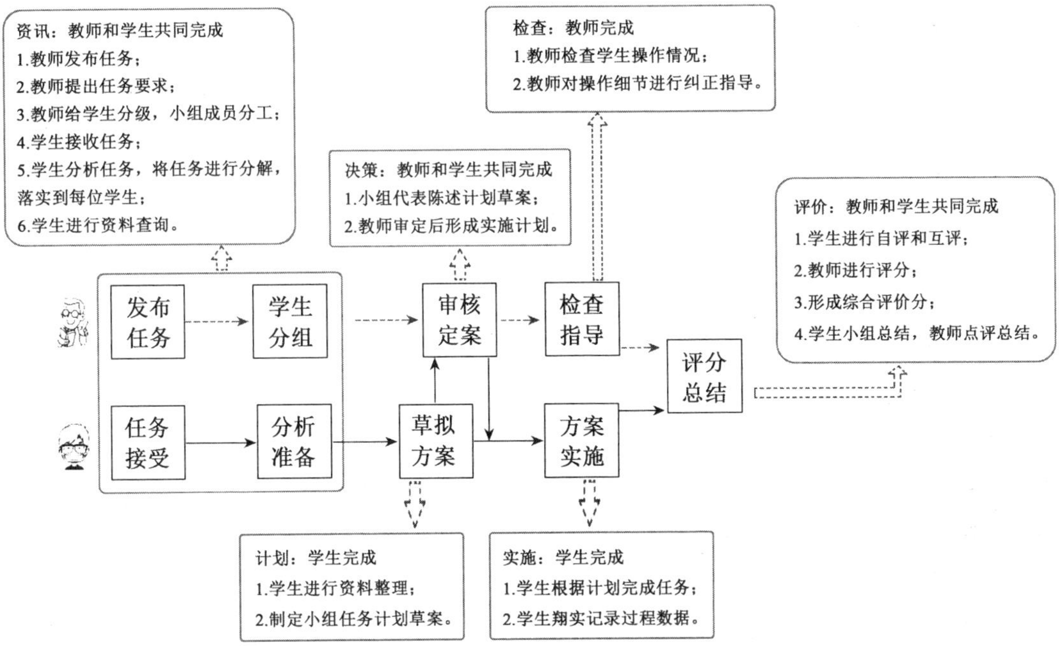

烧烤肉制品是大自然赐予人类最早的美味珍馐，肉和火的相恋碰撞完成了食物从生到熟的转变，美味、易消化吸收的食物为人类体力恢复提供了保证，开启了人类征服自然、文明进步的新华章。烧烤肉制品是原料肉经配料、腌制、再经热空气烘烤或明火直接烧烤成熟和形成独特风味的一大类肉制品，其色泽诱人、香味浓郁、咸味适中、皮脆肉嫩，是深受欢迎的特色肉制品。我国传统的烧烤制品如北京烤鸭、广东脆皮乳猪、叉烧肉、叫花鸡等久负盛名，有的早已享誉海内外。

肉类经烧烤能产生香味，是由于肉类中的蛋白质、糖、脂肪和盐等物质在加热过程中，经过物理、化学等一系列变化，生成醛类、酮类、酚类等各种风味化合物。尤其是糖和氨基酸之间的美拉德反应，不仅生成棕色物质，同时生成多种香味物质。脂肪在高温下分解生成的二烯类化合物，也赋予肉制品香味。蛋白质分解产生谷氨酸，与盐结合生成的谷氨酸钠，增强了肉制品的鲜味。

在烧烤肉制品中，我们主要学习烤鸡、北京烤鸭、烤乳猪和叉烧肉等产品的加工制作。

任务1 烤鸡制作

一、烤鸡的由来

烤鸡作为传统烧烤制品，遍及世界各地，比较有名的当属“智慧美食”常熟叫花鸡。相传明末清初年间，常熟虞山麓有一叫花子，某天偶得一鸡，却苦无炊具调料，无奈之中，便将鸡宰杀去除内脏，带毛涂上泥巴，取枯枝树叶堆成火堆，将鸡放入火中煨烤。待泥干成熟，敲去泥壳，鸡毛随壳而脱，香气四溢，叫花子大喜过望，遂抱鸡狼吞虎咽起来。恰巧隐居在虞山的大学士钱牧斋路过，闻到香味就尝了一下，觉得味道独特，回家命其家人稍加调味如法炮制，味道更是鲜美无比。有诗赞曰：“巧妇剥泥同女讲，牧斋大作惭鸡黄；脯丝浅映白瓷嫩，金翅尤滴碧荷香。”“叫花鸡”由此流传下来。

二、产品配方(表8-1)

表8-1 烤鸡配方

类别	名称	数量/kg	名称	数量/kg
原料	白条鸡	100		
腌料	食盐	6.5	八角	0.15
	花椒	0.1	白芷	0.05
	草果	0.025	大葱	0.15
	鲜姜	0.1	饮用水	50
涂料	香油	0.4	味精	0.06
填料	大葱	0.75	鲜姜	0.5
	香菇	0.5		
皮料	饴糖	2	饮用水	10

三、工艺流程(图8-1)

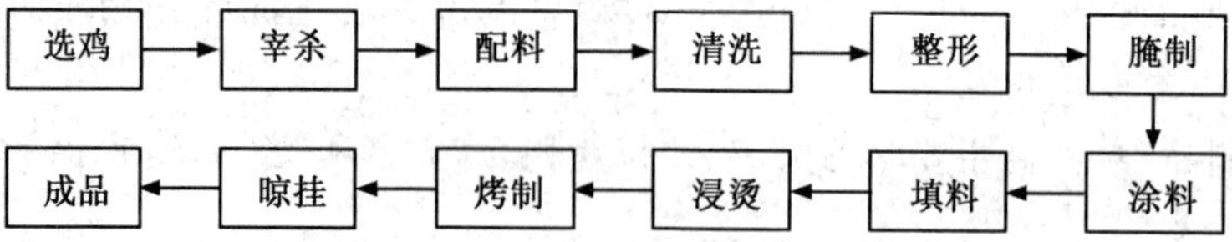

图8-1 烤鸡工艺流程

四、器具设备

(1)器具　刀具、磨刀棒、剪刀、白线绳、纱布、操作台、案板、食品箱、不锈钢盆、电子秤、天平。

(2)设备　鸡屠宰设备、夹层锅、远红外线电烤炉。

五、操作要点

(一)选鸡

选用活鸡作原料,活鸡是产品风味和质量的载体,所以要严把选鸡关。通常选用鸡龄半年以上两年以内的活鸡(理想鸡龄应该是 1 年左右),体重 1～1.25 kg 左右优质健康鸡。健康鸡体貌特征:活动敏捷、喜欢进食;活鸡鸡冠子鲜红、挺直;活鸡眼睛明亮有神;活鸡两翅自然紧贴鸡体,羽毛披覆整齐;活鸡肛门周围绒毛洁净无粪便。

(二)宰杀

鸡宰杀前断食 10 h,可以少量饮水。晕鸡,可以采用水晕法也可采用电晕法。宰杀,用刀割破鸡颈部血管,沥血时间 100 s 左右,至血放尽,60 ℃热水烫毛 30 s,去毛、洗净,在鸡肩颈背侧开 3～4 cm 小口,取出嗉囊;腹下开膛,口要小,取内脏,以利于整形。

(三)配料

(1)烤鸡配料　包括原料配料和辅料配料。

(2)原料配料　通常在生产车间内由清洗工人完成,准确称量白条鸡重量,数据传递给配料员。

辅料配料由配料员在配料室内完成,包括腌制料、腹腔涂料和腹腔填料配制,各类配料分别配制,单独盛装。称重配制好的辅料转入下一道工序要求进行复检,办理交接手续。

(四)清洗

将去除内脏的鸡用清水冲洗干净,将鸡投入浸泡池水中浸泡 2～3 h,直至鸡体表干净洁白为止。

同时将大葱去皮、去根、去叶后用清水冲洗干净,鲜姜从丫杈处分开后用清水冲洗干净。大葱切成 2～3 cm 的葱段,姜切成 2～3 mm 的姜片。香菇清洗后用温水泡软。

(五)整形

将全净膛光鸡,先去腿爪,再从放血处的颈部横切断,去掉头颈,将两翅反转成“S”字形。

(六)腌制

将整形后的光鸡,逐只放入腌制缸中,用压盖将鸡压入腌制料液液面以下,腌制时间根据鸡的大小、气温高低而定,一般腌制时间在 40～60 min。腌制好后捞出晾干。不同腌制浓度对成品烤鸡的滋味、气味和品质影响较大,腌制浓度为 12%的腌制液则较为理想。且咸度适中,色、香、味俱全。

(七)涂料

也称腹内涂料,把腌制好的光鸡放在台上,每只鸡用约 5 g 左右的腹腔涂料均匀涂抹腹腔四壁。

(八)填料

也称腹内填料,向每只鸡腹腔内填入生姜2～3片(10 g),葱2～3段(15 g),香菇2块(10 g),然后用钢针绞缝腹下开口,不让腹内汁液外流。

(九)浸烫

先将皮料液倒入夹层锅中加热至沸腾,将填好料缝好口的光鸡逐只放入加热到100 ℃的皮料液中浸烫,约0.5 min后取出挂起,晾干待烤。

(十)烤制

一般用远红外线电烤炉烤制,先将炉温升至100 ℃,将鸡挂入炉内,不同规格的烤炉挂鸡数量不一样,当炉温升至180 ℃时,恒温烤15～20 min,这时主要是烤熟鸡,然后再将炉温升高至240 ℃烤5～10 min,此时主要是使鸡皮上色、发香。当鸡体全身上色均匀达到成品红色时立即出炉。

(十一)晾挂

出炉后烤鸡晾挂在架车上,趁热在鸡皮表面涂上一层香油,使鸡皮更加红艳发亮。

(十二)成品

(1)外观形态　形体饱满、规则整齐、无异物;

(2)色泽　表面枣红色或焦黄色,有光泽,且均匀一致;

(3)组织状态　皮层酥脆,外焦里嫩;

(4)滋气味　咸淡适中,滋味鲜美,有烤鸡特有的香味,无异味;

(5)杂质　无肉眼可见外来杂质。

任务2　北京烤鸭制作

一、北京烤鸭的由来

北京烤鸭是我国著名特产,也可谓"举世闻名"。北京烤鸭历史悠久,据传北京烤鸭源于南京烤鸭。烤鸭是明太祖朱元璋的最爱,永乐大帝朱棣迁都北京后,也顺便带走了南京宫里烤鸭的高手。在嘉靖年间,烤鸭从宫廷传到了民间,进而创出了"全聚德""便宜坊"等著名烤鸭品牌。

烤鸭的原料是经过填肥的北京鸭,这种填鸭制成的烤鸭具有香味纯正、浓郁,皮脂酥脆,肉质鲜嫩细致,肥而不腻的特点。北京烤鸭制作十分细致,约有10多道工序,如打气、净膛、烫皮、支撑、挂糖色、晾皮、挂色、烤制等。它对原材料的选择也极为严格,烤鸭用的木炭一般要求枣木、梨木等果木炭,并要严格掌控火候,以便制作出色、香、味俱佳的北京烤鸭。

二、产品配方(表 8-2)

表 8-2　北京烤鸭配方

类别	名称	数量/kg	名称	数量/kg
原料	白条鸭	100		
灌汤料液	花椒	0.1	白芷	0.1
	白蔻	0.05	肉蔻	0.05
	丁香	0.005	鲜姜	0.5
	饮用水	50	料酒	0.1
食用配料	荷叶饼	适量		
	甜面酱	适量	葱白丝	适量
	黄瓜条	适量	萝卜丝	适量
皮料	饴糖	2	饮用水	10

三、工艺流程(图 8-2)

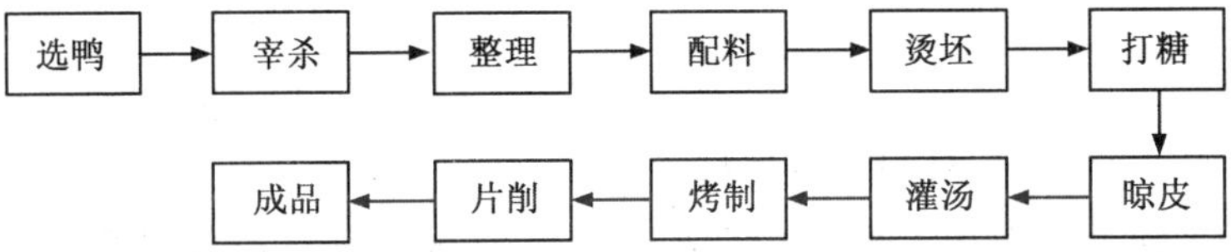

图 8-2　北京烤鸭工艺流程

四、器具设备

(1)器具　刀具、磨刀棒、剪刀、白线绳、纱布、操作台、案板、食品箱、不锈钢盆、不锈钢勺、电子秤、天平、灌汤壶、烤鸭杆。

(2)设备　鸭屠宰设备、打气泵、夹层锅、烤鸭炉。

五、操作要点

(一)选鸭

选用活鸭作原料,活鸭是产品风味和质量的载体,所以要严把选鸭关。通常选用日龄 50 d 左右,体重 2.25～2.5 kg 左右优质健康北京填鸭。健康鸭体貌特征:活动敏捷、喜欢进食;活鸭眼睛明亮有神;活鸭两翅自然紧贴鸭体,羽毛披覆整齐;活鸭肛门周围绒毛洁净无粪便。

(二)宰杀

(1)宰鸭　将鸭倒挂,用刀在鸭脖处切 1 cm 小口,以切断气管、食管、血管为准,随即用手捏住鸭嘴,把脖颈拉成斜直,使血滴尽,待鸭只停止抖动,便可下池烫毛。

(2)烫毛　水温不宜高,因填鸭皮薄,易于烫破皮,一般 61～62 ℃即可,最高不要超过

64 ℃,然后进行烟毛。

(三)整理

(1)去鸭掌　从腿部中间关节处下刀,去除鸭掌。

(2)剥离　将颈皮向上翻转,使食道露出,沿着食道向素囔剥离周围的结缔组织,然后再把脖颈伸直,以利于打气。

(3)打气　也称充气,用手紧握住鸭颈刀口部位,由刀口处插入气筒的打气嘴于皮肤及肌肉之间,给鸭体充气,这时气体就可充满皮下脂肪和结缔组织之间,当气体充至八成满时,取下气筒,用手卡住鸭颈部,严防漏气。使鸭呈侧卧姿势,鸭脯向外,两手用力挤压,使充气均匀,如果打气过猛过大,就易造成胸脯破裂,气体就保存不住。相反,如充气太少还不到量,就不会形成漂亮的鸭体外观。

(4)拉直肠　打气以后,在操作过程中,尽可能地保持鸭体膨大的外形。拉断直肠的操作程序是:从肛门处将直肠拉出体外。

(5)切口开膛　开的口子呈月牙形状,在右翅下开口。取内脏的速度要快,以免污染切口。用一根 5 cm 长的细竹杆由刀口送入腔内,竹杆下端放置在脊柱上,呈立式,但向后倾斜,一定要放稳。支撑的目的在于支住胸膛,使鸭体造型漂亮。

(6)清洗　在鸭翅膀第二节关节间切下,去掉双翅。清洗胸腹腔,将鸭坯浸入 4～8 ℃清水中,反复清洗,沥干腹腔内水分。

(四)配料

北京烤鸭配料包括原料配料和辅料配料。

(1)原料配料　通常在生产车间内由清洗工人完成,准确称量白条鸭重量,数据传递给配料员。

(2)辅料配料　由配料员在配料室内完成,主要配制灌汤料液和皮料,灌汤料中的香辛料称重后用料包袋盛装,扎紧袋口。称重配制好的辅料转入下一道工序要求进行复检,办理交接手续。

(五)烫坯

用 100 ℃沸水,采用淋浇法烫制鸭体。烫坯时用鸭钩勾在鸭的胸脯上端颈椎骨右侧,再从左侧穿出,使鸭体稳定地挂在鸭钩上,然后用水浇。先浇刀口及四肢皮肤,使之紧缩,严防从刀口跑气,然后再浇其他部位。一般情况下三勺水即可使鸭体烫好。烫坯的目的有 3 个,一是使毛孔紧缩,烤制时可减少从毛孔流出的皮下脂肪;二是使表皮蛋白质凝固;三是能使充气的皮层下的气体尽量膨胀,表皮显出光亮,使之造型更加美观。

(六)打糖

也称上糖色,以 1 份饴糖兑 5 份水的比例调制成溶液,淋浇在鸭体上,3 勺即可。上糖色的目的,一是能使烤鸭经过烤制后全身呈枣红色,二是能使烤制后表皮酥脆,食之适口不腻。

(七)晾皮

晾皮又称风干。将鸭坯放在阴凉、通风处,使肌肉和皮层内的水份蒸发,使表皮和皮下结缔组织紧密地结合在一起,经过烤制可增加皮层的厚度。

(八)灌汤

包括灌汤和打色,制好的鸭坯在进炉以前,向腔内注入 100 ℃的沸汤水(灌汤料包在夹层锅内添加引用水熬煮 3 h 以上),这样强烈地蒸煮肌肉脂肪,促进快熟;即所谓"外烤里蒸"以使烤鸭具有"外焦内嫩"的特色。灌汤方法是封闭鸭体的肛门,以防灌入的汤水外流,然后从右翅刀口灌入 100 ℃的汤水 80～100 mL,灌好后再向鸭体浇淋 2～3 勺糖液,目的是弥补第一次挂糖色不均匀的部位。

(九)烤制

鸭子进炉后,先挂在炉内的前梁上,先烤刀口这一边,促进鸭体内汤水汽化,使其快熟。当鸭体右侧呈橘黄色时,再转烤另一侧,直到两侧相同为止,然后鸭体用挑鸭杆挑起在火上反复烤几次,目的是使腿和下肢着色,大约烤 5～8 min,再左右侧烤,使全身呈现橘黄色,便可送到炉的后梁,这时鸭体背向炉火,经 15～20 min 即可出炉。

鸭体是否烤好了关键是温度。正常炉温应在 230～250 ℃,如炉温过高,会使鸭烧焦变黑;如炉内温度过低,会使鸭皮收缩,胸脯塌陷。掌握合适的烤制时间很重要,一般 2 kg 左右的鸭体烤制 30～50 min,时间过长,火头太大,皮下脂肪流失过多,使皮下造成空洞,皮薄如纸,使鸭体失去了脆嫩的独特风味。母鸭肥度高,因此烤制时间较公鸭长。

(十)片削

片削鸭肉,烤好后的鸭体甚为美观,表皮和皮下结缔组织以及脂肪混为一体,皮层变厚;在高温作用下一部分脂肪渗出皮外,把皮层炸酥,使成焦黄色,散发出诱人的香味。成品的刀工是一项重要手艺。片削鸭肉,第一刀先把前胸脯取下,切成丁香叶大的肉片,随后再取右上脯和左上脯,各 4～5 刀,然后掀开锁骨,用刀尖向着脯中线,靠胸骨右边剁一刀,使骨肉分离,便可以从右侧的上半部顺序往下片削,直到腿肉和尾部。左侧的工序同于右侧。切削的要求是手要灵活,每片大小均匀,皮肉不分离,片片带皮,一般中等烤鸭可削 100～120 片。

(十一)成品

(1)外观形态　形体饱满、规则整齐、无异物;

(2)色泽　表面枣红色或焦黄色,有光泽,且均匀一致;

(3)组织状态　皮层酥脆,外焦里嫩,有入口即化的感觉;

(4)滋气味　咸淡适中,滋味鲜美,有果木的清香,无异味;

(5)杂质　无肉眼可见外来杂质。

任务 3　烤乳猪制作

一、烤乳猪的由来

传说上古时有个猎猪能手,平时猎取野猪为食,并把仔猪带回家饲养。一天,猎人家突发大火,烧光了家里的东西。猎人赶回家时,只见废墟一片,很是痛心难过。忽然一阵香味扑鼻而来,猎人闻香寻找,发现原来是从一只烧焦的小猪身上发出来的。猎人看那小猪另一面,皮烤得红扑扑的。他尝了尝，味道很好。猎人郁闷的心情被小猪的香味冲淡，同时猎人为发现猪肉的新吃法而欣慰，这就是烤乳猪的由来。

烤乳猪特色是色泽红润，形态完整，皮焦爽脆，肥而不腻，甜香鲜嫩，入口生津。

二、产品配方（表 8-3）

表 8-3 烤乳猪配方

类别	名称	数量/kg	名称	数量/kg
原料	乳猪	5		
腌料	食盐	0.2	白糖	0.1
	味精	0.03	大料粉	0.005
	五香粉	0.01	南乳	0.025
	芝麻酱	0.025	大蒜	0.005
	洋葱	0.01	鲜姜	0.005
	汾酒	0.007		
皮料	饴糖	0.015	米醋	0.01
	饮用水	0.15		

三、产品工艺（图 8-3）

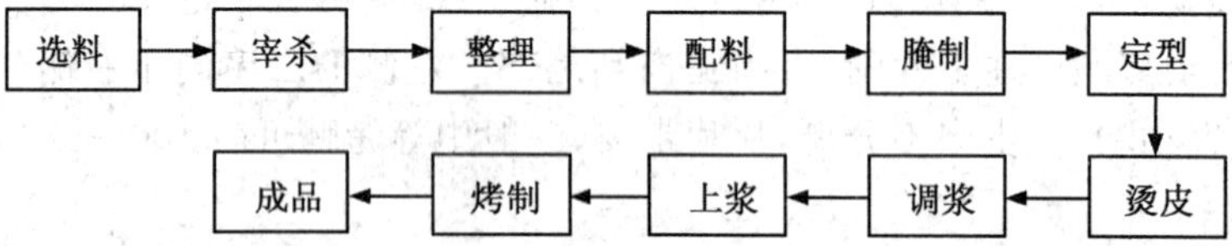

图 8-3 烤乳猪工艺流程

四、器具设备

（1）器具　刀具、磨刀棒、操作台、定型木条、钢叉、食品箱、不锈钢勺、电子秤、天平。

（2）设备　猪屠宰设备、烘烤炉。

五、操作要点

（一）选料

制作烤乳猪必须选用专用品种，如香猪，并且是无病健康乳猪。重量在 5 kg 左右，要求皮薄，躯体丰满，有一定奶膘、无刀伤和斑点的乳猪。

（二）宰杀

按照猪常规屠宰流程进行宰杀放血、煺毛、去内脏后，清洗干净。

(三)整理

从臀部内侧顺脊骨劈开,除去板油,剔去前胸3～4根肋骨和肩胛骨。再用清水彻底冲洗干净,沥去水分。注意不要损坏表皮以保持外形完整;猪身表面一定要刮洗干净;劈猪时应从肚腹处下刀且不能将刀口拖得太长,以能够挖出内脏为准。

(四)配料

烤乳猪配料包括原料配料和辅料配料。

(1)原料配料　通常在生产车间内由整理工人完成,准确称量乳猪重量,数据传递给配料员。

(2)辅料配料　由配料员在配料室内完成,主要配制腌料和皮料。称重配制好的辅料转入下一道工序要求进行复检,办理交接手续。

(五)腌制

将乳猪洗净后放在工作台上,把五香粉和食盐擦抹在猪的腹腔内,腌制约30 min,接着把南乳、芝麻酱、白糖、蒜茸、洋葱茸、味精、生粉、汾酒和五香粉调匀,涂抹在猪腹内,再腌制约30 min。

(六)定型

用一条长40 cm和两条长13 cm的木条(长的作为直撑、短的作横撑),在猪腹腔内安上支撑,用铁丝扎好,使乳猪定型,再在猪身的前后各插2根钢叉,以便于烤制。

(七)烫皮

将支撑好的乳猪用70 ℃的热水烫皮,以淋至皮硬为止,然后揩干表面水分。经过这个步骤后才能均匀地涂上一层麦芽糖浆。

(八)调浆

也称调糖浆,为使成品颜色均匀,皮质香脆,对所用脆皮糖浆的质量要求甚高。具体调法是将饴糖放入小盆内,倒入150 g开水,待其完全溶化后,再加入米醋调匀,即成脆皮糖浆。调制时饴糖一定不能多用,因其含糖分,遇热极易上色,致使成品发黑。

(九)上浆

也称上糖浆,将脆皮糖浆均匀地涂抹在乳猪皮上,挂在通风处,吹干表皮。猪皮表面无水分时,才可涂脆皮糖浆,涂均匀后风干,才可烤制。否则,成品会出现“花脸”现象。

(十)烤制

烤制方法采用明火烤制,用铁制长方形烤炉,把炉膛烧红,放入叉好的乳猪,在火上烤制。先烤胸、腹部,约20 min。再顺次烤背、脊、腰等猪的全身,特别是脖颈和腰部,须用针刺排出水分。同时,要进行刷油,将体内、外烤渗出来的油脂擦去或抹平,以免流在皮或肉上,影响外观。皮面起小泡,皮肤变红,猪身流出的油,呈清而带白色时,证明乳猪已烤熟。一般烤制时间1 h左右。

注意:烘烤时一定要勤转动,才能达到色泽均匀。

(十一)成品

成品烤乳猪,外形完整,皮肤呈红色,油润,小焦泡布满全身,皮面一触即碎,香气扑鼻的为优质品。

任务4　叉烧肉制作

一、叉烧肉的由来

“叉烧”是由“插烧”发展而来的。插烧是将猪的里脊肉加插在烤全猪腹腔内，经烧烤而成。因为一只烤全猪最鲜美软嫩部位是里脊肉。但一只猪，只有两块里脊，难以满足食家需要，于是人们便想出插烧之法。但这也只能插几条，更多一点就烧不成了。后来，又改为将数条里脊肉串起来叉着来烧，久而久之插烧之名便被叉烧所替代。

叉烧肉是以新鲜猪梅肉或里脊肉为原料，经修割、腌制、烧烤而成的高档肉制品。

二、产品配方（表8-4）

表8-4　叉烧肉配方

类别	名称	数量/kg	名称	数量/kg
原料	梅肉/里脊肉	50		
腌料	食盐	1	白糖	3
	味精	0.2	酱油	2
	白酒	1	陈皮	0.2
	香叶	0.2	白芷	0.1
	草果	0.05	鲜姜	0.5
	圆葱	1	饮用水	20
涂料	饴糖	2	饮用水	5

三、工艺流程（图8-4）

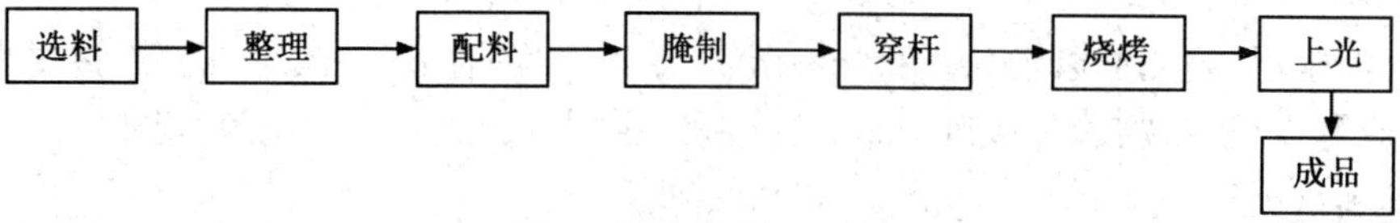

图8-4　叉烧肉工艺流程

四、器具设备

（1）器具　刀具、磨刀棒、操作台、案板、食品箱、不锈钢盆、不锈钢勺、电子秤、天平、叉烧环。

（2）设备　烘烤炉。

五、操作要点

（一）选料

制作上等叉烧肉主要选取猪梅肉或猪里脊肉，猪龄1～2年最理想。

(二)整理

也称片叉烧,将选好的猪梅肉或猪里脊肉去除筋膜,切成片状,长约 40 cm,宽约 3～4 cm,厚约 0.5 cm,每条重量 250～300 g。

(三)配料

叉烧肉配料包括原料配料和辅料配料。

(1)原料配料　通常在生产车间内由整理工人完成,准确称量叉烧肉条重量,数据传递给配料员。

(2)辅料配料　由配料员在配料室内完成,主要配制腌料和涂料。称重配制好的辅料转入下一道工序要求进行复检,办理交接手续。

(四)腌制

把叉烧肉片放入容器,加入白酒、预先熬煮冷却后的料液,料液中含有盐、酱油、白糖和等混匀辅料(麦芽糖除外)成分,将腌制料液与肉片拌和均匀,送入 2～4 ℃腌制间腌制,时间 5 h 以上。

(五)穿杆

将腌制结束的肉片穿进叉烧排环(一种特制的烧烤器具),每环穿 10 条,挂到烧烤架车上。

(六)烘烤

将烘烤炉炉温升至 100 ℃,再把用排环穿好的叉烧肉肉坯挂入烘烤炉炉内,关上炉门进行烘烤,约烘烤 25～30 min 出炉。

(七)上光

也称上糖液,先将饴糖用热水溶解,放凉后备用。叉烧肉出炉后,在叉烧肉表面涂刷饴糖清液,再进炉烘烤约 3 min,取出即为成品。

(八)成品

叉烧肉色泽新鲜、呈酱红色,富有光泽,肉质结实脆韧,肉香纯正为上品。

【强化练习】

判断题

1.叫花鸡属于酱卤肉制品品类。(　　)

2.制作北京烤鸭选用鸭龄 2～3 年健康北京填鸭。(　　)

3.北京烤鸭宰杀去内脏后用细竹杆支撑胸膛。(　　)

4.烤乳猪宰杀整理时剔去前胸 3～4 根肋骨和肩胛骨。(　　)

5.制作叉烧肉肉片时应顺猪肉纤维方向片切。(　　)

6.烧烤肉制品的历史早于其他系列肉制品。(　　)

7.烧烤肉制品无任何安全风险。(　　)

8.烤鸡浸烫工序中浸烫温度为 65 ℃。(　　)

9.烤鸭片削鸭肉工序中,第一刀下刀部位是腿部肉。(　　)

10.叉烧肉通常情况下以新鲜猪里脊肉为原料。(　　)

项目九

油炸肉制品生产与质量控制

【知识目标】

①油炸肉制品的含义及分类。②熟肉制品的食品安全国家标准。③油炸肉制品油炸原理。

【技能目标】

①能够独立完成各种油炸肉制品加工制作，精确控制产品工序参数。②能够认知鉴别油炸肉制品所用原料肉及辅助材料质量好坏。③掌握油炸肉制品加工设备运行、维护程序，并能够独立操控使用。

【项目描述】

本项目包含3个任务，即炸肉丸制作、炸里脊制作和炸乳鸽制作，让学习者对油炸肉制品从品种、文化、加工工艺及产品质量鉴别有全面系统的学习，为步入油炸肉制品相关产业工作奠定坚实的基础。

【思维导图】

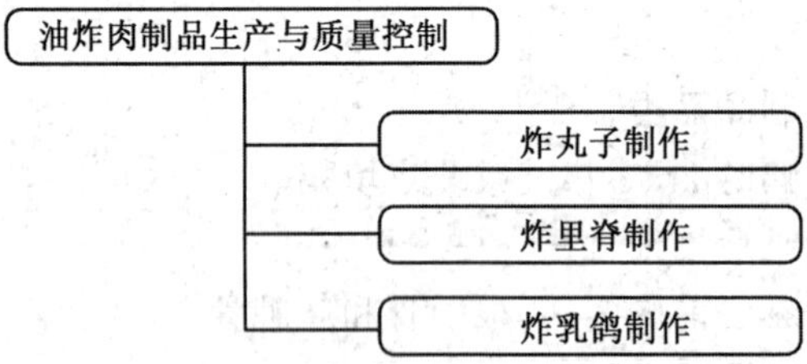

【案例导入】

油炸食品其实不是垃圾食品

拥有近2 000年历史的油炸食品一度被冠上"垃圾食品"的骂名，人们认为长期食用油炸食品可能会导致冠心病的发生，其实对于这种让人欲罢不能的美食来说这种看法是不科学的。《英国医学杂志》上发表过一篇题为"吃油炸食品，并不一定与健康风险相关"的文章指出，油炸食品与冠心病发生风险是否相关与用的油有很大的关系。如果使用橄榄油或者葵花籽油来炸食品，可以减少饱和脂肪酸的含量，从而降低冠心病的发生风险。文章还指出，油炸食品用固体油（例如猪油）、油炸次数过多，或者含盐量太高，都对身体健康产生一定的影响。

【课前思考】

1. 油炸肉制品含义是什么？哪些产品是油炸肉制品？

2. 油炸用油是如何选择的？

【任务设计】

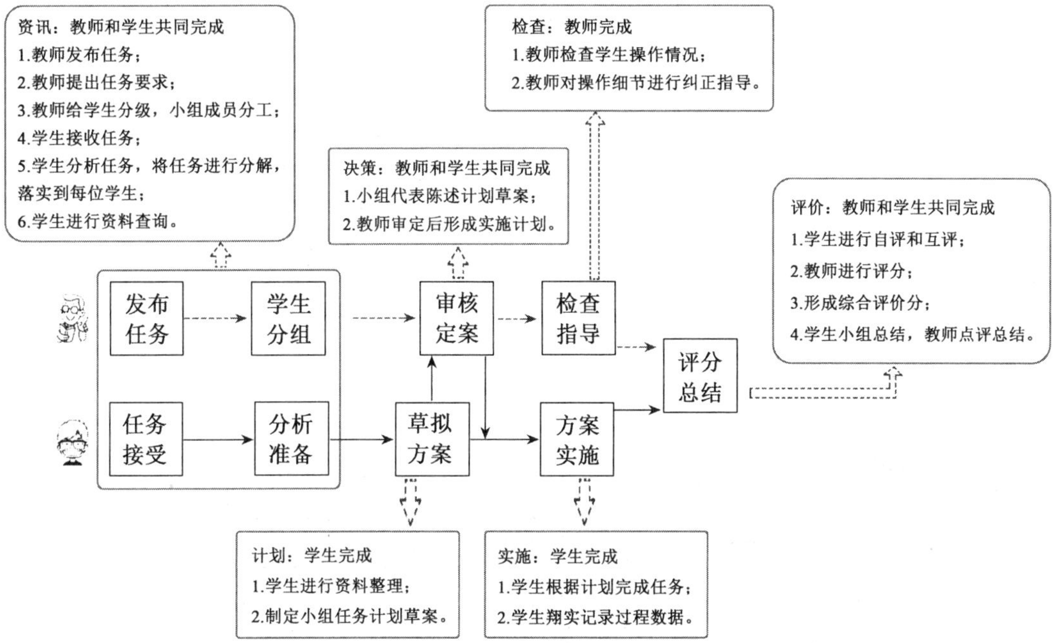

油炸肉食品历史非常悠久，《礼记》记述了周代“炮豚”的制作方法是“煎诸膏，膏必灭之”，肉制品油炸技术完善于宋朝并且获得广泛应用。沈括《梦溪笔谈》中记载：“今之北人喜用麻油煎物，不问何物，皆用油煎。”本书主要介绍炸肉丸、炸里脊、炸乳鸽等产品的制作技术。

任务1　炸肉丸制作

一、炸肉丸的由来

炸肉丸中的典型产品当属狮子头，据传狮子头的由来和隋炀帝有关。隋炀帝杨广到扬州赏琼花以后，让御厨研制四道菜纪念万松山、金钱墩、象牙林、葵花岗四大胜景，御厨不负圣望，做出了四样名菜——松鼠桂鱼、金钱虾饼、象牙鸡条、葵花献肉。葵花献肉传到唐朝后被郇国公韦陟更名为狮子头，《清稗类钞》记载：“狮子头者，以形似而得名，猪肉圆也。”炸肉丸由此传承至今，走上百姓餐桌。

二、产品配方(表 9-1)

表 9-1 炸肉丸配方

类别	名称	数量/kg	名称	数量/kg
原料	猪精肉	79	肥膘	15
	饮用水	18		
辅料	食盐	1.3	磷酸盐	0.3
	味精	0.3	白砂糖	0.5
	五香粉	0.18	香油	0.5
	大葱	2	鲜姜	1
	面粉	3	玉米淀粉	3
	鸡蛋清	0.5		
炸油	食用油	10		

三、工艺流程(图 9-1)

图 9-1 炸肉丸工艺流程

四、器具设备

(1)器具　解冻货架、分割刀、磨刀棒、分割操作台、食品箱、不锈钢盆、电子秤、天平。

(2)设备　绞肉机、斩拌机、拌馅机、肉丸成型机、油炸机。

五、操作要点

(一)生产前准备工作

主要包括原辅材料准备、器具设备准备、葱姜准备工作。

(1)原辅材料准备工作　包括选购、出库、缓化三道工作。

原辅材料选购:①非疫区健康猪肉;②Ⅱ号或Ⅳ号猪精肉、猪后鞧肥膘;③原始菌落数低的肉;④冷冻肉必须是贮存时间较短的肉;⑤各种辅助材料质量要求必须符合 GB 2760—2014 食品添加剂使用标准之规定或使用单位供货要求。

原辅材料出库:根据生产计划、产品配方、工艺损失计算原辅材料需求数量,填写领料单,领料出库。

缓化:将出库后的猪精肉、猪肥膘送入缓化间缓化货架上缓化。缓化条件为温度 8 ℃、相对湿度 80％～90％、风速 1 m/s。缓化结束标准以体积最大肉块中心点温度达到 0 ℃。

(2)器具设备准备　主要准备在猪肉丸子制作过程中所用到的器具设备,保证器具设备达到猪肉丸子制作工艺要求。

①预检:生产前对设备的安全状况进行调试预检,保证设备运行良好。

②消毒:选用食品设备杀菌剂对设备进行消毒。

③清洗:先用 90 ℃以上热水对设备进行清洗,然后用冷水对设备进行降温,降至 10 ℃以下。

④预热:油炸机清洗晾干后,向炸锅内注入食用油,预热至 170 ℃。

(3)葱、姜准备　选用葱白长度占整个大葱的 1/2 以上,根须比较短的东北大葱或山东大葱。去除葱皮、去除葱叶、去除葱根须,用清水清洗干净。姜可以选老姜,也可以选鲜姜,从调味效果考虑应选用老姜,如选用鲜姜应加大使用量。无论老姜还是鲜姜,都应选择个头较大、表皮完整、没有出芽的姜,用清水清洗干净。

将大葱、鲜姜按照 2∶1 的比例投入斩拌机,斩成 3～4 mm 葱姜混合碎末,也可以分别斩成 3～4 mm 碎末。

(二)分割

将经过缓化的原料肉,在操作台上用分割刀去除碎骨、血管、淋巴、筋膜、污血肉等杂物。猪精肉切成 150～200 g 肉块,猪肥膘切成细长条备用。

(三)绞肉

先将制作丸子所用到猪肥膘投入装配 5 mm 孔板绞肉机绞制,单独盛装。然后再将猪精肉投入装配 5 mm 孔板绞肉机绞制,单独盛装。

(四)配料

猪肉丸子配料包括原料配料和辅料配料。

(1)原料配料　通常在生产车间内由绞肉工人完成,包括原料肉(猪精肉粒、肥膘颗粒)和水根据制作要求分别单独称重。特别提示原料肉的称重一定要在绞肉结束后进行。

(2)辅料配料　由配料员在配料室内完成,淀粉、面粉称重后混合盛装,葱、姜碎末单独配制盛装,香油单独配制盛装,鸡蛋清单独配制盛装,配方表中其他辅料配制在一起混匀。称重配制好的辅料转入下一道工序要求进行复检,办理交接手续。

(五)制馅

猪肉丸子制馅方式较多,有拌馅机制馅、擂溃机制馅、斩拌机制馅及手工制馅等方式,肉丸工厂常采用的制馅方式是拌馅机制馅、擂溃机制馅,手工制馅方式大多为家庭采用。本课程以擂溃机制馅方式为例进行学习。先将绞制好称重准确的肉馅倒入擂溃机中开机搅拌 0.5 min,停机加入盐、糖、磷酸盐、味精等混匀辅料,约 1/2 冰水投入擂溃机,慢速搅拌约 0.5 min,快速搅拌约 1 min,加入剩余的冰水,再快速搅拌约 1 min,待馅料细腻黏稠、有弹性时,加入猪肥膘、淀粉、香油及鸡蛋液,高速搅拌约 0.5 min 至馅料混合均匀,出馅至容器中,馅料温度控制在 10～12 ℃及以下。

(六)成型

肉丸成型可以通过肉丸成型机和手工成型两种方式完成,肉丸成型机制作的肉丸大小均匀，适合工厂机械化生产，将搅拌好的肉丸馅料投入进料斗，开启电源，调整下料调节螺丝控制肉丸大小。手工成型肉丸大小不一，速度较慢。手工成型时，先用抓挤肉丸馅料的手蘸取清水，保持手掌湿滑，抓取肉丸馅料，通过虎口、拇指、食指围成的圆环将肉丸挤出，另一只手将肉丸馅料截断，形成圆形。肉丸尺寸大小没有统一的标准，我们通常将肉丸大小控制在直径 3～4 cm 左右。

（七）炸制

炸制也称油炸，是肉丸熟制工序，也是影响肉丸风味和色泽的关键技术。直径 3～4 cm 左右的肉丸我们采用二段式油炸技术，在水油混合式油炸机内完成。先将水油混合式油炸机按照操作要求，注入清水和食用油，一段油炸，开通电源将油温加热至 175 ℃，投入已成型的肉丸，3～4 min 至肉丸表面呈浅黄色，捞出肉丸至容器中控油熟制。二段油炸，调整水油混合式油炸机调温按钮，使水油混合式油炸机内油温降至 160 ℃，再将经过一段油炸过的肉丸返入水油混合式油炸机中，油炸 2～3 min 至肉丸表面呈金黄色，捞出至容器中控油放凉。

（八）成品

(1)成品入库　将经过冷却的肉丸验质检斤后送入成品库。

(2)成品鉴别　主要从以下 5 点鉴别。

①外观：肉丸干爽、大小均匀、规则整齐、呈圆球状；

②色泽：表面金黄色或红褐色，内部浅肉色，有光泽，且均匀一致；

③组织状态：组织致密，有弹性，切面不应有大的气孔；

④滋气味：咸淡适中，滋味鲜美，有猪肉丸特有的香味，无异味；

⑤杂质：无肉眼可见外来杂质。

任务 2　炸里脊制作

一、炸里脊的由来

炸里脊作为满汉全席菜品之一，因其酥脆软嫩、唇齿留香遍及大江南北。炸里脊经典故事莫过于清太祖努尔哈赤和黄金肉。据传努尔哈赤幼年时因家道中落，曾经流落在一个女真部落首领家当伙夫。一次首领宴请宾客，主厨做最后一道菜时突然晕倒，努尔哈赤急中生智，忙将切好的里脊肉裹上蛋黄液，入油锅迅速炸制后装盘送上，客人皆曰好吃。宴毕首领问起原因，主厨实情相告，首领听后传来努尔哈赤，问他菜名，努尔哈赤答曰“黄金肉”。这道菜就是我们今天的炸里脊。

二、产品配方(表 9-2)

表 9-2　炸里脊配方

类别	名称	数量/kg	名称	数量/kg
原料	里脊肉	97	饮用水	12
辅料	食盐	1.3	磷酸盐	0.3
	味精	0.3	白砂糖	0.5
	五香粉	0.18	香油	0.5
	大葱	2	鲜姜	1
	玉米淀粉	3	鸡蛋清	0.5
炸油	食用油	10		

三、工艺流程(图 9-2)

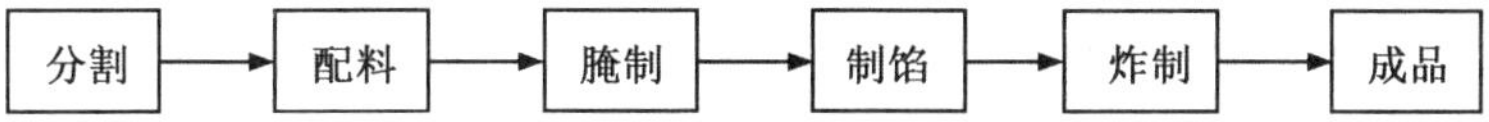

图 9-2　炸里脊工艺流程

四、器具设备

(1)器具　解冻货架、分割刀、磨刀棒、分割操作台、食品箱、不锈钢盆、电子秤、天平。

(2)设备　拌馅机、油炸机。

五、操作要点

(一)生产前准备工作

主要包括原辅材料准备、器具设备准备、葱姜准备工作。

(1)原辅材料准备工作　包括选购、出库、缓化三道工作。

原辅材料选购:①非疫区健康猪肉;②猪里脊肉(Ⅲ号肉);③原始菌落数低的肉;④冷冻肉必须是贮存时间较短的肉;⑤各种辅助材料质量要求必须符合 GB 2760—2014 食品添加剂使用标准之规定或使用单位供货要求。

原辅材料出库:根据生产计划、产品配方、工艺损失计算原辅材料需求数量,填写领料单,领料出库。

缓化:将出库后的猪里脊肉送入缓化间缓化货架上缓化。缓化条件为温度 8 ℃、相对湿度 80%～90%、风速 1 m/s。缓化结束标准以体积最大肉块中心点温度达到 0 ℃为准。

(2)器具设备准备　主要准备在炸里脊制作过程中所用到的器具设备,保证器具设备达到炸里脊制作工艺要求。

①预检:生产前对设备的安全状况进行调试预检,保证设备运行良好。

②消毒:选用食品设备杀菌剂对设备进行消毒。

③清洗:先用 90 ℃以上热水对设备进行清洗,然后用冷水对设备进行降温至 10 ℃以下。

④预热:油炸机清洗晾干后,向炸锅内注入食用油,预热至 170 ℃。

(3)葱、姜准备　选用葱白长度占整个大葱的 1/2 以上,根须比较短的东北大葱或山东大葱。去除葱皮、去除葱叶、去除葱根须,用清水清洗干净。

姜可以选老姜,也可以选鲜姜,从调味效果考虑应选用老姜,如选用鲜姜应加大使用量。无论老姜还是鲜姜,都应选择个头较大、表皮完整、没有出芽的姜,用清水清洗干净。

大葱切成 2～3 cm 长葱段,姜切成 3～4 mm 厚姜片。

(二)分割

将经过缓化的里脊肉,在操作台上用分割刀,剔除里脊上的筋膜。顺纤维方向将猪里脊肉切成 18 mm×18 mm×120 mm 肉条。

(三)配料

炸里脊配料包括原料配料和辅料配料。

(1)原料配料　通常在生产车间内由分割工人完成,包括里脊肉条和水根据制作要求分别单独称重。特别提示里脊肉条的称重一定要在切条后进行。

(2)辅料配料　由配料员在配料室内完成,淀粉、面粉称重后混合盛装,葱、姜碎末单独配制盛装,香油单独配制盛装,鸡蛋清单独配制盛装,配方表中其他辅料配制在一起混匀。称重配制好的辅料转入下一道工序要求进行复检,办理交接手续。

(四)腌制

将食盐、磷酸盐、白糖、味精、五香粉等辅料用 9 kg 水溶解、稀释,投入拌馅机,加入葱段、姜片、香油及里脊肉条,启动机器拌和均匀后卸料入食品箱内,密封送入 8 ℃腌制间内,腌制 2 h。

(五)制馅

将腌制里脊肉条倒入拌馅机,加入蛋清液、淀粉浆(3 kg 水稀释),启动拌馅机拌和均匀。

(六)炸制

炸里脊采用二段式油炸技术,在水油混合式油炸机内完成。先将水油混合式油炸机按照操作要求,注入清水和食用油,一段油炸,开通电源将油温加热至 175 ℃,投入里脊条,2～3 min 至肉丸表面呈浅黄色,捞出肉丸至容器中控油熟制。二段油炸,调整水油混合式油炸机调温按钮,使水油混合式油炸机内油温降至 160 ℃,再将经过一段油炸过的里脊条返入水油混合式油炸机中,油炸 2～3 min 至肉丸表面呈金黄色,捞出至容器中控油放凉。

(七)成品

(1)成品入库　将经过冷却的炸里脊验质检斤后送入成品库。

(2)成品鉴别　主要从以下 5 点鉴别。

①外观:里脊条干爽、大小均匀、规则整齐、呈细条状;

②色泽:表面金黄色或红褐色,内部浅肉色,有光泽,且均匀一致;

③组织状态:组织致密,有弹性,外焦里嫩,酥脆爽口;

④滋气味:咸淡适中,滋味鲜美,有油炸里脊特有的香味,无异味;

⑤杂质:无肉眼可见外来杂质。

任务3　炸乳鸽制作

一、炸乳鸽的由来

一鸽胜九鸡，这句俗语充分诠释了鸽子肉的营养价值，其中乳鸽更是鸽子肉中的上品，石岐乳鸽开创了肉鸽油炸美食之经典。据《中山市志》记载，旅居美国的中山华侨 1915 年从美国带回来“白羽王鸽”和“贺姆鸽”，其后又有日本华侨带回来了“钦麻鸽”，从澳大利亚引进了“澳洲地鸽”，经过长期培育，大约在 20 世纪 30 年代，终于培育出适合本地饲养的大型肉鸽新品种，因产自石岐地区，故被人们命名为“石岐鸽”。石岐鸽是中国最优良的肉鸽品种之一，肉质鲜滑，而那些未完全发育的妙龄石岐鸽，就被称为石岐乳鸽。发展到现在石岐乳鸽已经有上百年的历史了。

二、产品配方(表 9-3)

表 9-3　炸乳鸽配方

类别	名称	数量/kg	名称	数量/kg
原料	净膛乳鸽	10		
腌料	食盐	0.6	白砂糖	0.3
	味精	0.05	花椒	0.02
	大料	0.02	桂皮	0.015
	香叶	0.01	白芷	0.01
	草果	0.005	大葱	0.1
	鲜姜	0.05	饮用水	10
皮料	饴糖	0.03	浙醋	0.02
	饮用水	0.3		
炸油	食用油	10		

三、工艺流程(图 9-3)

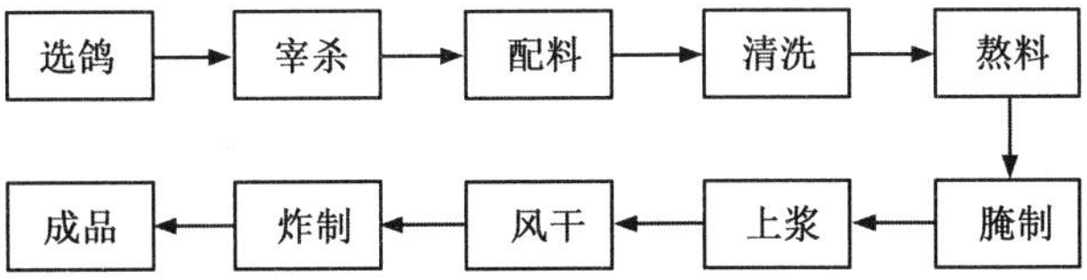

图 9-3　炸乳鸽工艺流程

四、器具设备

(1)器具　分割刀、磨刀棒、分割操作台、食品箱、不锈钢盆、电子秤、天平。

(2)设备　夹层锅、油炸机。

五、操作要点

(一)选鸽

选用活的石岐乳鸽作原料。通常选用日龄在21～28 d,体重300～350 g左右优质健康乳鸽。健康乳鸽体貌特征:活动敏捷、喜欢进食,眼睛明亮有神,两翅自然紧贴鸽体,羽毛披覆整齐,肛门周围绒毛洁净无粪便。

(二)宰杀

宰杀前断食1 h,可以少量饮水。将乳鸽浸入水中溺死后,静置30 min后,60 ℃热水烫毛10 s、去毛、洗净,在肩颈处开口,取出嗉囊;腹下开膛,口要小,取内脏。

(三)配料

炸乳鸽配料包括原料配料和辅料配料。

(1)原料配料　通常在生产车间内由宰杀工人完成,准确称量净膛乳鸽重量,数据传递给配料员。

(2)辅料配料　由配料员在配料室内完成,包括腌制料、皮料配制,腌制料中香辛料称重后装入料包袋,食盐、白砂糖、味精称重后混合盛装,大葱、姜单独盛装。称重配制好的辅料转入下一道工序要求进行复检,办理交接手续。

(四)清洗

将去除内脏的乳鸽用清水冲洗干净。

同时将大葱去皮、去根、去叶后用清水冲洗干净,鲜姜从丫杈处分开后用清水冲洗干净。大葱切成2～3 cm的葱段,姜切成2～3 mm的姜片。

(五)熬料

向夹层锅内注入10 kg饮用水,加入料包袋、食盐、葱姜等腌制料,大火加热至沸腾,小火熬煮2 h后,放凉冷却备用。

(六)腌制

将清洗干净的净膛乳鸽投放到腌制容器中,加入腌制料液,送入6～8 ℃腌制间,腌制时间2 h。

(七)上浆

制备上浆液,将饴糖、浙醋、0.3 kg应用水混匀即可,腌制结束的乳鸽逐只浸蘸上浆液。

(八)风干

上浆后乳鸽用钢钩吊挂在风干间内,风干时间40～60 min左右。

(九)炸制

采用二段式油炸技术,在水油混合式油炸机内完成。先将水油混合式油炸机按照操作要求，注入清水和食用油，一段油炸，开通电源将油温加热至 175 ℃，投入乳鸽，3～4 min 至肉丸表面呈浅黄色，捞出肉丸至容器中控油熟制。二段油炸，调整水油混合式油炸机调温按钮，使水油混合式油炸机内油温降至 160 ℃，再将经过一段油炸过的乳鸽返入水油混合式油炸机中，油炸 4～5 min 至乳鸽表面呈金黄色，捞出至容器中控油放凉。

(十)成品

(1)外观　大小均匀、规则整齐；

(2)色泽　表面金黄色或红褐色，有光泽，且均匀一致；

(3)组织状态　组织致密，外焦里嫩，酥脆爽口；

(4)滋气味　咸淡适中，滋味鲜美，有炸乳鸽特有的香味，无异味；

(5)杂质　无肉眼可见外来杂质。

【强化练习】

判断题

1. 油炸肉食品用油第一个要求是无异味，第二个要求是过氧化值低。(　　)
2. 油炸肉食品“浸油”现象产生原因是油炸温度过高。(　　)
3. 猪肉丸子配方调制时，水量多少不影响丸子质量。(　　)
4. 肉制品在油炸过程中，维生素的损失较大。(　　)
5. 油炸肉制品油炸温度对产品质量和出品率影响较大。(　　)
6. 水油混合油炸方法较纯油油炸方法操作困难。(　　)
7. 水油混合油炸方法炸油浪费较多。(　　)
8. 真空油炸方法操作性是不可行的。(　　)
9. 高压油炸方法是最科学的。(　　)
10. 油炸肉制品安全风险基本没有。(　　)

项目十

干肉制品生产与质量控制

【知识目标】

①干肉制品含义及分类。②干肉制品的国家标准。③干肉制品干制原理。

【技能目标】

①能够独立完成各种干肉制品加工制作,精确控制产品工序参数。②能够认知鉴别干肉制品所用原料肉及辅助材料质量好坏。③掌握干肉制品加工设备运行、维护程序,并能够独立操控使用。

【项目描述】

本项目包含3个任务,即牛肉干制作、肉松制作和肉脯制作,让学习者对干肉制品从品种、文化、加工工艺及产品质量鉴别有全面系统的学习,为步入干肉制品相关产业工作奠定坚实的基础。

【思维导图】

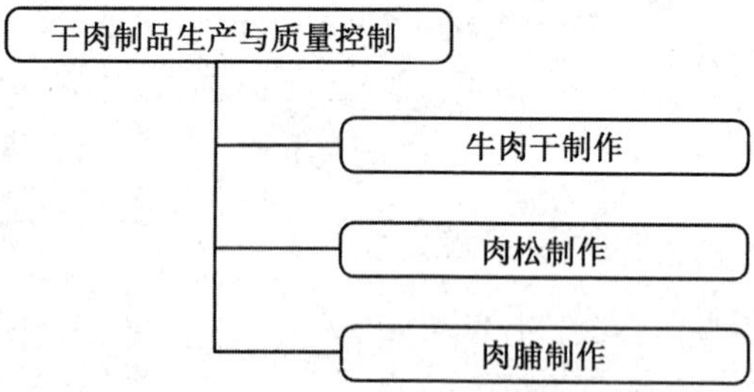

【案例导入】

珍贵的拜师礼品——束脩

据《论语·述而篇》记载,子曰:“自行束脩以上,吾未尝无诲焉。”

孔子有教无类,但重视学生的向学之心。如果自觉自愿送上“束脩”,说明这个学生是真心前来求学的。如果连“束脩”都没有,学生求学的诚意就值得怀疑了。孔子一生重视礼仪,以此作为有没有求学诚意的标准，既体现了先贤至圣收徒的良苦用心，也体现了干肉制品的弥足珍贵。有真心求学的态度就加以教诲，否则就算了。所以说干肉制品在春秋时期是珍贵的拜师礼品，代表着向学者的求学态度。

【课前思考】

1. 干肉制品含义是什么？哪些产品是干肉制品？

2. 肉松、肉干、肉脯制作工艺有哪些异同点？

【任务设计】

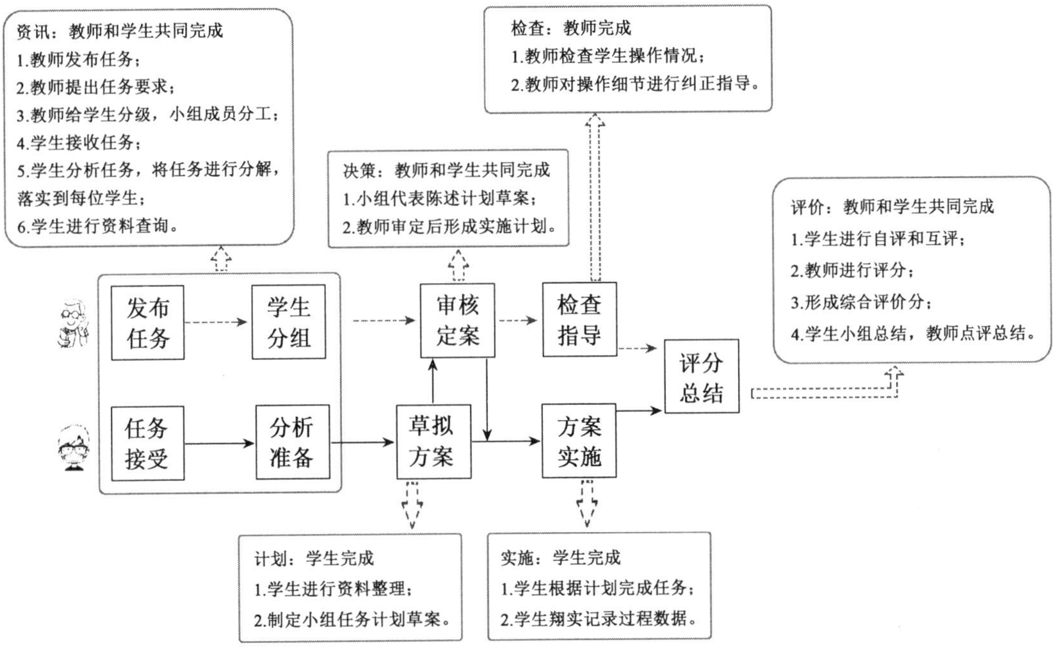

干肉制品又称肉脱水干制品，是肉经过预加工后利用自然或人工的方法脱出肉中一定量的水分，将其水分活度降低到微生物难以利用的程度而制成的一类熟肉制品。即将肉先经熟加工，再成型干燥或先成型再经热加工制成的。这类肉制品可直接食用，成品呈小的片状、条状、粒状、团粒状、絮状，干肉制品主要包括肉干、肉松和肉脯 3 类。

干肉制品优点：易于贮藏和运输、食用方便、风味独特，深受消费者喜爱。

干肉制品缺点：干制过程中某些芳香物质和挥发性成分，常常随着水分的蒸发而散到空气中去；同时在干燥时（非真空的条件）易发生氧化作用，尤其在高温下变化更为严重。

干肉制品通过脱水干制将水分含量 60％以上的肉类原料降低到 20％以下，即通过降低产品水分活度达到抑制微生物繁殖和抑制酶活性的目的。

肉类等易腐食品的脱水干制，既是一种贮藏手段，也是一种加工方法，对于不同类别的干肉制品来说，脱水干制可能是其主要的加工过程，也可能只是整个加工工艺过程中的一个环节。肉品中含水量一般高达 70％，经脱水干制后，不仅极大地缩小了产品的体积，而且可以使肉品中水分含量降低到 6％～20％。由此可见，肉品干制的基本原理就是通过脱去肉品中的一部分水，使肉中微生物的活动和酶的活力得到抑制，从而达到加工出新颖产品或延长贮藏时间的目的。

任务1　牛肉干制作

一、牛肉干的由来

牛肉干被誉为“蒙古铁骑成吉思汗的行军粮”，烈马、弯刀、牛肉干是蒙古大军远征作战的三大法宝。

传说很久以前，在美丽的科尔沁大草原有一条河，名字叫霍林河(“霍林郭勒”即美食之河)，河流两岸养育了勤劳善良的蒙古族儿女。公元123年夏天，河水干枯了，人们陷入了极大的惶恐之中……勇敢的蒙古族小伙子巴特尔想拯救人们于水火。他告别了心爱的姑娘斯琴，带上新鲜的牛肉和马奶，沿河逆流而上，想要找出河水干涸的原因。到达河流源头后，巴特尔找到了原因。原来河流源头有个一神泉，现在神泉被一条乌龙霸占了。为了夺回神泉，巴特尔与乌龙大战了九九八十一天，终于取得了胜利，但由于体力耗尽，巴特尔还是倒下了。他的鲜血化成了汩汩清泉，又从神泉喷涌而出。霍林河恢复了往日的宁静。美丽的斯琴姑娘一直在等待心爱的巴特尔，她沿河找到了神泉，那里没有巴特尔的身影，只有喷涌的泉水和泉边的那个她送给巴特尔的牛皮袋子，里面的牛肉已经变成了肉干。为了纪念巴特尔，她把牛肉干带回来永久地保存起来了。这就是后来的蒙古族美食——牛肉干。

牛肉干是以牛精瘦肉为原料，经预煮、切分(丁、条、片)、调味、浸煮、收汤、干燥等工艺制成的干熟肉制品。

二、产品配方(表10-1)

表10-1　牛肉干配方

名称	数量/kg	名称	数量/kg
牛精肉	100	饮用水	20
食盐	1	味精	0.15
白砂糖	2	亚硝酸钠	0.004
异维生素C钠	0.05	黄酒	1.5
酱油	0.5	五香汁	0.3
圆葱	2	鲜姜	1

三、工艺流程(图10-1)

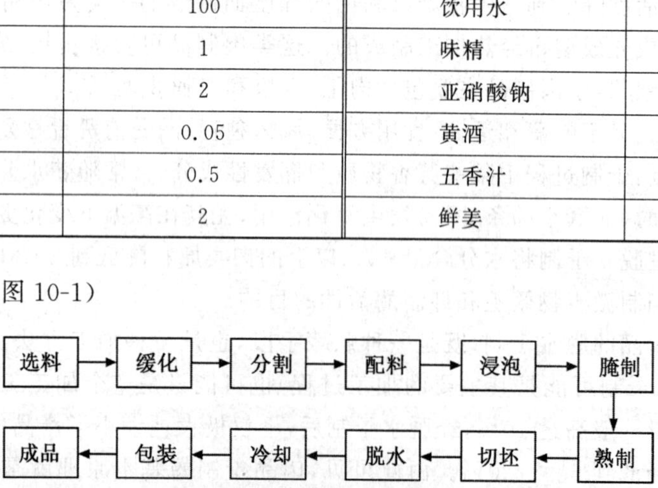

图10-1　牛肉干工艺流程

四、器具设备

(1)器具　缓化货架、分割刀、磨刀棒、分割操作台、食品箱、冷却货架、电子秤、天平。

(2)设备　蒸煮箱、干燥箱、真空包装机/充氮包装机。

五、操作要点

(一)选料

选择动检合格的健康鲜、冻牛精肉,以米龙、大黄瓜条、小黄瓜条为主,即脂肪、筋膜少,瘦肉含量高的部位肉,PSE肉、DFD肉不适于制作肉干。

(二)缓化

将出库后的牛精肉送入缓化间缓化货架上缓化。缓化条件为温度6～8 ℃、相对湿度:80%～90%、风速1～1.5 m/s。缓化结束标准以体积最大肉块中心点温度达到0 ℃。

(三)分割

将缓化完成的牛精肉运送到分割间,在分割操作台上用分割刀去除碎骨、血管、淋巴、筋膜、污血肉块等杂物,切割成150～200 g菱形块。

(四)配料

牛肉干配料包括原料配料和辅料配料。

(1)原料配料　通常在生产车间内由分割工人完成,将切块完成的牛精肉准确称重。

(2)辅料配料　由配料员在配料室内完成,圆葱、鲜姜单独称重盛装,黄酒、酱油、五香汁称重后可混合盛装,异维生素C钠、亚硝酸钠单独配制密封避光盛装,配方表中其他辅料配制在一起混匀。称重配制好的辅料转入下一道工序要求进行复检,办理交接手续。

(五)浸泡

将分割完成的精肉块投入盛装0～4 ℃冷水的容器中浸泡,保证浸泡用水量富足。浸泡目的是泡除血水,软化肉质纤维,使得肉质鲜亮。通常情况下,浸泡时间2 h。浸泡好的肉块,用控水器具控干后才能进入下道工序。

(六)腌制

将牛肉块投入腌肉机中,加入盐、亚硝酸钠(用1 kg水溶解)、异维生素C钠等混匀辅料,启动腌肉机至牛肉块与腌肉料混合均匀,卸料放在密闭容器(容器选用瓷器)内,温度控制在6～8 ℃腌制36 h。

牛肉腌制成熟标准:切开肉块观察横断面,横断面腌制色泽均匀一致。

(七)熟制

牛肉干的熟制在蒸箱内完成,将腌制好的肉块摆放在蒸煮箱蒸煮网帘上,关闭蒸煮箱门打开蒸汽阀,控制温度85 ℃,加热40～60 min至中心温度68 ℃以上。

(八)切坯

(1)先将熟制后的肉块冷却至室温。

(2)按照工艺要求切成片/条/丁等形状,要大小均匀。

(九)脱水

通过加热方式脱水至肉表面成褐色，含水量低于20%，成品的 Aw(water activity)低于0.79。

脱水方法：烘烤法、炒干法、油炸法。

(十)冷却

将脱水完成的牛肉干送入冷却间，摊晾在冷却货架上，冷却至18 ℃以下。

(十一)包装

牛肉干包装可采用真空包装，也可采用充氮包装。

(十二)成品

(1)成品入库　将冷却后的牛肉干验质检斤后送入成品库。

(2)成品鉴别　指标见表10-2、表10-3、表10-4。

表10-2　感官指标

项目	指标	
	肉干	肉糜干
形态	呈片、条、粒状，同一品种大小基本均匀，表面可带有细小纤维或香辛料	呈片、粒状或其他规则形状，同一品种大小基本
色泽	呈棕黄色、褐色或黄褐色，色泽基本均匀	呈棕黄色、褐色或黄褐色，色泽基本均匀
滋气味	具有牛肉干特有的香气和滋气味，甜咸适中	
杂质	无肉眼可见杂质	

表10-3　理化指标

项目	指标
水分/(g/100 g)	≤10
脂肪/(g/100 g)	≤10
蛋白质/(g/100 g)	≥30
氯化物(以氯化钠计)/(g/100 g)	≤5
总糖(以蔗糖计)/(g/100 g)	≤35
铅(Pb)/(mg/kg)	≤0.5
无机砷/(mg/kg)	≤0.05
镉(Cd)/(mg/kg)	≤0.1

表 10-4　微生物指标

项目	指标
菌落总数/(CFU/g)	≤10 000
大肠菌群/(MPN/100 g)	≤30
致病菌(沙门氏菌、志贺氏菌、金黄色葡萄球菌)	不得检出

任务 2　肉松制作

一、肉松的由来

肉松也称肉绒、肉酥,是将肉除去水分后制成的粉末,它适宜保存,并便于携带。

肉绒以畜禽肉为原料,经煮制、撇油、调味、收汤、炒松、搓松制成的肌肉纤维蓬松成絮状的肉制品。以太仓肉松为代表。

肉酥是用畜禽瘦肉为原料,经煮制、撇油、调味、收汤、炒松后再加入食用油炒制成颗粒状或短纤维状的肉制品。以福建肉松为代表。

关于太仓肉松的由来,据传清同治十三年(1874 年),太仓城有一望族,一日大宴宾客,胖厨师倪水忙中出错,竟将红烧肉煮酥了,情急中他将煮酥的肉去油剔骨,放在锅里拼命炒,端上桌称是“肉松”,不料举桌哄动,誉其为太仓一绝。后来,倪厨师去太仓南门开了家肉松店,这就是如今的太仓肉松厂的前身。

关于福建肉松的由来,相传清咸丰年间,林鼎鼎在福州一个官员家当厨师。一日主人因感风寒,厌食无味。林鼎鼎苦思冥想,取来猪腿精肉,放在锅内不停地翻炒,不时加入各种佐料。炒着翻着,忽闻一股焦味,原来汤汁已被烧干。林鼎鼎以为调制失败,谁知一尝,味道却鲜得出奇。他当即送给主人品尝,主人连声赞道:“好吃,好吃!”太太、小姐见之大喜,问之:“明日有哉?”林鼎鼎答曰:“有我林鼎鼎在,日日有!”这就是鼎日有肉松的由来。油酥肉松呈深红色,颗粒大小均匀,质酥软,入口溶化,含蛋白质高,含脂肪低。

二、产品配方(表 10-5)

表 10-5　猪肉松配方

名称	数量/kg	名称	数量/kg
猪精肉	100	饮用水	100
食盐	0.6	味精	0.1
白砂糖	1.5	茴香汁	0.05
白芷汁	0.01	草果汁	0.005
酱油	0.5	黄酒	2
圆葱	2	鲜姜	1

三、工艺流程(图 10-2)

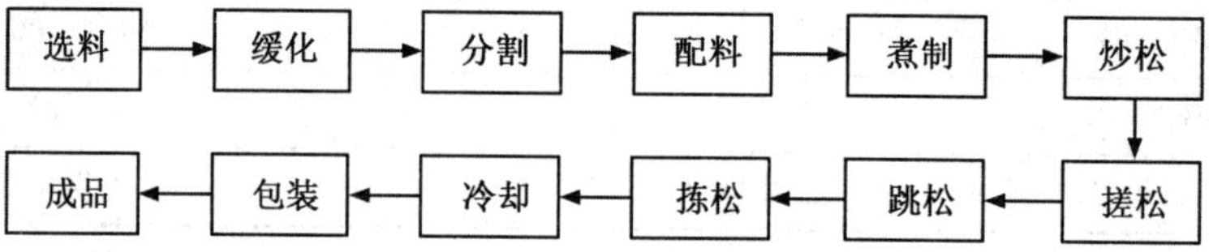

图 10-2　猪肉松工艺流程

四、器具设备

(1)器具　缓化货架、分割刀、磨刀棒、分割操作台、食品箱、不锈钢盆、不锈钢铲、冷却货架、电子秤、天平、打沫笊篱。

(2)设备　夹层锅、炒松机、搓送机、跳松机、真空包装机/充氮包装机。

五、操作要点

(一)选料

选择动检合格的健康鲜、冻猪精肉,以猪后鞧肉(Ⅳ号肉)为主,即脂肪、筋膜少,瘦肉含量高的部位肉,PSE 肉、DFD 肉不适于制作肉松。

(二)缓化

将出库后的猪精肉送入缓化间缓化货架上缓化。缓化条件为温度 6～8 ℃、相对湿度 80%～90%、风速 1～1.5 m/s。缓化结束标准以体积最大肉块中心点温度达到 0 ℃。

(三)分割

将缓化完成的猪精肉运送到分割间,在分割操作台上用分割刀去除碎骨、血管、淋巴、筋膜、污血肉块等杂物,同时提出肉眼可见肥肉,将精肉横纤维切成 10～15 mm 肉片。

(四)配料

猪肉松配料包括原料配料和辅料配料。

(1)原料配料　通常在生产车间内由分割工人完成,将切块完成的猪肉片准确称重。

(2)辅料配料　由配料员在配料室内完成,圆葱、鲜姜单独称重盛装,黄酒、酱油、香辛料汁称重后可混合盛装,食盐、白砂糖、味精单独配制盛装。配制好的辅料转入下一道工序要求进行复检,办理交接手续。

(五)煮制

煮制是制作肉松关键工艺,包括熟制、铲丝、撇油、调味、收汤五道工序。

(1)熟制　在锅中用清水煮熟肉块,时间约 2～3 h。

(2)铲丝　关掉热源,将锅中肉汤全部倒出,用铲子将肉块顺肌肉纤维铲成细长的纤维丝状。

(3)撇油　铲丝后将先前的肉汤再倒入锅中，适量加水。打开热源，大火烧煮至沸腾，然后小火煮制，当表面出现浮油时进行撇油。撇油过程中应随时加水，以保证肉汤总量基本不变。

(4)调味　当大部分油撇去后(约需 1 h)，将食盐放入，并随时撇油，基本无油时可加入糖。

(5)收汤　当油撇干净后开始收汤，此时应大火收汤，待汤浓缩至大约一半时可加入黄酒、味精等，收汤过程中应不断翻炒以免粘锅。待水分大部分蒸发完毕时，可关闭热源，利用余热将汤全部吸完。

(六)炒松

将收好汤的肉送入滚筒式炒松机进行炒松。用文火炒 50～60 min，当肉松水分达到 17%左右即可搓松。

(七)搓松

炒好后的肉松立即送入搓松机内进行搓松，根据肉丝的情况可搓几次松。

(八)跳松

利用机器跳动，使肉松从跳松机上面跳出，肉粒则从下面落出，使肉松与肉粒分离。

(九)拣松

将肉松中焦块、肉块、粉粒等拣出，提高成品质量。

(十)冷却

将经过拣松的肉松送入冷却间，摊晾在冷却货架上，冷却至 18 ℃以下。

(十一)包装

肉松的吸水性很强，短期贮藏可选用复合膜包装，贮藏 3 个月左右；长期贮藏多选用玻璃瓶或马口铁罐，可贮藏 6 个月左右。

(十二)成品

(1)成品入库　将肉松验质检斤后送入成品库。

(2)成品鉴别　指标见表 10-6、表 10-7、表 10-8。

表 10-6　感官指标

项目	指标	
	肉松	油酥肉松
形态	呈絮状，纤维柔软蓬松，允许有少量结头，无焦头	呈疏松颗粒状或短纤维状，无焦头
色泽	呈黄色或金黄色，色泽基本均匀	呈棕褐色或黄褐色，色泽基本均匀，稍有光泽
滋气味	味鲜美，甜咸适中，具有肉松固有的香味，无其他不良气味	具有酥、香特色，味鲜美，甜咸适中，油而不腻，具有油酥肉松固有的香味，无其他不良气味
杂质	无肉眼可见杂质	

表 10-7 理化指标

项目	指标
水分/(g/100 g)	≤20
脂肪/(g/100 g)	≤10
蛋白质/(g/100 g)	≥32
氯化物(以氯化钠计)/(g/100 g)	≤7
总糖(以蔗糖计)/(g/100 g)	≤35
淀粉/(g/100 g)	≤2
铅(Pb)/(mg/kg)	符合 GB 2726 的规定
无机砷/(mg/kg)	
镉(Cd)/(mg/kg)	
总汞(以 Hg 计)/(mg/kg)	

表 10-8 微生物指标

项目	指标
菌落总数/(CFU/g)	符合 GB 2726 的规定
大肠菌群/(MPN/100 g)	
致病菌(沙门氏菌、志贺氏菌、金黄色葡萄球菌)	

任务 3 肉脯制作

一、肉脯的由来

肉脯被誉为闽西八干之首,其最大特色就在于“三老”:一是工艺老;二是配方老;三是口味老。肉脯采用了传统老工艺和老配方,一切以天然为本,绝不添加淀粉,绝不添加山梨酸钾等防腐剂及其他添加剂。肉脯是猪肉或牛肉经腌制、烘烤的片状肉制品,其产品特点是棕红色,肉脯切片均匀。

二、产品配方(表 10-9)

表 10-9　猪肉脯配方

名称	数量/kg	名称	数量/kg
猪精肉	100		
食盐	0.6	味精	0.1
白砂糖	6	鸡蛋清	1
亚硝酸钠	0.003	胡椒汁	0.05
白芷汁	0.01	草果汁	0.005
酱油	0.5	黄酒	2
圆葱	2	鲜姜	1

三、工艺流程(图 10-3)

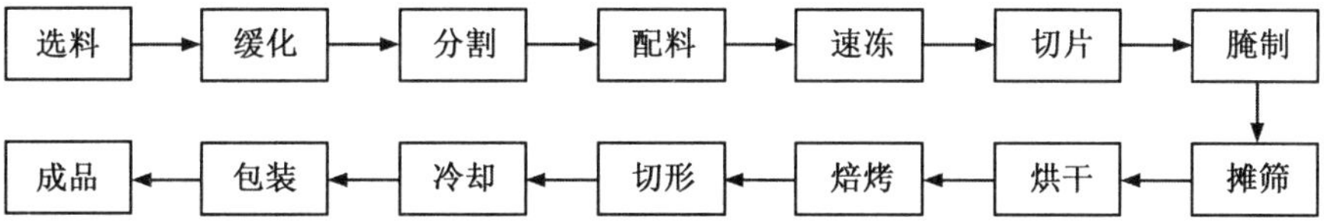

图 10-3　猪肉脯工艺流程

四、器具设备

(1)器具　缓化货架、分割刀、磨刀棒、分割操作台、食品箱、不锈钢盆、筛网或竹盘、蛋液刷、冷却货架、电子秤、天平。

(2)设备　切片机、烘干炉、焙烤炉、切形机、真空包装机/充氮包装机。

五、操作要点

(一)选料

选择动检合格的健康鲜、冻猪精肉,以猪后鞧肉(Ⅳ号肉)为主,即脂肪、筋膜少,瘦肉含量高的部位肉,PSE 肉、DFD 肉不适于制作肉脯。

(二)缓化

将出库后的猪精肉送入缓化间缓化货架上缓化。缓化条件为温度 6～8 ℃、相对湿度 80%～90%、风速 1～1.5 m/s。缓化结束标准以体积最大肉块中心点温度达到 0 ℃。

(三)分割

将缓化完成的猪精肉运送到分割间,在分割操作台上用分割刀去除碎骨、血管、淋巴、筋膜、污血肉块等杂物,同时提出肉眼可见肥肉,将精肉顺纤维按照质量要求切成条块。

(四)配料

猪肉脯配料包括原料配料和辅料配料。

(1)原料配料　通常在生产车间由分割工人完成，将切块完成的猪精肉准确称重。

(2)辅料配料　由配料员在配料室内完成，圆葱、鲜姜单独称重盛装，鸡蛋清液单独称重盛装，黄酒、酱油、香辛料汁称重后可混合盛装，食盐、白砂糖、味精称重后可混合盛装。称重配制好的辅料转入下一道工序要求进行复检，办理交接手续。

(五)速冻

速冻时切好的条块肉装入方型模具内，压紧后送－28 ℃速冻库内速冻，至肉块中心温度达到－2 ℃时取出脱模，以便切片。

(六)切片

将速冻后的肉块放入切片机中切片或人工切片。切片时必须顺着肉的肌纤维切片，肉片的厚度控制在 1 cm 左右，然后解冻。未经速冻的肉块排酸后直接手工切片。

(七)腌制

将肉片投入混料机，加入腌制料(鸡蛋清除外)，启动混料机混匀后，移入 8 ℃腌制间中调味腌制，腌制时间 12 h 左右。调味腌制的作用一是将各种调味料与肉片充分混合均匀，二是起到按摩作用。肉片经搅拌按摩，可使肉中盐溶蛋白溶出一部分，使肉片带有黏性，便于在铺盘时肉片与肉片之间相互连接。所以，在调味时应注意要将调味料与肉片均匀地混合，使肉片中盐溶蛋白溶出。

(八)摊筛

摊筛工序多为手工操作。首先用食物油将竹盘或铁筛刷一遍，然后将调味后的肉片铺平在竹盘上，肉片表面涂抹蛋清液，但肉片与肉片之间不得重叠。

(九)烘干

烘烤的目的主要是促进发色和脱水熟化。将平铺在竹盘上的已连成一大张的肉片放入干燥箱中，干燥的温度在 55～60 ℃，前期烘烤温度可稍高。肉片厚度在 0.2～0.3 cm 时，烘干时间为 2～3 h。烘干至含水量至 25%为佳。

(十)焙烤

焙烤是将半成品在高温下进一步熟化并使质地柔软，产生良好的风味和油润的外观。焙烤时可把半成品放在烘炉的转动铁网上，烤炉的温度为 200 ℃，时间 3～5 min，以烤熟为准，不得烤焦。

(十一)切形

焙烤后的肉片是一整张，先将整张肉片压平后，将肉片从筛子中揭起，用切形机或手工切形，一般可切成 6～8 cm 的正方形或其他形状。

(十二)冷却

将切形后的肉脯送入冷却间，摊晾在冷却货架上，冷却至 18 ℃以下。

(十三)包装

肉脯包装可用真空包装或充氮气包装，按所需规格加硬纸盒外包装。也可采用马口铁罐大包装或小包装。塑料袋包装的成品宜贮存在通风干燥的库房内，保存期为 6 个月。

(十四)成品

包括成品入库和成品鉴别。

成品入库：将肉脯验质检斤后送入成品库。

成品鉴别：指标见表10-10、表10-11、表10-12。

表10-10　感官指标

项目	指标
形态	呈12 cm×8 cm片形，厚薄均匀
色泽	呈棕红色、深红、暗红色，色泽均匀，表面应油润透亮
滋气味	味道鲜美、醇厚、咸甜适中，香味纯正，有肉脯特有风味，无异味
杂质	无肉眼可见杂质

表10-11　理化指标

项目	指标
水分/(g/100 g)	≤20
脂肪/(g/100 g)	≤14
蛋白质/(g/100 g)	≥40
氯化物(以氯化钠计)/(g/100 g)	≤7
总糖(以蔗糖计)/(g/100 g)	≤35
亚硝酸钠/(mg/kg)	≤30
重金属/(mg/kg)	符合GB 2726的规定

表10-12　微生物指标

项目	指标
菌落总数/(CFU/g)	≤30 000
大肠菌群/(MPN/100 g)	≤40
致病菌(沙门氏菌、志贺氏菌、金黄色葡萄球菌)	不得检出

【强化练习】

判断题

1. 干肉制品水分含量30%以下。(　　)
2. PSE肉适于制作牛肉干。(　　)
3. 肉松调味应在撇油后进行。(　　)
4. 肉脯预处理肉块中心温度应经过速冻至−2 ℃。(　　)
5. 肉脯油润外观是经过烤炉焙烤产生的。(　　)
6. 肉松煮制过程中所有原辅材料同时入锅。(　　)
7. 肉松制作时原料肉只能选择猪肉。(　　)
8. 牛肉干制作最理想的原料肉是前牛腱子肉。(　　)
9. 猪肉是不能制作肉干的。(　　)
10. 肉脯只能在南方制作。(　　)

项目十一
高温肉制品生产与质量控制

【知识目标】

①高温肉制品的含义及分类。②高温肉制品的国家标准。③高温肉制品灭菌原理。

【技能目标】

①能够独立完成各种高温肉制品加工制作，精确控制产品工序参数。②能够认知鉴别高温肉制品所用原料肉及辅助材料质量好坏。③掌握高温肉制品加工设备运行、维护程序，并能够独立操控使用。

【项目描述】

本项目包含2个任务，即午餐肉制作和火腿肠制作，让学习者对高温肉制品从品种、文化、加工工艺及产品质量鉴别有全面系统的学习，为步入高温肉制品相关产业工作奠定坚实的基础。

【思维导图】

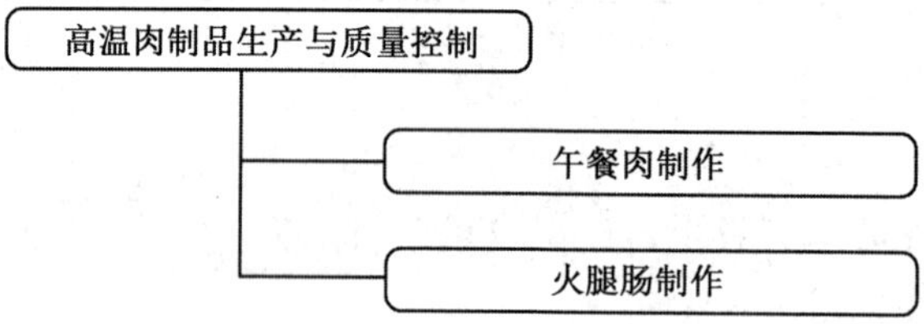

【案例导入】

被误解的美味——罐头

作为战争年代的军需物资，在倡导绿色食品、有机食品的今天，罐头常被定义为不健康食品，这是片面不科学的。

误解一：罐头保质期长，因为含有防腐剂。

罐头之所以能够长期保存而不变质，完全得益于密封的容器和严格的杀菌，与防腐剂毫无关系。想测试有无防腐剂其实很简单，打开罐头常温放置，你会发现罐头很快败坏。

误解二：罐头经过高温杀菌没营养。

罐头是要经过高温杀菌，重要的是罐头的杀菌温度不会超过 120 ℃，比日常炒菜的温度还低，在一定程度上可以说，罐头的营养流失比家庭烹饪还少。

【课前思考】

①高温肉制品含义是什么？哪些产品是高温肉制品？②高温肉制品究竟是不是垃圾食品？

【任务设计】

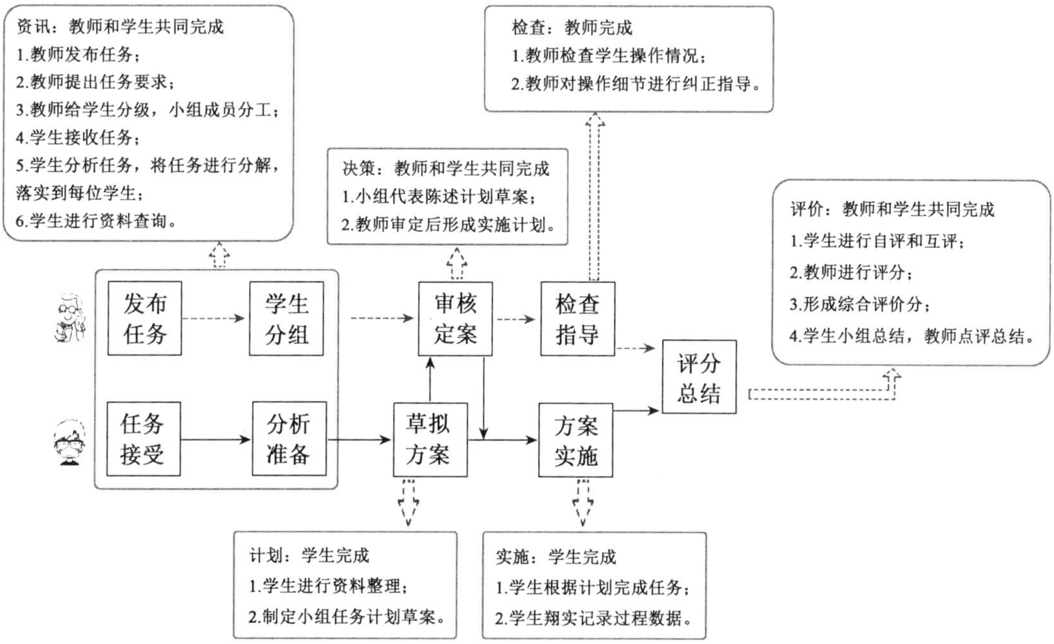

狭义高温肉制品一般指经高温高压加工处理，达到商业无菌状态的肉制品，如肉类罐头、铝箔软包装肉制品、耐高温收缩薄膜（PVDC）包装灌制的火腿肠等。高温肉制品因加热温度高，蛋白质过度变性，部分营养流失，肌肉纤维弹性下降，质构较差，有罐头味，失去固有的风味和营养价值，但保质期可长达 4 个月以上，便于长途运输和贮存。高温肉制品代表性产品为肉类罐头中的午餐肉和火腿肠。

任务 1　午餐肉制作

一、午餐肉的由来

午餐肉是肉类罐头的一种，是罐藏技术应用的典型产品，1937 年午餐肉由美国荷美尔（Hormel）公司推出，为盟军获得第二次世界大战胜利做出了贡献。关于午餐肉的发明，必须感谢拿破仑（Napoleone）、阿培尔（Apppert）、杜兰德（Durand）三人。出于战争的需要，拿破仑悬赏重金 12 000 法郎用于研究军用食品保藏方法。阿培尔研制出了罐藏的基本方法——排气、密封和杀菌。杜兰德发明了镀锡薄板金属罐，使罐头食品得以投入生产。直到今天在军队中午餐肉也是必备的军需物资。

1. 午餐肉

以畜禽肉为原料，调制后装入容器或软包装，经排气、密封、杀菌、冷却等工艺制成的耐贮藏食品。

2. 包材类型

主要有硬质空罐和软质空罐。硬质空罐有金属罐和玻璃罐，金属罐中常用有镀锡板罐（马口铁罐）、铝罐和镀铬板罐。软质空罐有透明蒸煮袋和铝箔蒸煮袋。

3. 罐体要求

①对人体无害；②密封性能良好；③耐腐蚀性能良好；④适合于工业化的生产；⑤开启方便，便于携带和运输。

二、产品配方（表 11-1）

表 11-1　午餐肉配方

名称	数量/kg	名称	数量/kg
猪精肉	55	肥膘	7.5
食盐	2	复合磷酸盐	0.25
味精	0.3	白砂糖	1
亚硝酸钠	0.004	异维生素 C 钠	0.05
白胡椒粉	0.15	肉蔻粉	0.02
午餐肉香精	0.2	红曲红色素	0.001
圆葱	0.2	亚麻籽胶	0.1
大豆分离蛋白	2	玉米淀粉	6
冰水	25		

三、工艺流程（图 11-1）

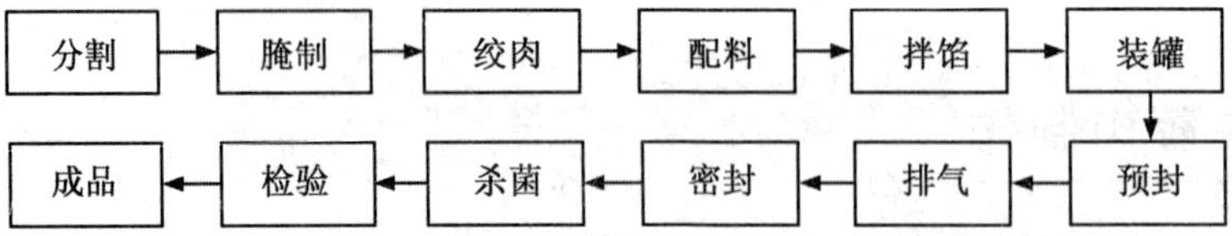

图 11-1　午餐肉工艺流程

四、器具设备

（1）器具　缓化货架、分割刀、磨刀棒、分割操作台、食品箱、电子秤、天平。

（2）设备　绞肉机、制冰机、真空拌馅机、真空定量灌装机、杀菌罐。

五、操作要点

(一)生产前准备工作

主要包括原辅材料准备、器具设备准备、冰片制备、空罐准备工作。

(1)原辅材料准备工作　包括选购、出库、缓化三道工作。

原辅材料选购:①非疫区健康猪肉;②Ⅱ号或Ⅳ号猪精肉;③原始菌落数低的肉;④冷冻肉必须是贮存时间较短的肉;⑤各种辅助材料质量要求必须符合 GB 2760—2014 食品添加剂使用标准之规定或使用单位供货要求。

原辅材料出库:根据生产计划、产品配方、工艺损失计算原辅材料需求数量,填写领料单,领料出库。

缓化:将出库后的猪精肉、猪肥膘送入缓化间缓化货架上缓化。缓化条件为温度 8 ℃、相对湿度 80%～90%、风速 1 m/s。缓化结束标准以体积最大肉块中心点温度达到 0 ℃。

(2)器具设备准备　主要准备在午餐肉制作过程中所用到的器具设备,保证器具设备达到午餐肉制作工艺要求。

①预检　生产前对设备的安全状况进行调试预检,保证设备运行良好。

②消毒　选用食品设备杀菌剂对设备进行消毒。

③清洗　先用 90 ℃以上热水对设备进行清洗,然后用冷水对设备进行降温降至 10 ℃以下。

(3)冰片制备　拌馅操作前制备足量的冰片或冰屑,打开制冰机进水阀门,启动工作开关,进行冰片制备。

(4)空罐准备　空罐清洗消毒,去除空罐上附着的微生物、油脂、污物、残留焊接药水等。

基本方式是先用热水冲洗空罐,然后用蒸汽消毒。

(二)分割

在分割操作台上,用分割刀去除猪精肉中的碎骨、血管、淋巴、筋膜、污血肉块等杂物。将猪精肉切成 150～200 g 菱形块备用。

(三)腌制

先用 0.5 kg 水溶解亚硝酸钠后,与食盐、异维生素 C 钠拌匀,将经过分割猪精肉块倒入拌馅机,加入拌匀的腌制盐,启动拌馅机搅拌约 1 min 至均匀,卸料至腌制槽(缸)中,腌制槽(缸)口做隔绝空气处理,送入温度 6～8 ℃腌制间腌制 36 h。

(四)绞肉

将腌制完成的猪精肉、猪肥膘、圆葱分别用用 5 mm 网眼孔板绞肉机绞制,单独盛装。

(五)配料

午餐肉配料包括原料配料和辅料配料。

(1)原料配料　通常在生产车间内由绞肉工人完成,包括原料肉(猪精肉粒、肥膘颗粒)和冰水根据制作要求分别单独称重。特别提示原料肉的称重一定要在绞肉结束后进行。

(2)辅料配料　由配料员在配料室内完成,玉米淀粉单独配制盛装,大豆分离蛋白单独配制盛装，香精单独配制盛装，配方表中其他辅料配制在一起混匀盛装。称重配制好的辅料转入下一道工序要求进行复检，办理交接手续。

（六）拌馅

午餐肉拌馅操作在真空拌陷机内完成，也可以采用滚揉机完成。

步骤一：先将产品配方中规定的绞制好的猪精肉投入拌馅机，启动拌馅机搅拌 30 s，馅温 6～8 ℃，关闭拌馅机。

步骤二：加入混合均匀的辅料，加入 1/3 冰水，启动拌馅机，真空度 0.04 MPa 拌和 2 min 后，加入 1/3 冰水，真空度 0.04 MPa 拌和 2 min，再加入 1/3 冰水，真空度 0.04 MPa 拌和 2 min，馅温 6～8 ℃，卸掉真空，关闭拌馅机。

步骤三：最后加入淀粉浆（6 kg 淀粉用 8 kg 水稀释）、香精、猪肥膘，抽真空至 0.04 MPa，搅拌 2 min，混合均匀后卸掉真空，关闭拌馅机，馅温 10 ℃以下。

（七）装罐

采用定量灌装机装罐。

（1）馅料制备后，迅速装罐，防止微生物污染，如出现腐败变质现象不宜装罐，否则影响成品质量和产品保质期。

（2）装罐时保持罐口清洁，罐口不得粘有馅料，否则会影响卷边的密封性。

（3）装罐时需留一定的顶隙。顶隙是指罐内食品表面层或液面与罐盖间的空隙。顶隙一般 4～8 mm，可形成一定的真空度，防止灭菌时内容物膨胀使罐头变形（假胖听）。

顶隙过小，罐内压力增加，不利于卷边密封；会造成铁罐永久性变形或凸盖，并因铁皮腐蚀聚积氢气，极易出现氢胀罐（充满氢气的胀罐）。顶隙过大，易出现瘪罐。

（八）预封

是用封口机将罐盖与罐身初步勾连上，其松紧程度以能使罐盖沿罐身旋转而不会脱落。在热排气过程中，罐内的气体能自由逸出。

（1）罐头加热排气时，预封可以防止罐内食品因受热膨胀而落到罐外。

（2）避免外界冷空气的侵入，保持罐内顶隙温度，以保证罐头一定真空度。

（3）防止因罐身和罐盖吻合不良而造成次品，有助于保证卷边的质量，特别是对于异形罐。

（九）排气

排气是食品装罐后密封前将罐内顶隙间的、装罐时带入的和原料组织细胞内的空气尽可能从罐内排除，从而使密封后罐头形成一定真空度的过程。

（1）排气目的　主要有以下 4 点。

①控制或减轻罐藏食品贮藏中出现的罐内壁腐蚀　罐内和食品内如有空气存在，则罐内壁常会在其他食品成分的影响下出现严重腐蚀的现象，特别对水果类罐头，氧会促进水果中所含酸对罐内壁的腐蚀。罐内缺氧时就不易出现铁皮的腐蚀。

②防止容器变形或破损　加热杀菌时空气膨胀容易使容器变形或破损，特别是卷边受到挤压后，易影响其密封性。罐头食品密封后要进行加热杀菌。未经排气罐头食品加热时罐内空气、水蒸气和内容物都将受热膨胀，导致罐内压力显著增加，当罐内超压（罐内压力和杀菌锅

压力的差值太大)时，罐盖就会外凸，严重时会导致杀菌冷却后罐头出现永久性变形、胀罐、凸角等事故。

③避免或减轻食品色、香、味的变化　食品和空气接触，特别是食品的表面上极易发生氧化反应从而导致色香味的变化。例如脂肪含量较高的食品就会发黄或酸败。

④有利于对罐头质量的检查(打检)　杀菌时，如罐内排气不好易造成胀罐，而微生物腐败也易造成胀罐。前者为假胀罐，后者为腐败变质性胀罐。工厂常用棒击底盖，根据声音浊、清来判断罐头质量，但是排气不充分，食品虽未腐败同样会发生浊音。因此，如果排气不良难以借打检识别罐头质量的好坏。

(2)排气方法　目前罐头厂常用的排气法有热力排气法和真空密封排气法。

①加热排气法　将装好食品的罐头(未密封)通过加热排除空气，排出后立即封罐。

②真空密封排气法　该方法是在封罐过程中，利用真空泵将密封室内的空气抽出，形成一定的真空度，当罐头进入封罐机的密封室时，罐内部分空气在真空条件下立即外逸，并立即卷边密封。

(十)密封

罐头的密封是采用封罐机将罐身和罐盖的边缘紧密卷合过程。

依靠罐头的密封，使罐内食品与外界完全隔绝，罐内食品不再受到外界空气和微生物的污染而产生腐败。由于罐藏容器的种类不同，罐头密封的方法也各不相同。

(十一)杀菌

将摆放午餐肉的杀菌筐推入高压杀菌罐，采用高压水杀菌方式进行杀菌处理。

(1)进物料关盖/门，将装好罐头的杀菌篮放入杀菌锅，关闭锅门或盖，保持密闭性。

(2)进热水，关闭排水阀，打开进水阀，向杀菌锅内注水，使水位高出最上层罐头 15 cm 左右。通常先将水预热至 85 ℃以上，再通入锅内。

(3)进热蒸汽，进水完毕后，关闭所有的进水阀和溢水阀，打开排气阀，进蒸汽，加热升温，使水温升到规定的杀菌温度，待有热蒸汽排出关闭排气阀。

(4)进压缩空气，使罐内压升至杀菌温度相应的饱和水蒸气压，并在整个杀菌过程中维持这个压力。

(5)恒温恒压杀菌，当锅内水温达到规定的压力、温度时，开始恒温杀菌，维持规定的杀菌条件。

(6)恒压冷却，杀菌结束，关闭进气阀，打开压缩空气阀，同时打开进水阀进行冷却。冷却时，锅内压力由压缩空气来调节，必须保持压力的稳定。当冷却水灌满后，打开排水阀，并保持进水量与出水量的平衡，使锅内水温逐渐降低。当水温降至室温以下，即可关闭进水阀、压缩空气阀，继续排出冷却水。

(7)冷却完毕，打开锅门取出午餐肉。

(十二)检验

(1)保温检验　保温检验是罐头的直接检验方法，通过保温检验，能了解罐头的杀菌效果，可及时除去胀罐败坏者(俗称“胖听”)和不合格产品。

保温检验一般是将罐头肉制品置于恒温室中，在(37±2) ℃温度下保温 7 昼夜。如罐头在高压灭菌器内取出冷却至 40 ℃左右即送入保温室时，则保温时间可缩短为 5 昼夜。罐头在食品保温后应及时进行检查，敲打时声音“清脆”者完好，声音“浊”者败坏。也可从罐盖(底)处观察，凹者正常，凸者即为细菌引起的胀罐败坏。

(2)理化检验　理化检验为罐头成品的质量和杀菌操作技术的功效提供依据。检验项目包括：

感官指标　即产品的色泽、风味、形态、质地和汤汁状态，以及罐头外观等。

理化指标　主要包括罐头净重、固形物重、汤汁重及其浓度、重金属含量、农药残含量、顶隙和真空度、pH 和酸度测定、气体分析等。具体检测按国家标准方法。

(3)微生物学检验　微生物学检验不仅可以判定杀菌是否充分，而且可了解是否仍有造成罐头败坏的活的微生物存在，特别是致病菌的存在。通常在每批产品中至少抽 12～24 罐进行检验，主要根据国家食品卫生标准检查活菌存在数及其种类。具体按 GB 4789.26 罐头食品商业无菌的检验方法。

(十三)成品

(1)成品入库　将经过冷却后的午餐肉验质检斤后送入成品库。

(2)成品鉴别　主要从以下 4 点鉴别。

①色泽：呈淡粉红色；

②滋气味：具有午餐肉罐头应有的滋味及气味；

③组织状态：肉质柔软、紧密、形态完整、可以切片，切面有明显的粗纹肉夹花现象，允许稍有脂肪析出和小气孔存在；

④净重：按照产品要求。

任务 2　火腿肠制作

一、火腿肠的由来

火腿肠属于高温肉制品，火腿肠最先起源于日本和欧美，进入中国的历史并不长。1986 年，在一个国际食品博览会上，洛阳肉联厂引进我国历史上第一条火腿肠结扎生产线，1987 年中国第一根火腿肠在洛阳春都诞生。从此，中华大地掀起了火腿肠销售的热潮，仅仅十几年的时间就发展成了中国肉制品市场的主导产业之一。火腿肠通过高温杀菌达到了商业无菌要求，保质期长，携带方便，食用简单。

火腿肠由于经过了高温处理，产品营养成分当中大部分维生素、必需氨基酸遭到破坏，相对于低温肉制品而言，营养不足。

根据蛋白质含量、淀粉含量不同，火腿肠分为特级、优级、普通级三种。

二、产品配方(表 11-2)

表 11-2　火腿肠配方

名称	数量/kg	名称	数量/kg
猪精肉	38	肥膘	8
玉米淀粉	8	冰水	38
食盐	1.8	复合磷酸盐	0.2
味精	0.3	白砂糖	1
亚硝酸钠	0.002	异维生素 C 钠	0.05
白胡椒粉	0.18	花椒粉	0.05
大料粉	0.05	红曲红色素	0.002
猪肉香精	0.2	圆葱油	0.15
大豆分离蛋白	4.5	亚麻籽胶	0.15

三、工艺流程(图 11-2)

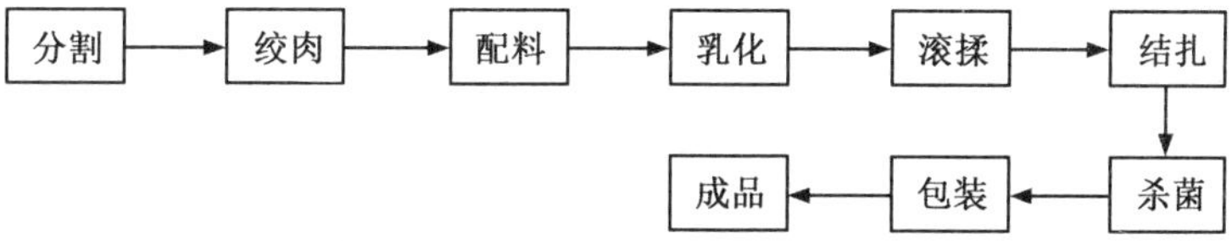

图 11-2　火腿肠工艺流程

四、器具与设备

(1)器具　缓化货架、分割刀、磨刀棒、分割操作台、食品箱、电子秤、天平。

(2)设备　绞肉机、制冰机、斩拌机、滚揉机、火腿肠结扎机、高压杀菌罐。

五、操作要点

(一)生产前准备工作

主要包括原辅材料准备、器具设备准备、冰片制备、肠衣准备工作。

(1)原辅材料准备工作　包括选购、出库、缓化三道工作。

原辅材料选购:①非疫区健康Ⅱ号猪精肉、猪肥膘;②原始菌落数低的肉;③冷冻肉必须是贮存时间较短的肉;④各种辅助材料质量要求必须符合 GB 2760—2014 食品添加剂使用标准之规定或使用单位供货要求。

原辅材料出库:根据生产计划、产品配方、工艺损失计算原辅材料需求数量,填写领料单,领料出库。

缓化:将出库后的猪精肉、猪肥膘送入缓化间缓化货架上缓化。缓化条件为温度 8 ℃、相对湿度 80%～90%、风速 1 m/s。缓化结束标准以体积最大肉块中心点温度达到 0 ℃。

(2)器具设备准备　主要准备在火腿肠制作过程中所用到的器具设备,保证器具设备达到火腿肠制作工艺要求。

①预检　生产前对设备的安全状况进行调试预检,保证设备运行良好。

②消毒　选用食品设备杀菌剂对设备进行消毒。

③清洗　先用90℃以上热水对设备进行清洗，然后用冷水对设备进行降温，降至10℃以下。

(3)冰片制备　拌馅操作前制备足量的冰片或冰屑，打开制冰机进水阀门，启动工作开关，进行冰片制备。

(4)肠衣准备　灌制火腿肠所用肠衣是耐高温片状PVDC肠衣膜，肠衣颜色多种多样。

(二)分割

选取检验合格的Ⅱ猪精肉、猪肥膘，在分割操作台上用分割刀去除猪毛、筋膜、碎骨、淋巴、血管、污血肉块等杂物，分割时按肌肉的分布部位和组织结构进行，猪精肉分割成200 g左右肉块，猪肥膘切成2～3 cm宽的细条。

(三)绞肉

猪精肉、猪肥膘分别用8 mm孔板绞肉机绞制，单独盛装。

(四)配料

火腿肠配料包括原料配料和辅料配料。

(1)原料配料　通常在生产车间内由绞肉工人完成，包括原料肉(猪精肉粒、肥膘颗粒)和冰水根据制作要求分别单独称重。特别提示原料肉的称重一定要在绞肉结束后进行。

(2)辅料配料　由配料员在配料室内完成，玉米淀粉单独配制盛装，大豆分离蛋白、亚麻籽胶配制后混合盛装，香精单独配制盛装，配方表中其他辅料配制在一起混匀盛装。称重配制好的辅料转入下一道工序要求进行复检，办理交接手续。

(五)乳化

先将脂肪投入斩拌机中高速斩拌1.5 min，无可见脂肪颗粒后，加入蛋白、亚麻籽胶、1/3冰水斩拌约2.5 min。待乳化物整体细腻光亮、有弹性时，加入1/3冰水，斩拌约2 min，馅料更加细腻黏稠、有弹性时，出料，送入低温间备用。

(六)滚揉

将猪精肉、剩余混匀辅料，1/3冰水投入滚揉罐中，0.07 MPa真空连续滚揉1.5 h后，加入乳化物、淀粉、香精，0.07 MPa真空滚揉0.5 h，停机卸料入料斗车中。

(七)结扎

将滚揉完成的馅料通过火腿肠结扎机快速灌制结扎。火腿肠结扎机不同于低温肉制品灌肠机，火腿肠结扎机采用片状PVDC肠衣膜边热合成筒边灌装，集热合、灌制、结扎与一体(图11-3)。

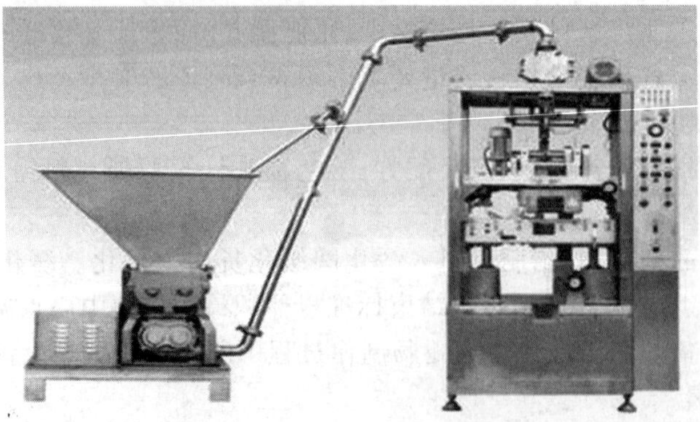

图11-3　火腿肠结扎机

不同型号火腿肠使用的的肠衣、卡扣是不同的，以 40 g/支火腿肠为例进行说明。

(1)使用宽度为 65 mm 的片状 PVDC 彩印复合肠衣膜。充填长度(两扣之间)173 mm，折叠宽度为 10 mm，卡扣 $\varphi=2.1$ mm。

(2)灌装时要按照长度进行灌装，重量准确。热合要牢固。卡扣要牢固。

(3)日期字迹要清晰、无误。机器设备在生产时要加油润滑。

(4)灌装完的半成品不能在常温下存放，要及时杀菌，杀菌前肉馅温度不得超过 9 ℃，灌装间的环境温度在 15 ℃以下。

(八)杀菌

火腿肠的杀菌在高压杀菌罐内完成，不同型号的火腿肠杀菌参数是不同的，以 40 g/支火腿肠为例加以说明。

(1)要保持杀菌锅内及周围环境清洁卫生。

(2)操作要严格按照工艺要求执行，不得擅自更改。

(3)杀菌前要认真检查、校正各环节、阀门、温度、记录仪是否正常(蒸气、冷水、压缩空气等)。

(4)40 g/支杀菌参数为：升温不超过 15 min，保温 10 min/105 ℃，水冷至 25 ℃(中心温度)出锅。水冷肠体中心温度小于 15 ℃时开始包装。

注：进热水温度为 85 ℃，压力 0.1 MPa；100 ℃，压力为 0.2 MPa；105 ℃，压力为 0.25 MPa，降温 80 ℃以上，压力保持 0.25 MPa；80 ℃以下压力，保持 0.2 MPa。

(九)包装

(1)封箱前检查每箱合格证的放置与填写和肠体日期是否一致(一般包装日期比生产日期晚 1 d)。

(2)工作中用完的周转箱放到指定位置、地面保持干净。

注：挑出残次品，肠体要求清洁，无论袋装或散装，必须检查每支两头是否有小裂口或夹肉馅现象；前一批的火腿肠与后一批火腿肠同装一箱时，出厂日期以后一批为准。

(3)产品不得堆放、挤压。包装完的产品要及时入库，码放高度不超过 90 cm。

(十)成品

成品入库：将火腿肠验质检斤后送入成品库。

成品鉴别：指标见表 11-3、表 11-4、表 11-5。

表 11-3　感官指标

项目	指标
外观	肠体均匀饱满，无损伤，表面干净完好，结扎牢固、密封良好，肠衣的结扎部位无内容无渗出
色泽	具有产品固有的色泽
组织状态	组织致密，有弹性，切片良好，无软骨及其他杂质，无密集气孔
风味	咸淡适中，鲜香可口，具固有风味，无异味

表 11-4 理化指标

项目	指标			
	特级	优级	普通级	无淀粉产品
蛋白质/%	≥12	≥11	≥10	≥14
淀粉/%	≤6	≤8	≤10	≤1
水分/%	≤70	≤67	≤64	≤70
脂肪/%	6～16			
食盐(以 NaCl 计)/%	≤3.5			
亚硝酸钠/(mg/kg)	≤30			

表 11-5 微生物指标

项目	指标
菌落总数/(CFU/g)	≤10 000
大肠菌群/(MPN/100 g)	≤10
致病菌	不得检出

【强化练习】

判断题

1. 肉类罐头馅料只能装入硬质罐头容器。(　　)
2. 午餐肉制馅过程通常在真空拌馅机内完成。(　　)
3. 午餐肉罐头预封是将罐盖与罐身紧密勾连,罐内气体不能逸出。(　　)
4. 午餐肉罐头排气不利于对罐头质量检查。(　　)
5. 高压水杀菌不利于玻璃罐及蒸煮袋肉制品杀菌。(　　)
6. 高温火腿肠主要有特级和普通级火腿肠两种。(　　)
7. 灌制火腿肠所用肠衣是片状 PVDC 肠衣膜。(　　)
8. 高温肉制品的发展趋势是比较广阔的。(　　)
9. 火腿肠优级和特级的区别是猪肉含量多少差别。(　　)
10. 普通级火腿肠淀粉指标高于 10%。(　　)

附录

强化练习答案

项目一

1. 群体观察、个体检查、动、静、食、看、听、摸、检。
2. 禁宰、缓宰
3. 刺颈放血、心脏放血
4. 口腔放血法、动脉放血法、口腔放血法
5. 全净膛、半净膛

6. D　7. B　8. D　9. A　10. B

项目二

1. A　2. A　3. D　4. B　5. C　6. √　7. √　8. √　9. √　10. ×

项目三

1. A　2. B　3. B　4. A　5. √　6. √　7. ×　8. √　9. √　10. ×

项目四

1. ×　2. ×　3. √　4. ×　5. √　6. √　7. ×　8. ×　9. ×　10. √

项目五

1. ×　2. ×　3. ×　4. √　5. √　6. √　7. ×　8. ×　9. ×　10. ×

项目六

1. ×　2. ×　3. ×　4. ×　5. ×　6. √　7. ×　8. ×　9. ×　10. ×

项目七

1. ×　2. ×　3. √　4. √　5. ×　6. ×　7. ×　8. √　9. ×　10. ×

项目八

1. × 2. × 3. √ 4. √ 5. √ 6. √ 7. × 8. × 9. × 10. √

项目九

1. √ 2. × 3. × 4. √ 5. √ 6. × 7. × 8. × 9. × 10. ×

项目十

1. × 2. × 3. × 4. √ 5. √ 6. × 7. × 8. × 9. × 10. ×

项目十一

1. × 2. × 3. × 4. × 5. × 6. × 7. √ 8. × 9. × 10. ×

工作任务流程单样表

（以哈尔滨红肠制作为例）

项目五 任务1 哈尔滨红肠制作

第一步 资讯:学生和教师共同完成

咨询单

任务名称			每组制作 1 kg 哈尔滨红肠(教师发布)
任务要求	1.设计准备哈尔滨红肠配方; 2.哈尔滨红肠制作工艺流程; 3.哈尔滨红肠制作工序参数是什么? 4.哈尔滨红肠制作过程中注意哪些操作细节? 5.制作哈尔滨红肠用到哪些器具、设备? 6.预估哈尔滨红肠制作完成所用时间,考虑每道工序用时时长。		
学生分组		姓名	职责分工
一	组长		负责本组工作组织协调,检查每个组员工作学习情况,并对组员进行考核
	组员 1		负责数据记录及配料工作
	组员 2		负责设备运行及清洗工作
	组员 3		负责工艺执行及产品操作工作
二	组长		负责本组工作组织协调,检查每个组员工作学习情况,并对组员进行考核
	组员 1		负责数据记录及配料工作
	组员 2		负责设备运行及清洗工作
	组员 3		负责工艺执行及产品操作工作
三	组长		负责本组工作组织协调,检查每个组员工作学习情况,并对组员进行考核
	组员 1		负责数据记录及配料工作
	组员 2		负责设备运行及清洗工作
	组员 3		负责工艺执行及产品操作工作
…	…	…	…
参阅资料			

第二步　计划:学生独立完成

计划单

任务名称		制作 1 kg 哈尔滨红肠		学时：	
学生		专业		班级	

第____小组　组长______________　　　　　　______年____月____日

(一)计算设计制作 1 kg 哈尔滨红肠配方

设计要求:符合熏煮香肠标准 SB/T 10279—2017 规定;设计成本与当地Ⅱ号猪精肉价格相同。

名称	数量	名称	数量	名称	数量

(二)设计产品制作工艺(15 道工序)

工序	名称	工序	名称	工序	名称
1		6		11	
2		7		12	
3		8		13	
4		9		14	
5		10		15	

(三)设计工序参数

工序 1		工序 2		工序 3		工序 4		工序 5	
种类		温度		块重		温度		重量	
部位		时长		块型		时长		孔板	
工序 6		工序 7		工序 8		工序 9		工序 10	
重量		重量		温度		直径		温度	
规格		计数		时长		长度		时长	
工序 11		工序 12		工序 13		工序 14		工序 15	
温度		温度		袋重		温度		重量	
时长		时长		真空度		时长		计数	

(四)设计操作细节

工序 1		工序 2	
工序 3		工序 4	
工序 5		工序 6	
工序 7		工序 8	
工序 9		工序 10	
工序 11		工序 12	
工序 13		工序 14	
工序 15			

(五)设计所用器具设备

器具				
设备				
创新点				

第三步　决策：学生和教师共同完成

各小组根据各自的计划书，选派 1 名同学陈述本组的实施方案，师生共同讨论、分析，对计划单进行修订，进而形成合理可操作的决策单。计划单经过审核修订形成决策单。

决策单

任务名称	制作 1 kg 哈尔滨红肠			学时：	
学生		专业		班级	
第____小组　组长______________			______年____月____日		

(一)审定制作 1 kg 哈尔滨红肠配方

名称	数量	名称	数量	名称	数量

(二)审定产品制作工艺(15 道工序)

工序	名称	工序	名称	工序	名称
1		6		11	
2		7		12	
3		8		13	
4		9		14	
5		10		15	

(三)审定工序参数

工序 1		工序 2		工序 3		工序 4		工序 5	
种类		温度		块重		温度		重量	
部位		时长		块型		时长		孔板	
工序 6		工序 7		工序 8		工序 9		工序 10	
重量		重量		温度		直径		温度	
规格		计数		时长		长度		时长	
工序 11		工序 12		工序 13		工序 14		工序 15	
温度		温度		袋重		温度		重量	
时长		时长		真空度		时长		计数	

(四)审定操作细节

工序 1		工序 2	
工序 3		工序 4	
工序 5		工序 6	
工序 7		工序 8	
工序 9		工序 10	
工序 11		工序 12	
工序 13		工序 14	
工序 15			

(五)审定所用器具设备

器具				
设备				
创新点				

第四步　实施:学生完成,教师指导

学生按照决策单,独立完成工作任务,详实记录工作数据及工作流程。教师在工作任务实施过程中巡回指导,给予必要的纠正补充。

实施单

任务名称		制作 1 kg 哈尔滨红肠		学时:	
学生		专业		班级	
第____小组　组长______________				______年____月____日	

(一)工序参数记录			
工序 1		工序 2	
工序 3		工序 4	
工序 5		工序 6	
工序 7		工序 8	
工序 9		工序 10	
工序 11		工序 12	
工序 13		工序 14	
工序 15			
(二)操作细节记录			
工序 1		工序 2	
工序 3		工序 4	
工序 5		工序 6	
工序 7		工序 8	
工序 9		工序 10	
工序 11		工序 12	
工序 13		工序 14	
工序 15			
(三)设备操作流程			

第五步　检查:学生和教师共同完成

学生在哈尔滨红肠制作过程中,教师和学生对工作细节及结果进行检查,记录填写检查单。

检查单

任务名称		制作 1 kg 哈尔滨红肠		学时:	
学生		专业		班级	
第____小组　组长______________			______年____月____日		
(一)工序参数执行情况(学生填写)					
参数名称	设定值	实际值	参数名称	设定值	实际值

(二)操作合理化检查		
工序	结果	原　　因
1		
2		
3		
4		
5		
6		
7		
8		
9		
10		
11		
12		
13		
14		
15		
注:结果栏填写"√"或"×",如填写"×"在原因栏进行说明。		

第六步 评价:学生和教师共同完成

学生对任务工作过程及结果进行自评打分,各小组之间进行互评打分,教师做出总结和点评,学生自评权重10%,学生互评权重30%,教师评价权重60%,形成最终评价单。

评价单

任务名称	制作1 kg哈尔滨红肠		学时:		
学生		专业		班级	
第____小组　组长____________　　______年____月____日					
评价内容					
评价明细	分值标准	计分方法	自评（10%）	互评（30%）	师评（60%）
计划单填写	10	计划单中填写内容少1处减1分			
决策单合理性	10	决策时发现1处不合理减1分			
操作规范	5	操作细节违规1处减1分			
数据记录	5	数据记录少1个数据减1分			
安全操作	5	发生1次人为安全故障减1分			
操作熟练度	15	将平均工作时长以9分为计分点,超过5分钟减1分,缩短2分钟加1分			
任务完成独立性	15	将最长独立工作时长以9分为计分点,超过5分钟减1分,缩短2分钟加1分			
成品评价	15	外观、色泽、口感、风味、弹性分别计为3分,感官评价后进行打分			
学习态度	10	出勤6分,以上评价累计得分(48～56分)加1分,(57～64分)加2分,(65～72分)加3分,(73～80分)加4分,47分以下减2分			
团队协作	10	以小组平均用时计为6分,超过5分钟减1分,缩短2分钟加1分			
合计	100				
考评成绩					
创新点	注:学生在学习过程中提出可操作创新点,在考评成绩基础上加5分				

在线视频课程资源

1. 走进肉制品殿堂

1.1 肉制品探秘解析

1.2 肉制品加工与检验内涵

1.3 肉制品生产条件

2. 原辅材料

2.1 原料肉应用与鉴别

2.2 辅料性能与应用

3. 肉制品生产基本工序方法

3.1 生产前辅助工作

3.2 生料预处理(一)

3.3 生料预处理(二)

3.4 加热处理

3.5 生产后辅助工作

4. 配方设计

4.1 配方设计基础

4.2 配方设计内容

4.3 配方设计演练

5. 酱卤类肉制品

5.1 老汤制作

5.2 猪产品制作

5.3 整鸡产品制作(一)

5.4 整鸡产品制作(二)

5.5 整鸡产品制作(三)

5.6 酱牛肉制作

6. 熏煮香肠类肉制品

6.1 哈尔滨红肠制作技巧(一)

6.2 哈尔滨红肠制作技巧(二)

6.3 哈尔滨红肠制作技巧(三)

6.4 哈尔滨儿童肠制作技巧

6.5 肉粉肠制作技巧

6.6 松仁小肚制作技巧

6.7 茶肠制作技巧

6.8 玉米肠制作技巧

6.9 滚揉型香肠

7. 腌腊肉制品

7.1 哈尔滨风干肠制作技巧

7.2 广味腊肠制作技巧

7.3 萨拉米制作技巧

7.4 金华火腿制作技巧(一)

7.5 金华火腿制作技巧(二)

7.6 湖南腊肉制作技巧

7.7 南京板鸭制作技巧

7.8 培根制作技巧

7.9 烤鸡制作技巧

7.10 北京烤鸭制作技巧

7.11 烤乳猪和叉烧肉制作技巧

8. 西式火腿类肉制品

8.1 斩拌型西式火腿

8.2 注射型西式火腿

9. 油炸肉制品

9.1 油炸肉制品介绍

9.2 油炸用油

9.3 油炸方法

9.4 猪肉丸子

10. 干肉制品

10.1 肉干制品

10.2 肉松制品

10.3 肉脯制品

11. 高温肉制品

11.1 午餐肉制作技巧(一)

11.2 午餐肉制作技巧(二)

11.3 火腿肠

参考文献

1. 孔宝华，罗欣，彭增起. 肉制品工艺学. 哈尔滨：黑龙江科学技术出版社，2001.

2. 夏文水. 肉制品加工原理与技术. 北京：化学工业出版社，2003.

3. 黄德智，张向生. 新编肉制品生产工艺与配方. 北京：中国轻工业出版社，2000.

4. 金辅建，薛茜. 肉制品加工手册. 北京：中国轻工业出版社，1992.

5. 马美湖，刘焱. 无公害肉制品综合生产技术. 北京：中国农业出版社，2003.

6. 高海生. 食品质量优劣及掺假的快速鉴别. 北京：中国轻工业出版社，2002.

7. 郑友军，单国生，等. 调味品加工与配方. 北京：金盾出版社，1998.

8. 杨富民. 肉类初加工及保鲜技术. 北京：金盾出版社，2003.

9. 刘志皋，高彦祥. 食品添加剂基础. 北京：中国轻工业出版社，1999.

10. 万素英，李琳，王慧君. 食品防腐与食品防腐剂. 北京：中国轻工业出版社，2002.

11. 黄来发. 食品增稠剂. 北京：中国轻工业出版社，1999.

12. 郭勇，郑惠平. 食品增味剂. 北京：中国轻工业出版社，2002.

13. 王建新，衷平海. 香辛料原理与应用. 北京：化学工业出版社，2018.

14. 孙明霞，王富刚. 大豆分离蛋白在熏煮香肠加工中的应用. 肉类工业，2019(12)：5-7.

15. 沙豪杰，常江涛. 油炸鸡柳制作工艺研究. 肉类工业，2018(03)：1-4.

16. 黄娟，贾旭. 亚硝酸钠及其替代品的研究及应用. 肉类工业，2018(03)：41-45.

17. 胡胜杰，程佳佳. 烘干温度和时间对猪肉肉脯品质的影响. 肉类工业，2018(06)：36-39.

18. 董兰坤，李宗力. 不同包装对低温肉制品的保藏研究. 肉类工业，2018(06)：48-51.

19. 邹清川，陈炳旭，邹振生. 一种适用于屠宰与肉类加工企业废水处理的新工艺. 肉类工业，2018(06)：55-57.

20. 朱宏星，孙冲. 肌红蛋白理化性质及肉色劣变影响因素研究进展. 肉类研究，2019(06)：55-63.

21. 张玉霞，周亚军，李圣桡. 熟肉制品中杂环胺的形成与抑制研究进展. 肉类研究，2019(08)：65-73.